수산학개론 2판

장호영 · 이상호 · 정병곤 · 류동기 · 조수근
박성우 · 김영식 · 구재근 · 김수관 공저

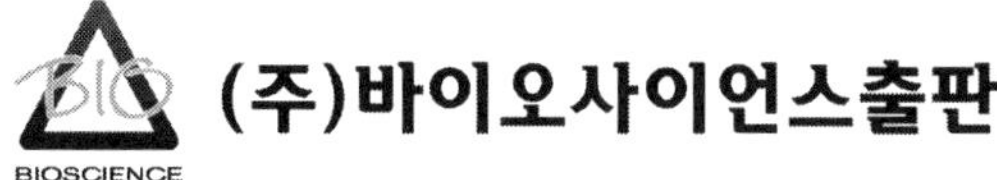

저자약력

장호영
군산대학교 해양생산학전공 교수
부경대학교 수산학박사
hyjang@kunsan.ac.kr

이상호
군산대학교 해양정보과학과 교수
서울대학교 이학박사
sghlee@kunsan.ac.kr

정병곤
군산대학교 환경공학전공 교수
부경대학교 공학박사
bjeong@kunsan.ac.kr

류동기
군산대학교 해양생명과학부 교수
제주대학교 이학박사
dongki@kunsan.ac.kr

조수근
군산대학교 해양생명과학부 교수
일본 동경해양대학교 수산학박사
sgjo@kunsan.ac.kr

박성우
군산대학교 수산생명의학과 교수
일본 동경대학교 농학박사
psw@kunsan.ac.kr

김영식
군산대학교 해양생명과학부 교수
부경대학교 이학박사
kimys@kunsan.ac.kr

구재근
군산대학교 식품생명공학전공 교수
고려대학교 농학박사
kseaweed@kunsan.ac.kr

김수관
군산대학교 경영회계학부 교수
부경대학교 경영학박사
sookwan@kunsan.ac.kr

수산학개론 2판

2판 인쇄 | 2017년 8월 20일 **2쇄 인쇄** | 2019년 2월 25일
2판 발행 | 2017년 8월 30일 **2쇄 발행** | 2019년 3월 05일

저 자 | 장호영 · 이상호 · 정병곤 · 류동기 · 조수근
박성우 · 김영식 · 구재근 · 김수관
발 행 인 | 문정구
발 행 처 | (주)바이오사이언스출판
주 소 | 본사: 14040 경기도 안양시 동안구 전파로 107(호계동)
서울 사무소: 06569 서울시 서초구 도구로 115 월드빌딩 1층
전 화 | (02)581-4057~8
팩 스 | (02)581-4059
이 메 일 | inquiry@biosciencepub.com
홈페이지 | http://www.biobooks.co.kr
ISBN | 978-89-6824-072-0 93520

등록번호 | 제22-3079호
정 가 | 12,000원

1판 머리말

수산업이란 수산생물을 보호, 육성하여 인류 생활에 유용하도록 이용 · 개발하는 산업을 말한다.

우리나라의 수산업은 1960년대의 연근해어업 위주에서 탈피하여, 1970년대에는 양식어업의 발달, 어구 · 어법의 개발과 원양어업의 진흥 등으로 비약적인 성장을 하였으며, 1980년대에는 이러한 성장과 발전을 기반으로 안정적인 성장을 거듭하여 세계 수산 선진국으로 발돋움하였다. 그러나, 1990년대에 들어서는 매립과 간척에 의한 연안어장의 축소와 산업화에 따른 연안 오염의 심화, 무분별한 남획 등으로 인하여 수산자원은 점차 감소 추세에 있으며, 근년에는 세계 주요 연안국들의 200해리 배타적 경제수역 선포, 조업 규제의 강화, 입어료의 부담 가중, 인건비의 상승 등으로 원양어업도 심각한 타격을 입고 있는 등, 국내외의 어업 환경이 극도로 악화되고 있는 실정이다.

이러한 여건의 변화에도 불구하고, 국민 소득의 증대로 인해 식생활 수준이 향상됨으로써 수산물의 선호도가 더욱 커짐에 따라 수산물의 소비가 증가하고 있는 추세에 있다.

따라서, 수산업 분야의 기술 개발과 수산자원의 합리적인 관리 및 이용, 신해양시대에 발맞추어 선진 수산국으로서 위상에 맞는 중추적인 역할을 수행해야 할 것으로 생각된다.

여기서는 수산학이 수산업을 대상으로 하는 산업적인 학문이라는 관점에서, 그 내용은 「수산업의 개요」와 기본 환경으로서의 「해양」, 대상으로서의 「수산자원」, 생산 기술로서의 「어업」, 「양식」, 「수산 가공」 및 수산물의 판매 · 관리로서의 「수산 경영」으로 구성하였다.

끝으로, 이 책은 주로 대학 재학생의 강의용 교재로 저술하였기 때문에, 앞으로 계속적인 교정과 보완이 필요하다는 점을 참고해 주시기 바라며, 이 책으로 공부하는 어업종사자, 수산 관련 공무원, 각종 시험 준비생들에게 도움이 되었으면 하는 바램이다.

2008년 6월
저자 일동

2판 머리말

지난 2008년에는 수산학이 수산업을 대상으로 하는 산업적인 학문이라는 관점에서, 그 내용을 '수산업의 개요'와 기본 환경으로서의 '바다와 환경', 수산업의 대상이 되는 '수산자원', 그 생산 기술로서의 '어업', '양식', '수산 가공' 및 수산물의 판매·관리로서의 '수산 경영'으로 구성하여 '수산학개론'을 출간하였다.

그 동안 대학 강의 및 각종 공무원 시험문제 출제에 이 책을 교재 및 참고자료로 사용하면서 오·탈자 및 설명이 부족하거나 추가되어야 될 사항들이 발견되었고, 출판 당시 최신 자료로 수록하였던 통계 자료가 시간이 경과함에 따라 지난 과거 자료로 남게 되었다. 그리하여 우리 저자 일동은 그 동안 미루어 왔던 '수산학개론' 개정 작업에 착수하여 교재 내용 중에 있는 오 · 탈자를 바로 잡고, 수록된 통계 자료는 현재 수집 가능한 최신의 통계 자료로 수정 보완하였으며, 내용 설명 중 부족하거나 빠졌던 부분을 추가하였다. 그리고 교재 중에 사용된 그림이나 표의 인용 출처를 확인 가능한 범위 내에서 분명히 제시하고, 불필요한 설명, 그림 및 표는 삭제하여 '수산학개론' 2판으로 출간하게 되었다.

미흡하나마 시대적 요구와 저자들의 열정으로 '수산학개론' 2판을 출간하게 되었으므로, 대학이나 전문대학에서 '수산학개론'이나 '수산 일반'이라는 교과목으로 수강하는 학생들의 교재로 이용되기 바라며, 이 책을 참고하는 어업종사자 여러분과 각종 시험에 대비하는 준비생에게 도움이 되길 바라는 마음이다.

2017년 8월

저자 일동

목 차

제3장 수산자원 87

제1장 수산업의 개요

제1절 수산업의 의의

제2절 수산업의 특성

제1절 수산업의 의의

1. 수산학

수산학(Science of fisheries)은 바다, 강, 호수 등과 같은 수계(水界)에 서식, 분포하고 있는 수산생물을 보호, 관리, 육성하여 인류의 생활에 유용한 자원으로 제공하기 위한 여러 가지 방법과 이에 관련되는 문제를 연구하는 종합 응용과학이다. 즉, 어떻게 수계의 생산을 성공적으로 수행할 수 있을 것인가, 수계의 생물을 어느 곳에서 어느 때에 어떻게 채포(採捕)할 수 있을 것인가, 또 인류 생활에 도움이 되도록 이것을 어떻게 이용할 것인가를 연구하는 학문이다.

수산학은 수산생물을 어떻게 육성할 것인가를 연구하는 양식학, 수산생물을 어떻게 채포할 것인가를 연구하는 어업학, 수산생물을 어떻게 가공・이용할 것인가를 연구하는 수산가공학의 3가지를 주축으로 하여 이와 밀접한 관계를 가지는 자연, 인문, 사회과학을 응용하게 된다.

따라서 수계는 어떤 곳이고, 또 수계에서 서식하고 있는 수산생물은 어떤 것이 있으며, 수산생물과 환경으로서의 수계와의 관계는 어떠한가 등을 연구하는 것이 수산학의 근본이 된다. 첫째, "수계는 어떤 곳인가?"를 구명하기 위해서는 해양학, 기상학, 생태학, 육수학 등의 순수 자연과학을 기초로 하여 상호관계를 밝혀야 하며, 이것을 응용하여 인류에 유용한 생물자원을 지속적으로 생산하고, 그 자원을 보호, 관리, 육성하고자 하는 것이 양식학의 목적이다. 둘째, "수산생물을 어떻게 채포할 것인가?"는 오락, 보건을 위한 유어(game fishing)와 영리를 목적으로 한 어업이 있는데, 일반적으로 후자를 어업(fishery 또는 fishing industries)이라 한다. 어업을 보다 효과적으로 수행하기 위하여 수계의 환경에 알맞은 어구・어법과 능률적인 조업방법을 고안하기 위해서는 어장학, 어구재료학, 어구어법학, 어선학, 어업기기학 등이 주체가 되며, 항해학, 운용학, 조선학, 기관학 등의 학문이 응용된다. 셋째, "수산생물을 어떻게 가공, 이용할 것인가?" 즉, 수산물을 식용 또는 비식용(의약, 비료, 사료, 공업용 등)으로 이용하려면 어떻게 가공, 처리, 포장, 저장, 판매하여 인류의 수요와 공급에 대응할 것인가를 연구해야 하므로, 화학, 생리학, 세균학, 효소학, 수산경영학 등이 기초가 되며, 수산물을 건제품, 훈제품, 염장품, 연제품, 통조림, 어분 등으로 제조하기 위한 수산가공학이 주체가 된다.

2. 수산업

수산업이란 바다, 강, 호수 등 수계에서 살고 있는 생물 중에서 인류 생활에 직접 이용할 수 있는 수산생물을 잡거나 기르는 산업, 또는 수산생물을 가공, 처리하여 인간이 유익하게 이용할 수 있게 하는 산업 등 수산물을 생산, 가공, 처리하는 과정을 산업화한 것을 말한다.

수산업법에서는 수산업을 '어업, 어획물 운반업 및 수산물가공업'으로 정의하고 있다. 여기서, 어업은 수산 동식물을 포획, 채취 또는 양식하는 사업과 염전에서 바닷물을 자연 증발시켜 소금을 생산하는 사업을 말하며, 양식은 수산 동식물을 인공적인 방법으로 길러서 거두어들이는 행위와 이를 목적으로 어선·어구를 사용하거나 시설물을 설치하는 행위를 말한다. 최근에는 '해양목장', '재배 어업', '기르는 어업' 등의 용어를 사용하여 혼동하기도 하나, 이는 엄밀한 의미에서 양식과는 구분된다. 어획물 운반업은 어업장으로부터 양륙지까지 어획물 또는 그 제품을 운반하는 사업을 말하며, 수산물가공업은 수산 동식물을 직접 원료 또는 재료로 하여 식료·사료·비료·호료(糊料)·유지(油脂) 또는 가죽을 제조 또는 가공하는 사업을 말한다.

자연상태에서 수산 동식물을 잡거나 기르는 산업은 모두 1차 산업에 속하지만, 생산과정을 보면 고도의 어업 기술과 양식 기술을 적용하고 있으므로, 종합적이고 응용적인 산업의 성격을 갖고 있으며, 수산물가공업은 생산된 수산물을 원료로 하여 어묵이나 통조림과 같이 사람이 먹기 쉽고 맛이 좋은 제품으로 가공하는 산업이므로 2차 산업이라 할 수 있다.

과거에는 어업이나 양식업에 의하여 생산된 수산물이 주로 날 것으로 판매되고, 이용하는 사람이 직접 조리하여 먹었으나, 산업 사회의 발전으로 사회생활이 복잡해지고 세분화되면서 간단히 조리하거나 손쉽게 먹을 수 있는 식품이 많이 개발되고 있다. 따라서 최근에는 대량으로 생산되는 수산물을 장기간 보존하기도 하고, 소비자의 기호에 맞추어 편리하게 이용할 수 있도록 수산물을 가공하는 등 부가가치를 높이기 위하여 많은 개발이 이루어지고 있다.

어업, 양식업, 수산물가공업이 각각의 산업적 특성에 따라 거의 독립적으로 이루어지는 경우가 많았으나, 최근에는 수산업이 다른 산업과 연계하여 발전하기 때문에 업종 간의 구분이 되지 않는 경우가 많아졌다. 따라서 우리나라의 수산업은 어구 제조, 수산물 생산과 판매 등이 상호 필요에 따라 동시에 이루어지는 복합 경영으로 생산 경비를 줄여 경쟁력을 높이고 있다.

최근에는 수산물의 소비도 생산지를 중심으로 한 인근 지역에서부터 멀리 떨어진 내륙의 소비지까지 확대됨으로써 수산물의 유통 단계와 과정이 매우 중요하게 되었다. 수산물 유통업은 수산 경영의 일부분으로써 3차 산업에 해당하므로, 수산업은 1차, 2차 및 3차 산업에 걸쳐 종합적으로 이루어지고 있다.

제2절 수산업의 특성

1. 수산업의 특성

수산업은 많은 특성이 있는데, 특히 수산업의 대상이 되는 자원 중에서 수산생물자원은 여타 자원들과는 달리 독특한 특성을 가지고 있다. 화석 연료인 석탄・석유・가스나 광물자원 등은 인간이 이용함에 따라 계속 감소하는 갱신 불가능자원이지만, 수산생물자원은 계속 생산되며, 또한 계속 소멸되는 갱신가능자원이다.

또한, 수산자원은 다른 자원과는 달리 대개 이동성을 가지고 있으며, 그 자원의 대부분이 주인이 없다는 특징이 있다. 특히, 200해리 경제수역 체계가 정착되기 전에는 더욱 그러했다. 따라서 한 국가에 속해 있는 자원이라도 그것이 다른 국가의 자원이 될 수도 있으며, 공해상에서의 주인이 없는 자원이라도 그 자원을 과다 이용하게 되면 인근 연안국의 자원에 영향을 줄 수도 있으므로 수산자원은 국제적인 분쟁의 원인이 되기도 한다. 흔히 여러 국가에 의하여 이용되고 있는 해역의 공유자원들은 인근 연안국들 간에 수산자원의 공동관리 협약이 없는 경우, 예를 들면 황해나 동중국해처럼 경쟁적인 과도 어획으로 인해 자원 감소를 초래하는 상태에 처하게 된다. 따라서 이러한 경우에는 상호 호혜적으로 수산자원을 효율적으로 이용하기 위한 공동 노력을 기울여야 할 필요성이 대두된다.

2. 우리나라의 수산업

1) 우리나라 수산업의 발전 과정

우리나라의 수산업은 1945년 광복을 맞이하여 일제의 오랜 침탈과정에서 벗어날 수 있었지만, 한국 동란과 사회적 혼란은 수산업 부문에 또다시 큰 타격을 주는 결과가 되었다.

수산업의 발전이 본격화된 것은 1960년대부터라고 할 수 있다. 당시 국가 경제의 목표는 자립 경제의 달성이었으며, 이를 위해 경제개발 5개년 계획이 실시되었는데, 수산업도 식량 산업과 외화 획득 산업으로서의 역할이 중시되어 1967년의 수산진흥계획, 1977년의 연근해어업진흥책 등이 수립되어 정부의 지원 정책이 다각적으로 이루어졌다. 그리하여 1970년대의 고도 성장기간 동안에 수산업 부문은 국가 경제 발전에 커다란 견인차 역할을 담당하였다.

수산 부문에 대한 시설 투자의 확대로 무동력 어선이 동력 어선으로, 그리고 소형 어선은 대형화되는 등 어업의 근대화가 빠른 속도로 진행되었다. 양식업에 있어서도 원시적인 양식 방법으로부터 수하식과 부류식 및 가두리 등 보다 능률적인 자본집약형 양식 방법이 도입되었고, 인공종묘 생산기술의 확립으로 대량 생산체제가 확립되었다.

2) 우리나라 수산업이 세계에서 차지하는 비중

세계의 수산업 생산량(수산식물 제외)은 약간의 기복이 있지만 꾸준히 증가하여 1989년에는 1억톤을 넘어 섰으며, 2011년에는 2억톤을 넘게 되었다(**그림 1-1**).

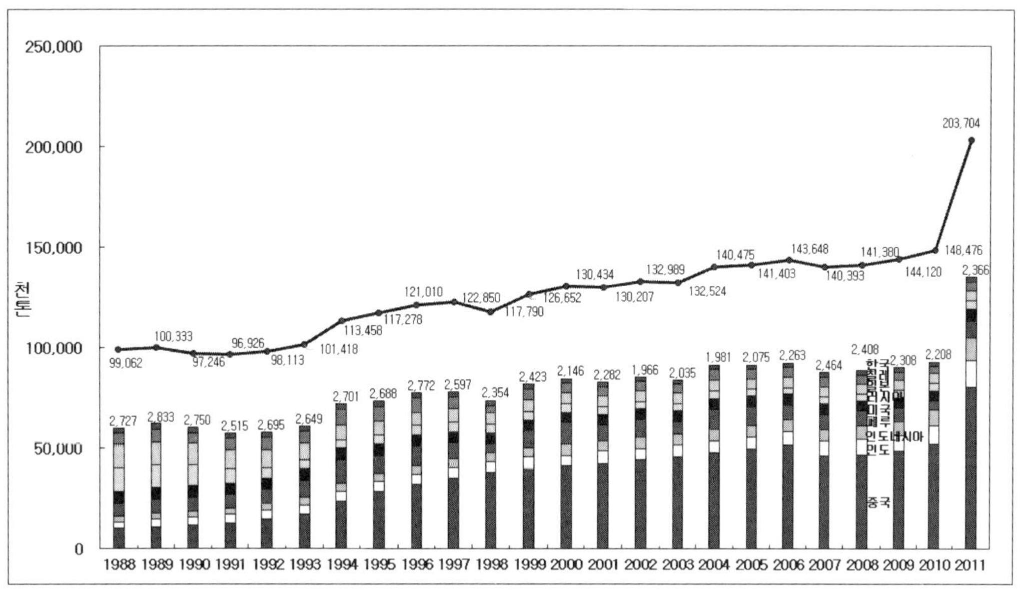

그림 1-1 세계의 주요 국가별 수산업 생산(수산식물 제외) 현황. (자료: FAO, 1992-2015)

주요 국가별 수산물 생산(수산식물 제외) 순위는 중국이 1989년부터 세계 1위의 자리를 차지하고 있으며, 다음으로 일본, 러시아, 미국 등의 순서이었으나, 2011년에는 중국, 인도, 인도네시아, 페루, 미국 등의 순서로 바뀌게 되었다. 우리나라는 1986년에 약 310만톤을 생산하여 세계 7위를 차지한 적도 있었지만, 점차 감소하여 2011년에는 약 240만톤으로 세계 15위의 위치에 있다.

한편, 세계 수산물 교역에서 우리나라가 차지하는 비중은 수출에서 1983년에는 7위였던 것이 1993년에는 9위, 2012년에는 20위로 급격히 축소되었으며, 수입에서 1983년에는

20위권 밖이었으나 1993년에는 17위, 2012년에는 9위로 급격히 확대되는 경향을 나타내고 있다.

3) 우리나라 수산업의 생산 동향

우리나라의 수산업은 1960년대의 수산 분야에 대한 각종 지원책이 정비되면서 고도의 발전을 이루어 왔다. 특히, 고도 경제성장기인 1970년대에 들어 발전 속도가 더욱 빨라졌으며, 외화 획득을 위해 원양어업과 천해양식업이 중점적으로 육성되었다. 그러나, 1980년대 중반 이후 어업생산은 정체되기 시작하였고, 1990년대에 들어서는 감소 추세에 있었으나 2000년대부터는 다시 회복세에 있다(**그림 1-2**).

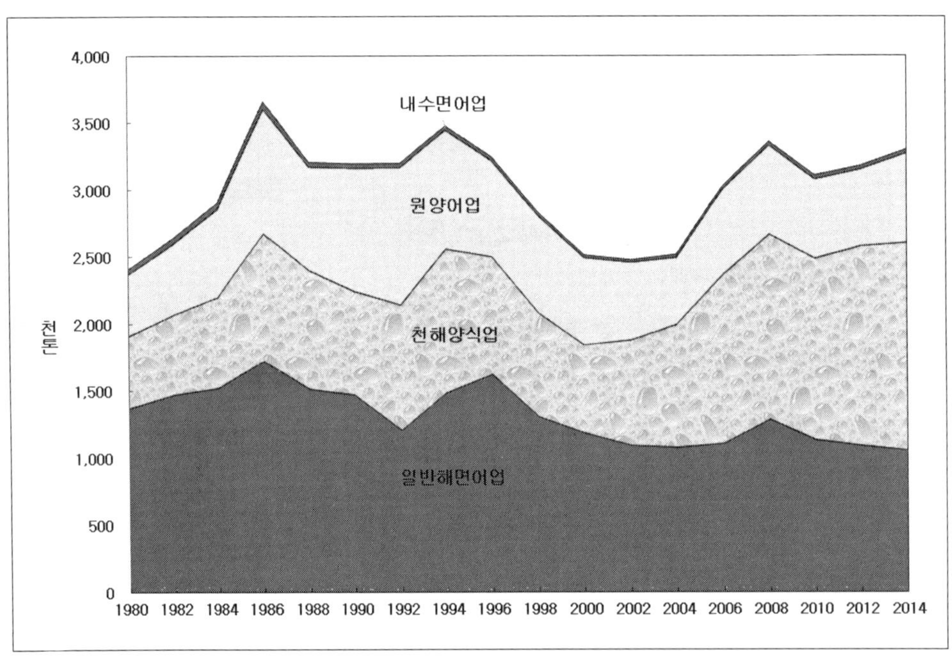

그림 1-2 우리나라의 부문별 어업생산 추이. (자료: 한국수산회, 1981-2015)

부문별로는 수출 산업으로써 중요한 위치를 점하고 있던 원양어업이 1980년대 후반부터 국제적인 어업 규제의 강화와 본격적인 200해리 경제수역 체제의 성립 등에 따라 축소되고 있으며, 근해어업은 인접 연안국과의 조업 경쟁, 자원 감소로 인해 정체되고 있으며, 연안 및 양식업도 어장 환경의 악화, 자원 감소, 어업노동력 감소 등으로 축소되고 있는 추세이다.

2014년의 품종별 생산실적을 보면, 어류의 생산이 전체 생산량 가운데 약 38%를 차지하고 있으며, 패류가 약 13%, 연체동물이 약 11%, 갑각류가 약 5%를 점하고 있으며, 해조류는 약 33%를 차지한다.

일반해면어업의 어류 생산에서 중요한 어종은 멸치류, 고등어, 갈치, 삼치류, 조기류, 전갱이류 등의 순이며, 연체류에서는 오징어, 붉은대게, 꽃게, 젓새우류, 굴류 등의 순이다. 그리고 해조류에서는 미역, 우뭇가사리, 톳 등의 순으로 생산실적이 많다.

4) 수산물 수급 현황

수산물의 수급이란 연간 국내 소비를 위해 필요한 수산물의 총수요량과 그에 대응하는 수산물의 총생산량 및 공급량을 말한다. 우리나라의 수산물 수급은 1980년대 이전까지는 전체 수요량을 국내 생산으로 충당하였으나, 그 이후부터는 국내 생산만으로는 수급의 균형을 맞추어 나가는 것이 어렵게 되었다.

최근, 우리나라의 수산물 총생산량은 310만톤에 불과한 반면, 총수요량은 590만톤을 넘고 있다. 한편, 총생산량 가운데 약 110만톤이 수출되고 있으므로, 수산물의 총수요를 충족시키기 위해서는 일정한 수산물 수입이 불가피하며, 수산업을 둘러싼 환경 변화와 더불어 앞으로 수입 수산물에 대한 의존도는 계속 높아질 것으로 전망된다(표 1-1).

표 1-1 우리나라의 수산물 수급 및 이용 현황 (단위 : 천톤)

구 분		1970	1980	1990	2000	2010	2013
공급	생 산	935	2,410	3,275	2,514	3,111	3,133
	수 입	-	41	380	1,420	2,339	2,008
	재 고	-	68	276	582	528	802
합계		935	2,519	3,931	4,516	5,978	5,943
수요	국내소비	810	1,746	2,583	2,668	3,624	3,642
	수 출	125	696	1,058	1,338	1,751	1,087
	이 월	-	77	290	510	603	1,214
1인당 소비량(kg)		17.3	27.0	36.2	35.6	51.3	53.8

(자료: 한국수산회, 1971-2014; 한국농촌경제연구원, 1971-2014)

우리나라의 수산물 이용은 식용이 대부분이며, 전통적으로 활어와 선어 중심이었다. 그러나, 최근에는 약 80% 이상이 가공용으로 이용되고, 나머지 20%만이 활·선어로 소비되고 있다. 이것은 우리나라의 수산물 이용방식이 과거의 활·선어 중심에서 1980년대 이후 냉동식품을 포함한 가공품 중심으로 변화하고 있다는 것을 말해 주는 것이다. 이러한 사실에서 국민소득 수준이 높아지고, 생활 양식이 서구화·간편화되면서 국민의 수산물에 대한 소비 형태에 큰 변화가 일어나고 있기 때문이다.

한편, 국민 1인당 수산물 소비량은 생활 수준의 향상과 건강에 대한 관심이 커짐에 따라 1970년 17.3kg에서 2013년 53.8kg으로 약 3.1배 증가하였다. 그러나, 1인당 1일 어패류를 통한 동물성 단백질 공급량은 축산물에 비해 감소 추세에 있다(표 1-2).

표 1-2 동물성 단백질 공급 추이 (단위 : g/1인당 1일, %)

구 분	1970	1980	1990	2000	2010	2013
계	10.66	20.15	33.15	41.19	47.32	50.50
축 산 물	4.07	9.49	17.25	26.27	30.17	32.77
어 패 류 (점 유 율)	6.59 (61.8)	10.66 (52.9)	15.88 (47.9)	14.92 (36.2)	17.15 (36.2)	17.73 (35.1)

(자료: 한국농촌경제연구원, 1971-2014)

5) 우리나라 수산업의 문제점

우리나라 수산업은 정책적인 지원에 의한 생산수산의 고도화, 수산물 소비 확대 등에 힘입어 고성장을 구가하여 왔으나, 어업생산력의 확대에도 불구하고 1990년대부터 자원 감소에 따라 어업생산이 정체 내지 감소 추세를 나타내고 있다(표 1-3).

우리나라의 수산업은 1980년대 이후 국민 경제가 고도화함에 따라 생산 비용의 상승, 노동력 부족 등이 초래되고, 다른 산업에 비해 채산성이 낮아지고, 대외적으로도 경쟁력이 약화되고 있는 실정이다. 1990년대 초반까지 최대의 생산을 차지하고 있던 원양어업은 연안국들의 조업규제 강화에 따라 생산이 급격히 감소하고 있으며, 어업 구성에서도 북양 트롤, 유자망, 다랑어 연승 등에서 현재는 일부 다랑어 선망과 오징어 채낚기만이 명맥을 유지하고 있다. 또한, 우리나라 주변 수역에서 조업하고 있는 근해어업은 국내 어업간의 조업 경쟁은 물론이고, 인접 연안국인 중국, 일본 어선과의 조업 경쟁이 치열해지고 있으며, 그 결과 경제적인 가치가 높은 수산자원의 감소가 급속히 진행되고 있다. 연안 및 양식어업에서도 매립과 간척사업에 의한 어장 상실, 공단 및 생활오폐수로 인한 수질 오염, 어업질서의 문란, 어업노동력의 유출 등으로 인해 어업생산성이 정체 및 하락하고 있다.

표 1-3 우리나라 어업생산 구조

연도	어업노동력		어선세력		총어획량 (천톤)	일반해면어업 (천톤)	천해양식업 (천톤)	원양어업 (천톤)	내수면어업 (천톤)
	어가 호수 (천호)	어가 인구 (천명)	척수 (천척)	척당 톤수 (톤)					
1980	134	725	78	9.9	2,410	1,370	541	458	39
1982	127	656	87	9.3	2,644	1,473	596	528	45
1984	128	626	90	9.4	2,910	1,522	678	658	50
1986	126	585	93	9.5	3,660	1,726	947	930	57
1988	122	531	99	9.6	3,209	1,512	887	774	36
1990	122	496	100	9.8	3,198	1,472	773	919	34
1992	116	425	94	10.2	3,201	1,207	935	1,025	34
1994	110	382	77	12.2	3,477	1,486	1,072	887	31
1996	102	330	75	12.9	3,248	1,624	875	719	30
1998	99	322	91	10.8	2,835	1,308	777	723	27
2000	82	251	96	9.6	2,514	1,189	653	651	21
2002	73	215	94	8.7	2,476	1,096	782	580	19
2004	73	210	92	7.9	2,519	1,077	918	499	25
2006	77	212	86	7.8	3,032	1,109	1,259	639	25
2008	71	192	81	7.7	3,361	1,285	1,381	666	29
2010	66	171	77	7.8	3,110	1,133	1,355	592	31
2012	61	153	75	8.1	3,183	1,091	1,489	575	28
2014	59	141	68	8.6	3,305	1,059	1,547	669	30

(자료: 해양수산부, 1981-2015)

한편, 이와 같이 수산업의 여건이 악화되고 있는 중에도 어업 경영을 지탱해 온 것은 수산물 소비 확대에 의한 어가(魚價) 상승이었는데, 1990년대에 들어서는 수산물 수입시장의 개방에 따라 이마저도 기대할 수 없게 되었다. 그리고, 1994년 유엔 해양법의 발효에 의해 1990년대 후반 동북아 수역에 새로운 EEZ체제가 구축됨에 따라 어장이 축소됨으로써 경영 기반은 한층 더 위축되었다.

이상과 같이 수산업을 둘러싼 여건의 변화에 따라 우리나라 수산업은 종래와 같은 어업생산력의 확대를 기대할 수 없게 되었으며, 이러한 여건의 변화에 대응하여 어업생산력의 축소, 어업질서 확립, 수산자원의 보호 및 관리, 수산물의 부가가치 향상 등을 종합적으로 고려한 어업 구조의 재편이 시급한 과제로 부상하고 있다.

참고문헌

교육인적자원부(2006): 고등학교 수산일반.

金鎭乾 외(2002): 水産의 理解, 有一文化社.

梁在穆 외(2000): 水産學槪論, 集賢社.

한국농촌경제연구원(1971-2015): 식품수급표.

한국수산회(1971-2015): 수산연감

해양수산부(1981-2015): 해양수산통계연보.

FAO(1992-2015): Yearbook of Fishery Statistics.

제2장 바다와 환경

제1절 바다의 구조

제2절 해류 및 순환

제3절 우리나라 주변 바다의 특성

제4절 해양의 오염

제1절 바다의 구조

1. 지형학적 구조

지구 표면의 약 71%가 바다로 덮여 있고(3억 6,100㎢), 지구 전체 물의 약 97%가 바다에 있다. 그림 2-1은 고도 빈도분포 곡선으로 해수면을 기준으로 특정 높이나 수심의 면적을 지구 표면적에 대한 백분율로 나타낸 것이다. 지구의 단단한 표면의 절반 이상이 최소한 수심 3,000m 이상이고, 해양의 평균 수심이 대륙의 평균 고도에 비해 훨씬 깊다. 전 세계 해양의 평균 수심은 3,790m이고, 육지의 평균 고도는 불과 840m이다. 바다에서 가장 깊은 곳은 필리핀 동쪽에 있는 마리아나 해구로서 수심이 11,034m이다. 이 해구와 대륙의 가장 높은 곳인 8,850m의 에베레스트 산과의 높이 차이는 약 20km 정도이다.

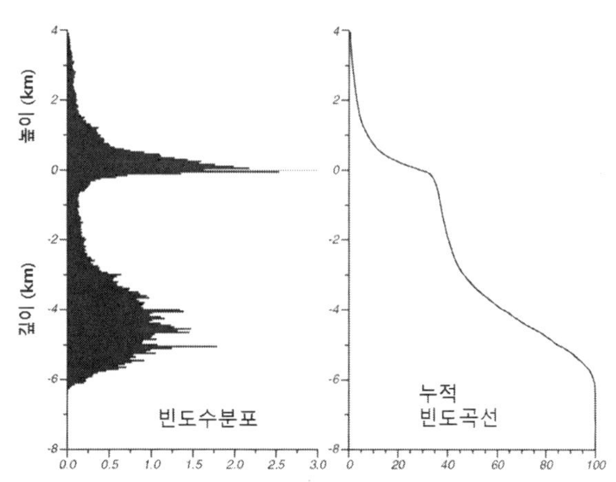

그림 2-1 육지와 바다의 고도 도수분포(50m 높이 간격으로 구분된 지구 표면적의 백분율, 좌) 및 고도의 누적빈도 곡선(우). (Stewart, 2005)

1) 해양의 구분

바다는 지역에 따라 조금씩 특징의 차이가 있지만 원천적으로는 지구상에서 연결된 하나의 바다로 볼 수 있다. 바다는 전통적으로 대륙 경계나 적도 같은 가상의 선을 사용해서 대양(occan)과 부속해(adjacent sea) 등으로 불리는 인공적 구획으로 나누어져 왔다.

(1) 대양과 부속해

대양은 규모가 크고, 지리적으로 구분 되어 있으며, 자체의 특징적인 수괴, 해류, 해저지형을 가진 태평양(Pacific Ocean), 대서양(Atlntic Ocean), 인도양(Indian Ocean)이 있다. 이러한 대양은 바다의 89%를 차지하며, 태평양이 약 45.8%, 대서양이 20.3%, 인도양이

20.3%를 차지하여 태평양이 가장 넓다(**그림 2-2**).

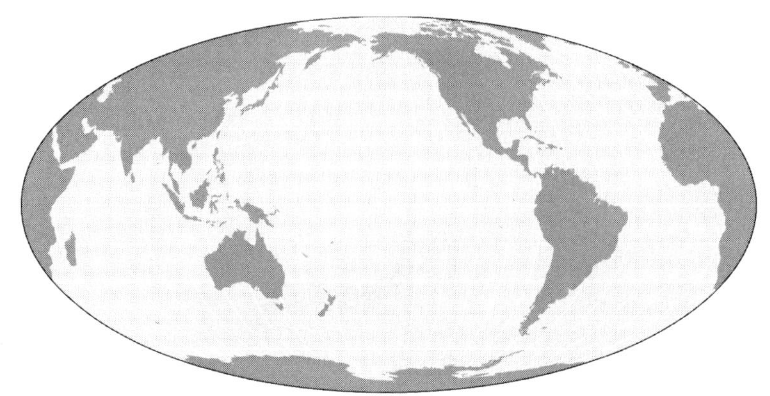

그림 2-2 등적도법으로 본 육지와 바다의 분포.

부속해는 대양의 일부가 본체에서 분리되어 있는 작은 바다로서 해류와 조석은 대양의 영향을 받는다. 부속해 중에서 육지로 둘러싸여 대양으로부터 고립된 정도가 큰 바다를 지중해(mediterranean sea)라고 반도나 섬 등에 의해 대양으로부터 불완전하게 분리되어 있는 바다를 연해(marginal sea)라 한다. 북극해(Arctic Sea)는 대서양의 부속해이고, 남극해(Antarctic Sea)는 남극 주위에서 세 대양이 만나는 부분이다. 대표적인 연해로는 동해(East Sea), 동중국해(East China Sea), 남중국해(South China Sea), 오호츠크해(Okhotsk Sea), 베링해(Bering Sea), 북해(North Sea) 등이 있다. 지중해로는 유럽과 아프리카 사이에 있는 지중해(Mediterranean Sea), 흑해(Black Sea), 멕시코 만(Gulf of Mexico), 카리브해(Caribbean Sea), 페르시아 만(Persian Gulf), 홍해(Red Sea), 발트해(Baltic Sea) 등이 있다.

(2) 그 밖의 바다

두 개의 바다를 연결하는 육지 사이의 통로를 해협이라고 하며, 동해와 남해를 연결하는 대한해협이 그 예이다. 규모가 작은 바다는 특징에 따라 여러 가지로 구분된다. 육지 쪽으로 해안선이 들어가 반폐쇄형이지만 바닷물의 순환이 자유로운 바다는 만(bay, gulf)으로 불리고, 강의 어귀에 작은 만 모양으로 만들어져 강물이 유입되는 곳을 하구(estuary)라고 한다.

2) 해저 지형

바다는 지구 표면의 낮은 곳에 물이 고여 만들어졌다. 해저 지형의 단면을 개략적 모식도로 보면 그림 2-3과 같다. 해저 지형을 분류하면, 대륙 주변부(continental margin), 대양저(deep sea basin), 대양저 산맥(mid-ocean ridge)으로 구분되고, 각 부분에는 다양한 지형 변화가 있다.

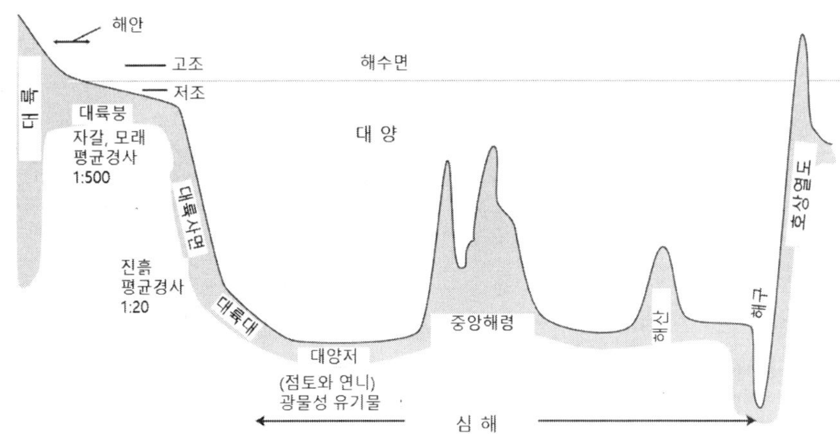

그림 2-3 해저 지형의 단면 모식도. (Stewart, 2005)

(1) 대륙 주변부

대륙 주변부는 대륙의 잠겨있는 가장자리로서 지질학적 특성이나 구조 등이 대륙의 연장인 해역이다. 이곳은 대륙붕(continental shelf), 대륙사면(continental slope) 그리고 대륙대(continental rise)의 세 부분으로 구분된다(**그림 2-4**).

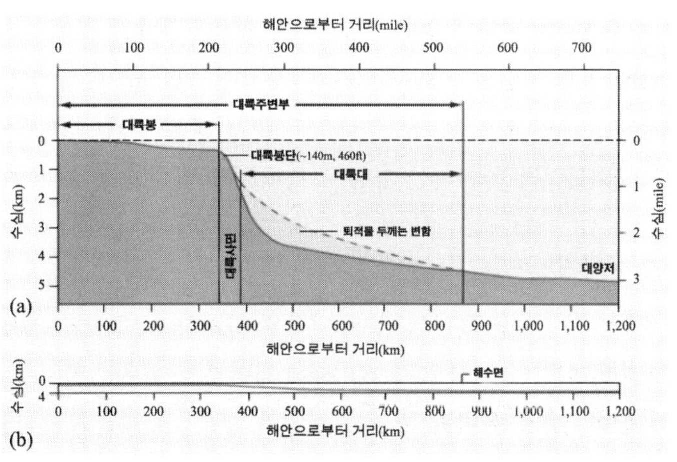

그림 2-4 수동형 대륙 주변부의 모양. (이상용외 4인, 2002)

대륙붕은 경사가 평균 1/500 정도로 평탄하며, 이것은 배수가 잘되는 넓은 주차장보다 작은 경사이다. 대륙붕 넓이는 바다 총 면적의 7.4% 정도 된다. 바다쪽 끝 부분을 대륙붕단(shelf break)이라 하며,

그 깊이는 지역에 따라 다르나 전 세계 평균은 약 140m이다.

대륙사면은 대륙붕단으로부터 평균 1/20 정도의 경사를 이루며, 심해저로 바뀌는 부분이다. 대륙사면에서는 니질 퇴적물이 주로 분포하고, 경사로 인하여 퇴적물이 쉽게 아래로 흘러내리고 지진 등으로 인하여 퇴적물이 뒤섞인 혼탁한 저탁류(turbidity current)가 발생하기도 하며, 이로 인해 깎인 해저 협곡(submarine canyon)이 나타난다(**그림 2-5**).

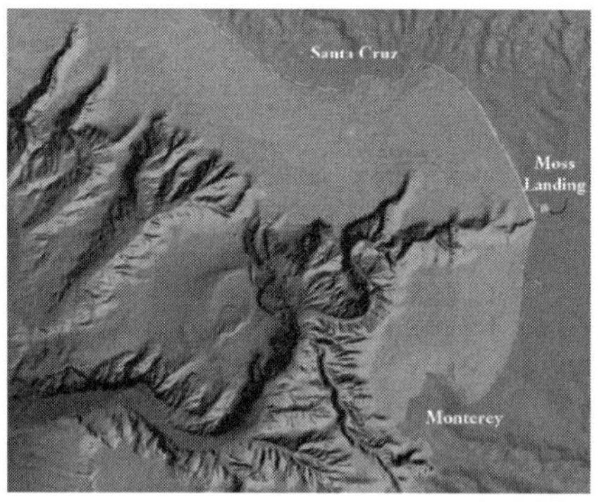

그림 2-5 자마이카 섬 외해 저탁류(좌)와 미국 캘리포니아 대륙붕과 해저 협곡(우). (Stewart, 2005)

대륙대는 대륙사면의 기저부이다. 이곳은 앞치마 같은 모양으로 대륙사면에서 내려온 퇴적물이 두껍게 쌓여 있고 대륙대 경사는 대략 1/160 정도이다. 이러한 대륙대는 인도양과 대서양의 서쪽에 많이 나타나지만 태평양 주위에는 잘 나타나지 않는다.

태평양 주변에서는 대륙사면이 대양저와 만나는 곳에서 오히려 수심이 아주 깊은 해구(trench)가 나타난다. 해구는 보통 수심이 6,000m 이상이며, 폭이 좁고 길이가 긴 휘어진 활 같은 도랑 모양의 지형으로 지각판이 상부 멘틀 속으로 들어가는 곳이다. 따라서 해구 주변에서는 지진과 화산 활동이 빈번하게 발생한다.

(2) 대양저

대양저는 지구 표면의 절반 이상을 차지하며, 경사가 매우 완만하고 수심이 약 4,000~6,000m 이상인 지역으로(**그림 2-6**), 기반암인 현무암 위에 약 5,000m 두께가 되는 퇴적물이 덮여 있다. 육지의 광활한 평야와 같은 심해저 평원(abyssal plain)과 높이가 1,000m 이상이 되는 해산(sea mount), 그보다 낮은 심해저 구릉(abyssal hill), 넓고 평탄하게 솟아오른 대양 대지(Oceanic plateau) 등이 있다. 또한, 꼭대기가 평편한 해산인 기요(guyot), 깊고 긴 계곡인 심해 채널(deep-sea channel) 등도 있다. 해산이 해수면 위로 높게 솟아오른 곳이 하와이, 괌과 같은 화산섬(volcanic island)이다.

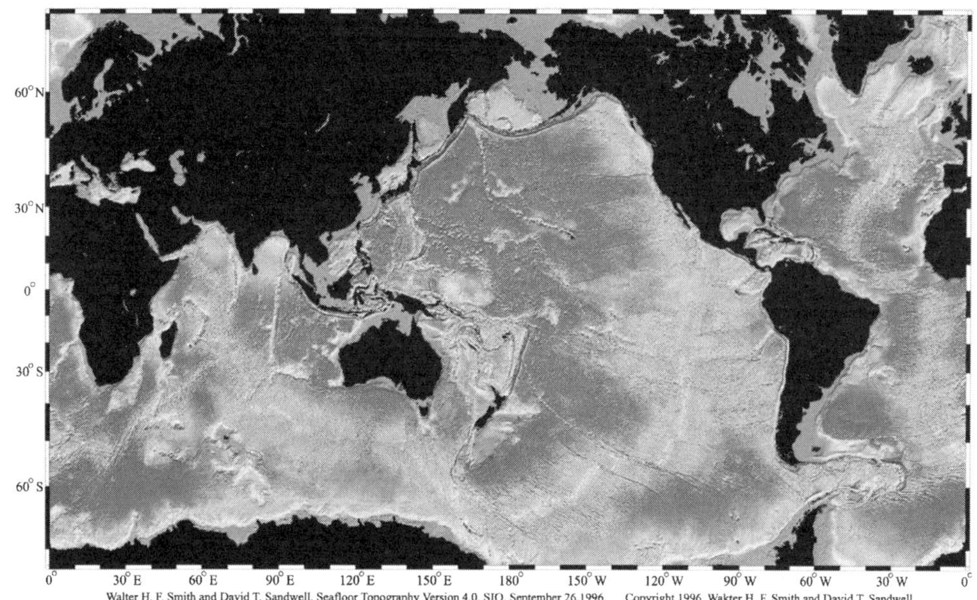

그림 2-6 대양저 지형도. (Stewart, 2005)

(3) 대양저 산맥

대양저에는 지구 둘레의 1.5배에 해당하는 65,000km 길이의 마치 야구공의 봉합선 같은 대양저 산맥이 있다(**그림 2-7**). 이 산맥은 높이가 2,000~3,000m, 폭이 1,000km 이상이 되는 거대한 규모이며, 이와 관련된 지형 구조가 지구 표면의 약 22%를 차지하고 있다. 산맥 꼭대기에는 깊이 약 1,000m, 폭이 수십 km 되는 열곡(rift valley)이 있으며, 산맥의 여러 곳에서 산맥을 가로지르는 변환 단층(transform fault)에 의해 단절된 단열대(fracture zone)가 있어 이곳에서 화산 활동과 지진이 일어나고 있다(**그림 2-8**).

대양저에서 흥미로운 것 하나가 열수공(hydro-thermal vent)이며(**그림 2-9**), 1977년 미국 Woods Hole 해양연구소의 Ballard와 Grassle이 동태평양 갈라파고스 섬 부근에서 처음 발견하였다. 대양저 산맥에서 350℃의 광물을 포함한 뜨거운 검은 물을 분출하는 곳이다. 처음 발견 이후 여러 대양저 산맥에서 열수공이 발견되었으며, 해저 확장이 빠르게 일어나고 있는 곳에서 아주 흔한 현상으로 믿고 있다. 이러한 열수공 주변에는 특이한 생물군이 존재하고, 열과 화학물질이 대기와 해수의 화학적 조성에 영향을 미친다. 1990년 7월에는 시베리아에 있는 바이칼 호수의 담수에서도 열수공이 발견되었으며, 이 발견은 아시아 대륙이 언젠가는 갈라져서 벌어지며, 바다의 일부가 될 것이라는 사실을 암시하고 있다.

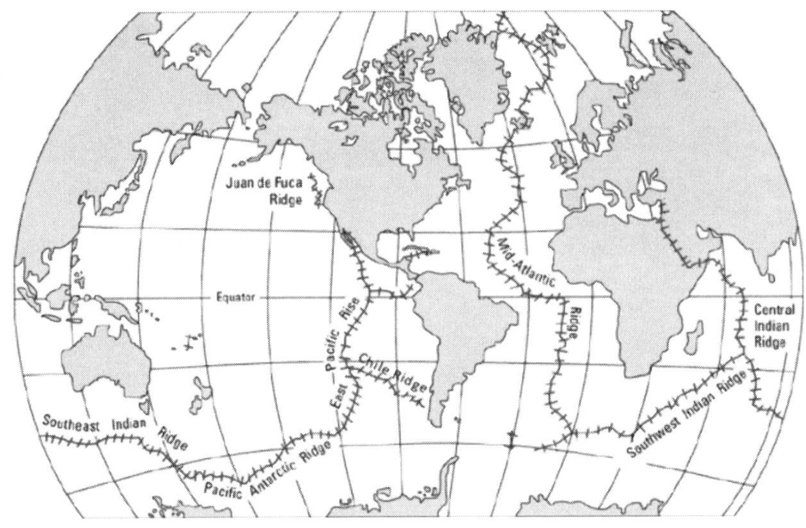

그림 2-7 대양저 중앙산맥 시스템 모식도. (자료: http://geology.about.com/)

그림 2-8 대서양 해저 일부의 대양저 중앙산맥 3차원 지도.
(자료: http://geologycafe.com/class/chapter5.html)

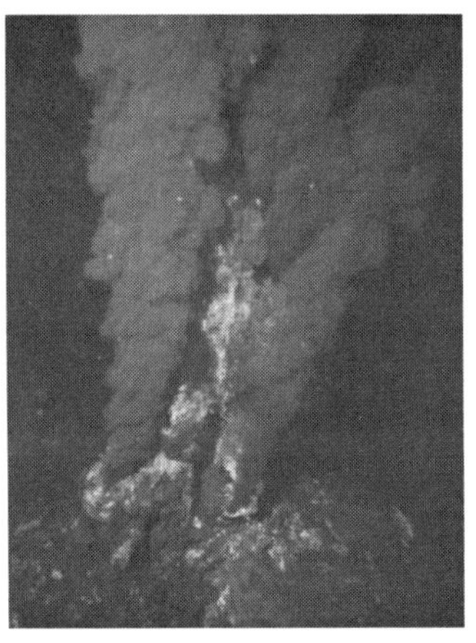

그림 2-9 열수공 검은 연기.

2. 해수의 성질과 구조

1) 물의 구조와 상태 변화

(1) 물의 구조

물은 산소 원자 1개와 수소 원자 2개로 구성되는 H_2O 화학식으로 표현된다. 분자량은 18이고, 기체, 액체, 고체의 상태로 존재할 수 있다. 물 분자는 수소 2개가 산소에 결합되는 각이 105°를 이루어 공유 결합되어 있다. 수소 원자가 대칭이 아니라 한쪽으로 치우쳐 있어 전기적 성질이 산소 쪽은 음성(−), 수소 쪽은 양성(+)을 띄게 된다. 따라서 전기적으로 음성을 띤 산소에는 다른 물 분자의 수소가, 양성을 띤 수소에는 산소가 끌려 수소 결합을 하게 된다. 이 수소 결합은 분자의 물리적 및 화학적 성질에 영향을 주고, 물 분자는 저희끼리 결합하여 큰 집합체를 만들게 된다. 물의 독특한 여러 가지 성질들은 모두 수소 결합에 의한 극성 때문이다. 물이 다른 용매에 비해 높은 증발열, 용해열, 열전도, 표면장력, 용해력 등을 갖게 되는 것은 모두 극성 때문이다. 또한, 이 극성 때문에 물속에 존재하는 양이온과 음이온 주위에는 물 분자가 쉽게 붙을 수 있게 된다.

(2) 상태 변화

물은 세 가지 모양의 응집상태인 고체(얼음), 액체(물), 기체(수증기)의 3상으로 존재한다. 얼음은 물 분자가 수소 결합에 의해 육각 결정 구조를 가지며, 3차원적으로 연결된 4면체 구조를 갖는다. 얼음은 액상인 물보다 빈틈이 많은 분자 배열이 되어 비중이 물보다 작아진다. 얼음의 온도를 1℃ 올리거나 내리는 데 필요한 열량(비열)은 0.5kcal/kg·℃이다.

얼음이 녹으면 육각형의 터널 구조가 없어지며, 이 현상을 융해라고 한다. 물의 상태가 변화되는 과정에는 열이 요구되거나 방출된다. 1kg의 얼음이 융해되어 같은 온도의 물로 되는 데 필요한 열량을 융해열이라고 하며, 3.33×10^5J/kg·℃로서 암모니아를 제외하고는 최고 값이다. 액체(물)가 열을 빼앗겨 고체(얼음)로 되는 과정을 응고라고 한다.

액상인 물의 비열은 1kcal/kg·℃ = 4.18×103J/kg·℃이다. 액체가 기체로 되는 현상을 기화라 하며, 액체 표면으로부터 기화되는 현상을 증발, 액체 내부에서 기화되는 현상을 비등이라고 한다. 물의 증발열은 2.25×106 J/kg·℃로서 모든 물질 중 가장 높은 값이다. 액체를 기화시키려면 질량에 비례하는 열량을 필요로 하며, 이를 기화열이라고 하고, 반대로 기체가 액체로 되기 위해서는 기화열과 같은 양의 열량을 방출해야 하는데, 이 열량을 액화열이라 한다. 고체가 액체를 거치지 않고 기체로 되거나, 반대로 기체가 고체로 되는 현상을 승화라고 한다. 이러한 물의 큰 비열과 상태변화 과정에서 사용되거나 방출되는 많은 열량은 물의 열용량이 매우 크다는 것을 의미한다. 또한, 열 에너지의 흡수나 방출로 인한 온도 변화에 저항하려는 경향인 열관성(thermal inertia)이 크다는 의미도 된다. 이러한 물의 온도조절 성질로 인하여 지구가 온화한 상태를 유지할 수 있으며, 바다와 대기를 통한 물의 이동은 지구상의 열을 효과적으로 저장하거나 재분배하는 역할을 한다. 한편, 해수에는 많은 양의 염분이 녹아 있고 물 분자와 이온 결합을 하고 있기 때문에, 해수가 얼 때에는 이 이온들을 떼어내고 물 분자들만 결합하게 되어 담수보다 낮은 온도에서 얼게 된다(염분 24.7psu에서 어는 온도는 −1.33℃). 따라서 해수 중의 염분은 얼음 밖으로 배출되어 주위의 염분이 높아지게 된다. 하지만 급속한 냉각에 의해 얼음이 형성될 때에는 염분이 다 배출되지 못하게 되기도 하며, 해수가 얼어 만들어진 빙하에는 염분이 어느 정도 포함되어 있다.

2) 수온

(1) 해수 표층의 수온

해수의 표면온도는 대체적으로 위도에 따른 분포를 한다(**그림** 2-10). 바닷물의 온도는 최저 −2℃에서 최고 30℃ 범위이고, 극지방에서 가장 차고 적도지방에서 가장 덥다. 이는 표면온도가 대부분 해수 표면으로 들어오는 열과 나가는 열의 차이에 의해 결정되기 때문이다. 지역별로 열 수지를 계산해 보면, 극지방은 열이 부족하고 적도지방은 열이 과잉이

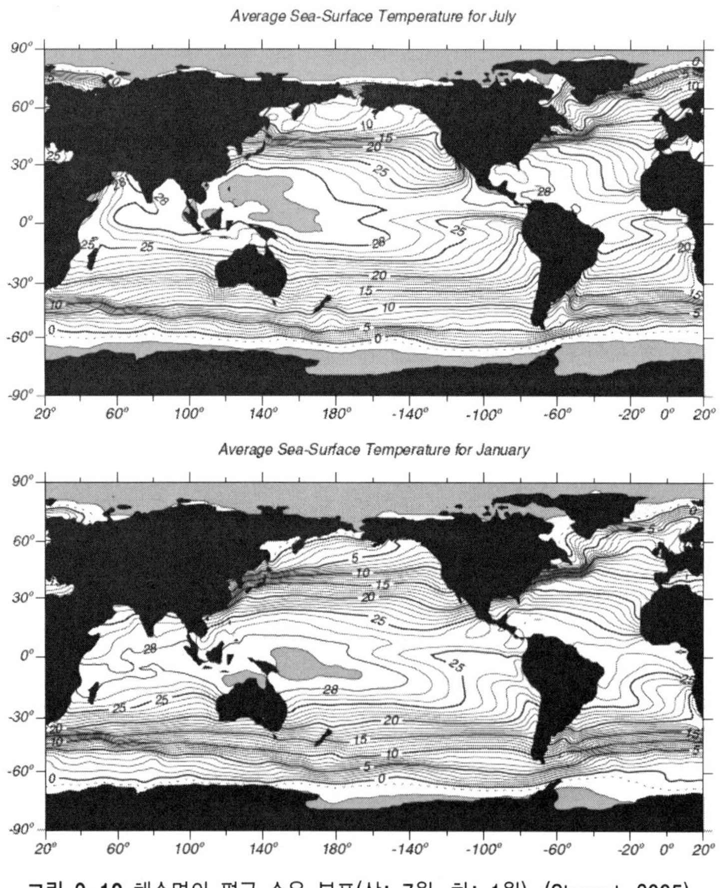

그림 2-10 해수면의 평균 수온 분포(상: 7월, 하: 1월). (Stewart, 2005)

다. 여기서, 열 과잉인 적도지방의 수온이 계속 높아지지 않는 이유는 대기와 바닷물의 흐름이 적도지방의 과잉인 열을 극지방으로 이동시키기 때문이며, 바다에서는 해류가 열을 이동시키는 역할을 한다.

(2) 수온의 구조와 변화

대양에서 수온(temperature, T)의 대표적인 수직 구조는 그림 2-11과 같다. 표층은 100 m 정도까지 잘 섞여 있어 깊이에 따른 수온 변화가 적다. 이 층을 상부 혼합층(upper mixed layer)이라고 한다. 그 아래층은 약 1,000m까지 깊이에 따라 수온이 급격히 낮아지는데 이 층을 수온약층(thermocline layer)이라고 한다. 수온약층 아래는 차갑고 수온이 거의 같은 층이 나타나며, 이를 심해층(deep water layer)라고 한다. 이러한 수직 구조는 위도에 따라 변화된다. 고위도 지방에서는 상부 혼합층이 두껍고 표층 수온이 낮으며, 저위도 지방에서는 상부 혼합층이 얇고 표층 수온이 높다. 온도가 낮은 심층수의 양이 많아 전세계 바닷물의 평균 온도는 약 3.5℃이다.

중위도 지방의 대양에서 상층부 수온의 계절적 변화는 그림 2-12와 같다. 하계에는 표면 수온이 높아지며 상부 혼합층이 얇아지고, 수온약층이 얕은 깊이까지 연장된다. 동계에는 수온이 내려가며 혼합층이 두꺼워진다. 이러한 계절에 따라 발달하고 쇠퇴하는 수온약층을 계절적 수온약층이라고 한다. 상부 혼합층의 깊이와 수온은 바람에 의한 기계적 혼합과 해수의 가열 및 냉각에 의한 열적 성층 및 혼합작용에 의해 좌우된다.

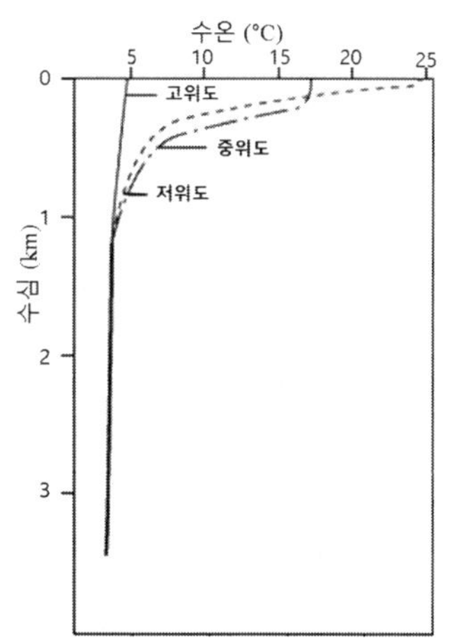

그림 2-11 수온의 수직구조

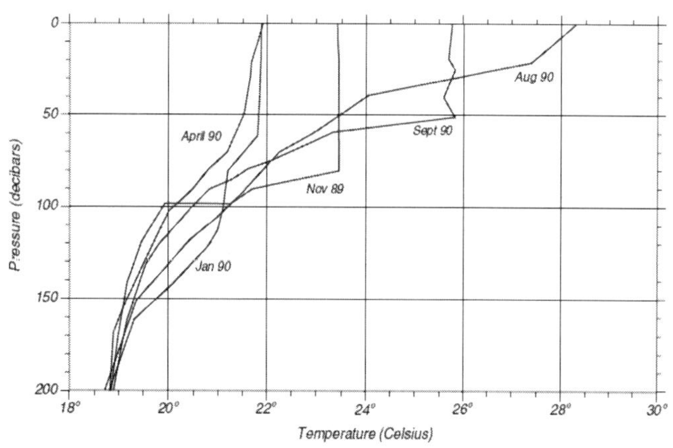

그림 2-12 중위도 지방의 상부 혼합층과 계절적 수온약층의 변화. (Stewart, 2005)

3) 염분

(1) 염분의 정의와 측정

1kg의 물에 녹아 있는 무기입자의 총량(g) 또는 농도(g/kg)를 염분(salinity, S)이라고 한다. 염분 농도에 따라 물을 구분하면, 염분 0.5psu 이하인 물을 담수라고 하고, 염분이 0.5～17psu인 물을 기수라 하는데, 한강, 낙동강, 금강 등 하구역의 물이 이에 해당한다. 염분 17psu 이상인 물을 해수라고 한다. 바닷물의 염분은 증발과 강수 그리고 육지로부터의 담수 유입량에 따라 33psu에서 37psu 범위 안에서 달라지지만, 전체 바다의 평균 염분은 34.7psu이다. 해수에 용해된 고체는 이온으로 분리되어 있으며, 주성분은 Na와 Cl이다(표 2-1).

표 2-1 바닷물의 주성분 원소 (염분 34.4psu일 때)

구 분	성 분	농도(g/kg)	무게 백분율(%)
물	산소	857.80	85.8
	수소	107.21	10.7
주성분 이온	염소 이온(Cl^-)	18,980	1.9
	나트륨 이온(Na^+)	10.556	1.1
	황산 이온(SO_4^{2-})	2.649	0.3
	마그네슘 이온(Mg^{2+})	1.272	0.1
	칼슘 이온(Ca^{2+})	0.400	0.04
	칼륨 이온(K^+)	0.380	0.04
	중탄산 이온(HCO_3^-)	0.140	0.01
총 계		999.377g/kg	99.9%

바닷물은 지구에서 각종 물질을 우려낸 일종의 "지구 차(earth tea)"이다. 지각, 멘틀과 대기를 이루는 거의 모든 물질이 비록 작은 양이라도 바다에 녹아 있다. 바닷물에 들어있는 성분 가운데 지각 암석의 풍화로 설명되지 않는 부분도 있다. 이 물질들은 멘틀 상부에서 열곡, 열수공, 화산 등을 통하여 바다에 들어왔고, 또한 바다에서 빠져나가기도 하였다. 예를 들면, 마그네슘은 열곡에서 흡수되고, 칼슘과 염소의 많은 양은 열곡에서 공급되기도 한다.

많은 학자들이 대양의 해수를 분석해 왔으며, 녹아 있는 주성분 간의 비율이 일정하다는 것을 알았다. 이를 일정 성분비의 원리라고 한다. 주성분의 비율이 일정한 것은 해수 중에 어느 물질이 머무는 평균 시간인 체류시간이 해수가 혼합하는 데 걸리는 혼합시간보다 훨씬 길고, 해양에서 일어나는 생물학적, 화학적 반응에 의한 농도변화가 거의 없다면 가능하다. 이러한 원리를 이용하여 근대에는 상대적으로 측정하기 쉬운 염소도(chloninity)

를 측정함으로써 염분을 구하였으며, 다음의 관계식이 고안되었다.

염분＝1.80655×염소도

요즘은 바닷물 시료를 떠 올리기 위해 그림 2-13과 같은 다중채수기를 사용하는데, 여러 채수기를 장착하여 원하는 깊이에 내려놓고 전기적 신호를 보내서 채수기 마개가 닫히게 한다. 현대의 해양학자들은 바닷물의 전기전도도를 측정하는 염분계(salinometer)를 사용한다. 전기전도도는 이온의 농도와 움직이는 능력 그리고 온도에 따라 달라지는데, 염분계는 수온에 따른 변화를 계산해서 전기전도도를 염분으로 환산한 결과를 제시한다. 그 중에는 해수 내에 직접 넣어 압력(깊이), 수온 전기전도도 등을 측정하는 휴대용 기기(CTD)도 개발되어 있다(**그림 2-14**). 원격 초정밀 염분계는 염분을 0.001psu까지 정확히 잴 수 있다.

그림 2-13 Rosset 해수 채수기.

그림 2-14 휴대용 수온염분수심 측정기.

(2) 염분의 분포와 구조

그림 2-15와 2-16(좌)는 위도에 따른 표층 염분의 변화를 보여 준다. 연평균 표층 염분의 위도에 따른 변화는 증발량과 강수량 차이와 상관성이 매우 높다. 적도지역의 낮은 염분은 많은 강수량 때문이며, 극지역의 낮은 염분은 강설과 빙하에 의한 영향이다.

심층수의 염분은 평균적으로 34.6～34.9psu 정도이므로, 수심이 증가하면 극지역과 적도지역에서는 염분이 증가하고, 아열대지역에서는 감소하는 수직 구조를 갖는다(**그림 2-16(우)**). 염분의 수직 구조는 수온의 수직 구조와 유사하게 상부 혼합층, 염분약층, 그리고 심해층으로 구분되기도 한다. 하지만, 대륙의 분포에 따라 달라지는 기후지대와 대양순환류의 특성 등에 따라 대양 및 연근해별로 수직 구조가 차이나고, 계절적 변화도 나타나게 된다. 증발이 강수보다 많은 지중해, 홍해 등에서는 고염수가 만들어지며, 인근 대양의 중층으로 고염수가 퍼져나가기도 한다.

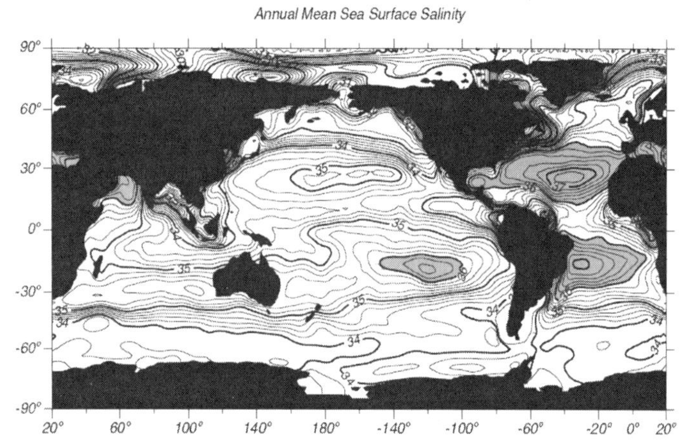

그림 2-15 연평균 표층 염분 분포. (Stewart, 2005)

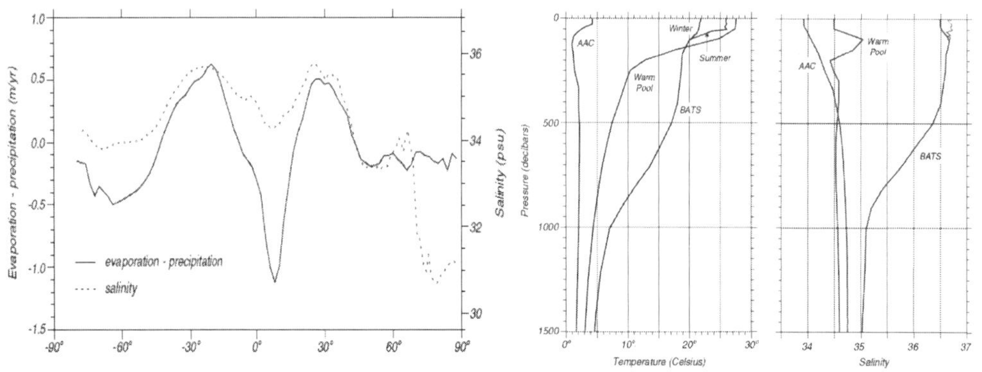

그림 2-16 위도 평균된 표층 염분과 증발-강수 변화(좌)와 대양의 대표적 수온, 염분 구조(우).
(AAC: 62°S, 170°E, Warm pool: 9.5°N, 176.3°E, BATS: 31.8°N, 64.1°W) (Stewart, 2005)

3. 해수의 밀도와 수괴

1) 밀도

밀도는 ρ로 나타내는데, 질량/부피로 정의된다. 해수의 밀도는 수온, 염분 그리고 수압에 의해 결정된다. 수온이 낮을수록, 염분과 압력은 높을수록 밀도가 증가하지만 밀도의 증감에 미치는 각 요소들의 효과는 비선형적이며, 수온과 염분이 달라도 같은 밀도가 될 수 있다(**그림 2-17**).

압력을 영향을 무시하면 바닷물의 밀도는 보통 1.022~1.028 범위의 값을 갖는다. 해수의 밀도는 직접적인 방법으로 측정하기는 어렵고, 이론을 바탕으로 얻어진 수식에 수온, 염분 및 압력 값을 가지고 계산한다. 압력이 대기압으로 일정한 조건에서 밀도 $\rho(s,t,0)$

를 계산하고, 자릿수를 줄이기 위해 다음과 같이 σ_t로 밀도를 나타내며, σ_t는 대체로 22~28 범위의 값을 가진다.

$$\sigma_t = [\rho(s, t, 0) - 1] \times 1{,}000$$

일반적으로 중력장 하에서 물의 밀도는 수심이 깊어지면 증가한다. 밀도가 작은 물이 밀도가 큰 물 밑에 머물 수 없다. 수온과 염분이 변하면 밀도도 변하고, 주변보다 밀도가 감소하거나 증가하면 수평적 압력 구배가 형성되어 운동(해류)이 발생하게 된다. 이러한 이유로 바닷물의 수온과 염분의 분포와 수직구조, 시간적 변화 등을 알아야 할 필요가 있다.

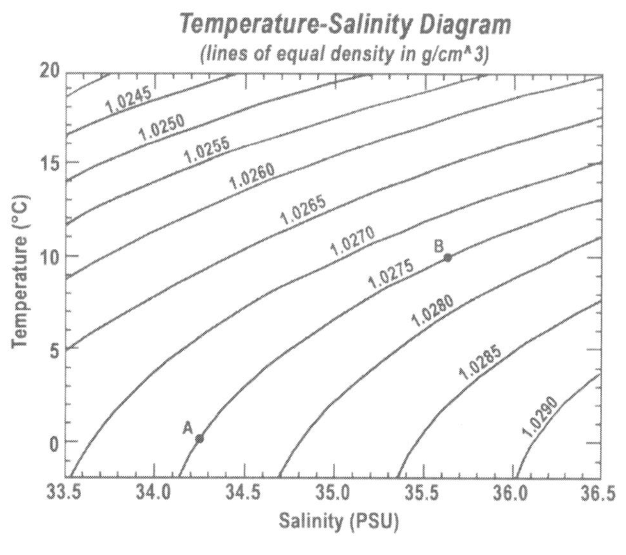

그림 2-17 수온-염분 관계도.
(A와 B의 수온과 염분이 달라도 밀도는 같다)

2) 수괴와 수온-염분 diagram

(1) 수괴

해양 표면에서 수온과 염분의 분포는 열의 유입과 유출, 증발, 강수와 강물 유입, 해빙 형성과 녹음에 영향을 받는다. 따라서 표층수의 수온과 염분은 지역과 시간에 따라 다르게 된다. 이는 기상에서 기단이 만들어질 때 그 지역의 기후 조건에 의해 기단의 성격과 양이 결정되는 것과 같은 현상이며, 일반적으로 한 기단은 다른 기단과 전선을 이루고 구분되어 진다. 바다에서의 수괴(water mass)는 대기의 기단과 유사한 개념으로써 '바다의 한 물리적 지역에 기원을 두고 공통의 형성 역사를 가진 물 덩어리'이다. 물론 수괴도 형성지역에서 벗어나면서 주변수와 혼합하여 특성이 조금씩 변하게 된다.

수온과 염분의 변화는 표층수의 밀도를 증가시키거나 감소시키고, 수직 대류를 야기한다. 만약 표층으로부터 심층으로 해수가 가라앉는다면 표층에서 주어진 수온과 염분 사이의 특별한 관계가 유지되며, 이동 중에 주변수와 혼합으로 인해 점진적으로 특성이 변화하게 된다. 해양학자들은 수괴의 구분과 특성 변화를 역 추적하여 심층수의 이동을 추정할 수 있다.

(2) 수온-염분 diagram

한 지점에서 관측된 수온과 염분을 깊이별로 짝을 지어 수온과 염분 두 축으로 구성된 평면에 한 점으로 나타내고 연결하면 수온-염분 diagram이 된다(**그림 2-18**). 이 그림은 수괴의 구분과 기원 및 지리적 분포를 파악하고, 수괴 사이의 혼합, 해양의 심층에서 해수 흐름을 추정하는 데 유용하다. 왜냐하면, 해수가 표층이나 혼합층에 있을 때 기후조건에 의해 그 해수의 수온과 염분 값은 주어지게 되며, 이 물이 상부 혼합층 아래로 가라앉으면 수온과 염분은 주변수와의 혼합에 의해서만 변하게 되기 때문이다(이러한 과정을 보존적이라 한다). 이는 특정 지역에서 형성된 해수의 수온-염분관계는 심층에서 이동하더라도 거의 변하지 않으며, 수온과 염분은 독립변수가 아님을 의미한다.

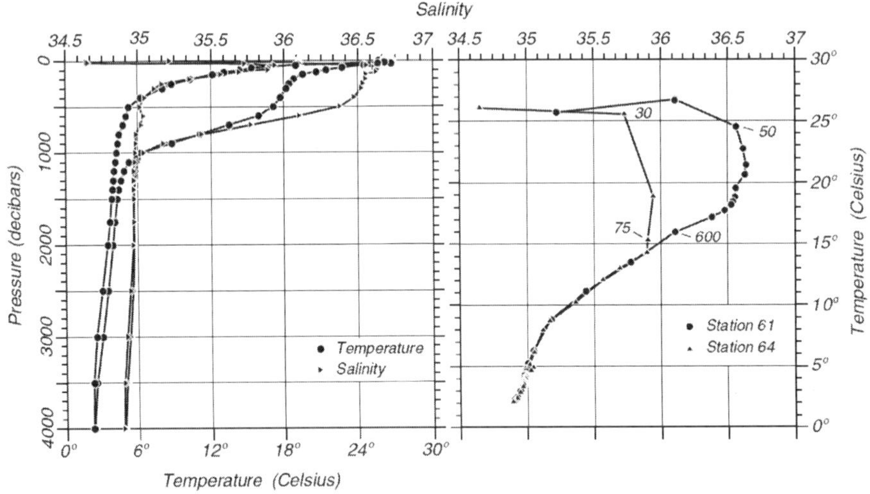

그림 2-18 멕시코만류 지역의 두 지점에서 측정된 수온과 염분의 수직 구조(좌) 및 수온-염분 diagram(우). (Stewart, 2005)

그림 2-18의 왼쪽은 멕시코만류 해역에서 측정된 두 지점의 수온과 염분의 수직 구조이다. 두 지점의 깊이에 따라 수온과 염분이 다르지만, 이를 수온-염분 diagram으로 그리면 (**그림 2-18(우)**), 1,000m 보다 깊은 층에서는 두 곡선이 겹쳐 일치하여 동일한 수온-염분관계를 보인다. 이러한 결과로부터 두 지점의 심층수는 같은 형성 지역으로부터 온 것임을 알 수 있다.

3) 온위

수압은 수심이 깊어지면 증가한다. 해수는 수압에 의해 압축된다. 물 덩어리가 가라앉으면 압축이 물 덩어리에 일을 가하게 된다. 일은 힘에 힘이 작용한 거리를 곱한 양이다. 즉, 깊은 곳에서는 물 덩어리 표면에 직각으로 가해진 힘(압력=힘/면적)과 물 덩어리가 수축되어 표면이 움직인 거리의 곱에 의해 일을 받는다. 일은 에너지이므로 물 덩어리의 내부 에너지는 증가하며, 내부 에너지의 지표인 수온이 올라간다(**그림 2-19**). 수심 8,000m에서는 약 0.9℃ 정도 수온이 상승된다. 이러한 압축작용에 의해 증가하는 수온은 크지 않지만, 밀도와 관련해서는 매우 중요한 결과를 만든다.

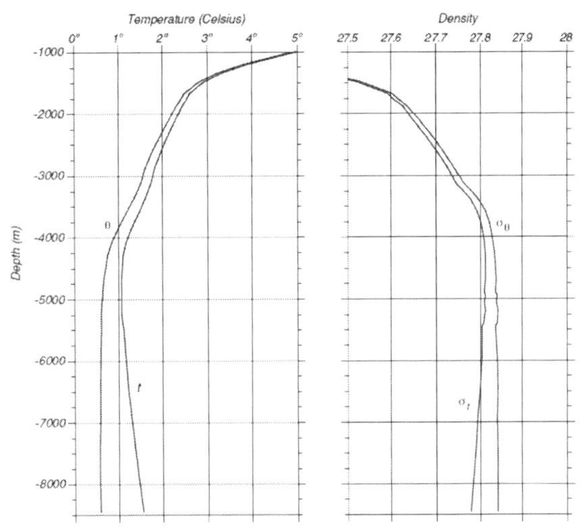

그림 2-19 현장 수온(t)와 온위(θ)의 수직 구조(좌)와 σ_t 와 σ_θ 의 수직 구조(우). (Stewart, 2005)

수온 측정에서 압축성의 효과를 제거하기 위해 온위(potential temperature, θ)의 개념을 사용한다. 온위는 깊은 곳의 물을 단열적으로 표층에 가져왔을 때 갖게 되는 온도로 정의된다. 여기서, 단열적이란 말은 열을 더하거나 빼지 않고 진행하는 과정을 말하며, 주변과의 열 교환이 없다는 것을 의미한다. 물론, 실제로 물 덩어리를 표면으로 가져와 측정하는 것이 아니라, 현장에서 측정된 수온과 수압(수심)으로부터 온위를 계산한다. 현장 수온 대신 온위를 사용하여 밀도를 계산하였을 때 이를 온위 밀도(potential density)라고 하며, σ_t 대신 σ_θ로 표현한다. 그림 2-19에서 4,500m에서 8,200m까지 현장 수온은 점진적으로 증가하고 σ_t 는 감소하지만, 온위와 σ_θ 는 거의 일정하다.

4. 빛과 소리

1) 굴절, 반사와 흡수 현상

빛과 소리는 파동현상이라는 측면에서 공통점을 가진다. 빛이나 소리가 통과하는 매질에서 진행속도가 공간적으로 조금씩 차이나면, 빛과 소리는 진행방향이 점진적으로 휘어져 굴절된다. 즉, 굴절현상은 소리 혹은 빛의 진행방향에 수직인 면에서 좌우 혹은 상하에서 진행속도에 차이가 있으면, 진행방향이 속도가 느린 쪽으로 휘어지는 현상을 말한다. 해양에서 빛은 진공에서의 속도를 굴절계수(refraction coefficient) n으로 나누어 준 속도로 전달되며, n=1.33으로써 해수 중 빛의 속도는 2.25×108m/s이다. 이는 수면을 경계로 빛의 진행속도가 1.33배 정도 달라짐을 의미한다. 예를 들면, 물을 담은 비이커에 막대기를 집어넣었을 때, 막대기가 수면을 기준으로 꺾어져 보이는 현상은 빛의 굴절 때문이다.

수중에서 빛의 속도가 공기 중의 속도보다 30% 정도 느리기 때문에 해수 표면에서 2% 정도의 반사(reflection)가 일어나지만, 소리는 수중에서의 속도가 공기에서의 속도보다 3배 정도 빨라 수면 경계에서 대부분 반사된다. 우리가 공기 중에서 고함을 쳐도 물속에 잠수한 사람은 그 소리를 거의 듣지 못하는데, 이러한 현상은 소리가 수면에서 대부분 반사되어 수중에는 거의 전달되지 않기 때문이다. 음파탐지기로 수중의 생물체를 탐지하거나 해저면까지 깊이를 측정할 때, 물과는 매질의 특성이 다른 생물체나 해저 퇴적물에서 소리가 반사되는 특성을 이용한다.

2) 해수 중의 빛

수중의 빛은 여러 가지 이유에서 중요하다. 해수를 가열하고, 부유생물에게 에너지를 공급하며, 표층 부근에서 이동하는 동물의 항해 수단이 된다. 또한, 표면에서 반사되는 빛은 우주 공간에서 인공위성에 의해 감지되어 클로로필 분포도를 작성하는 데 도움이 되기도 한다.

빛 에너지의 대부분은 수중에서 흡수(absorbtion)된다. 빛이 입자에 흡수될 때 분자들은 진동하며, 빛의 전자기 에너지가 열로 변환된다. 빛이 흡수되면 빛의 강도가 감쇄하며, 빛의 감쇄율은 수중에 빛이 도달하여 가열하는 깊이를 결정한다. 빛의 감쇄는 파장에 의존하여 파장이 500nm 미만으로 짧은 청색 빛이 적게 흡수되고, 파장이 650nm보다 긴 붉은 빛이 가장 강하게 흡수된다(**그림 2-20(좌)**). 빛은 물 분자, 먼지 입자, 빛의 파장과 유사한 크기의 입자들에 의해 산란되고, 물과 수중 미소 생물에 의한 흡수와 부유물질과 미소 생물에 의한 산란이 빛의 강도를 감쇄(attenuation)시키고, 이러한 특성을 고려하여 해수를 여러 가지로 구분한다(**그림 2-20**).

해수에서 빛의 감쇄계수가 일정한 경우 햇빛의 강도는 다음과 같이 표현된다.

$$I_2 = I_1 e^{-cx} \quad \text{2-1}$$

여기서, I는 radiance 혹은 irradiance이다. 전자는 각도당, 면적당 일율(power)이고, 후자는 표면의 면적당 일율이다. c는 감쇄계수이다. 초기 빛의 강도(intensity) I_1가 거리 x에 의해 지수 함수적으로 감쇄됨을 나타낸다.

대양 중앙부의 해수는 증류수보다 더 맑으며, 짙은 코발트색을 띤다. 이는 적게 흡수되는 청색 빛들이 남아 수중에서 산란되기 때문이다. 이 해수에서는 빛의 10%가 해면 아래 90 m까지 도달한다(**그림 2-20(우)**, type 1). 열대 중위도지역에서 조금 더 탁한 해수는 type 2, 3으로 구분된다. 아열대지역, 연안에 가까운 중위도 해역에서는 부유생물이 많으며, 클로로필을 가진 식물들에 의해 초록색이 많이 산란된다. 이로 인해 해수는 푸른색을 띤 초록색으로 보이게 된다. 해수의 색 변화는 SeaWifs 등의 인공위성에 장착된 해색(海色) 센스로 감지할 수 있으며, 넓은 지역의 부유생물 분포를 파악할 수 있다. 연안수는 외해수에 비해 맑지 않으며, type 1에서 9까지 분류되기도 한다. 해수는 육상 기원 부유물질, 천해에서 재부유되는 물질 등에 의해 탁해져서 황색으로 보이게 되며, 이러한 조건에서 빛은 수 m까지 도달하기 어렵다(type 9).

햇빛이 도달하는 깊이까지를 유광층(euphotic zone)이라고 한다. 광합성을 하는 해양 식물의 모든 생산은 이 층에서 이루어진다. 여기서 해수는 태양에 의해 데워져 온도가 조절되고, 열과 기체들이 대기와 교환된다. 대부분의 해양 생물이 이 유광층에서 발견되므로 매우 중요하다. 유광층 아래의 영구히 어두운 층을 무광층(aphotic zone)이라고 한다.

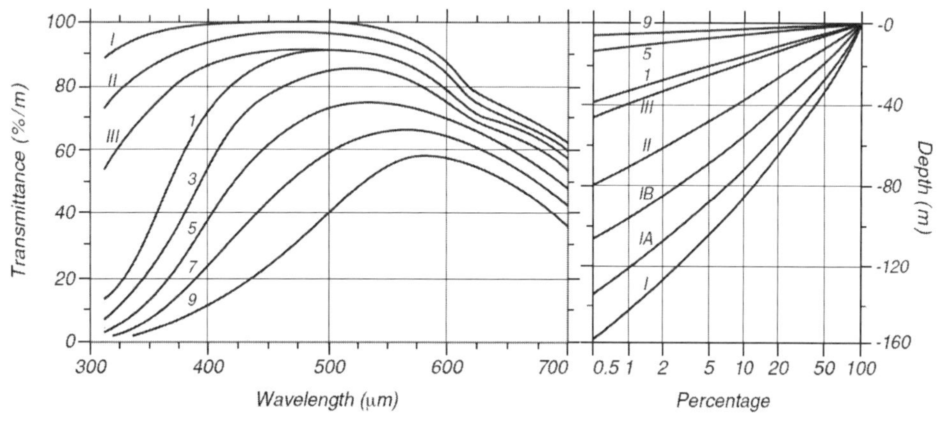

그림 2-20 파장에 따른 수중 빛의 투과율(좌)과 파장 465 nm 빛의 깊이 도달율(우). 곡선의 번호가 해수의 구분을 의미함(Stewart, 2005).

3) 수중 음향

수중 소리는 먼 거리까지 정보를 전달하는 편리한 도구일 뿐만 아니라, 수십 m 깊이 아래에서 해양을 원격으로 감지하는 데 사용되는 유일한 도구이다. 수중 음향의 굴절, 반사 및 흡수 특성을 이용하여 해저면의 특성을 측정하는 데 사용되기도 하며, 수심 측정 및 수온과 해류까지도 측정하는 데 이용된다. 최근에는 고래 등을 추적하는 데 이용하며, 해저

화산 폭발, 해저 지진 감시 등에도 이용된다. 고래나 다른 동물들은 이동하거나, 먼 거리까지 교신하거나 혹은 먹이를 찾는 데 음향을 이용하기도 한다.

음속 : 해양에서 소리의 전파속도 C (m/s)는 수온(t, ℃), 염분(S, psu), 압력(깊이 Z, m)에 따라 변화하며, 다음과 같은 식으로 구해진다.

$$C = 1448.96 + 4.591t - 0.0534t^2 + 0.0002374t^3 + 0.0160Z + (1.340 - 0.01025t)(S - 35) + 1.675 \times 10^{-7} Z - 7.139 \times 10^{-13} t Z^3 \quad \text{2-2}$$

대표적인 해양 조건에서 C는 1,450~1,550m/s의 범위에 있다(**그림 2-21**). 위 식 2-2에서 수온 변화에 따른 C의 변화는 10℃당 40m/s, 깊이에 따라서는 1,000m당 16m/s, 염분에 대해서는 1psu씩 증가 혹은 감소하면 1.5m/s 정도 변화된다. 따라서 음속의 변화를 지배하는 요인은 수온과 깊이이다.

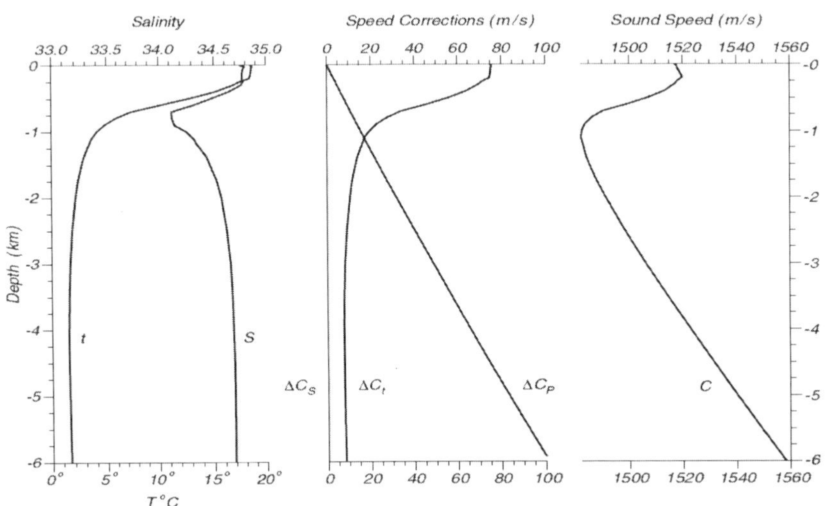

그림 2-21 수온과 염분구조(좌), 수온, 염분, 깊이 변화에 따른 음속의 변화량(중)과 이들을 합한 음속(우). (Stewart, 2005)

sound channel : 해수 중 빛의 전달속도에서 언급했듯이 파동은 매질 밀도가 달라지면 전파속도가 달라지고, 이로 인하여 파동의 진행방향은 속도가 작은 쪽으로 휘어져 굴절하게 된다. 그림 2-22에서 보이는 것처럼 사방으로 전파하는 음향이 수심 1,000 m 부근을 중심으로 아래와 위에서 굴절되며, 음향의 전파방향이 수심 1,000 m 부근의 최저 음속층으로 모이게 된다. 이를 sound channel 혹은 SOFAR(sound fixing and ranging) 층이라고 한다. sound channel은 소리가 지구 반대편까지 전달되기도 하는 곳으로써 수중통신 혹은 수중 군사작전 등에서 매우 중요시 하는 곳이다.

흡수 : 음향이 거리에 따라 흡수되는 과정은 식 (2-1)과 같은 형태로 표현된다. 단지 감쇄계수 c 대신에 음향의 진동수에 좌우되는 흡수계수 k를 사용한다. 1,000Hz의 음향은 1km 거리에서 1.8% 감쇄하고, 100,000Hz 음향은 1km 거리에서 99.9999% 감쇄한다. 해양의 수심을 측정하는 데 주로 사용되는 30,000Hz 음향은 해수면에서 해저면까지 도달하여 돌아오는 동안 거의 감쇄되지 않는다.

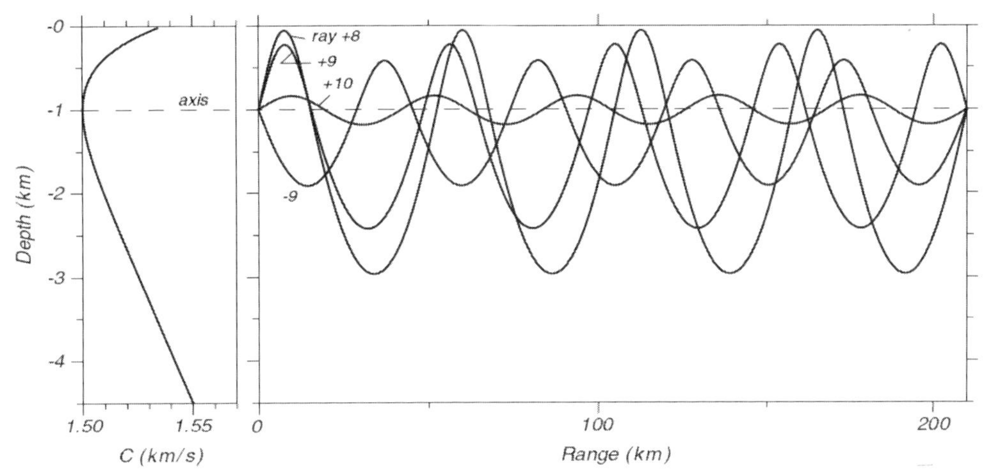

그림 2-22 음속 최소층에 위치한 음원에서 전파하는 음향 경로. (Stewart, 2005)

제2절 해류 및 순환

1. 해류와 순환의 중요성

바다의 운동을 구분해 보면, 해류(current), 파랑(wave), 혼합과 확산(mixing and diffusion) 현상으로 나눌 수 있다. 해류는 수 일 이상의 긴 시간에 걸쳐 특정한 방향으로 물질과 에너지를 동시에 이동시키는 현상을 말한다. 파랑은 에너지(혹은 정보)를 주로 전달 및 전파하는 현상이고, 혼합과 확산은 주로 물질이 섞이고 교환되거나 퍼져나가는 현상이다. 이 절에서는 해류의 형성 과정과 바닷물의 순환에 대해 알아보기로 하자. 바다는 지구라는 그릇에 담겨 있기 때문에 해류들은 바다물의 수평적 순환을 만들게 되며, 바다의 순환은 해류의 평균적인 연결고리로 생각할 수 있다.

바다의 물리적 현상, 그 중에서도 해류를 연구하는 이유를 간단히 요약하면, 인류는 1) 바다에서 먹거리를 얻고, 2) 바다를 사용하며(물량과 인원 수송, 해안 개발과 광물자원 활용, 여가 선용 등), 3) 바다는 대기 날씨와 기후에 많은 영향을 주기 때문이다. 날씨와 기후에 대한 해양의 역할은 가끔 뉴스 거리가 된다. 날씨 변화 양상과 엘니뇨, 태풍과 해일을 관련시킨 뉴스를 들어보지 않은 사람이 없을 것이다. 최근에는 남해에서 주로 잡히던 멸치가 동해 속초 해안가에서도 잡힌다는 뉴스와 함께 지구 온난화에 대한 이야기를 한다. 이는 해양이 기후와 날씨 변화와 연관되어 있고, 어종 변화에도 영향을 주고 있음을 의미한다.

해류 체계가 바다 생물에게 미치는 영향은 육상 생물에게 날씨와 기후 환경이 미치는 영향과 같은 의미를 지닌다. 따뜻한 해역에 서식하는 생물이 난류를 따라 다른 곳으로 이동하기도 하고, 난류와 한류가 만나는 곳에서는 두 영역의 생물이 모이기도 한다. 특히, 해류는 온도의 변화와 더불어 영양염 공급으로 바다를 풍요롭게 한다. 다음으로 바다를 이용하는 인류는 바닷가나 바다 속에 구조물을 만들기도 하고 선박을 이용하여 이동한다. 해류는 장기적으로 특정한 방향으로 물질을 이동시키므로, 해양 구조물의 안전과 선박의 항해 속도를 좌우할 수 있다. 해변에서 모래의 장기간 이동도 많은 부분 연안 해류의 영향을 받는다. 마지막으로 바다는 강우, 가뭄, 홍수, 지역적 기후 그리고 폭풍과 태풍의 분포에 중요한 영향을 준다. 바다의 해류 분포와 순환 체계의 요동은 대기의 날씨와 기후에 결정적 영향을 준다(물론 바다는 대기로부터 운동과 에너지 및 물질을 받기도 한다). 이러한 바다의 대기에 대한 영향은 바다에서 먹거리를 구하는 경우(수산 분야)나 바다를 이용하는 경우(해운, 자원 개발, 여가 선용 등)와 같은 바다에서의 인간 활동에 매우 큰 제약을 주기도 한다.

2. 해류의 발생원인

정지하고 있는 해수를 움직이게 하거나, 움직이는 해수를 가속하거나 방향을 바꾸기 위해서는 힘이 작용하여야 한다. 해수에 작용하는 힘의 균형을 알면 해수의 운동을 기술할 수 있으며, 이는 뉴턴의 운동법칙에서 "관성력=작용하는 외력의 합"이다.

$$m\overrightarrow{a} = \sum_i \overrightarrow{F_i} \qquad 2\text{-}3$$

즉, 물체의 질량(m)×가속도($\overrightarrow{a}$)=물체에 작용하는 힘($\overrightarrow{F_i}$)의 합이다.

원칙적으로 가속도를 알면, 이를 시간에 대해 적분하여 속도를 알 수 있고, 속도를 또 시간 적분하면 이동거리를 알 수 있다. 따라서 해류는 속도를 가지므로 해류가 발생하기 위해서는 힘이 작용하여야 한다. 액체의 경우 질량보다는 단위부피당 질량인 밀도를 주로 사용하며, 이 경우에 작용하는 힘도 단위질량당 힘이 아니라 단위부피당 힘을 사용하게 된다. 해양에서 단위부피당 해수에 작용하는 힘을 모두 고려하여 운동방정식을 표현하면 다음과 같다.

밀도×가속도=전향력+압력 경도력+중력
+마찰력+기타(기조력, 대기압, 지진 기원력 등) 2-4

이러한 힘들은 역할에 따라 두 가지로 구분하기도 한다. 한 가지는 해수의 운동을 일으키고 유지시키는 힘으로써 구동력 혹은 일차적 힘이라고 하며, 바람 응력(마찰력), 압력 경도력, 중력(혹은 부력), 기조력(조석을 일으키는 힘)이 이에 속한다. 다른 하나는 해수가 움직이기 시작하면 작용하여 운동에 변화를 주는 힘으로써 조종력 혹은 이차적인 힘이라고 하고, 전향력, 마찰력(물 마찰과 해저면 마찰)이 이에 속한다. 따라서 운동의 측면에서 해류는 해양에 작용하는 구동력(주로 바람 응력과 압력 경도력)들에 의해 발생한다.

해수의 운동에 관련된 또 하나의 중요한 물리 법칙은 물질 보존법칙이다. 그림 2-23과 같이 지중해에서 물과 염의 수지를 따져 보면, 이 법칙을 이해할 수 있다. 지중해로 들어오는 물량은 강 유입량(R)+강수량(P)+대서양에서 들어오는 량(V_i)이 되고, 지중해에서 나가는 물량은 증발량(E)+대서양으로 나가는 량(V_o)이 된다. 만약, 지중해로 들어오고 나가는 물의 밀도가 같다면, 다음과 같은 식으로 지중해 내의 물량에 대한 보존식을 만들 수 있다.

$$\text{물 보존식: } V_i + R + P - V_o - E \; = \text{지중해 수면 높이의 시간 변화} \qquad 2\text{-}5$$

윗 식에서 장기적으로 보면, 지중해의 수면이 시간적으로 변화가 없다고 할 수 있다. 이 경우 "물은 지중해 내에서 창조되거나 소멸되지 않는다."는 의미를 내포하고 있다. 여기서 중요한 것은 해수의 운동이 운동방정식뿐만 아니라 물질 보존방정식의 지배를 받으며 발생한다는 사실이다.

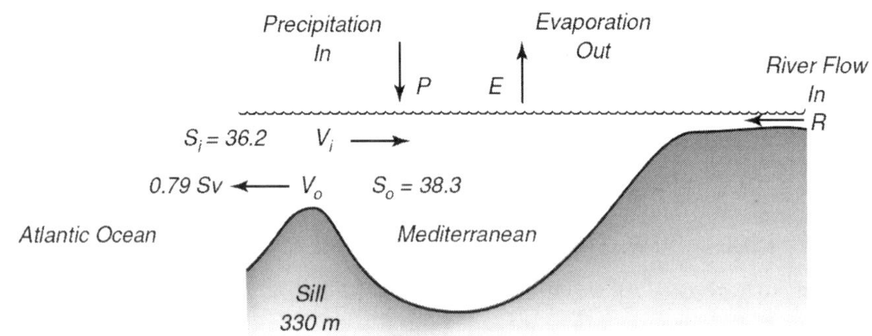

그림 2-23 지중해로 들어오고 나가는 물과 흐름을 표현한 모식도. S_1 과 S_0 는 지중해로 들고 나는 물의 평균 염분이며, S_v 는 시간당 통과하는 체적량(단위: 106m^3/s). (Stewart, 2005)

1) 바람 응력

(1) 관성류(Inertial current)와 전향력(Coriolis force)

바람이 갑자기 불었다가 멈추면 바람 응력 방향으로 표층 흐름이 발생하게 되고, 물 입자 사이에 점성(마찰력)이 없다면, 이 흐름은 지속될 것으로 추측할 것이다. 바람 응력은 경계면에 작용하는 힘(마찰력과 같음)으로 바람의 속도 혹은 속도의 제곱에 비례한다. 하지만, 다른 힘이 가해지지 않아도 흐름의 방향은 시간에 따라 변하게 되는데, 북반구에서는 오른쪽(시계방향)으로 남반구에서는 왼쪽(반시계방향)으로 흐름이 휘어져 흐름이 원운동을 하는 것으로 나타난다(**그림 2-24**). 이러한 흐름을 관성류라고 한다. 원운동의 주기를 관성주기라고 하며, $T_i = 12$시간/sin(위도)로 주어진다. 위도 30°에서 관성주기는 24시간, 위도 45°에서는 16.97시간이다. 흐름이 있는 위도 상에서 원운동의 반경 r은 초기흐름의 속력(V)에 비례하여 $r = (V \times T_i)/\pi$ 가 된다.

무엇이 흐름의 방향을 휘어지게 하여 원운동이 되는 것일까? 우선 바람이 멈추어 가해지는 힘이 없는 경우에도 흐름이 지속되는 것은 물의 관성 때문이다. 힘을 가하지 않아도 흐름의 방향이 바뀌는 것은 지구의 자전효과에 의해 작용하는 전향력 때문이다. 따라서 관성류는 식 2-4에서 '관성력=전향력'의 균형 상태에서 발생한다고 할 수 있다.

전향력은 지구상에서 움직이는 물체에는 모두 작용하는 것처럼 나타난다. 만약 이 물이 지구상에 있지 않고 우주 공간에서 이동한다면, 물은 힘이 가해진 방향으로 직선으로 움직이지만, 자전하는 지구상에서 이 운동을 관찰하는 우리에게는 이 물이 앞 문단에서 제시된 회전주기로 원운동을 하는 것으로 보이게 된다. 사실은 물이 회전운동을 하는 것이 아니라 관찰자(운동을 기술하는 좌표계)가 지구의 자전에 의해 회전하는 것이다. 이 물이 지구상에서 움직일 때도 지구에 붙어 회전하면서 관측하는 관측자에게는 원운동으로 관찰된다. 힘을 가하지 않았음에도 흐름(운동)의 방향을 바꾸는 힘이 있는 것처럼 물은 운동하게 되는데, 이 가짜 힘을 전향력(Coriolis force)이라고 한다. 전향력의 크기는 속력에 비례하여 fV이며, 여기서, $f = 2\pi / T_i = 2\pi \sin(\text{위도})/12\text{시간}$ 이고, 전향력계수라고 한다.

실제 해양에서 관성류는 발생 후 장시간 계속되지 않고, 나타났다가 수일에 걸쳐 소멸하여 사라지고, 또 새롭게 발생되고 하는 흐름이다. 여기서 관성류를 설명하면서 마찰력이 없는 것으로 가정하였으나, 실제 해양에서는 마찰력이 있기 때문에 관성류는 수일 안에 소멸하게 된다(**그림 2-24**). 다른 장소와 다른 수심에서 관찰되는 관성류는 서로 상관성이 매우 낮다. 대부분의 관성류는 표면에서 강한 바람의 급속한 변화에 의해 발생하고, 주변 해양으로 전파되며 해면과 해저면에서 반사되기도 한다.

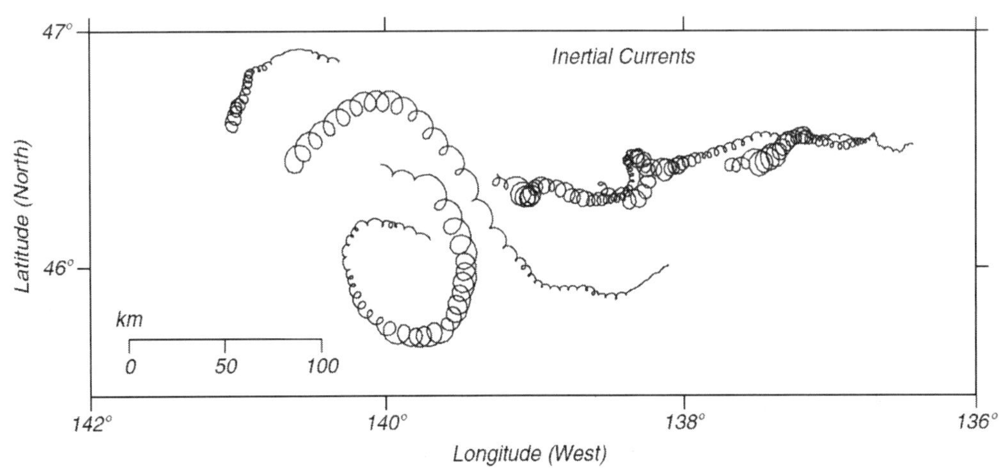

그림 2-24 1987년 10월 북태평양의 수심 15m에서 표류 부이들로 측정된 관성류. (Stewart, 2005)

(2) 취송류(Wind-drift current, Ekman current)

관성류와 달리 바람이 해수면에 장시간에 걸쳐 불면 흐름이 형성되는데, 이를 취송류라고 한다. 바람 응력은 해수 표면에 가해지는 마찰력의 일종이다. 바람 응력에 의해 표면수가 바람방향으로 움직이면, 그 아래층의 물은 점성에 의해 움직이게 되지만 이와 동시에 표면수에는 흐름의 반대방향으로 마찰력을 가하게 된다. 이 과정에서 북반구에서 움직이는 물체에 작용하는 전향력은 흐름의 오른쪽으로 작용하게 된다. 즉, 표층에서 흐름에 대한 힘의 균형을 따져 보면 식 2-4에서 '바람 응력(마찰력)+아래층 물의 마찰력(점성)+전향력=0'이 된다고 할 수 있다. 따라서 표면(표층)수는 그림 2-25에서와 같이 북반구에서 바람이 불어가는 방향의 오른쪽 45° 방향으로 향하게 된다. 남반구에서는 전향력이 해수 이동방향의 왼쪽으로 작용하므로 표면수가 바람의 왼쪽 45° 방향으로 향하게 된다.

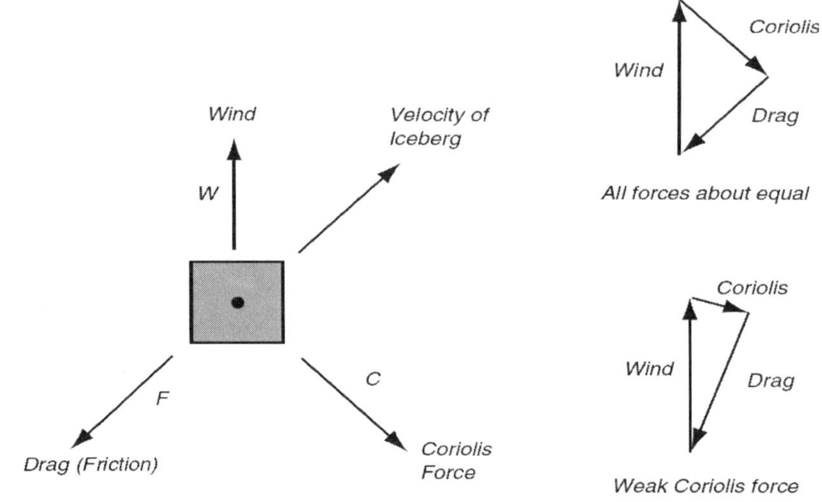

그림 2-25 바람이 불 때 북반구 해양표면에 작용하는 힘의 균형 모식도. (Stewart, 2005)

이 흐름은 수직적 마찰력(물의 점성)에 의해 계속적으로 다음 아래층으로 전달되는데, 흐름의 세기는 지수 함수적으로 작아지게 되고, 흐름의 방향은 상층에 비해 점점 오른쪽을 편향하게 되어 깊이에 따라 나선(spiral) 구조가 된다(**그림 2-26**). 흐름의 방향이 표면수 흐름에 반대가 되는 깊이를 Ekman 수심, 표면에서 이 수심까지를 Ekman 층이라고 한다. 중위도 대양에서 Ekman 수심은 대략 100 m 정도 된다. 북반구에서 이 취송류를 수직으로 적분하면, 물의 평균 이동은 바람방향의 오른쪽 직각방향이 된다. 수직 적분된 물의 수송을 Ekman 수송이라고 한다.

Ekman 수심은 취송류의 형성 한계 깊이로 볼 수 있으며, 해양의 상부 경계층 두께로 볼 수 있다. 수직적 균질의 바다에서 해저면이 Ekman 수심보다 얕으면 표면수가 바람 응력방향에 대해 오른쪽으로 편향되는 각도가 감소하게 된다. 또한 여름철에 계절적 수온약층이 발달하면 Ekman 수심은 수직적으로 균질한 겨울철보다 작아지게 된다. 이러한 경우 바람 응력이 같아도 여름철에는 겨울철보다 표면수 흐름이 강해질 수 있다.

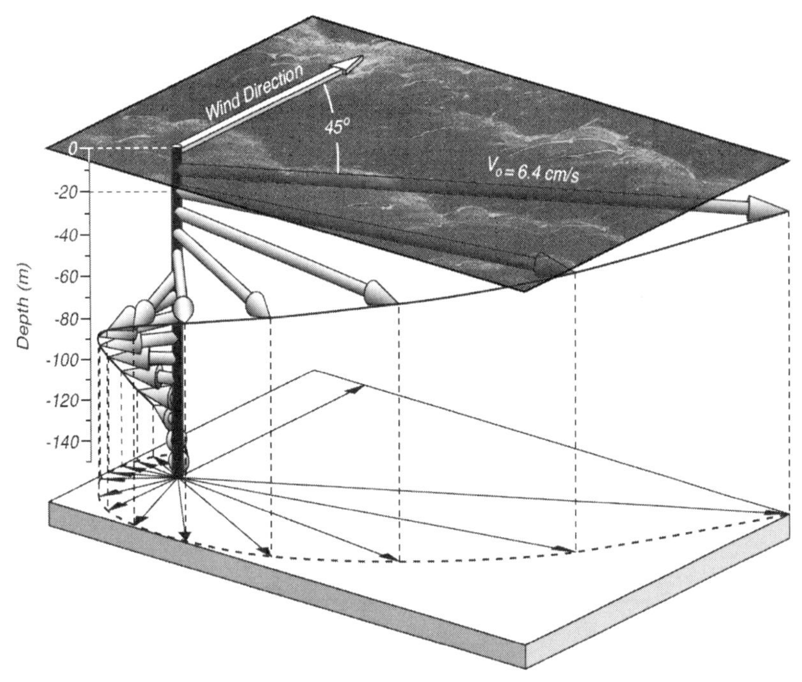

그림 2-26 북위 35°에서 10m/s 바람에 의한 Ekman current. (Stewart, 2005)

2) 압력 경도력과 부력

(1) 지형류(Geostrophic current)

해양 내부에서 물의 무게(질량×중력 가속도)와 수직적 압력 경도(pressure gradient)는 가장 큰 힘이지만, 두 힘은 수직적으로 균형을 이루고 있으며, 이를 정수압 균형(hydrostatic balance)이라고 한다. 수평적 압력의 차이는 두 지점의 같은 깊이(z=−h)에 작용하는 물 무게의 차이이므로, 각 지점의 밀도를 z=−h에서 z=0까지 수직 적분한 물 무게의 차이와 각 지점의 해수면 높이(z=ζ) 차이에 의해 결정된다. 단, 여기서 z=0인 높이는 지오이드(geoid)면 높이이며, 위치 에너지가 같은 면이다(**그림 2-27**).

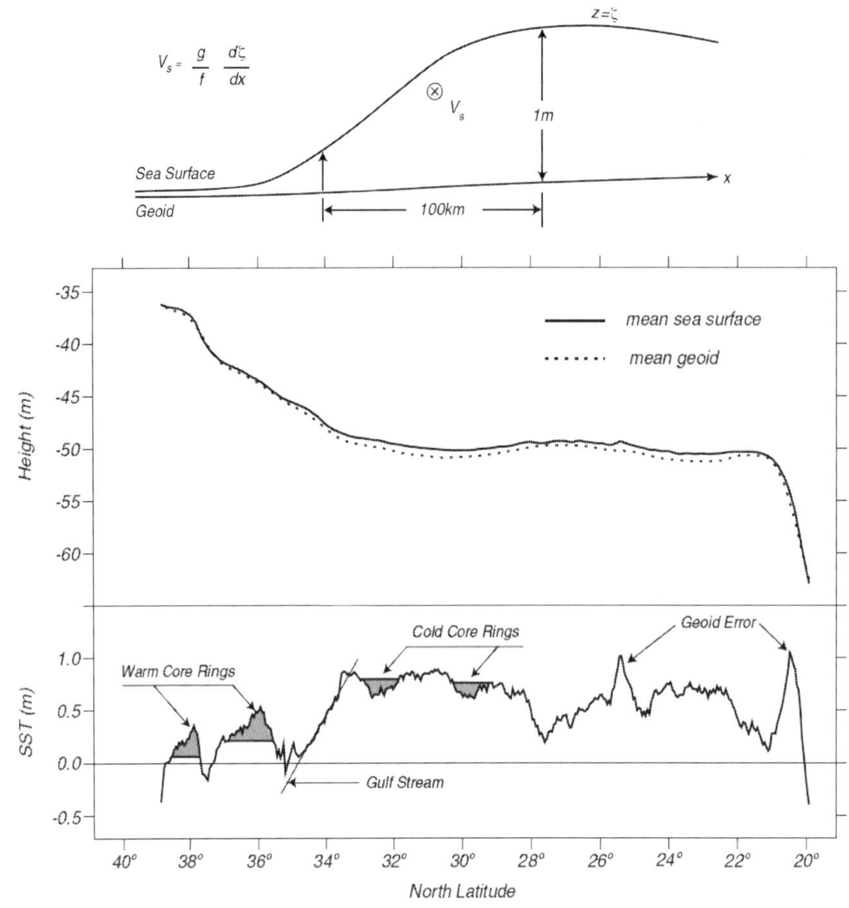

그림 2-27 지오이드 면에 대한 해수면 경사와 표면 지형류 모식도(상) 및 인공위성에서 고도계로 측정한 멕시코만류 지역의 해면 높이(하). (Stewart, 2005)

해양에서 어느 깊이에서 수평적으로 압력이 차이나면 이 압력 경도에 의해 흐름이 발생하며, 힘의 방향은 고압에서 저압으로 향한다. 해양 내부에서 거리가 수십 km 이상, 시간이 수일 이상에 해당하는 현상의 경우 수평적 압력 경도는 거의 정확하게 전향력과 균형을 이루게 된다. 이 힘의 균형을 지형류 균형이라고 하며, 지형류 균형에서의 흐름을 지형류라고 한다. 식 2-4에서 마찰력과 관성력 등 다른 힘의 크기가 상대적으로 매우 작아지게 되어 지형류 균형이 만족된다. 대양에 존재하는 대부분의 해류들은 지형류에 속하고, 그 중에서도 흐름이 강하고 지속적이며, 100km 정도의 흐름 폭을 갖는 쿠로시오(Kuroshio)나 멕시코만류(Gulf stream)가 유명하다. 지형류는 등압선을 따라 흐르며, 북반구에서 흐름 방향을 보고 있을 때 고압이 관측자의 오른쪽에 있고 남반구에서는 왼쪽에 있다. 고압에서 저압으로 향하는 압력 경도력과 흐름의 오른쪽으로 작용하는 전향력이 균형을 이룬

상태이다.

먼저, 해수면 높이 차이에 의해 발생하는 지형류에 대해 알아보자. 그림 2-27은 해수면 높이 차이에 의해 발생하는 지형류의 모식도와 위성에서 관측된 멕시코만류 지역의 해수면 높이를 보여 준다. 모식도에서 지오이드 면상의 x-방향 해수면 경도력($gd\zeta/dx$)= 전향력($f\,V_s$)의 평형에서 표층 속력 V_s 가 얻어진다.

대양의 해류에서 지형류 균형을 이루는 해수면 높이의 차이는 대부분 1 m 미만이고, 이 높이가 차이나는 수평거리는 100 km 정도로서 매우 작은 수면 경사이지만 1 m/s 정도의 해류 속력이 발생한다. 만약, 내부 해양의 밀도가 깊이에 따라 수평적으로 동일하다면 해수면의 경사에 의한 수평 압력 경도는 전 수층에 걸쳐 동일하게 되고, 이 경우에는 표층 지형류와 같은 흐름이 전 수층에 걸쳐 발생하게 된다.

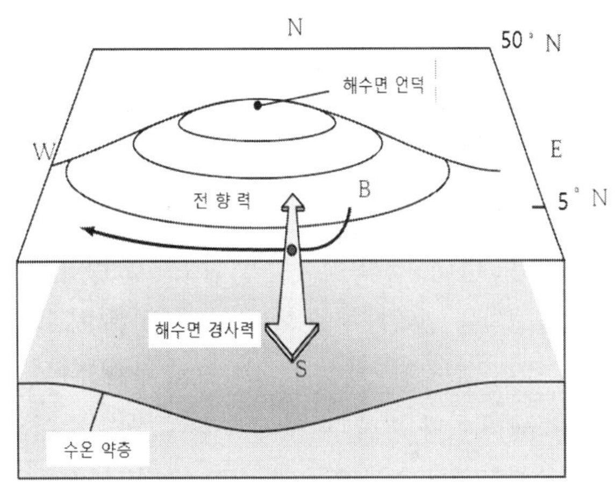

그림 2-28 2층 구조의 해양에서 지형류 모식도.

그러나 해양의 내부 밀도는 대부분 수평적으로 동일하지 않다. 가장 간단한 예로서 수온약층에 의한 2층 구조의 해양을 생각해 보자. 그림 2-28처럼 상층부에 가벼운 해수가 모이면 해수면이 주변보다 높아지고, geoid 면에 대해 높게 부풀어 오르게 되며, 수온약층의 깊이도 깊어지게 된다. 반대로 하층에 차가운 물이 모이면 수온약층이 솟아올라 상층 깊이가 얕아지게 되고, 해수면은 낮아지게 된다. 해수면이 높은 언덕에서 낮은 곳으로 작용하는 수평적 압력 경도(경사)력은 수온약층 위까지 유지되어 상층부의 지형류가 형성된다. 하지만, 수온약층 아래 어느 깊이에서는 언덕 쪽보다 가장자리 쪽에서 두꺼워지는 무거운 해수로 인하여 수평적 압력 경도력이 사라지거나 오히려 언덕 쪽으로 향할 수도 있다. 전자의 경우에는 지형류가 사라지며, 후자의 경우에는 지형류가 상층과 반대방향으로 흐르게 된다.

만약, 강과 하구같이 전향력이 충분히 작용하는 것을 방해하는 측면 경계가 가까이 있고, 수심이 얕아 해저면의 마찰력을 무시할 수 없다면, 지형류 균형이 설립되지 못한다. 이러한 조건인 강 혹은 하구에서는 수면의 경사와 내부 밀도 차이에 의한 압력 경도에 의해 고압에서 저압으로 흐름이 발생하게 되며, 압력 경도력은 흐름 속도에 비례하는 해저면의 마찰력과 균형을 이루게 된다.

(2) 침강류

중력장 하에서 해수는 고밀도수가 저밀도수 아래에 있어야 안정된 위치를 유지할 수 있다. 만약 표층에서 해수가 대기냉각으로 열을 잃어 온도가 낮아지면 밀도가 증가되고, 이때 아래쪽 해수보다 밀도가 크게 되면 부력에 의해 표층 해수는 침강(sinking)하게 되고, 아래의 저밀도수는 상승하게 된다. 침강하는 해수는 같은 밀도의 해수가 있는 층까지 내려간다. 해수의 침강은 수직 속도를 가지지만, 수평적으로 발생하는 해류에 비해 속력이 매우 작아 해류라고 하기는 어렵다. 해수의 침강은 극지방 주변에서 혹한의 겨울날씨로 기온이 급강하면 빙하가 형성되면서 빙하 사이로 해수가 대기에 노출된 지역에서 수온이 내려가 발생하기도 한다(**그림 2-33 참조**). 증발량이 강수량보다 많아 고염수가 만들어지는 지중해와 홍해 지역에서는 고밀도수가 대서양이나 인도양으로 흘러나오며, 밀도가 높은 심층으로 침강하기도 한다.

극지방에서의 해수 침강은 심층 혹은 저층수를 공급하는 중요한 과정이다. 수괴의 형성 과정이기도 하며, 특히 상층수가 심층으로 공급되면서 심층에 산소가 공급되기도 한다. 물질 보존법칙을 만족하기 위해서는 침강하는 해수만큼 표층수가 침강 지역으로 공급되어야 하고, 한편 침강된 해수가 심층으로 퍼지는 양만큼 해양의 어디에선가는 상승(용승, upwelling)되어야 한다. 따라서 수평적 해수 순환은 수직적 순환과 연결되어 있으며, 만약 수직 순환이 발생하지 않으면 수평 순환도 약해지거나 멈추게 될 수도 있다.

3. 대양 순환계: 흐름 분포와 특성

1) 표층 순환(풍성 순환)

표층 순환은 바람에 의해 형성된다고 하여 풍성 순환이라고도 한다. 지구 표면의 평균적 바람 분포와 바람의 수직 순환계를 모식적으로 표현하면 그림 2-29와 같다. 표층 순환은 저위도의 무역풍, 중위도의 편서풍, 고위도의 편동풍에 의해 유발된다. 이들 풍계는 년평균치로 보면 된다. 이러한 평균적 바람 분포는 무역풍과 편서풍이 바다 표면을 북반구에서는 시계방향으로, 남반구에서는 반시계방향으로 회전시키는 응력을 가하게 된다.

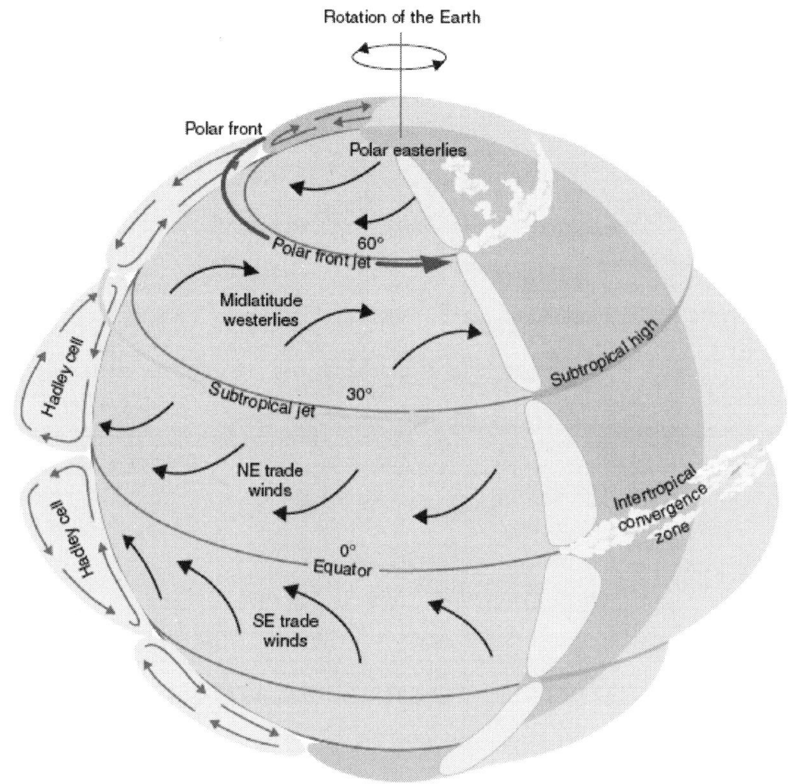

그림 2-29 지구 대기 평균순환 모식도.
(자료: https://cimss.ssec.wisc.edu/sage/oceanography/lesson3/concepts.html)

해양의 표층에서는 취송류가 형성되어 북반구에서는 바람의 오른쪽, 남반구에서는 바람의 왼쪽 45° 방향으로 표층 해류가 발생하여 무역풍과 편서풍에 의해 적도 부근에서는 서향류, 중위도 해역에서는 동향류가 된다. 이들 해류는 남북으로 가로막고 있는 육지 경계를 따라 해양의 서쪽에서는 적도에서 중위도로 서안 경계류를, 동쪽에서는 중위도에서 적도로 연결되는 동안 경계류를 형성한다(**그림 2-30**). 실제 각 대양에서는 육지의 분포에 따라 해양의 경계가 달라지며, 이로 말미암아 해류의 위치와 방향이 변형된 모습으로 나타난다.

그림 2-30에 표현된 각 순환계에서 저위도에서 고위도로 향하는 해류는 난류이고 고위도에서 저위도로 향하는 해류는 한류로 구분된다. 북반구의 고위도 해역에서는 순환계가 상대적으로 약하고 규모도 작지만, 남반구에서는 각 대양이 연결되어 있어 남극대륙을 둘러싸고 서쪽에서 동쪽으로 계속 돌아가는 흐르는 남극 대환류가 형성된다.

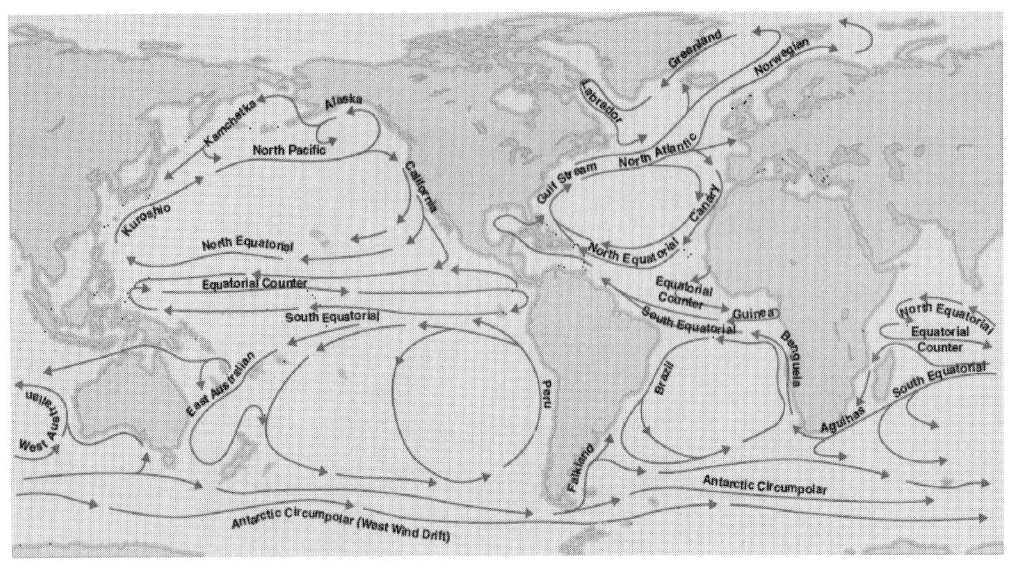

Warm-water current　　Cold-water current

그림 2-30 대양의 표층해류 및 순환 체계 모식도.
(자료: https://cimss.ssec.wisc.edu/sage/oceanography/lesson3/concepts.html)

적도 부근의 남북 적도해류들은 태평양에서는 서안의 대륙경계를 만나 서쪽에서 동쪽으로 흐르는 적도반류를 만들기도 하지만, 대부분이 고위도 쪽으로 해안을 따라 흐른다. 서안 경계류는 폭이 좁고 유속이 매우 강한 경계해류가 되며, 서안 강화류라고 한다. 쿠로시오, 멕시코만류, 동오스트리아해류, 브라질해류, 아굴라스해류 등이 서안 강화류이다.

이들 중 쿠로시오와 멕시코만류는 세계의 양대 해류로서, 쿠로시오는 폭이 약 100 km, 두께는 약 400~1,000 m가 되며, 유속이 2.5 노트(knot) 이상이고, 해류에 의해 초당 이동되는 물량은 50Sv (Sv $=10^6$ m^3/s) 이상이며, 적도 부근의 따뜻한 해수를 고위도로 이동시키는 난류이다. 멕시코만류는 폭은 쿠로시오보다 좁지만, 두께가 더 크고 유속이 강하여 쿠로시오와 비슷한 양의 해수를 수송하는 난류이다(**그림** 2-31).

그림 2-31 위성 수온영상으로 본 멕시코만류.

동안 경계류는 고위도에서 적도로 흐르

는 한류이며, 폭 넓게 퍼져 흐르고 두께가 얇고 유속도 약하다. 캘리포니아해류, 페루해류, 카나리아해류, 벵갈라해류 등이 이에 속한다. 한편, 남극 주변을 돌아 흐르는 대환류는 지구상에서 가장 많은 약 150Sv의 해수를 수송하는 순환류이다. 이 순환류는 전 수층에 걸쳐 같은 방향으로 흐르는 순환계로서 전 대양의 해수를 연결하고, 혼합하는 통로이다.

바람에 의한 표층 해수의 수송은 바람의 직각방향으로 일어나므로, 무역풍과 편서풍에 의해 이 환류의 중앙부에 표층수가 몰려 해수면이 높아지고, 해수면의 모양은 중앙부에 대해 대칭적이어야 할 것이다. 이러한 대칭적 해수면 언덕 주변에서는 동쪽과 서쪽에서 같은 세기의 지형류가 발생하여야 한다. 하지만, 이런 해수면 높이 분포에서는 관측된 서안 강화류가 발생할 수 없다. 그러면, 바람에 의한 중위도 해역의 순환계에서 서안 강화류와 동안 경계류가 다른 이유는 무엇일까? 이 현상을 처음으로 설명한 사람은 미국의 물리학자인 H. Stommel으로 1948년에 근본적인 원인을 밝혔다. Stommel은 위도에 따라 전향력계수 f가 증가한다는 점에 착안하고, 해류에 작용하는 해저면 마찰력을 고려하였을 때 서안 강화류가 발생함을 보였다. 이를 쉽게 풀이하면, 전향력 효과에 의해 저위도에서 서쪽으로 움직이는 물이 고위도로 편향되는 정도보다 환류의 북쪽 경계에서 동쪽으로 움직이는 물이 저위도로 편향 정도가 훨씬 강하다. 이러한 효과는 물의 언덕이 서쪽으로 치우쳐 형성되게 하며, 이로 인해 서안에서는 해면 경사가 급하게 되고, 따라서 좁고 강한 해류가 발생한다.

2) 심층 순환(열염 순환)

표층 순환이 상층 1km 미만의 깊이까지 바람에 의해 발생한다면, 그 아래 4~5km 두께의 4℃ 미만의 많은 양의 심층과 저층수는 어떤 운동을 하며, 무엇이 운동을 유발하는가? 표층 순환에 의해 적도에서 고위도로 이동하는 표층수는 고위도 해역에서 열을 잃고 찬 해수로 되며, 밀도가 증가한다. 고밀도의 해수는 같은 밀도의 해수가 있는 깊은 곳까지 가라앉으며 퍼져나가 대양저를 채우고, 심해 확산과 혼합과정이 이 물을 영구 수온약층까지 끌어 올린다(**그림 2-32**). 따라서 심층 순환은 밀도 차이에 의해 일어나는데, 해수 밀도는 수온

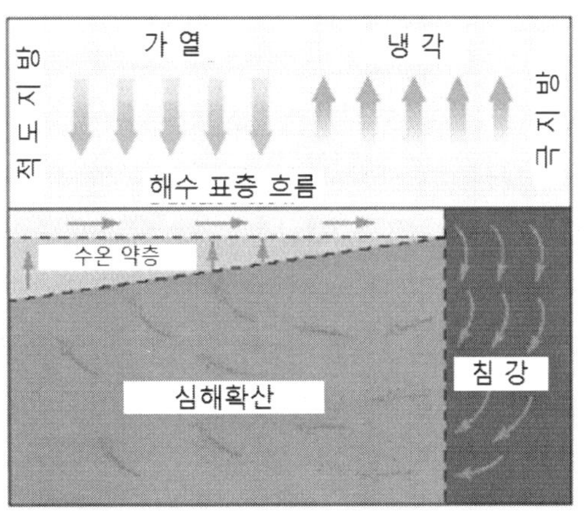

그림 2-32 심층 순환(열염 순환) 개념도.

과 염분에 의해 결정되므로 심층 순환을 열염 순환이라고 한다.

고위도 해역에서 가장 높은 밀도를 만드는 곳은 북대서양 노르웨이해(노르웨이와 그린랜드 사이) 그리고 남극 주변이다. 북태평양에서도 심층수가 만들어지지만 밀도가 충분히 높지 않아 해저까지는 침강하지 못한다. 중・저위도에서는 겨울에 밀도가 높은 물이 만들어져도 수백 m 깊이까지 밖에 침강하지 못한다. 예외적으로 높은 증발율에 의해 고염수가 만들어지는 지중해에서는 대서양의 1,000m 깊이로 고염수가 침강하며 퍼져나간다. 침강하는 고밀도수가 만들어지기 위해서는 그 지역에서 온도가 낮아져야 하는 것뿐만 아니라 염분도 높아야 한다. 고염인 해수의 온도가 낮아지는 지역이 북대서양 고위도와 남극 주변이다(**그림** 2-33).

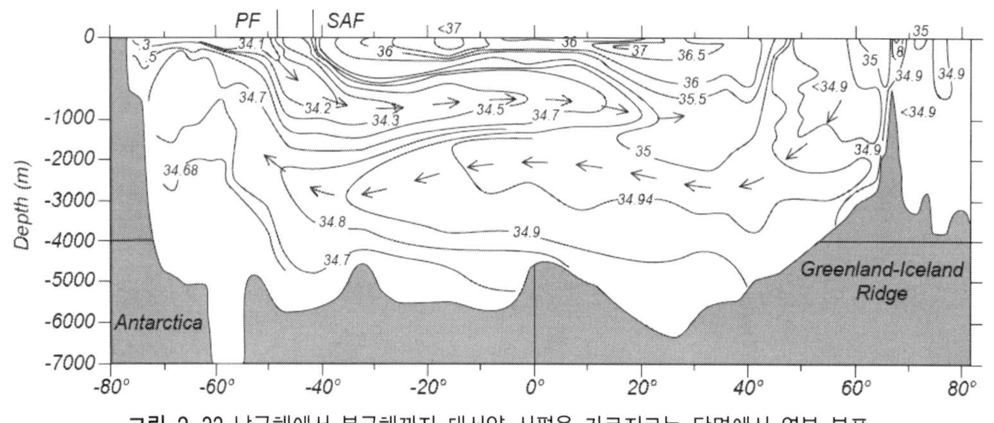

그림 2-33 남극해에서 북극해까지 대서양 서편을 가로지르는 단면에서 염분 분포.
PF: polar front, SAF: subarctic front (Stewart, 2005)

침강수가 형성되는 다른 과정으로 해수의 성격이 서로 다르지만 밀도가 거의 같은 두 수괴가 만나 전선을 이루는 곳에서 두 물의 혼합에 의해 밀도가 높은 물이 형성되는 과정이 있다. 그림 2-17에서 A와 B의 성격을 가진 물이 만나 섞이면 섞인 물의 성격은 두 점을 연결하는 직선상에 나타나게 되므로, 이렇게 만들어진 물은 섞이기 전의 물보다 밀도가 높아지게 된다. 따라서 두 물이 섞여 만들어진 물은 두 물 아래로 침강하게 된다. 이러한 과정은 대양의 전선역에서 일어나고, 높아진 밀도가 있는 깊이까지만 침강하게 된다.

그림 2-33에서 남반구의 PF, SAF 지역에서 침강하는 경우가 이에 해당하며, 북위 60°에서 침강하는 해수는 표층수가 열을 많이 잃어 고밀도수가 만들어지는 경우로서 더 깊은 곳으로 침강한다.

이러한 심층 순환은 자오선 방향의 뒤집힘 순환(meridional overturning circulation), 지구적 컨베이어(global conveyer)라고도 한다(**그림** 2-32). 즉, 열과 염에 의해 결정되는 밀도에 의해 남북방향으로 지구적인 규모에서 해수의 침강과 뒤집힘이 유발되기 때문이다. 표층과 심층 순환이 고밀도수 형성 지역에 의해 연결되며, 지구적 규모의 순환계가 형성되고 있다.

만약 표층 순환으로 북쪽으로 이동된 해수가 침강하지 않고 동안 경계류로 다시 돌아온다면 심층수보다 따뜻한 해수일 것이며 북대서양 고위도에 열을 적게 공급한 결과가 된다. 북대서양에서 심해 침강수가 만들어지는 과정에서 엄청난 열(1,015watt)이 북반구에 공급되어 유럽 지역이 온화하게 해준다. 심층 순환은 열과 염, 산소와 이산화탄소, 그리고 다른 물질까지도 저위도에서 고위도로 이송하는 역할을 한다. 심층 순환에 의해 이송되는 열과 물질 유량은 지구의 열수지와 기후 조절에 중요하다. 지구의 기후 조절에 영향을 주는 측면은 찬 해수가 이산화탄소를 저장하는 능력이 있고, 심층 해류는 열대 지역의 열을 고위도로 옮기는 능력이 있기 때문이다. 온실 효과의 주범으로 알려진 대기의 이산화탄소는 찬 해수에 효과적으로 많이 용해되어 심층 순환에 의해 해수 중에 재분배되거나, 생물에 의해 이용되기도 하여 임시적으로 저장된다.

학자들의 최근 연구에 의하면, 북대서양 고위도에서 심층수 형성의 변동성은 지난 최근의 빙하기 동안 북반구 온도의 변동성과 밀접한 관련이 있다고 밝혀졌다. 현대 산업사회의 산물로 지목되는 온실 효과는 극지방의 빙하를 녹여 저염화를 유발할 수 있고, 고위도 표층수의 침강현상도 방해하므로 심층수 형성의 조건인 고염수의 냉각이 단절되게 할 가능성이 높다. 만약 지구적 규모의 대양 순환계에 변동이 온다면, 지구의 기후 변화가 심각하게 변할 수도 있다.

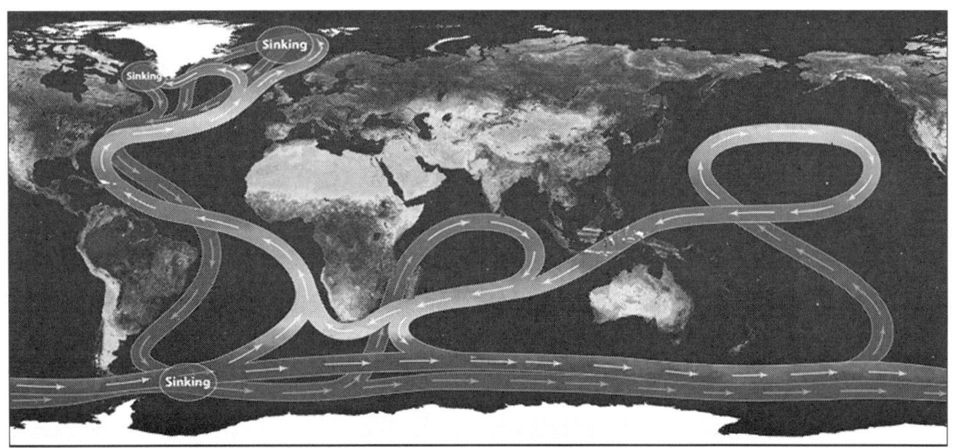

그림 2-34 지구적 규모의 대양 대순환(Oceanic Conveyor Belt) 모식도.
(자료: http://www.rapid.ac.uk/abc/bg/atlantic_conveyor.php)

4. 용승, 엘리뇨, 전선

1) 용승(upwelling)

북반구에서 장시간 동안 바람이 불면 Ekman 층에서 바람의 오른쪽 직각방향으로 해수의 수송이 발생하므로, 북반구에서 해안선을 왼쪽에 두고 바람이 불어가면 오른쪽 외해로 수송되고 난 상층의 해수를 보충하기 위하여 아래층의 물이 상승하는 용승이 일어난다. 이러한 용승현상은 1) 저층의 영양염을 유광층으로 공급하여 생물학적 생산성을 높이고, 어류의 먹이가 풍부해져 어장이 형성되고, 2) 찬 심층수가 표층으로 올라와 대기와 만나면 안개, 층운, 수직대류가 발생하는 하는 등 용승 지역의 날씨를 변화시키기도 하며, 3) 대양에서 물질을 재분포시키며, 동시에 해류도 발생시켜 매우 중요하다.

(1) 연안 용승

그림 2-35는 북반구에서 육지를 왼쪽에 두고 바람이 불 때, 외해로 향하는 Ekman 수송에 의해 용승이 발생하는 과정을 모식적으로 보여준다. 연안을 따라 자주 용승이 일어나는 지역에서는 수직적인 물의 이동만이 있는 것이 아니라 외해로 밀려나간 물을 보충하기 위해 수평적으로도 물이 모여든다. 이러한 수평적 흐름은 큰 속도를 갖기도 하여 연안역 해류로서 잘 알려져 있다.

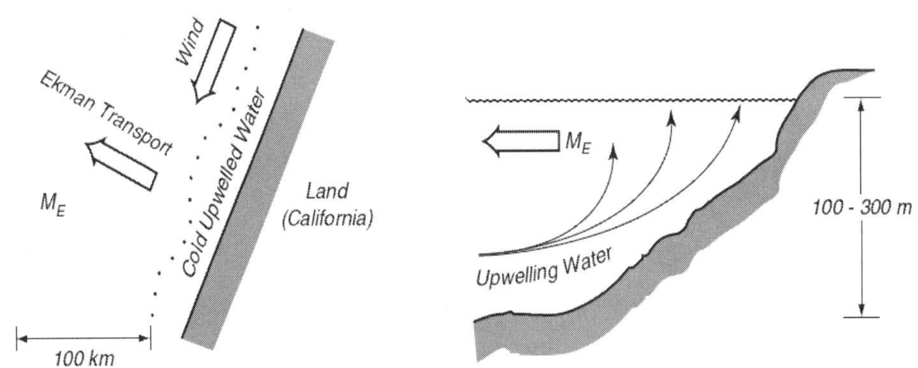

그림 2-35 북반구에서 바람에 의해 저층수가 용승하는 Ekman 수송의 모식도. (Stewart, 2005)

연안 용승은 대부분 대륙의 서쪽 해안을 따라 활발하게 발생하며, 미국 서부 해안이나 남미 페루 연안이 대표적 용승지역이다(**그림 2-36**). 저층에서 올라온 물은 수온이 낮아 주변의 표층수와 큰 온도 차이가 발생하며, 수온전선을 형성한다. 이러한 전선을 용승전선이라고 한다. 한편, 북반구에서 바람의 방향이 바뀌어 육지를 오른쪽에 두고 바람이 불면 표층수는 연안으로 수송되어 누적되며, 아래층으로 밀려 내려간다. 이러한 현상을 하강류(downwelling)라고 한다. 이 하강류는 가벼운 상층수가 모여 아래층 물을 누르며, 깊은 곳으로 내려가는 현상으로써 부력에 의해 무거운 물이 가벼운 물 아래로 침강하는 현상과는 발생 원인이 다르다.

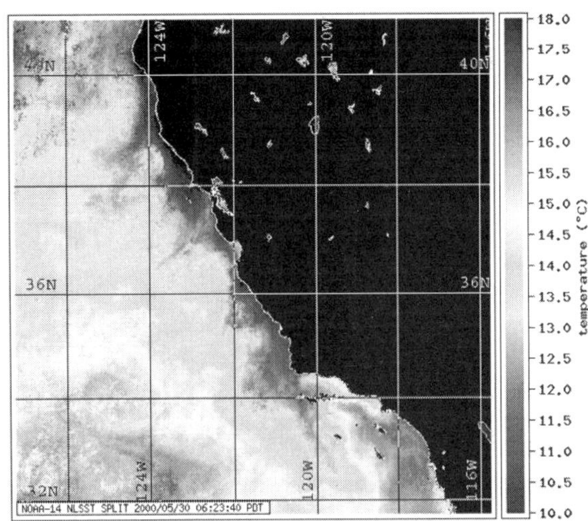

그림 2-36 인공위성으로 측정한 미국 캘리포니아 연안 용승 해역의 표층 수온 분포.

(2) 적도 용승

태평양과 대서양의 적도에서는 전향력이 없지만, 적도 부근에서는 약한 전향력이 있다. 기상 적도는 전지구 평균으로 북위 5°에 위치하여 열대수렴대(ITCZ: Inter-Tropical Convergence Zone)가 형성되므로, 남동 무역풍이 적도를 지나 북위 5°까지 영향을 준다. 이 때 적도의 남쪽과 북쪽에서 전향력이 반대방향으로 작용하므로, Ekman 수송은 적도 남쪽에서는 바람의 왼쪽, 적도 북쪽에서는 바람의 오른쪽 직각방향으로 일어난다. 따라서 적도에서는 남쪽과 북쪽으로 상층수가 발산하여 아래층의 물이 상승하게 되는 용승이 발생한다. 이를 적도 용승이라고 하며, 실제 물성 구조를 관측한 남북방향의 단면에서는 영구 수온약층의 깊이가 적도에서 얕아져 있다.

2) 엘니뇨(El Niño)

열대 태평양의 무역풍은 일반적으로 동태평양의 고기압에서 서태평양의 저기압으로 분다. 이러한 기압의 분포가 3~8년 주기로 불규칙하게 위치를 바꾸어 저기압대가 태평양 적도 남측 중앙에 위치하고, 서쪽에는 고기압이 형성되는 현상이 발생하는데, 아직까지 그 이유는 확실히 모른다. 이 기압대의 변동을 남방 진동(Southern Oscillation)이라고 한다.

기압 배치가 바뀌면 바람도 바뀌어 무역풍이 약해지거나 방향이 반대가 되기도 한다. 바람의 변화에 의해 적도해류는 느려지거나 멈추게 되어 서쪽에 쌓여 있던 표층수가 동쪽으로 퍼져나가게 된다. 이러한 표층수의 이동으로 대양의 동안을 따라 발생하는 용승 현상이 무너지며, 적도해류를 따라 태평양 중앙부로 이동하던 용승된 찬 해수가 더운 해수로 덮이게 된다(**그림 2-37, 좌**). 이로 인하여 용승 지역에 형성되었던 해양의 먹이망과 어장이 황폐하게 되고, 육상 생물의 먹이망도 교란된다. 동쪽 페루 연안에 이 더운물이 도착하는 시기가 크리스마스 이후 겨울철이 되어 페루 어부들이 이 현상을 묘사하기 위해 '아기 예수의 해류(Comiente del Niño)'라는 표현을 사용하였으며, 이 해류의 이름이 엘리뇨의 어원이다.

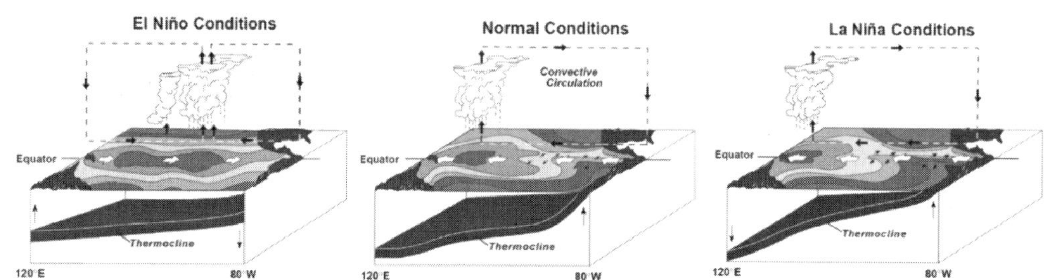

그림 2-37 태평양 적도해역의 대기순환, 표층 수온분포와 수온약층 구조 변화(좌: 엘니뇨, 중앙: 평상시, 우: 라니냐). (자료: http://www.reefresilience.org/coral-reefs/stressors/)

엘니뇨 현상은 남방 진동과 연관되어 있어 ENSO라고 한다. ENSO는 3-5년 주기로 발생하고, 대부분 일 년 정도 지속되며, 그 효과는 각 반구 해양의 무역풍대에 있는 바다뿐만 아니라 극지방으로 전파되어 간다. ENSO의 영향은 지구 각 지역의 날씨와 기후에 충격을 주어 홍수, 가뭄, 폭설, 추위 등의 기상 이변으로 나타나기도 한다. 우리나라에서는 엘니뇨가 발생한 해에는 따뜻한 겨울이 되는 경우가 많으며, 대한해협을 지나는 난류수의 2월 수온이 높아지는 것으로 알려져 있다.

엘리뇨와 반대되는 현상으로 통상적인 무역풍에 의한 순환이 아주 강렬해져서 남미 해안을 따라 아주 강한 용승과 해류가 형성되는 현상이 나타난다. 이를 '소녀'라는 뜻의 라니냐(La Niña)라고 한다. 적도지역에서는 동쪽에서 서쪽으로 더운 표층수가 과다하게 이동되어 호주 북부와 인도네시아 지역에 습한 기후와 기온 상승, 많은 강수량이 발생한다.

3) 전선(front)

서로 다른 물리적 특성(수온, 염분, 밀도 등)의 해수가 수평적으로 만나, 두 물의 성격이 좁은 구간에서 급격히 차이나는 곳을 전선이라고 한다(**그림 2-38**). 전선은 수온약층이나 염분약층과는 구분되지만, 각 약층이 표층으로 연결되어 떠올라 있을 경우에는 표층에 전선이 있다고 할 수 있다.

전선은 크게 외양(oceanic)과 연안(coastal and shelf)전선으로 나눌 수 있다. 외양전선은 행성전선(planetary front)라고도 하며, 대양 대순환 해류에 의해 형성되고, 아극전선

(Subarctic Front) 혹은 극전선(Polar Front)이 이에 해당한다(**그림 2-31, 그림 2-33 참조**). 대륙붕이나 연안전선은 용승, 강한 조류에 의한 혼합, 강물 유입 등에 의해 형성된다(**그림 2-36, 2-44 참조**).

전선을 가로질러 수온과 염분이 크게 차이가 나도 두 수괴의 밀도는 같을 수도 있으며, 이를 밀도 보상전선이라고 하고, 밀도가 차이나는 경우에는 밀도전선이라고 한다. 유체는 특성의 차이를 피하고 제거하려는 경향을 갖고 있어 전선에서는 혼합이 발생하며, 혼합된 해수는 밀도가 증가하여 침강하고, 침강 현상에는 다른 특성의 해수를 전선 지역으로 가져오는 수렴하는 흐름(convergent flow)이 수반된다(**그림 2-38**).

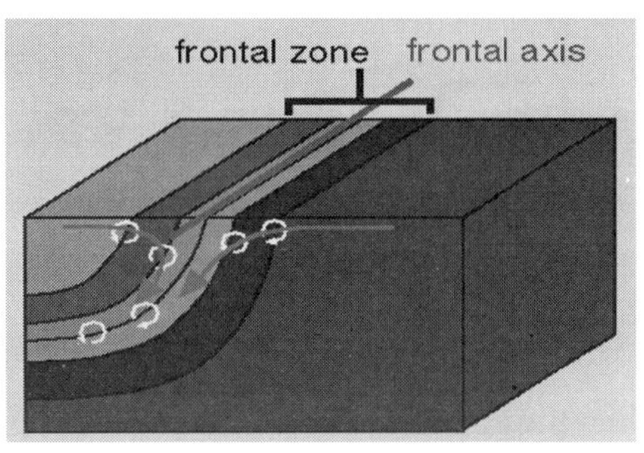

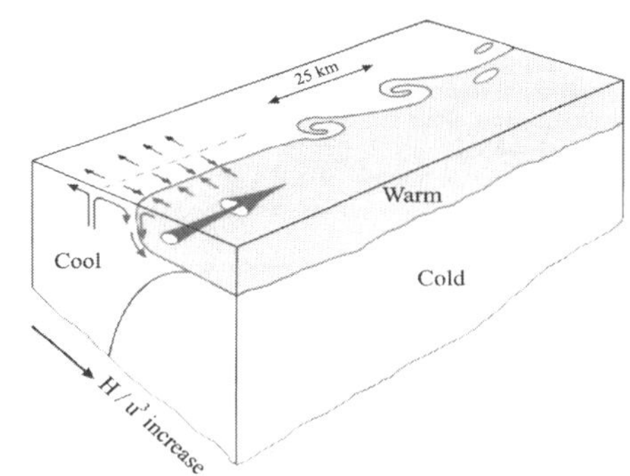

그림 2-38 전선의 형태와 수렴하는 흐름의 형성 모식도(상)와 연안 조석전선의 구조와 전선 구역에서의 흐름 분포도(하).

모든 전선에서는 와동(eddy)이 관측되는데, 전선의 불안정성(instability)에 의해 발생하며, 지형류 균형에서 작은 이탈이 점점 자라서 큰 와동으로 발전하며, 전선이 사행(meandering)하게 한다. 전선 와동과 난류적 혼합은 전선을 가로질러 물질이 교환되게 하여 전선을 따라 영양염이 공급된다. 전선에서는 플랑크톤 밀도가 높아지는데, 플랑크톤은 수렴하는 흐름에 의해 집적되기도 하고, 전선에서 공급되는 영양염으로 인하여 자체 번성하기도 한다. 특히, 연안 및 대륙붕 전선의 경우 수직 혼합이 왕성하여 저층의 영양염을 수층내로 공급하여 생물학적 생산성이 높아지게 한다. 따라서 전선에서는 먹이가 풍부하여 어장이 형성되므로, 어업 활동에 매우 중요한 지역이다.

우리나라 주변 해양에는 남해의 대륙붕전선, 서해 흑산도와 진도 주변 그리고 태안반도 주변의 조석전선, 동해 쓰시마난류와 북한한류가 만드는 해양성 아극 전선, 강 하구 주변에 형성되는 염분전선 등 다양한 전선이 형성되고 있다.

제3절 우리나라 주변 바다의 특성

1. 우리나라 근해의 지형 구조

1) 우리나라 근해의 해구 구분

우리나라 근해의 바다는 동, 서, 남 3개의 해구(海區)로 나눈다. 동해구와 남해구의 경계는 경상남도 울산과 일본의 카와지리미사끼(川尻御崎)를 이은 선으로, 남해구와 서해구의 경계는 진도의 서쪽 끝에서 제주도의 서쪽 끝 양자강의 입구를 이은 선으로 삼는 경우가 많다.

2) 수심과 대륙붕의 분포

수온과 염분, 영양염, 용존산소량, 햇빛의 투과량, 플랑크톤의 분포 등의 해양 요인은 수심에 따라 변하며, 수산동식물의 생리 · 생태에 커다란 영향을 미친다. 어로 기술상으로 수심이 너무 깊으면 조업이 곤란하므로, 어장의 수심과 어업과는 밀접한 관계가 있다. 일반적으로 수심 200m 이내의 대륙붕이 어장으로서 중요하며, 대륙붕의 면적은 그 해역의 어장 크기를 나타내는 중요한 지표가 된다.

동해의 해안선은 남북으로 뻗고 있는 산맥으로부터 멀지않을 뿐만 아니라 200m의 등수심선이 해안선에서 불과 수 마일에서 십 수 마일되는 곳에 위치하며, 수심의 경사가 급하여 1,000m의 등심선은 바로 이웃에 위치한다. 동해는 최대 수심이 4,049m 평균 수심은 1,543m나 되어 심해로 분류된다. 동해의 면적은 130만㎢이며, 이중 대륙붕은 전체의 약 1/5(28만㎢)를 차지한다(**그림 2-39, 그림 2-40**).

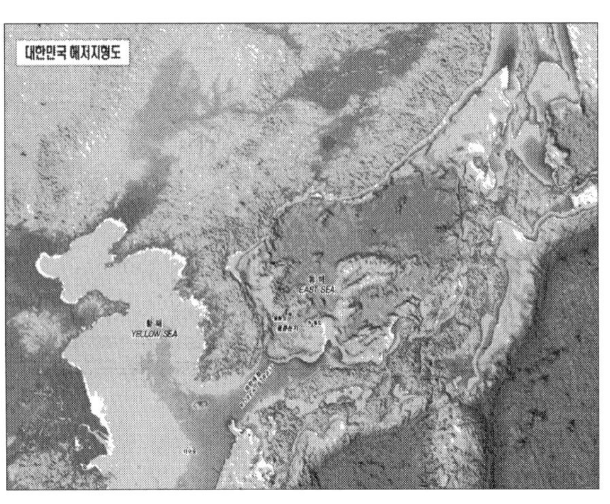

그림 2-39 우리나라 주변 육지와 바다의 지형도.

서해는 전반적으로 경사가 완만하여 수심은 최대 103m에 불과하고, 평균 수심은 44m에 지나지 않으며, 전체 바다가 얕은 대륙붕이다. 또한,

조석 간만의 차가 크므로 간조시에는 방대한 간사지가 연안역에 나타난다.

남해는 동중국해, 동해, 서해를 연결하는 해역으로 수심도 양 해구의 중간이며, 최대 수심은 228m이다. 대한해협의 평균 수심은 101m, 최대 수심이 210m이며, 전해역이 대부분 대륙붕이다.

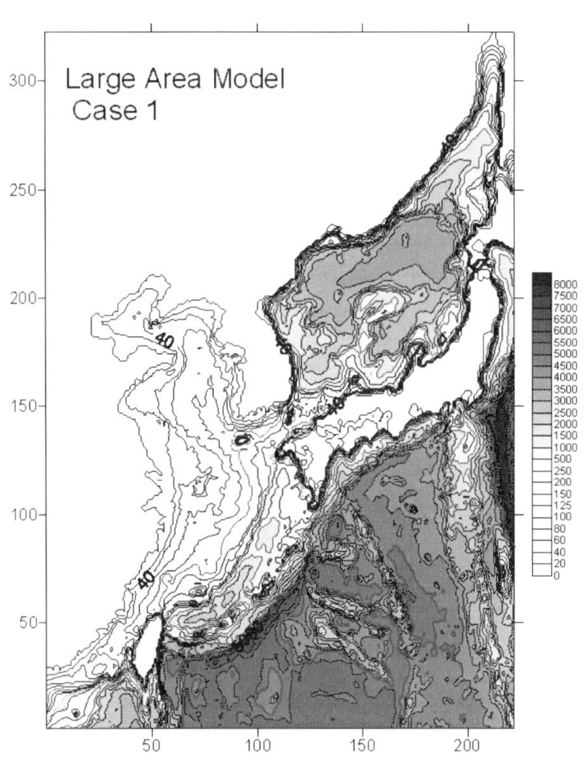

그림 2-40 우리나라 주변 바다의 수심(m) 분포도.

3) 해안 특성과 길이

섬이 많거나 해안선의 굴곡이 심하면 그만큼 내만이 많고, 파랑의 영향이 적어서 각종 수산동식물의 은신처, 산란장, 서식 장소로서 좋은 조건이 된다.

동해는 해안선이 매끈하여 좋은 산란장이 적다. 해안이 해빈(beach, 모래사장)이나 암석으로 되어 있다. 다만 동한만, 영일만 등의 만입이 커서 동해산 각종 어족의 산란장으로써 중요한 역할을 한다. 서해는 해안선이 복잡하고, 섬, 하천의 유입, 암초 등이 많으므로 각종 수산동식물의 은신처로서 중요하며, 도처가 각종 어족의 산란장, 서식장이 된다. 해안은 니질의 간사지가 많다. 남해는 해안이 경사지와 평지, 니질의 간사지와 해빈, 암반 등이 뒤섞여 있으며, 반도와 섬이 곳곳에 산재하여 소위 다도해식 해저 지형이므로, 세 해구 중 해안의 형태가 가장 복잡하고 다양하다.

2. 우리나라 근해의 해황

1) 해류

해류는 기후, 바람을 포함한 대기의 운동과 열교환 및 증발/강우, 육지로부터의 담수 유입 등에 의해 변동성이 크지만 변동성을 장기간에 걸쳐 평균하면 특정한 방향성을 갖는 해류와 각 해양에서의 순환체계를 파악할 수 있다.

국립해양조사원이 2011년부터 2016년까지 국내 해양학계 전문가를 지원하여 우리나라 주변 해양에 대한 연구결과들을 정리하고 해류체계를 단순화한 해류 모식도로 만들었다. 본 절에서는 이를 인용하였다(**국립해양조사원**, 2015; **박 등**, 2013, 2014).

우리나라 주변 바다는 아시아 대륙과 일본의 섬들에 의해 부분적으로의 태평양과 분리되어 연해로 구분된다. 이러한 지리적 조건으로 북서 태평양 북태평양 순환계의 주요 해류들이 우리나라 주변 해양에 영향을 준다(**그림** 2-41, **표** 2-2). 일반적으로 난류는 남쪽의 고온수를 북쪽으로, 한류는 북쪽의 저온수를 남쪽으로 이동시키는 흐름이다.

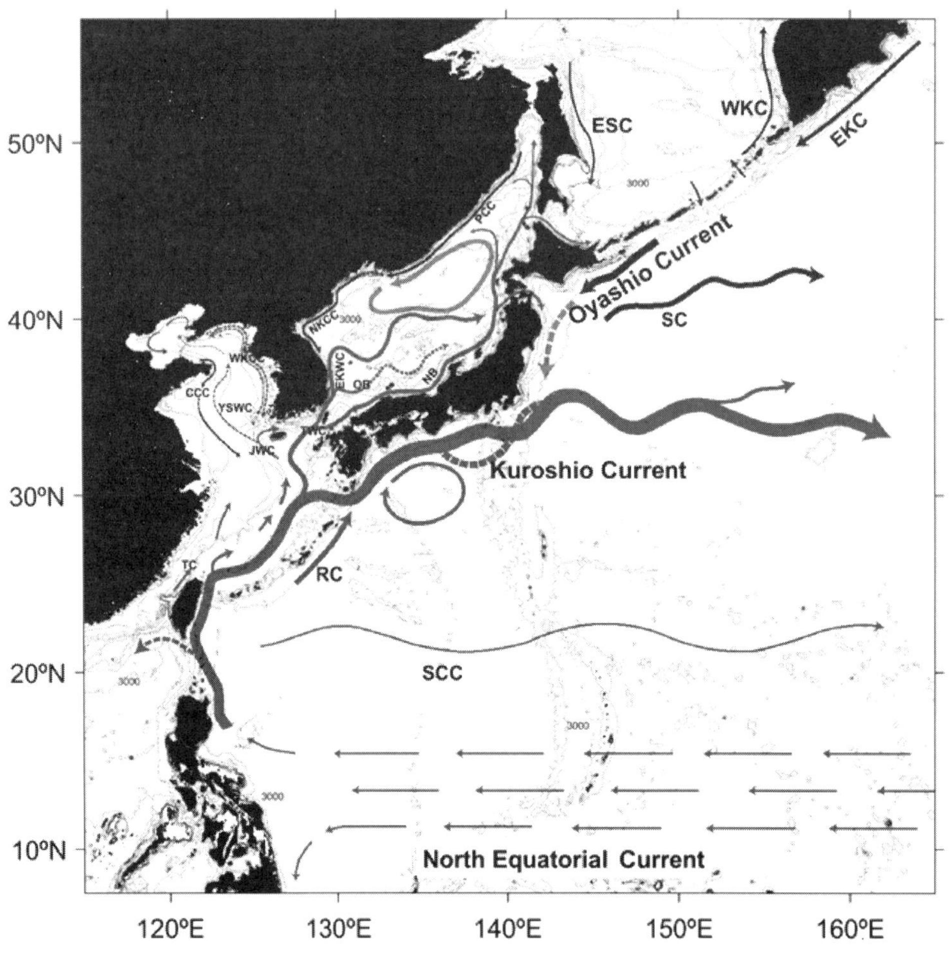

그림 2-41 북서태평양의 표층 해류 및 순환 모식도. (국립해양조사원, 2015)
점선은 시기에 따라 변하는 해류이며, 회색선은 심층 흐름을 의미함.

표 2-2 우리나라 주변 표층 해류 명칭

해역	국문명	영문명	약어
동해	대마난류	Tsushima Warm Current	TWC
	동한난류	East Korean Warm Current	EKWC
	대마난류 일본 연안지류	Nearshore Branch of TWC	NB
	대만난류 외해지류	Offishore Branch of TWC	OB
	북한한류	North Korea Cold Current	NKCC
	연해주한류	Primorye Cold Current	PCC
황해 및 동중국해	황해난류	Yellow Sea Warm Current	YSWC
	대만난류	Taiwan Warm Current	TC
	제주난류	Jeju Warm Current	JWC
	양쯔강 유출류	Yangtze River Discharge Flow	YDF
	서한연안류	West Korea Coastal Current	WKCC
	중국연안류	Chinse Coastal Current	CCC
북서태평양	쿠로시오해류	Kuroshio Current	KC
	류쿠해류	Ryukyu Current	RC
	북적도해류	North Equatinal Current	NFC
	아열대반류	Subtropical Counter Current	SCC
	오야시오해류	Oyashio Current	OC
	동캄차카해류	East Kamchatka Current	EKC
	서캄차카해류	West Kamchatka Current	WKC
	아극해류	Subarctic Current	SC

북서 태평양에서는 북태평양 중위도에서 시계방향으로 흐르는 순환계의 일환으로 북적도 해류가 필리핀 동쪽에서부터 서안강화 현상으로 유속이 증가되며, 쿠로시오해류(KC)가 발생하고 저위도의 고온수를 북쪽으로 이동시킨다. 쿠로시오해류는 진행과정에서 와동과 사행 현상을 보인다. 고위도에서는 반시계방향으로 흐르는 순환계의 일환으로 동캄차해류(EKC), 아극해류(SC)가 고위도의 저온수를 남쪽으로 이동시킨다.

(1) 황·동중국해

동중국해는 수심 200 m 이하인 천해 대륙붕 해역으로 태평양과 남쪽으로 연결되어 있는 연해(Marginal Sea)이며, 중국, 한국 그리고 일본 일부로 둘러싸인 바다이다. 이 해역은 남쪽으로부터 난류가 유입하고(쿠로시오해류 KC, 대만난류 TC, 제주난류 JWC), 서쪽으로부터 양자강 저염수가 (양쯔강 유출류 YDF), 북서쪽으로부터 황해수가 유입하여(중국연안류 CCC, 서한연안류 WKCC) 대부분의 해수가 우리나라 남해를 거쳐 동해로 유출되는(대마난류, TWC) 길목이다(**그림 2-42, 표 2-2**). 황해는 옹진반도, 중국 산동 반도와 요동(랴오뚱) 반도에 의해 부분적으로 북 황해와 발해만으로 구분된다.

연중 탁월하게 나타나는 쿠로시오해류는 북태평양 중위도 아열대순환의 서안경계류로서, 북적도해류의 일부가 필리핀 동쪽 해역을 따라 북상하다 대만과 요나구니지마 섬 사이를 통해 동중국해로 유입된다(**그림 2-41 참조**). 동중국해 유입 이후 오키나와 협곡을 따라 북상하다 토카라해협(Tokara Strait)을 통해 북서태평양으로 유출되며, 고온 · 고염분의 해수로 구성되었다. 해류의 주축은 200m 등심선을 따라 진행하고 유속은 75-150cm/s에 이른다. 쿠로시오해류에서 분지된 대마난류는 쓰시마 섬에 의해 대한해협과 쓰시마해협을 통과하여 두 지류로 나누어져 동해로 유입한다. 남해에서 유속은 30-50cm/s 정도이다.

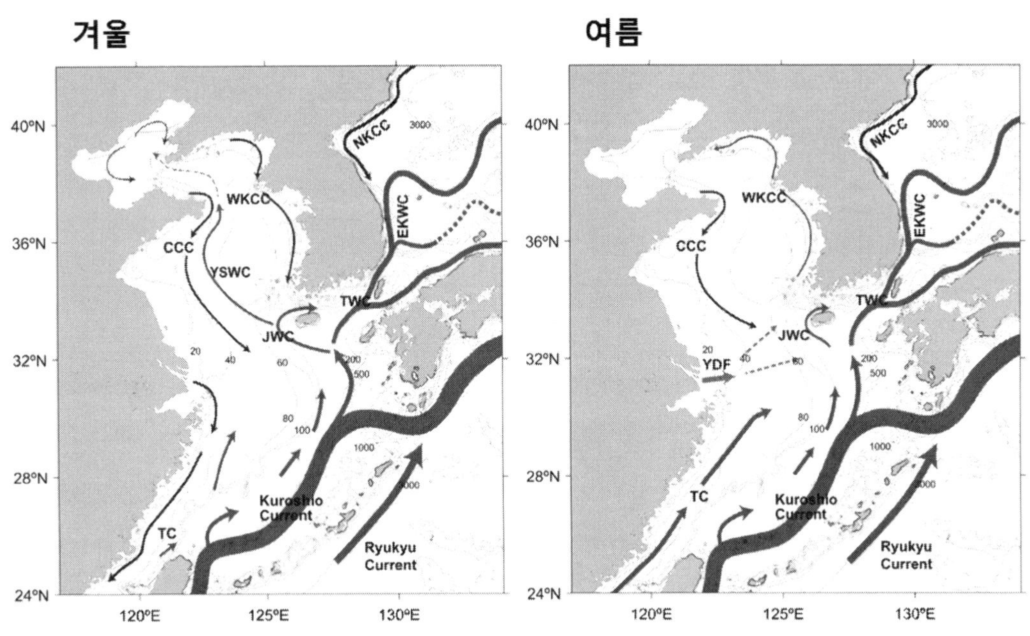

그림 2-42 황해 및 동중국해 표층의 겨울과 여름 해류 모식도. (국립해양조사원, 2015)

황해 및 동중국해의 천해역은 강한 조류에 의한 수직 혼합효과와 계절에 따른 육수 유입과 냉각/가열의 변화로 해류의 계절적 변동성이 큰 특성을 지닌다. 이 때문에 해류 모식도는 여름과 겨울로 나눠 구분하였다. 여름철 표층에서 중국 동쪽 양자강으로부터 저염의 양쯔강 유출류(YDF)가 탁월하며, 이는 북동진하여 제주도 부근까지 유입되기도 한다. 여름의 서한연안류(WKCC)는 한국 서해안을 따라 북진하는 따뜻한 난수성 해수 특성을 지닌다. 중국연안류(CCC)는 여름과 겨울 모두 중국 연안을 따라 남쪽으로 흐르고 유속은 10cm/s 내외이다. 제주난류(JWC)는 대만난류와 쿠로시오 지류의 영향으로 제주도를 시계방향으로 돌아 제주해협으로 유입되는 흐름이고, 여름에 제주도 연안으로 더 가까이 접근하여 흐르게 된다. 대만해협을 통과하여 북진하는 대만난류(TC)는 여름에 그 흐름의 세기가 강해지는 특성을 지닌다.

겨울철에는 황해 중부를 통해 북진하는 황해난류(YSWC)가 특징적이며, 이는 저층을 통해 발해만(Bohai Sea)까지 유입되기도 한다. 또한 겨울 제주난류는 여름과 달리 제주도 서쪽 먼 바다에서 돌아 제주해협으로 흐르게 된다. 여름의 한국연안류가 북향의 난수성 흐름이 특징적이었다면, 겨울의 한국연안류는 남쪽으로 흐르는 냉수성 흐름이 탁월하다. 겨울의 양쯔강 유출류(YDF)는 북서계절풍의 영향으로 중국 남서쪽의 연안을 따라 남쪽으로 흘러 대만해협을 통과하여 흐르는 특성을 지닌다.

(2) 동해

동해(East Sea)는 한국, 일본, 러시아로 둘러싸여 있는 반 폐쇄성 해역이다. 동중국해에서 남해로 올라온 고온고염의 대마난류(TWC)가 대한해협(Korea Strait)을 통해 동해로 유입된다. 우리나라 동해안을 따라 북쪽으로 흐르는 흐름을 동한난류(EKWC)라 부르며, 북위 37～38° 부근까지 따뜻한 바닷물을 공급한다. 이 동한난류의 평균 유속은 0.4 knot (0.2m/s) 정도로 춘·하계에 비하여 추계에 가장 북쪽으로 흐른다. 북위 38° 부근에서 북한한류(NKCC)와 만나 극전선(polar front)을 이루고, 동쪽으로 사행(구불구불 흐름)하면서 울릉도 인근 해역을 지나 쓰가루해협(Tsugaru Strait)과 소야해협(Soya Strait)을 통해 북서태평양으로 빠져 나간다(**그림 2-41, 표 2-2**).

동해에서 극전선대는 동한난류가 동해 중앙부를 지나가는 곳이다. 봄과 겨울에는 극전선대의 수온은 10℃ 내외를 나타내며, 여름철과 가을철의 극전선대의 수온은 20℃로 10℃ 이상의 큰 수온 차이를 보인다. 특히 봄과 겨울철에 동한난류가 여름과 가을에 비해 0.3knot 이하의 약한 해류가 나타난다.

울릉분지 내부 또는 울릉분지 북쪽에서 시계방향으로 도는 울릉난수 소용돌이가 뚜렷하게 관측된다. 울릉난수 소용돌이는 계절에 관계없이 극전선의 경계에서 울릉도를 중심으로 항시 존재하며 위치는 계절에 따라 위아래로 이동하는 경향을 보인다. 여름철과 가을철에 일본 연안을 따라 흐르는 대마난류가 잘 발달하며, 봄과 겨울철은 일본 연안에서 떨어진 흐름인 외해지류(OB)가 발달하는 특징이 있다. 또한 러시아의 연해주 연안을 따라 남쪽으로 연해주한류(PCC)가 흐른다. 겨울철에 블라디보스톡 인근 해역에서는 심층수가 형성되며, 동해 북부 심층에서는 반시계방향의 순환이 있다.

이러한 동해 순환체계는 대양과 유사한 해류 순환체계이어서 동해는 '대양의 축소판'이라고 불리며, 대양에 비해 2～3배 이상 빠르게 지구 온난화의 징후가 나타나는 것으로 알려져 있다. 세계의 많은 해양과 기후 과학자들이 이러한 특징을 갖는 동해에 많은 관심을 갖고 있으며, 동해의 해류와 순환에 대한 활발한 연구가 진행되고 있다.

2) 수온

수온은 수산동식물의 서식 분포에 가장 지배적인 영향을 미친다. 우리나라 주변의 표층 수온은 계절에 따라 크게 변하며 여름과 겨울의 수온 차이는 최대 20℃ 이상이다.

(1) 표층 수온 분포

인공위성에서 2007년 2월과 8월에 측정된 우리나라 주변 해역의 해수의 표층 수온 분포는 그림 2-43과 같고, 표층의 평균적 수온과 염분 분포는 그림 2-44와 같다.

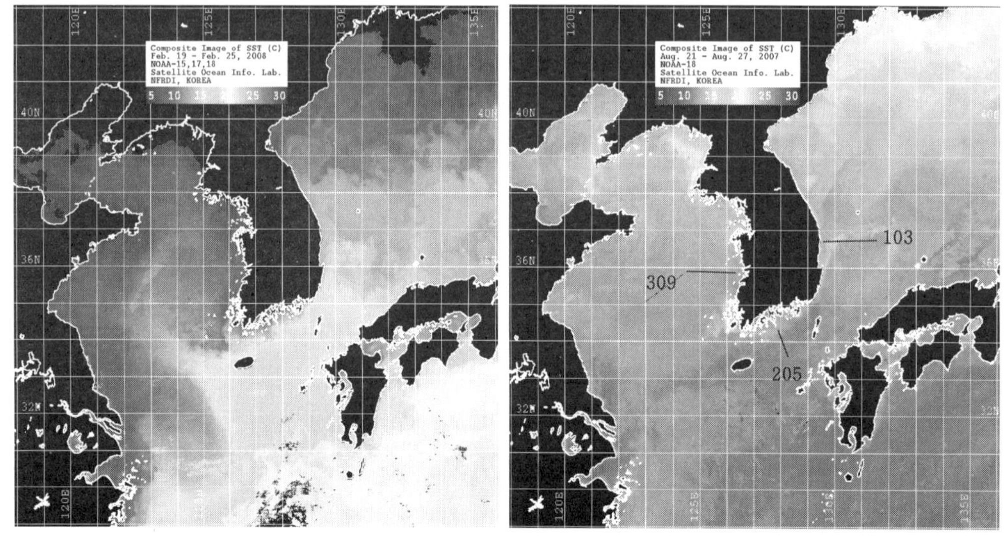

그림 2-43 2007년 2월과 8월 인공위성에서 관측된 표층 수온 분포. (한국해양자료센터)

동해의 표층 수온은 여름철에는 표면 가열과 쓰시마해류의 영향으로 전반적으로 높아지고, 남부 해역에서는 최고 26~27℃ 북한 근해에서는 18~20℃ 정도 된다. 겨울철에는 표면 냉각과 한류의 영향으로 낮아지며, 남부 해역에서 15℃ 내외이고, 북한 연안의 대부분은 10℃ 내외로 낮아져 완전히 한수성의 바다가 된다. 이 저온수는 4~5월까지도 남아 있어 이 지역의 기상에 상당한 영향을 미치기도 한다. 겨울철 한류 세력이 강할 때는 동해안에서 수 마일 떨어진 해역의 20~30m 층에까지 나타나 어업에 큰 영향을 미친다. 이러한 냉수괴가 대한해협의 저층을 거쳐 남해안까지 영향을 준다.

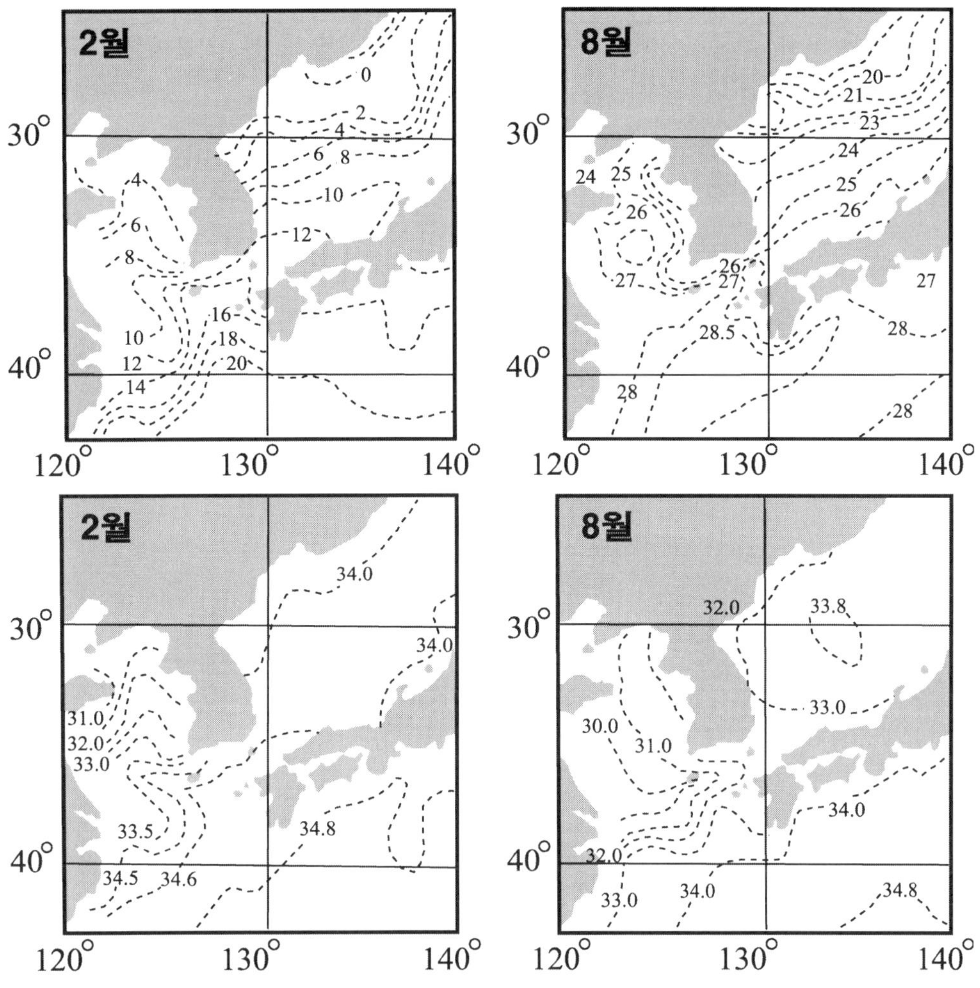

그림 2-44 우리나라 주변 해양의 2월과 8월 표층 평균 수온(상)과 평균 염분(하) 분포.

서해는 수온 변화가 상당히 심하다. 여름철 수온은 북부에서 24℃ 내외, 남부에서 28～29℃까지 이른다. 겨울철에는 대륙성 고기압에서 불어내는 찬바람의 영향으로 표면 수온은 매우 낮아진다. 북부에서는 최저 2～3℃ 내외, 남부에서는 7～8℃ 정도에 이른다. 따라서 계절적 수온 변동 폭은 20～23℃ 정도이다. 황해 북부 발해만 연안은 수심이 얕고, 수온이 낮아지면 비중이 커지므로 상, 하층이 고루 냉각되어 표층에 얼음이 형성되기도 한다.

남해는 여름철 표면 수온이 28～29℃까지 높아지며, 겨울철에는 쓰시마난류의 영향을 받고 한류성 해류의 영향이 직접적으로 미치는 일이 없으므로, 표면 수온은 13℃ 내외가

되어 세 해역 중 수온이 가장 높은 해역이다. 따라서 각종 수산동식물의 분포도 다른 해역보다 풍부하고 특히, 겨울철에는 각종 난류성 어족의 월동장소, 봄, 가을에는 산란장소가 되며, 어종이 다양하다.

(2) 수온의 단면 구조

동해, 남해 그리고 서해의 대표 지역에서 여름과 겨울철의 특징적 수온단면 구조는 그림 2-45와 같다.

동해는 여름철에 표면에서 100～150m까지 강한 수온약층이 형성된다. 이 약층은 동해안으로 올수록 얕아져 두께가 감소한다. 약층 아래에는 4℃ 미만의 저온수가 항상 존재하여 표층수와 수온 차이가 20℃ 이상이 되기도 한다. 수심 300m 정도에서는 항상 수온이 2℃ 미만이 되며, 이는 태평양의 해저에서 관측되는 수온보다 낮은 수온으로써 동해에만 존재하는 동해 고유수라고 명명되고 있다. 여름철에 연안 가까이에서는 북한한류가 남하하여 수온이 10℃ 이하인 저온수가 표층에도 출현하기도 하며, 이러한 연안역의 이상 저온 현상은 어류의 출현종이 바뀌게 하는 원인이 되기도 한다. 겨울에는 표층에 계절적 수온약층이 소멸하여 상부 혼합층의 두께가 50～100m 정도 되지만, 약층 아래의 수온 구조는 여름과 거의 같다.

남해는 여름철에 10～40m 깊이에 계절적 수온약층이 발달하여 상부 혼합층과 저층수가 구분된다. 이 약층의 깊이도 남쪽에서 남해안으로 갈수록 다소 얕아진다. 저층 수온은 15℃ 내외이다. 겨울철에는 표면 냉각과 찬 북서풍에 의한 수직 혼합작용으로 수층의 수온 차이가 현저히 작아진다. 연안 쪽이 더 빨리 냉각되어 수온이 낮아지지만, 외해 쪽은 쓰시마난류의 영향으로 수온이 15℃ 이상으로 유지된다. 연안수와 외해수 사이에 전선이 형성된다.

서해는 여름철에 계절적 수온약층이 20～40m 깊이에 강하게 발달한다. 그러나 우리나라 연안 쪽에서 조류가 강하여 수직적 혼합이 활발하여 수온약층의 강도가 약해진다. 서해에서 연안의 강한 조류에 의해 수층이 혼합되면, 외해의 성층된 해수와 혼합된 해수 사이에 조석전선이 형성되기도 한다. 대표적인 조석전선 해역은 지형적 요인에 의해 조류가 강해지는 태안반도, 옹진반도, 진도 부근, 흑산도 주변 등이다. 하지만 서해 중앙부에는 겨울철에 냉각된 10℃ 미만의 냉수가 수온약층 아래에 넓게 분포한다. 봄과 여름에는 표면 수온은 높아지나 다소 약한 조류 혼합에 의해 수온약층이 얕아지고, 대류가 일어나지 않으며, 심층에는 여름철이라도 6～7℃의 냉수괴가 남아 있게 된다. 이 냉수가 때로는 남서 연안 일대에까지 뻗혀 어군이 이 냉수괴를 피하여 회유하고, 때로는 이 냉수괴가 어군을 포위하여 연안 어족이 폐사하는 수도 있다.

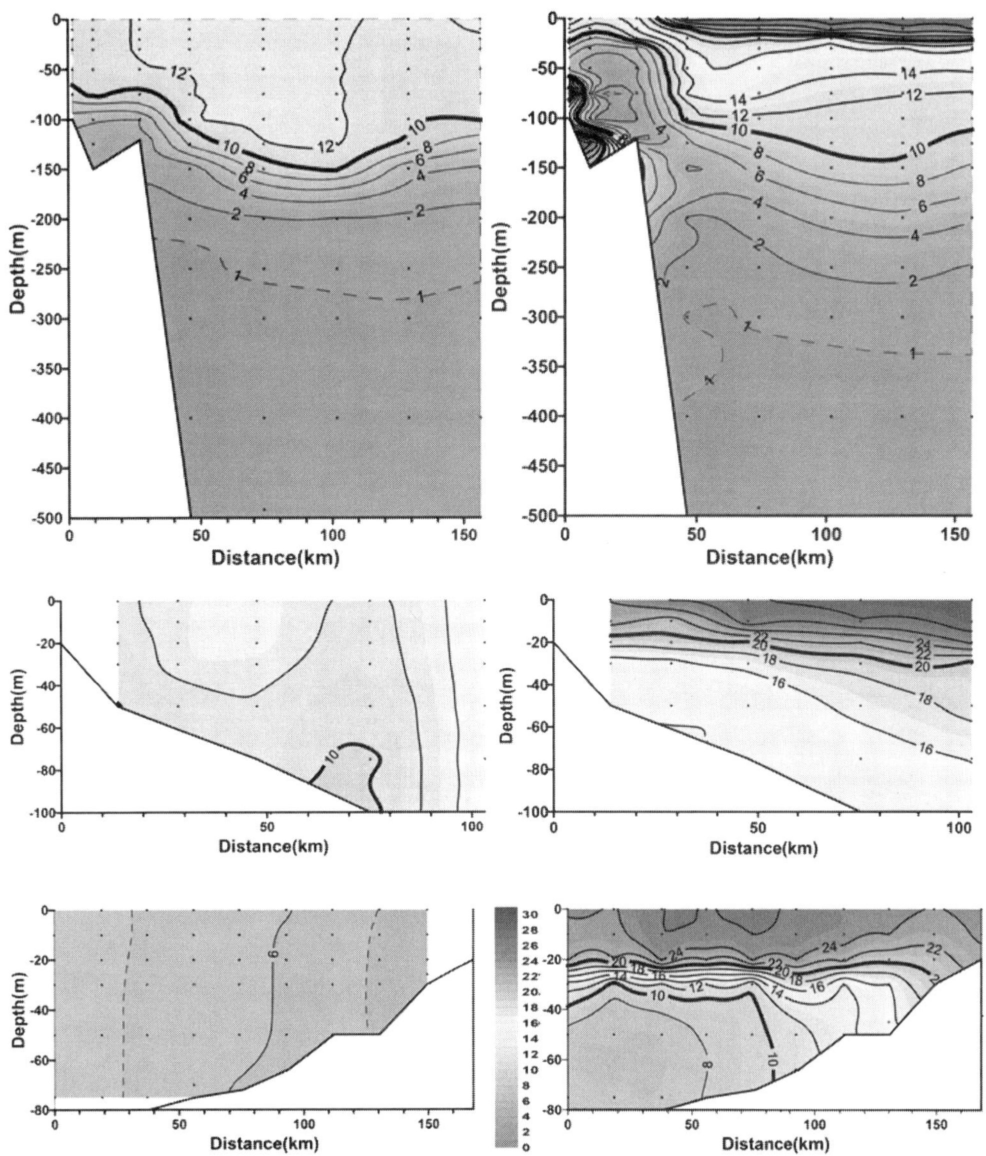

그림 2-45 2008년 여름(좌)과 겨울(우)의 동해 103 정선(상), 남해 205 정선(중), 서해 309 정선(하)에서의 수온 단면구조. (자료: 한국해양자료센터) 단면 위치: 그림 2-43(우) 참조.

3) 염분

염분은 수산동식물의 서식에 미치는 영향이 크고, 특히 산란·번식에 관계가 깊다. 염분은 강수와 증발량의 차이, 고염의 해수 유입, 육지로부터 유입되어 퍼져 나오는 담수량에 의해 변화된다. 우리나라에 영향을 주는 해류로서 쓰시마난류는 염분이 높고, 북한한류는 낮으나, 연안에 있어서는 하천의 유입, 강우량 등의 영향을 받아서 같은 해류계라도 해역에 따라 차이가 크다.

(1) 표층 염분 분포

남해는 연중 쓰시마난류의 영향을 받는 곳이지만, 여름철에는 중국 양자강의 담수를 포함한 육수의 유입이 남서쪽에 대량으로 발생하여 표층 염분이 31.0psu 이하로 낮아진다(**그림 2-44**). 특히, 남해 중앙부를 따라 저염수가 띠 형태로 분포하여 남해 연안수와 외해 쓰시마 난류수를 구분한다. 저염수가 제주도 연안을 덮치면 양식장에 피해가 발생하기도 한다. 겨울철에는 이 저염수의 띠 분포가 사라지며, 외해에서 염분이 34.0psu 이상이 되며, 남해 연안으로 갈수록 염분이 점차 낮아지는 분포를 보인다.

동해 표층 염분은 쓰시마 해류권 내에서는 여름철에 34.0psu 이상이고, 때로는 30.0psu까지 내려가는 수도 있다. 여름철에는 육지로부터 담수의 유입량이 많으므로, 염분이 낮아져서 33.5psu 이하가 되며, 때로는 대한해협 표층에서 30.0psu 정도까지 낮아진다. 그림 2-45에서 여름철 남해에는 표층 염분이 동해보다 현저히 낮은데, 이러한 분포는 양자강 등에서 대량의 육수 유입으로 저염수가 발달하며 동해로 진입하는 현상을 나타낸다. 따라서 여름철 동해에서는 연안 표층이 염분이 낮고 외해에서 높을 수 있다. 겨울철에는 남해에서부터 저염수의 유입이 사라지므로 우리나라 근해의 염분이 높아지지만, 동해의 동쪽으로는 여름철에 유입된 저염수가 남아 있어 가을부터 염분이 낮아지기도 한다.

서해는 삼면이 육지로 둘러 싸여 담수 유입의 영향을 많이 받는다. 여름철에는 중국 대륙의 큰 강, 하천 등에서 담수 유입량이 많아서 대부분 해역에서 염분이 32psu 이하로 내려가며, 중국 연안 쪽이 우리나라 서해안 쪽보다 염분이 낮다. 겨울철에는 제주도 북서쪽에서 서해 중앙부를 통하여 산동반도 쪽으로 진입하는 고온 고염수(염분 33.0psu 이상, 일명 황해 난류수)에 의해 염분이 높은 구역이 나타난다.

(2) 염분의 단면 구조와 변화

동해, 남해 그리고 서해의 대표 지역에서 여름과 겨울철의 특징적 염분 단면구조는 그림 2-46과 같다. 동해는 여름철에 표층에서 50m 깊이까지 염분이 낮아지고, 표층 저염수 아래에는 쓰시마 난류수가 존재하여 34.0psu 이상의 고염수 층이 존재한다.

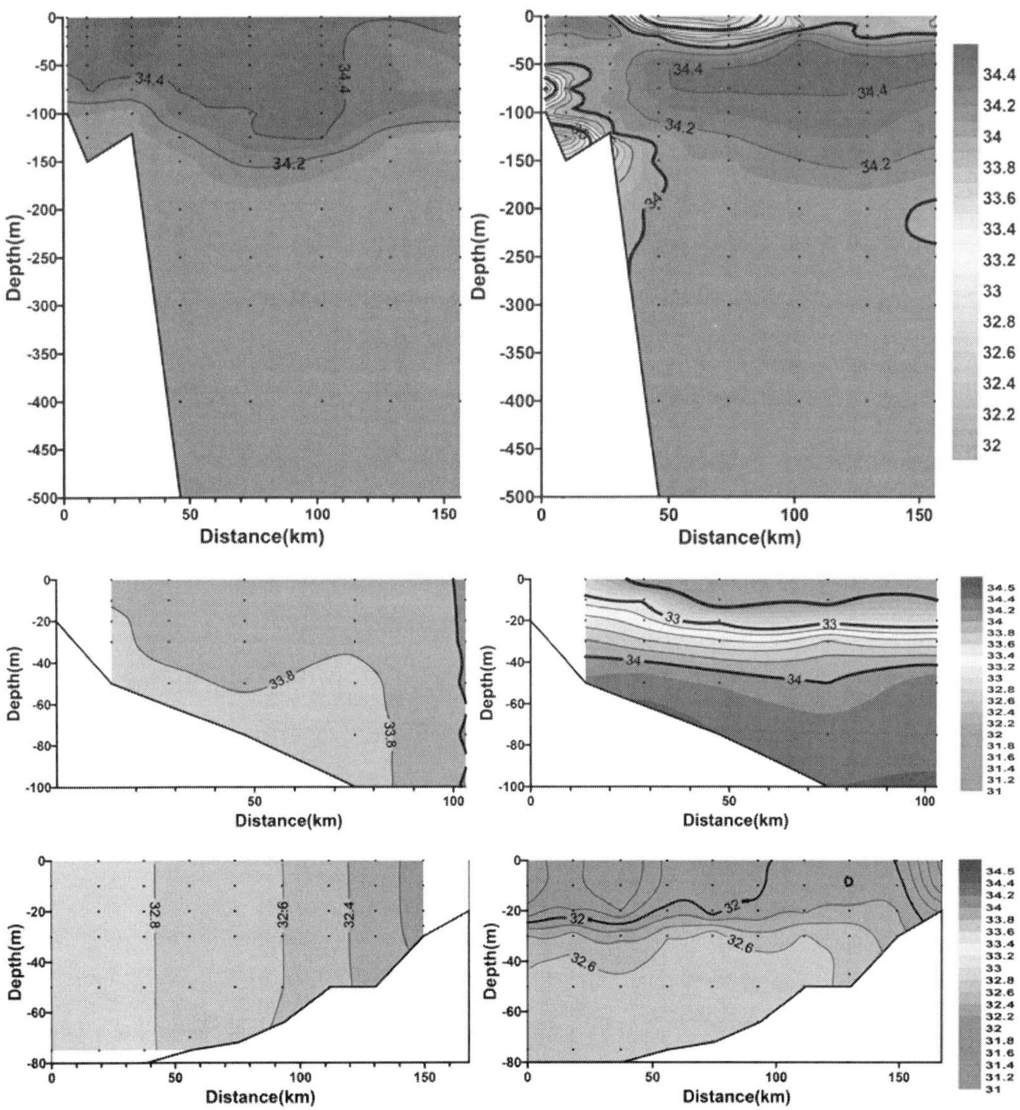

그림 2-46 2008년 여름(좌)과 겨울(우)의 동해 103 정선(상), 남해 205 정선(중), 서해 309 정선(하)에서의 염분 단면구조. (자료: 한국해양자료센터) 단면 위치: 그림 2-44(우) 참조.

남해는 여름에 수직으로 염분 성층이 형성되어 수온의 단면구조와 비슷한 형태의 염분 구조를 보이며, 표층에 저염, 저층이 고염이다. 겨울에는 수직 혼합작용으로 수층 내 염분 차이가 작아지지만, 남쪽에서 연안으로 갈수록 염분이 낮아진다. 특히, 저층에서는 수직 혼합의 결과로 여름철 염분보다 현저히 낮아진다.

서해도 여름에는 염분약층이 형성되며, 표층 염분이 낮고, 저층 염분이 높다. 서해 냉수의 염분은 32.0～33.0psu 정도가 된다. 겨울에는 수직적으로 균일한 염분 구조로 바뀌며, 서해안이 외해보다 염분이 낮다.

4) 조석과 조류

조석운동은 어업과 밀접한 관계를 가지며, 조류에 의해 영양염의 운반, 해수의 혼합, 치자어(稚子魚)의 운반 등이 일어나고, 조류는 해류와 달리 국지적 해수의 운동을 지배한다.

조석은 독립조석(independent tide)과 공진조석(co-oscillating tide)으로 분류되며, 전자는 천체들 사이의 인력에 의해 직접적으로 발생하는 조석이고 후자는 주변의 대양에서 발생된 조석이 천해 대륙붕 혹은 연해로 전파되어오는 조석을 의미한다. 남해와 황해는 독립조석 에너지보다는 태평양에서 대륙붕 연해로 전파되어 오는 조석 에너지가 훨씬 큰 지역으로서, 독립조석은 약 3% 정도이고, 공진조석이 97% 정도 된다. 하지만, 동해는 폭이 좁고 수심이 얕은 대한해협과 쓰가루해협을 통해 태평양에서 전파되어온 공진조석 에너지가 매우 적고 동해 내부에서 발생하는 독립조석이 조석이 우세하다. 따라서 남해와 황해는 심해로 구분되는 동해에 비해 조차가 현저히 크다.

한편 조석 형태는 하루에 두 번 간조와 만조가 뚜렷한 반일주조형과 하루에 한번 간조와 만조가 나타나는 일주조형, 그리고 일주조와 반일주조가 혼합된 혼합형으로 구분된다. 우리나라 남해와 서해는 반일주조형 조석으로써 조석이 하루에 두 번 정도 뚜렷한 간조와 만조가 나타나고, 연속되는 만조 혹은 간조의 수위 차이가 아주 작다. 동해에서는 반일주조의 진폭과 일주조의 진폭이 거의 비슷하여 혼합형 조석이다.

그림 2-47은 우리나라 주변에서 가장 큰 진폭을 갖는 M2 반일주조의 등진폭과 등위상 분포도이다. M2 분조 진폭의 2배 크기가 평균적인 조차(간조와 만조의 수위 차이)가 된다. 대조차는 대략적으로 평균 조차의 1.5배 정도에 달한다. 등위상 분포는 영국 그리니치 천문대에 달이 남중했을 때로부터 임의의 지점에 만조가 되는 시각(위상각 30°＝1태음시, 1태음시＝1.035태양시)을 나타낸다. 위상 분포에서 제주도 동쪽 해안에서 0°, 목포와 진도 부근은 위상이 90°, 군산 지역은 위상이 180° 정도, 경기만의 인천항과 산동반도의 청도항은 240°, 신의주 연안은 0°이다. 이러한 위상차로부터 그리니치 천문대에 달이 남중(위상

0°)한 이후 진도 부근 해역은 약 3.1 시간이 지나서 만조가 되고, 군산항 부근은 6.2 시간 후, 인천항과 중국 청도항 부근은 8.25 시간 후, 그리고 신의주 부근은 약 12.4 시간이 지나서 만조가 발생함을 알 수 있다.

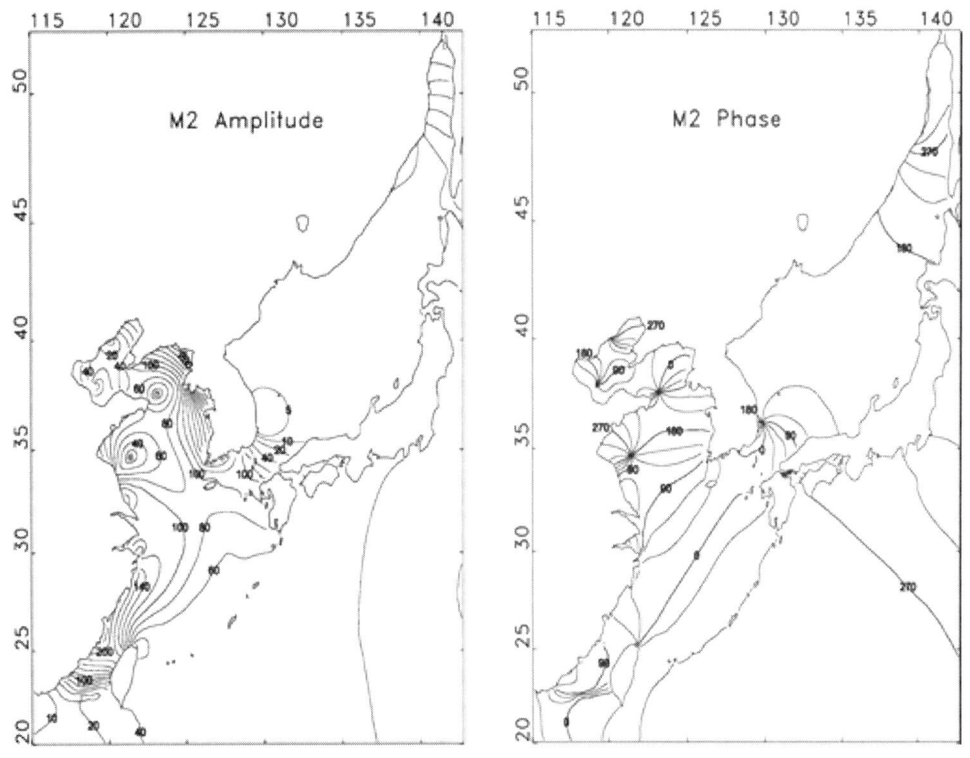

그림 2-47 한국 주변 해양의 M2 분조의 등진폭(cm, 좌)과 등위상 분포(deg. GMT기준, 우).

반일주조의 조석이 우세한 황해의 조석전파 과정은 다음과 같다(**그림 2-47(우) 등위상분포 참조**). 조석은 북서태평양에서 동중국해와 남해를 거쳐 황해로 전파하고, 중국 양자강 입구 남쪽으로 진행하여 대만해협으로 전파한다. 황해에서는 조석이 우리나라 서해안을 따라 북쪽으로 진행하고, 중국 연안을 따라 북쪽 발해만에서 남쪽으로 전파한다. 대략적으로 한반도 남서단의 진도에 만조가 되면 옹진반도와 중국 청도항에 간조, 발해만 입구인 요동(랴오뚱)반도에는 다시 만조가 되는 구조이다. 이러한 조석구조로 인하여 발해만을 포함하는 황해에는 4개의 무조점(無潮点, amphidromic point: 등위상선이 모이는 점)이 형성되며 무조점은 중국 연안 쪽으로 치우쳐 있다. 이 무조점을 중심으로 조석의 만조선(등위상선)이 반시계방향으로 회전하며 전파한다.

한편, 이 무조점은 등진폭선 분포에서 진폭(조차)가 주변보다 가장 작은 지점이기도 하다. 조석 진폭은 무조점에서 멀어질수록 증가한다. 따라서 무조점에서 먼 인천항과 신의주 부근은 조차가 아주 커지게 된다. 서해안에서 조차는 남해에서 인천항으로 갈수록 증가하며, 최대 조차는 인천에서 9.7m 이상일 때도 있고, 천수만 8m, 군산 7.3m, 목포 5.5m 등이다.

서해안에서는 큰 조차로 인하여 강한 조류가 발생한다. 대부분 서해 연안역에서 조류는 0.5～1.0m/s (1～2knot) 정도이지만, 섬 사이 협수로와 해안선이 돌출된 갑, 곶 등에서 3～3.5m/s (6～7knot)까지 유속이 증가하여 어업이나 항해에 미치는 영향이 대단히 크다. 남해에서는 평균 조차가 부산에서 약 1.4m이고, 서쪽으로 갈수록 커져서 목포 근방에서 3.9m에 달하여 점차 서해의 특성에 가까워진다. 유속은 0.5～1.5m/s (1～3knot) 정도이다.

대한해협에서 동해 쪽으로는 반일주조의 진폭이 급격히 감소한다. 동해에서 반일주조의 무조점은 울산과 포항 외해에 형성되며, 조석작용이 매우 미약하고, 간만의 차가 적다. 최대 조차는 영일만이 0.2m, 원산이 0.6m 정도이며, 대부분 0.3m 내외이다. 따라서 조류도 현저히 약하여 조류가 어업에 미치는 영향은 해류의 영향에 비해 크지 않다. 하지만, 동해 북쪽의 러시아 연해주 부근에서는 조차가 증가한다.

제4절 해양의 오염

경제 발전의 속도에 비례하여 해양 환경에 미치는 오염물질의 부하량이 크게 증가하였고 오염물질의 종류 및 현상 또한 다양해지고 있다. 해양 오염은 그 원인이 해양에서 유래되었든 또는 대기나 육역에서 유래되었든 관계없이 수산자원의 양이나 종 다양성을 감소시켜 해양의 생산력을 감소시키는 결과를 가져온다. 흔히들 해양은 육지의 그림자라고 한다. 이는 해양, 특히 연안은 육지 환경의 영향을 많이 받는다는 뜻이기도 하다. 특히, 대규모 임해산업단지 개발이나 갯벌 매립과 같은 대단위 개발사업은 해양 환경에 심각한 악영향을 미친다. 이 절에서는 해양 오염의 원인과 현상, 이로 인한 피해 및 대책에 대하여 논의하기로 한다.

1. 오염원

해양 오염을 일으키는 원인물질이 어디에서 유래되었는지에 따라 크게 육상기인 오염원과 해양기인 오염원으로 나눌 수 있다. 그 외에 대기에서 기인되는 오염물질도 있으나, 크게 두 가지로 대별할 수 있다.

1) 육상기인 오염원

바다 표면에서 증발된 순수한 형태의 물은 대기 중에 존재하는 여러 가지 물질을 녹인 채 강수의 형태로 옮겨져, 하천수나 호소수와 같은 표면수와 지하수의 형태를 거쳐 결국은 해양으로 다시 돌아온다. 이 과정에서 육지로부터 여러 가지 물질을 녹여서 또는 버려진 물질을 함유한 채 바다로 다시 돌아오게 된다.

이러한 지구적 규모의 물 순환에서 해양은 가장 낮은 준위에 있으므로, 특히 육지의 영향을 많이 받는 연안과 외해와의 치환이 잘 되지 않는 내만 같은 경우는 육역에서 유입되어 들어오는 물질의 종류와 양에 크게 영향을 받게 된다.

육상에서 기인되는 오염물질을 종류별로 구분하면 다음과 같다.

(1) 산소를 소비하는 유기물

이 범주에 속하는 오염원은 주로 가정 하수나 공장 폐수, 축산 폐수 등에 포함되어 있는 탄수화물, 단백질, 지질 등과 같은 다양한 형태의 유기성 물질이다. 일반적으로는 BOD(Biochemical Oxygen Demand, 생화학적 산소요구량) 또는 COD(Chemical Oxygen Demand, 화학적 산소요구량)으로 표시 가능하나, 해양에서는 통상 COD를 사용한다. COD는 해수 내에 존재하는 유기물을 산화제를 사용하여 화학적으로 산화를 시킬 때 요구되는 산소의 양으로써, 오염의 정도를 간접적으로 표현한다.

유기물은 자연수계 내에서 분해되면서 용존산소와 반응하므로, 수중의 용존산소(DO: Dissolved Oxygen) 농도를 감소시키게 된다. 따라서 많은 양이 일시에 유입되거나 유기물 중 그 특성상 비교적 빠른 속도로 분해되는 유기물의 경우 수중의 용존산소를 일시에 고갈시켜 산소를 호흡하는 생물들을 폐사시키게 되는 결과를 가져온다. 일반적으로 해양 생태계 내에서 어류 등 고등 생물들이 상대적으로 용존산소 농도에 민감하므로, 이러한 유기물에 의한 산소 고갈의 피해를 크게 입어 대량 폐사 등의 문제를 야기하기도 한다.

(2) 중금속

중금속이 해양으로 유입되는 경로는 매우 다양하여 강, 하천 또는 대기를 통하여 유입되기도 하고, 해양 투기 등으로 직접 유입되기도 한다. 중금속이 일단 해양 생태계로 유입되면, 그 양이 비록 매우 미량이라도 먹이 연쇄를 따라 생산자에서 1차 소비자, 2차 소비자 순으로 생체 내에 축적되는 양이 증가되는 생태단계 농축(Bio-accumulation)을 거쳐 결국 인간에게 상당한 농도로 축척되게 된다. 이러한 현상은 수은 축적에 의한 미나마타병이나 카드뮴 축적에 의한 이따이이따이병과 같은 예에서도 잘 알 수 있다. 우리나라의 경우 마산만 등에서 저니 중 중금속 농도가 상당히 높은 것으로 알려져 있다.

대도시나 산업단지들이 있는 경우, 강이나 하천을 통해 바다로 유입되어 들어오는 중금속의 양도 크게 증가한다. 특히, 강 하구는 상류로부터 유입된 토사나 부유물질의 퇴적작용이 매우 활발하고, 해수의 약 알칼리성 pH 등으로 인하여 강물 속의 중금속이 대부분 침강해서 퇴적한다. 따라서 오염된 하구의 퇴적물에 서식하는 저서 어패류에는 중금속이 높은 농도로 농축되어 있게 된다.

(3) 영양염류

육상에서 해양으로 유입되는 영양염류는 대단히 다양하며, 유입 경로는 유기물의 경우와 일치하는 경향이 있다. 비타민 B_{12}와 같은 미소 영양염류와 질소와 인과 같은 거대 영양염류로 대별할 수 있는데, 특히 질소와 인이 주 관심대상 물질이다. 질소와 인의 주 발생원은 사람이나 동물의 분뇨, 가정 하수 등이며, 부영양화의 원인물질로 작용한다. 즉, 질소와 인은 자연 상태에서 결핍된 상태로 존재하기 때문에 식물의 성장에 제한 인자로 작용한다. 그러다 다른 여러 가지 요인에 의하여 과도하게 수역에 유입되면, 식물의 성장을 촉진시키게 되는 부영양화 현상을 일으키며, 수생태계 내에서 내부 부하로 작용하게 된다.

(4) 쓰레기

해양에서 문제를 일으키는 육지기인 쓰레기는 주로 장마철이나 우기 시 강이나 하천을 통하여 해양으로 유입된다. 바다 쓰레기는 자원 손실과 생태계 파괴뿐만 아니라 오염의 원인 행위자인 인간에게 직접적인 피해를 유발하기도 한다. 특히, 각종 폐기물이 선박 운항에 주는 피해는 무척 심각하다. 선박의 스크류에 철선이나 그물이 얽히거나 플라스틱이 냉각수 계통으로 빨려 들어가 엔진에 이상을 일으키는 사고는 아주 흔하게 발생한다.

하천을 통한 육상 폐기물의 해양 유입에 관하여는 관리 주체가 모호하고, 관련법도 미비되어 있다. 이에 따라 여름철 집중 호우 시 하천을 통한 대규모 부유 쓰레기 예방대책 및 규제가 이루어지지 않고, 금강이나 한강, 낙동강 등과 같이 하천이 여러 지자체를 경유하여 흐르는 경우 수거 비용의 분담에 관한 합의도 이루어지기 힘든 것이 문제이다. 또한, 도서지역에서의 쓰레기도 처리 없이 해양으로 유입되는 경향이 있는데, 현재 폐기물관리법은 거주 인구 50호 미만의 도서지역을 폐기물 수거, 처리 제외지역으로 정할 수 있게 함으로써 폐기물의 해양 유입을 제도적으로 무방비 상태에 놓이게 하고 있고, 일정 규모 이상의 도서지역에 설치된 간이 소각로 역시 거의 가동되지 않고 있는 실정이다. 따라서 그 양이 많지는 않지만 소규모 도서지역에서 발생되는 생활 쓰레기의 상당 부분이 미처리된 상태로 해양으로 유입되고 있다.

통상 하천을 통해 유입되는 부유 쓰레기는 여름철 집중 호우 시 강 하구 지역에 쓰레기 차단막 등을 설치하여 쓰레기가 해양으로 유입되기 전에 수거하는 것이 경제성 측면에서도 효율적이며, 그 보다 앞서 쓰레기가 하천이나 해양으로 유입되지 않게 법적, 제도적 장치를 마련하는 것이 필요하다.

쓰레기와 같은 부유성 폐기물은 종종 국가간 쓰레기 이동 문제를 야기하기도 하는데, 이와 관련하여 지난 2006년에는 한·중·일·러 4개국이 모인 제1차 북서태평양회의에서

의제로 다루기도 하였다.

해양으로 유입되는 쓰레기 중 최근 가장 문제가 되는 것은 플라스틱류이다. 플라스틱은 1930년대 영국에서 만들어져 2차 세계대전 이후에 본격적으로 우리 생활에 이용되기 시작하였다. 채 100년이 되지 않은 기간 동안 플라스틱은 기존 유리, 나무, 철, 종이, 섬유 등의 대체물질로 또한 식품, 화장품, 세제, 의약품 등의 소재물질로 우리 생활 전반에 사용되고 있다. 필요에 따라 유연성과 탄력성, 강도와 내구성을 조절할 수 있어 그야말로 만능 소재로 포장재부터 가구와 의복, 자동차까지 플라스틱이 쓰이지 않는 곳이 없다. 플라스틱이 가진 놀라운 특성 중 또 하나는 분해되거나 녹슬지 않는다는 점이다. 인간이 지금까지 만들어온 모든 플라스틱은 지구 어딘가에 계속 존재한다. 사라지지 않는 플라스틱은 지구 환경 오염의 주범으로 이미 오래전부터 골칫거리다. 이렇게 버려진 플라스틱은 지구의 물 순환과정에서 볼 수 있는 바와 같이 결국은 물을 따라 바다로 유입된다. 이러한 육지에서 유입되는 플라스틱 외에도 선박, 양식장, 어업 등 각종 해양 활동에서도 폐기물의 형태로 나오고 이들은 그 자체로도 문제가 되지만 햇빛과 염분 등의 환경 하에서 잘게 쪼개져 육지에서 유입되는 미세 플라스틱과 유사한 문제를 일으킨다.

해양 내에서 플라스틱류는 해류와 바람의 영향에 의해 일정 지역에 모이는 경향이 있다. 대개 바닷가 해변 등에 모여 미관상 문제를 일으키지만 바다의 일정 지역에 머무르기도 한다. 가장 대표적인 예로는 태평양 거대 쓰레기 지대(Great Pacific Garbage Patch)를 들 수 있는데, 이는 각각 하와이 섬 북쪽과 일본과 하와이 섬 사이에 있는 태평양을 떠다니는 두개의 거대한 쓰레기 더미를 일컫는다. 쓰레기 섬이라 부르기도 한다. 이 쓰레기 더미들은 지금까지 인류가 만든 인공물 중 가장 큰 것들로서 한반도의 약 6배 정도의 크기이다. 이처럼 쓰레기가 한곳으로 모여 섬에 가까운 모습이 된 것은 원형 순환 해류와 바람 때문인 것으로 보며, 1950년대부터 10년마다 10배씩 증가하여 오늘날 거대한 쓰레기 지대가 만들어졌다.

이 섬은 1997년, 미국의 해양환경운동가인 찰스 무어(Charles Moore)에 의해 최초로 발견되었다. 이러한 태평양 거대 쓰레기 지대 때문에 수많은 해양 생물들이 피해를 보고 있으며, 특히 먹이로 잘못 알고 먹었다가 죽게 되는 사례도 있으며, 주변 지역에서 잡힌 어류를 조사한 결과 35%의 물고기 뱃속에 미세 플라스틱이 있음을 확인하였다.

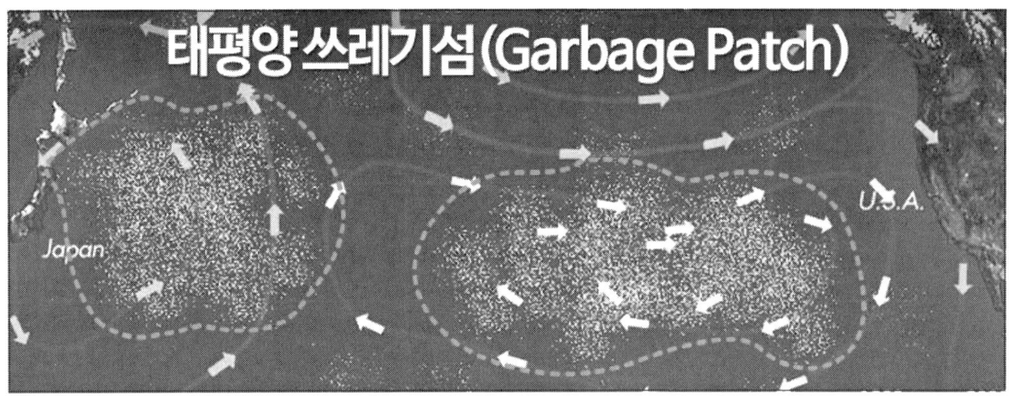

그림 2-48 태평양 쓰레기 섬.

그림 2-49 플라스틱이 주종인 해안 쓰레기. (http://www.dongascience.com/news.php?idx=16749)

해양에서 문제를 일으키는 플라스틱 중 최근 들어 그 심각성이 크게 문제가 되는 것은 미세 플라스틱이다. 미세 플라스틱이란 5mm 이하의 작은 고체 플라스틱을 통칭하는 용어로 마이크로 비즈처럼 생산 당시부터 작게 만들어지는 '1차 미세 플라스틱'과 플라스틱 제품들이 자연으로 유입된 후 자연작용과 물리력에 의해 마모되거나 쪼개져 작아진 '2차 미세 플라스틱'으로 구분할 수 있다.

1차 미세 플라스틱인 '마이크로 비즈'는 크기가 1mm보다 작은 플라스틱이다. 더 정확하게는 0.001mm에서 5mm 크기의 폴리에칠렌, 폴리프로필렌, 아크릴레이트코폴리머, 나일론 등을 말한다. 치약, 스크럽제, 세안제, 바디워시 등 다양한 생활용품에 사용되고 있다. 한 제품에 많게는 280만개의 플라스틱 알갱이가 들어갈 수 있다. 통상 한번의 세안에 많게는 약 10만개의 마이크로 비즈가 사용될 수 있다고 한다. 우리의 일상생활에서 배출되는 이러한 마이크로 비즈는 하수처리시설에서도 걸러지지 않은 채 하천을 통해 또는 직접적으로 바다로 흘러들어간다

이렇게 바다로 흘러 들어간 '마이크로 비즈'는 해양 생태계에 막대한 영향을 미친다. 미세 플라스틱을 섭취한 해양생물은 장폐색, 섭식행동 장애, 성장 및 번식율 저하 등 많은 문제점을 일으키며 먹이 사슬을 따라 상위 포식자로 이동하여 결국 우리 식탁에 올라 몸에 축적된다. 해양 생태학자들의 연구에 의하면 플랑크톤에서 어류, 해양 포유류에 이르기까지 먹이 사슬의 모든 단계에 있는 생물이 미세 플라스틱을 먹을 수 있다고 한다. 또한 바다 속에서 수 백년 동안 썩지 않고 남아 있으면서 바닷물에서는 물론 해양 생물의 서식지, 북극해빙, 심지어 소금 속에서도 발견된다. 또한 살충제 성분이나 중금속 같은 유독성 물질을 마치 스펀지처럼 흡수한다는 점이다. 이것들이 체내로 들어오면 내분비 교란 같은 증상을 일으킨다.

IUCN(세계자연보전연맹)의 '바닷속 미세 플라스틱 쓰레기(Primary Microplastics in the Oceans)' 예비 보고서에 따르면, 매년 바다에 버려지는 950만톤의 플라스틱 쓰레기 중 3분의 1 정도 (약 15～31% 사이)가 미세 플라스틱 쓰레기라고 한다. 2차 미세 플라스틱 오염원으로는 폐어구, 페트병, 일회용 숟가락, 비닐봉지, 담배꽁초의 필터 등이 있다.

(5) 해양 투기

해양 투기(sea dumping)란 육상에서 처분이 곤란한 일반 고체 폐기물, 특정 산업 폐기물, 방사성 폐기물 등을 선박 또는 항공기에 적재하여 해양에 인위적으로 투기하는 행위를 말한다.

우리나라에서 폐기물 해양 투기제도는 1988년부터 도입되어 동해 2곳, 서해 1곳을 투기지역으로 지정하여 운영해 왔으나, 2015년 폐수 및 폐수 오니의 한시적 허용을 마지막으로 2016년 1월 1일부로 런던협약/의정서에서 해양 배출을 금지한 폐기물은 해양 배출을 전면 금지하였다.

표 2-3 연도별 폐기물 해양배출 감소 추이 (단위: 만㎥)

연도	'92	'93	'94	'95	'96	'97	'98	'99	'00	'01	'02	'03
배출량	199	247	329	417	501	563	598	644	710	767	848	887
연도	'04	'05	'06	'07	'08	'09	'10	'11	'12	'13	'14	'15
배출량	975	993	881	745	617	479	448	397	229	116	49	25

(자료: 환경부, 2016)

국제적으로는 1972년 만든 런던 협약을 통하여 바다에 유해물질의 해양 투기를 엄격히 규제하고 있으며, 준설물, 하수 오니, 생선 폐기물, 선박 및 해상 인공 구조물, 불활성 무기지질물질, 천연기원 유기물, 고립도서의 강·철·콘크리트 재질의 대형 물체와 같은 7개 폐기물에 한해서만 예외적으로 배출을 허용하고 있다. 우리나라는 1993년에 런던 협약에 가입하였다.

(6) 열 오염

원전 및 화력 발전소, 정유공장 등의 대규모 사업체에서는 발전기를 돌리기 위해 많은 양의 냉각수를 필요로 하고, 냉각수를 확보할 목적으로 해안가 지역에 설립되는 경우가 많다. 이 때, 냉각용으로 취수된 물이 열교환기를 통과한 후 수온이 약 4~10℃ 정도 높아져 다시 바다로 배출되는 물을 온배수라고 하고, 이로 인하여 배출 해역의 수온을 정상적인 해저 수온보다 높아지게 하여 직접 및 간접적으로 생태계 변화 등 환경 변화를 초래하게 되는 현상을 열 오염 현상이라 한다. 특히, 원자력 발전소에서 배출되는 냉각수가 가장 큰 문제를 일으킨다.

통상 육상에서는 일교차가 10℃ 이상일 경우도 많지만, 해수의 일간 수온 변화는 1℃ 미만으로 매우 안정적이다. 따라서 해양 생물은 안정된 수온 환경에 적응되어 있어서 인위적인 수온 변화에 매우 민감하다. 즉, 생물의 생식, 발생, 성장, 행동 등에 직접적으로 영향을 미칠 수 있다. 수온 증가에 의한 영향으로는 온도 변화가 크고 급격할 경우 치사에 이르기도 하지만, 통상 생물 다양성 감소와 같은 생태계 변화를 일으키며, 특히 고착성 생물에 피해가 큰 것으로 알려져 있다. 또한, 온도 증가는 생물의 호흡량 증대, 산소 용해율 저하로 인하여 산소 결핍을 유발하며, 수온약층 생성 및 수온약층 이하 수심의 용존산소 결핍을 가져오기도 한다. 그 외 수온의 증가는 수온 상승으로 인한 직접적인 영향을 나타내지 않더라도 수온 외 다른 스트레스(질병, 유해물질 등)에 대한 해양 생물의 내성을 낮출

수 있으며, 냉각용수 취수 시 냉각용수 내의 각종 부착 생물, 유생 등의 열교환기 내에 부착하는 것을 방지하기 위하여 염소 처리를 하는 경우, 배출수 잔류 염소에 의한 영향도 있다. 이러한 열 오염에 의한 피해를 줄이면서도 폐열을 효율적으로 이용하기 위한 수단의 하나로 온배수를 이용한 난류성 어류의 양식을 실시하기도 한다. 주로 원자력 발전소의 온배수를 이용한 어류 양식이 이루어지고 있다.

(7) POPs

환경에 배출되면 오랫동안 잔류하면서 생태계 먹이사슬을 통하여 생물체에 축적되는 유해물질을 POPs(Persistent Organic Pollutants: 잔류성 유기 화합물)이라고 한다. 주로 인간의 생산 활동이나 폐기물의 처리과정에서 생성되는 인공적인 산물이며, 이 물질은 생태계에나 인체에 일단 유입되면 매우 안정적으로 존재하면서 변이현상을 유발한다. POPs는 자연환경에서 분해되지 않고 독성, 장거리 이동성, 잔류성을 가져 먹이사슬을 통해 동식물 체내에 축적되어 면역체계 교란, 중추신경계 손상 등을 초래하는 유해물질이다. 대부분 산업 생산공정과 폐기물 저온 소화과정에서 발생하며, 주요 물질로는 DDT, 알드린 등 농약류와 PCB, 헥사클로르벤젠 등 산업용 화학물질, 다이옥신, 퓨란 등이 있다.

국제적으로는 UNEP(유엔환경계획) 중심으로 화학물질 안전관리 방안을 논의해 왔으며, 2001년 5월에는 12개 POPs를 규제하기 위한 POPs 규제 협약(스톡홀름 협약)이 채택되었다. 규제 대상 12개 POPs는 염화비페닐(PCBs), 다이옥신(dioxins), 퓨란(furans), 올드린(토양 살충제), 딜드린(방충제), DDT(살충제), 엔드린(살충제), 클로르덴(제초제), 헥사클로르벤젠(살충제), 마이렉스(살충제), 톡사펜(살충제) 및 헵타클로르(토양 살충제)이다. 이중 다이옥신과 퓨란은 각종 화학물질의 생산과정에서 부산물로 발생하며, 석탄, 목재 및 각종 폐기물 소각과 자동차 배출 가스 등에서 부산물로 발생하는 대표적인 잔류성 유기 오염물질이다.

2) 해양기인 오염원

해양 내에서 인간의 활동에 의하여 버려지는 물질에 의해서 야기되는 오염은 그 발생원에 따라 어업 활동으로부터 발생되는 것과 선박에 의해서 발생되는 것으로 대별할 수 있다.

(1) 어업 활동

어업 활동에서 배출되는 폐기물 중 가장 규모가 크고 문제가 되는 것은 폐그물을 포함한 폐어구이다. 어민들이 방치하거나 버린 폐어구는 생태계를 파괴하는 주범으로 꼽힐 뿐 아니라, 해상 안전사고의 원인으로 지적되어 왔다.

정부는 2006년부터 근해안강망어업, 연안개량안강망어업, 근해통발어업, 근해자망어업, 연안자망어업, 연안통발어업에 대해 어구실명제를 실시하고 있다. 어민들은 해당 어구에 어업 허가번호와 선박명, 어업인 이름, 연락처, 사용 어구 일련번호 등을 의무적으로 표기해야하며, 이를 어길 경우 어업정지 및 해기사 면허정지라는 행정처분을 받게 된다. 어구실명제는 어민들이 사용하는 어구에 실명을 기재함으로써 과다한 어구 사용을 막고, 폐어구를 해상에 방치하거나 불법 투기하는 사례를 줄이기 위하여 도입되었다. 이 제도는 어구를 중복 설치하여 벌어졌던 어민들 간의 분쟁도 줄일 수 있을 것으로 예상된다.

또한, 정부는 2003년부터 연근해어업의 허가를 받은 어선들이 조업을 하다가 그물에 걸려 올라오는 쓰레기를 다시 버리지 않고 가져오도록 유도하기 위하여 조업 중 인양된 폐어구 등 해양 폐기물을 어업인들이 수거해 올 때 수매해 주는 해양 폐기물 수매사업을 실시하고 있다. 수매 대상 쓰레기는 조업을 하다가 그물에 걸려 올라온 폐어구, 폐로프, 폐비닐 등이다.

바다 쓰레기는 자원 손실과 생태계 파괴뿐만 아니라 오염의 원인 행위자인 인간에게 직접적인 피해를 유발하기도 한다. 특히, 각종 폐기물이 선박 운항에 주는 피해는 무척 심각하다. 선박의 스크류에 철선이나 그물이 얽히거나 플라스틱이 냉각수 계통으로 빨려 들어가 엔진에 이상을 일으키는 사고는 아주 흔하게 발생한다. 버려진 그물이나 어구가 바다를 떠다니면서 끊임없이 물고기나 게, 해양 동물들을 죽이는 것을 '유령 어업(ghost fishing)'이라 한다. 물개는 지난 30년 동안 그 수가 절반으로 줄어들었는데, 매년 4만마리 정도가 버려진 그물에 머리를 집어넣어 목이 졸리거나 몸이 묶여 죽어가고 있다. 태평양에서 2개월 동안 조업하는 각국의 연어잡이 어선에서 쓰는 자망에 걸려 매년 25만마리 이상의 새들이 죽는 것으로 추정되고 있으며, 버려진 어구에 걸려 죽는 게나 어류의 수는 정확히 추산할 수는 없어도 엄청날 것으로 생각되고 있다.

바다에 버려지는 쓰레기 중에서 플라스틱이 가장 문제가 되는 이유는 장구한 세월 동안 분해되지 않고 오래도록 남아서 여러 가지 피해를 유발하기 때문이다. 바다 속에서 분해되는 데 걸리는 시간은 종이는 1개월, 로프는 3～14개월, 대나무는 1～3년, 페인트칠이 된 나무 조각은 13년이 걸린다. 이에 비해서 통조림 깡통은 100년, 알루미늄 깡통은 200～500년이나 걸리고, 그물을 비롯한 각종 플라스틱 제품은 무려 500년 이상의 세월이 걸린다. 바다에 버리는 쓰레기의 피해자는 누구보다도 무수한 해양 생물들이다.

액상 형태의 오염원 중 중요한 것은 양식장에서 배출되는 오염물질이다. 해상 가두리 양식은 관리 및 운영의 효율성 때문에 연안 지역에 설치되어 있고, 가두리 설치 지역의 해저에는 급이된 사료 중 미섭취된 부분이나 양식 어류에서 배출되는 배설물과 죽은 물고기 사체 등이 주요 오염원이다. 일반적으로 생사료의 대부분은 치어들로 구성되어 공급량의 65% 정도만 섭취되고, 나머지는 유실되어 양식 어장 일대의 수질을 오염시키고, 바닥에 퇴적층을 형성하는 원인이 된다. 또한, 생사료용 치어의 남획은 어족 자원을 고갈시키는 주요 원인 가운데 하나이다.

연안 양식에 의한 자가 오염에 대한 대책으로는 과밀 양식 방지, 해저 경운, 황토 살포, 퇴적물 준설, 기타 해저 폭기법, 생석회 살포법, 미생물을 이용한 퇴적물 정화 등의 방법이 소개되고 있다. 경운은 형망을 이용하여 오염된 퇴적물을 경운함으로써 유기물의 분해를 촉진하는 것으로, 국지적으로 오염된 해역이나 간석지 등에 적용하기 용이한 방법이다. 황토 살포법은 오염된 퇴적물을 황토나 점토를 살포하여 피복시키는 방법으로 영양염류의 용출을 억제하는 방법이다.

(2) 선박

선박으로부터의 오염은 선박에서의 불법 투기, 선저 폐수(bilge), 유조선으로부터 유출되는 oil spill, 밸러스트 수(ballast water)에 의한 오염, 방오 도료에 의한 TBT 등이 있다.

① 밸러스트 수(선박 평형수)에 의한 오염

외국서 온 화물선이나 유조선이 하역을 하고나면 수면 근처에 있던 배의 무게 중심이 위로 올라간다. 이 때, 프로펠러 일부가 수면으로 나오면 공기 중에서 헛돌게 되어 배가 앞으로 잘 나아가지 않고 가벼워진 탓에 전복될 위험도 커진다. 따라서 출발 전 빈 배의 바닥 안쪽에 바닷물을 채워 약간 가라앉힌다. 이 물을 밸러스트 수라고 부른다. 보통 20만톤급 유조선에는 5만~7만톤, 12만톤급 화물선에는 3만~4만톤 정도의 밸러스트 수를 채운다. 문제는 배가 도착지의 바다에 밸러스트 수를 방출한다는 것이다. 밸러스트 수에 실려 간 해양 생물은 이렇게 외국으로 이동한다.

국제해사기구(IMO)에 따르면, 현재 세계적으로 연간 약 100억톤의 바닷물이 밸러스트 수로 옮겨지고 있고, 밸러스트 수를 따라 이동한 생물은 7,000종이 넘는 것으로 추정되며, 이 과정에서 1일 평균 300여종의 유해한 해양 생물종과 병원균이 이동하는 것으로 알려져 있다.

이와 같이 생태계에 악영향을 미치는 외래 생물종과 콜레라와 같은 병원균이 선박의 밸러스트 수를 통해 전 세계적으로 이동하는 것을 방지하기 위하여 영국 런던에 본부를 두고 있는 국제해사기구(IMO)는 2009년부터 밸러스트 수 및 침전물을 배출 전 처리하도록 의무화하고 있다. 즉, 국제 항해에 종사하는 모든 선박은 육지에서 200마일 떨어진 수심 200미터 이상의 바다에서 밸러스트 수를 교환하여야 하며, 선박에 들어있는 밸러스트 수를 바다에 배출할 때는 국제 기준에 맞는 처리장치를 사용하여 처리하도록 의무화하고 있다. 또한, 400톤 이상의 선박은 밸러스트 수 관리계획과 밸러스트 수 관리기록부를 작성, 시행하도록 요구하고 있다.

② 해양 유류 오염사고

유류 오염사고는 발생 시 그 피해가 심각하여 대량의 유류를 단시간에 해양으로 유입시켜 생태계에 오염 부하로 작용하게 한다. 유류의 경우 화학적인 구조가 간단하지 않으며, 분해에 걸리는 시간 또한 매우 길며, 오염은 단시간에 일어나지만 복원에 필요한 기간은 상상을 초월한다.

우리나라의 경우 2011년~2015년 5년간 일어난 해양오염사고는 연평균 251건이며, 평균 유출량은 778㎘였다(14년 유출량 제외 시 472㎘). 해양오염사고 유형별로는 부주의에 의한 사고건수가 가장 많았다. 2011년~2015년 5년간 자료를 기준으로 할 때 전체 발생건수의 61%(연평균 153건)가 부주의에 의한 사고였으나, 유출량은 전체 사고에 의한 유출량의 10%를 차지하는 것으로 나타나 대부분 소량 유출사고인 것으로 나타났다. 부주의 유형은 유류 공수급, 자체 이송 및 선내작업 중 발생하는 사고 형태가 가장 많은 것으로 나타났다. 반면, 해난사고 발생건수는 연평균 45건으로 전체 사고건의 18%이나, 유출량은 연평균 622㎘로 전체 유출량의 80%를 차지하는 것으로 나타났다. 오염원별로는 어선에 의한 사고건수가 연평균 77건으로 가장 많으나 대부분 소량 유출사고이다(건수 31%, 유출량 4%). 이는 유출량에 있어서는 큰 비중을 차지하고 있지 않으나, 대형 유조선과 화물선에 비해 운항과 정박이 연안에 집중되어 있어서 연안 해역의 지속적인 오염원으로 작용하여 환경에 심각한 영향을 미칠 수 있다는 것을 뜻한다. 다량의 기름 유출은 주로 화물선에 의한 것으로 같은 기간 중 건수는 12%이나 유출량은 42%를 점하였다.

한편, 해역별로는 선박 통항량이 많은 남해 해역에서 오염사고가 가장 많이 발생하였다(건수 48%, 유출량 56%).

표 2-4 원인별 유류사고 발생 현황(2011~2015년)

구분		계	해난	부주의	고의	파손	기타
5년 평균	건수	251	44	154	12	28	13
	유출량(kℓ)	777.7	621.9	78.6	22.0	54.4	0.7
2011년	건수	287	47	189	16	21	14
	유출량(kℓ)	369.1	175.8	87.4	103.9	1.4	0.6
2012년	건수	253	33	171	12	27	10
	유출량(kℓ)	418.7	297.7	93.2	0.6	26.3	0.9
2013년	건수	252	46	158	10	30	8
	유출량(kℓ)	635.0	463.2	164.0	1.7	6.0	0.1
2014년	건수	215	35	124	10	29	17
	유출량(kℓ)	2,001.4	1,939.6	22.0	2.3	36.7	0.8
2015년	건수	250	61	127	10	35	17
	유출량(kℓ)	464.1	233.3	26.6	1.7	201.5	1.0

(자료 : 해양경비안전본부, 2016)

표 2-5 오염원별 유류사고 발생 현황(2011~2015년)

구분		계	선박					육상	기타
			소계	화물선	유조선	어선	기타선		
5년 평균	건수	251	207	31	25	77	74	33	11
	유출량(kℓ)	777.7	522.8	325.6	10.7	27.7	158.8	254.2	0.6
2011년	건수	287	231	39	25	97	70	46	10
	유출량(kℓ)	369.1	202.4	60.3	1.4	52	88.7	166.2	0.5
2012년	건수	253	222	48	32	66	76	26	5
	유출량(kℓ)	418.7	383.3	221.9	1.0	5.6	154.8	34.6	0.8
2013년	건수	252	202	26	12	77	87	42	8
	유출량(kℓ)	635.0	474.3	438.9	2.9	17.8	14.7	160.6	0.1
2014년	건수	215	165	21	30	54	60	33	17
	유출량(kℓ)	2,001.4	1,095.8	785.7	38.4	41.3	230.4	904.8	0.8
2015년	건수	250	214	21	25	91	77	19	17
	유출량(kℓ)	464.1	458.4	121.4	9.8	21.8	305.4	4.7	1.0

(자료 : 해양경비안전본부, 2016)

통상, 유류 유출이 일어나면 유출된 유류를 제거하기 위해서 유처리제를 사용하기도 한다. 유처리제는 계면활성제와 액체 파라핀계 탄화수소인 용제로 구성되어 있다. 액체 파라핀계 탄화수소는 점성이 큰 중질유에 계면활성제가 잘 침투하도록 도와주지만, 수중에 미세 방울로 분산되어 생물에 독성을 나타내기도 한다. 방제나 정화작업을 통해서도 제거되지 않고 남아있는 성분들은 해양 내에 잔류하여 장기적인 영향을 주게 된다. 특히, 고분자 방향족 탄화수소들은 분해 속도가 매우 느리거나 거의 분해되지 않고 잔류하면서 해양 생물에 농축되어 악영향을 미친다. 외국의 사고 사례를 보면, 원유나 연료유의 유출 사고 후 7～10년이 경과하여도 게나 굴과 같은 갑각류와 패류의 서식지가 회복되지 않는 경우를 쉽게 볼 수 있다.

표 2-6 규모별 유류사고 발생 현황(2011～2015년)

구 분		계	1kℓ 미만	1kℓ 이상 10kℓ 미만	10kℓ 이상 30kℓ 미만	30kℓ 이상 100kℓ 미만	100kℓ 이상
5년 평균	건수	251	230	14	3	3	2
	유출량(kℓ)	777.7	18.5	39.8	50.7	145.8	522.9
2011년	건수	287	266	13	5	2	1
	유출량(kℓ)	369.1	22.4	32.9	98.5	115.3	100
2012년	건수	253	226	17	6	3	1
	유출량(kℓ)	418.7	18.3	54.0	90.6	140.6	115.2
2013년	건수	252	230	13	1	6	2
	유출량(kℓ)	635.0	15.0	39.2	14.3	319.3	247.2
2014년	건수	215	196	10	1	3	5
	유출량(kℓ)	2,001.4	15.0	24.4	25.0	100.8	1,836.2
2015년	건수	250	231	15	1	1	2
	유출량(kℓ)	464.1	21.6	48.3	25.3	52.9	316.0

(자료 : 해양경비안전본부, 2016)

유류 오염사고는 발생 시 해양으로 유출되는 유류의 종류가 매우 다양하며, 유출 상황, 기상 조건 등이 상이하기는 하나 오일 펜스 등 확산 방지막을 설치하여 기름의 확산을 최소화하고, oil skimmer를 이용하여 표면의 기름을 회수한다. 제거 효율은 유층의 두께, 에멀젼화된 정도, 점도, 해황 등 여러 요인에 따라 다르나, 파고가 2m 이상일 경우 효율이 매우 낮아 쓸모가 없다. 이러한 직접 회수가 곤란하거나 회수 후 남은 잔여 기름은 유흡착제를 투입하여 흡착 수거한다. 이러한 물리적 처리를 거친 후 최종적으로 유처리제를 사용하는 것이 타당하다.

③ 선저 폐수

선저 폐수(bilge)는 선박의 밑바닥에 괴는 유성 혼합물로 연료유・윤활유가 해양으로 유출돼 바닷물을 오염시키며, 해양오염방지법에서는 항해 중인 선박은 순간배출률(시간당 배출되는 기름의 부피를 그 시점에 대한 선박 속도로 나눈 비율)이 1해리당 60ℓ 이하일 것으로 규정하고 있다. 또, 기름의 함유량이 1만cm^3당 1cm^3 미만일 것을 규정하고, 선저폐수 배출방지장치의 설치를 의무화하고 있다.

④ 트리부틸주석 화합물(TBT : Tri Butyl Tin)

TBT 화합물은 유기주석 화합물의 일종으로 강한 독성을 가지고 있어, 주로 선박 및 어망 등의 부착생물 방지제로 사용되어 왔다. 부착 방지제로 사용되는 TBT는 페인트에 화학적으로 결합되어 있다가 수화(hydrolysis)에 의해 서서히 용출됨으로써, 선박 밑면에 부착하려는 생물들을 붙지 못하게 하나 용출시 연체류에 큰 영향을 미치며, 고동류의 경우 임포섹스(암컷의 수컷화)를 유발시키는 주 오염물질로 알려져 있다. 우리나라의 경우 2000년부터 연근해 어선, 잡종선, 일부 해양 구조물, 어망 및 어구에 사용을 규제하고 있으며, 내항 여객선 및 화물선, 외항 여객선, 화물선, 어선으로 그 규제를 확장할 예정이다.

2. 오염 현상

1) 갯녹음(백화현상)

갯녹음이란 조간대의 해조류가 녹아 유실되는 현상을 뜻하는 순우리말이다. 이러한 제 현상을 의미하는 국제적인 어휘로서 통용되고 있는 'whitening' 또는 'whiting event'를 직역하여, 백화현상(白化現象)이란 어휘로 통일하여 사용하기도 한다. 일반적으로 백화는 해조류가 번성하고 있던 암초지대에서 어떤 원인으로 해조류가 고사·소멸하고, 그 공간을 석회조류로 불리는 여러 종류의 산호말(홍조류)이 점유하여 암반이 백색 또는 황색, 분홍색을 나타내는 현상을 말한다. 최근 국내에 파급되고 있는 현상은 조하대 수심 20m까지 이르는 해저에서 일반 해조류가 유실되는 것은 물론 석회조류가 급증하고, 때론 이들마저도 죽어 가는 경향을 띠고 있다.

갯녹음에 의한 해중림의 소멸은 어류의 산란장, 유·치어 육성장, 생태계의 파괴로 이어져 어업자원 전체에 악영향을 미친다. 또한, 전복·성게·소라 등의 조식성(藻食性) 패류 및 어류 자원에 악영향을 미친다. 결국 다시마·미역·우뭇가사리 등의 식용 해조자원이 쇠퇴하고, 어민 소득원에 커다란 타격을 주어 사회적인 악영향을 미친다. 갯녹음의 원인은 정확하게 알려져 있지는 않으나, 대기 중 이산화탄소의 증가 및 지구 온난화에 의한 수온 상승, 연안역의 오염, 군집의 동태와 생물학적 작용, 질소, 인 등의 결핍이 불러오는 빈(貧)영양화 등으로 알려져 있다. 우리나라에서는 1992년 제주 해역에서 처음 보고된 이후 지금은 제주 대부분 해역과 동해안의 강원도 북방한계선, 남해안까지 관측되고 있다.

갯녹음 발생시 해결 방안으로는 인공적 방안으로 갯녹음현상이 나타난 바다에 성숙한 미역, 다시마를 투입하고, 바위에 해조류의 종묘를 감아주는 방안이 제시되어 있다. 실제 갯녹음현상은 섬, 방파제 등에 막혀 바깥 바닷물과 잘 섞이지 않아 바닷물 온도가 높은 지역에서 일어나므로, 방파제 아래쪽에 구멍을 뚫어 해수 교환이 잘되도록 하며, 양식장은 해수유동이 잘 되는 곳으로 옮기고, 바닥 청소를 자주 하는 것이 좋은 방법이다.

2) 부영양화(Eutrophication)

부영양화란 영양물질 즉, 질소와 인이 과잉으로 존재하는 현상으로 인구 증가, 산업 및 농업과 같은 인위적 요인에 의하여 외부로부터 과잉으로 유입된 영양염류가 폐쇄된 수역 내에서 과도한 생산력을 유발시켜, 그 수역에서의 다른 이용 가치와 조화를 이루지 못할 정도로 증가하여 여러 가지 문제를 일으키는 현상이다. 부영양화 정도가 심한 수역에서는 산소 농도의 변동 범위를 크게 하여 산소 농도 감소시 주변 동식물의 떼죽음을 가져오게 한다.

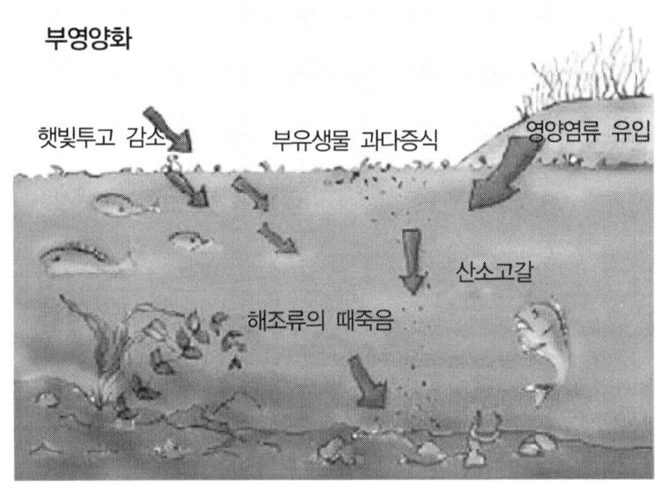

그림 2-50 부영양화 모식도.

부영양화가 해양 환경에 미치는 영향으로는 연안 해역의 부영양화로 식물성 플랑크톤이 대량 번식할 경우 수산용수로서의 가치가 저하될 뿐만 아니라, 생산되는 어종 또한 저급 어종이 주류를 이루게 된다. 부영양화된 해역에서는 적조 발생이 잘 일어나며, 빈산소 수괴의 형성 또한 현저하다. 부영양화 방지를 위해서는 생활 하·폐수의 고도 처리가 선행되어야 하며, 오염된 퇴적물의 경우 영양염류의 내부 순환원으로 작용하므로, 이에 대한 개선 대책이 필요하다.

3) 적조(Red tide)

적조란 해양에 서식하는 식물성 플랑크톤이나 그 외 박테리아나 미생물이 번식에 알맞은 환경조건이 될 때, 일시에 많은 양이 번식되거나 또는 생물 물리적 현상으로 집적되어 바닷물의 색깔을 변색시키는 현상이다.

우리나라의 대부분의 적조현상은 남해안에서 발생하였는데, 주변에 공단지역이 많이 들어서서 수질 오염이 가속화 된데다 특히, 매년 9월경에는 해수의 온도가 20℃ 정도에 이르며, 수심이 얕고 섬들이 많아 해류의 영향을 적게 받기 때문이다. 이에 비해 동해안은 수심이 깊고, 바닷물의 교류가 빠른데다 수온이 낮은 이유로 대표적 적조현상은 나타나지 않았으며, 서해안은 조석 간만의 차가 크고, 갯벌의 발달로 적조가 잘 발생하지 않는 지역이었다. 그러나, 1990년대 이후 외해성 적조가 빈발하면서 적조의 양상도 달라졌다. 즉, 우리나라 연안의 적조는 1962～1970년 중반까지 주로 진해만 일대의 내만에서 무독성의 규조류에 의해 발생하였다가 곧 소멸되곤 하였으나, 1980년대에는 외만으로 적조가 확산되고, 기간도 장기화하는 양상으로 변화하게 되었다. 또한, 연안역의 오염이 심화됨에 따라 적조가 발생하는 해역도 전국 연안으로 확대되고 있는 추세이다. 우리나라 대부분의 적조현상은 거의 남해안의 폐쇄성 내역인 진해만과 마산만, 당동만, 원문만에서 이루어졌으나, 최근에는 동해와 서해에서도 코클로디니움 등에 의한 적조가 빈발하고 있다.

적조의 원인 물질은 육지에서 유래되어 해양으로 유입되는 영양염류와 가두리 양식장 등에서 유래된 영양염류 등이다. 육지에서의 오염원으로는 적절하게 처리되지 못한 상태로 해양에 유입되는 산업 폐수, 가정 하수, 축산 폐수 등이다. 이러한 유입 물질 외에도 적조발생이 일어나기 위해서는 환경 조건이 중요한데, 적조 발생 조건으로는 첫째, 지형적으로 내만성이고, 외양과의 해수 교환이 적은 폐쇄성 해역이어야 한다. 둘째, 물리적 측면에서 볼 때, 적조 생물의 생활 수온인 15～20℃가 유지될 수 있는 여름철이어야 한다. 또한, 이들 적조 생물의 광합성 활동에 필요한 일조량이 풍부해야 하며, 안정된 수괴가 형성되어야 하는 것도 한 조건이 된다. 셋째, 육지로부터 강우 등에 의하여 적조 생물의 성장과 번식에 필요한 비료 성분인 영양염류가 유입되어 바닷물 속에 풍부하게 녹아 있어야 한다. 특히, 질산염과 인산염은 적조 미생물의 성장 제한인자로 작용하며, 이 외에 비타민 복합체, 미량 원소 등이 바닷물 속에 녹아 있어야 한다.

적조는 주로 봄철 장마에 의하여 육상으로부터 다량의 영양염이 해양으로 유입되고, 며칠간 쾌청한 날씨가 지속되면 발생하는 것이 일반적이었다. 그러나, 최근 연안 해역의 유기오염이나 부영양화가 진행된 곳에서 발생하는 적조는 강수에 의한 영양염의 유입이 없어도, 해저 퇴적층으로부터 영양염의 용출과 식물 플랑크톤의 성장을 촉진시킬 수 있는 성장 촉진 물질이나 자극 물질의 공급이 이루어져 계절에 관계없이 발생하는 현상을 보이고 있다.

발생된 적조에 대처하기 위한 방안으로는 화학약품의 살포가 한 가지 방법으로 제시되고 있으나, 생태계의 다른 생물에 대한 영향이나 화학약품의 비용을 고려하여 양식장이나 폐쇄성 수역에서만 사용하도록 해야 할 것이다. 약품의 경우에도 적조 생물뿐만 아니라 우점하는 다른 해양 생물에 대한 영향도 검토해야 할 것이다.

퇴치용 천적들을 이용하는 생물학적 방법도 제안되고 있다. 이것은 생태계 내에서 피식자-포식자 관계를 이용해 원하지 않는 생물을 제거하는 방법이다. 초식성 동물 플랑크톤이 얼마나 많은 양의 식물 플랑크톤을 먹는가에 따라 식물 플랑크톤의 양이 변할 수 있다. 따라서 적조 원인생물을 효과적으로 먹어치울 수 있는 천적 생물을 찾아내고, 이들을 대량 번식시켜 적조 발생 초기에 투입하여 적조를 방지하는 것도 연구해 볼 만한 가치가 있을 것이다.

현재 가장 널리 사용되는 방법은 황토 살포법이다. 황토가 동물성 플랑크톤의 일종인 적조 생물을 흡착하여 가라앉히고, 특히 황토 속에 들어있는 알루미늄 성질이 적조 생물의 세포를 파괴하는 데 탁월한 효과가 있다고 알려져 있다. 국립수산과학원의 실험 결과, 적조 생물이 황토 입자에 흡착해 가라앉는 효과가 있으며, 황토 내의 알루미늄 성분은 적조 생물의 세포를 파괴하고, 황토 살포 30분 후엔 약 78%의 적조생물이 제거된다고 밝혔다.

그림 2-51 황토를 이용한 적조 방제 작업.

그러나, 일부에서는 지나친 황토 살포가 저서 생태계를 파괴시킨다고 보고하고 있어 황토 사용에 대한 신중론도 있다. 따라서 유독성 적조 발생을 감시, 조기에 예보할 수 있는 시스템의 개발이 가장 중요한 방책 중의 하나이다. 그 외 적조를 예방하기 위한 가장 근본적인 방법은 영양염류를 포함하고 있는 오·폐수의 유입을 엄격하게 규제하는 일이므로, 폐수를 방출하는 공장에 폐수 재처리시설의 설치를 의무화하고, 생활하수 종말처리장을 더 많이 건설해야 할 것이다. 국민들도 환경 문제에 관한 인식을 새롭게 하여 오염물질을 되도록 적게 버리고 재활용하도록 노력하고, 어민들은 양식장에서 나오는 각종 사료 찌꺼기 및 배설물에 의한 부영양화를 막도록 노력하여야 할 것이다.

4) 빈산소 수괴

빈산소 수괴란 저층의 용존산소가 낮아지는 현상을 말하며, 보통 수중의 용존산소 농도가 2.5㎖/L(3.6mg/L) 이하를 빈산소 수괴라 하고, 0.025㎖/L 이하를 무산소 수괴라 한다. 통상 남해안의 리아스식 해안이나 해수 유동이 느리고, 오염물질이 축적되기 쉬운 반폐쇄성 지형·지세를 가진 여수 가막만이나 경남 진동만, 통영시 북만 등에서 발생빈도가 높다.

빈산소 수괴의 발생 원인은 첫째, 조류 소통이 원활하지 못한 해역에서 자주 발생한다. 연안에서의 용존산소 공급은 대기 혹은 외해수와의 해수 교환에 의해서 주로 이루어지나, 조류 소통이 원활하지 못한 폐쇄적인 만의 경우 저산소화 되기 쉽다. 둘째, 수온 또는 밀도 성층이 강하게 형성되는 해역에서 자주 발생한다. 여름철 일사량의 증가에 의해 수온약층이 약하게 형성되거나, 대량 강우의 경우 표층에서 저층으로 산소 공급이 극히 제한되어 저층의 용존산소는 부족하게 되기 때문이다. 셋째, 부영양화된 해역에서 자주 발생한다. 육상으로부터 생활하수 및 산업 폐수의 유입이 많은 해역은 영양염이 풍부하기 때문에, 빈번한 적조의 발생 등으로 인하여 수중 또는 퇴적물 내에 유기물이 다량 축적되어 고수온기에 미생물의 분해작용이 활발하게 이루어지면, 저층에서 일시에 다량의 용존산소를 소비하게 되어 저산소화 된다.

빈산소에서 기인되는 현상으로 황화수소 등 무기이온 물질을 다량 함유한 저층의 저산소 수괴가 기상 등의 조건에 의해 표층으로 용승할 경우, 광 산란에 의해 해수 표면의 색깔이 청록색 또는 은백색으로 변화하는 현상이 생길 수 있다

대비책으로는 수하식 양식장의 경우 수하연의 길이를 짧게 조절하고, 살포식 패류 양식장에서는 어장정화사업을 철저히 해야 하며, 해상 어류 양식장에서는 밀식을 방지하여야 한다.

5) 냉수대 현상

냉수대란 여름철 주변 해역보다 수온이 5~10℃ 이상 차가운 해수가 연안에 출현하는 경우를 말한다. 여름철 연안의 깊은 곳에 냉수가 존재하는 것이 정상적인 해황이지만, 남서풍, 남동계절풍이 며칠 이상 지속적으로 불게 되면 연안 쪽 표층의 더운 물이 외해 측으로 밀려가고, 아래층에 있던 냉수가 표층으로 올라오기 때문에 생기는 현상이다. 이 냉수대의 출현은 바람의 방향과 세기, 그리고 바람이 지속되는 시간 및 연안의 형태, 중층의 냉수괴의 발달 정도에 따라 달라진다.

6) 청수와 청조

청수(淸水)란 맑은 물이란 뜻으로 주로 내만에서 바다 밑바닥까지 보일 정도로 물이 맑고, 그 물이 지나가고 나면 생물이 폐사한다고 하여 어업인들에 의해 청수대 또는 독수대라 불리어져 왔다. 일년 중 6~9월 사이에 출현하나, 주로 8월 중순에서 9월 사이에 많이 발생한다. 반폐쇄성 내만에서 생기는 청수는 진해만 서부 해역 등지에서 발생하며, 수온이 낮고 용존산소 농도도 낮으며, 황화물과 영양염류 농도는 높은 특징이 있다.

한편, 청조(淸潮)는 해수 표층 부근의 수색이 청백색 또는 은백색을 띄며 마치 비눗물을 풀어놓은 것처럼 보이는 현상을 일컫는다. 원인은 명확하지 않으나 빈산소수와 같이 산소가 부족한 저층수 중에 다량 함유되어 있는 철, 망간, 황화물 등 각종 염류들이 산소가 풍부한 표층으로 상승하면서 산소와 결합하여 광(光) 산란을 일으켜 수색이 변하는 것으로 알려져 있다. 진해만과 같이 빈산소 수괴가 형성되는 주변 육지부에서 간혹 발생하며, 청조 발생 시 인근 축양 어류, 자연산 저서 어류 및 갑각류의 폐사 사례가 확인되고 있으나 정확한 통계자료는 없다.

수산 생물의 폐사와 관련이 깊은 내만 해역의 청수 및 청조는 빈산소 수괴의 형성에 기여한다. 따라서 빈산소 수괴의 형성 방지를 위해서는 연안역 부영양화의 주원인이 되는 육상 오염 부하를 저감하는 것이 가장 바람직하며, 이외에 적정 양식시설을 유도하고, 오염된 퇴적물에 대한 관리가 필요하다.

참고문헌

국립해양조사원(2007): 바다안내도.

국립해양조사원(2015): 우리나라 주변 해역 해류 모식도 제작 활동, 발간등록번호 11-1192136-000176-01, p 60.

국립해양조사원(http://www.khoa.go.kr/koofs/kor/seawf/sea_wflow.do?menuNo=02&link=;).

동아사이언스(http://www.dongascience.com/news.php?idx=16749).

박경애, 박지은, 최병주, 이상호, 변도성, 이은일(2013): 해양관측을 통해 획득된 과학적 지식에 기반한 과학교과서 동해 해류도. 한국해양학회지[바다] 18(4) 234-265.

박경애, 박지은, 최병주, 이상호, 이은일, 변도성, 김영택(2014): 중등학교 과학교과서의 황해 및 동중국해 해류도 분석. 한국지구과학회지 35(6): 439-466.

위키백과(https://ko.wikipedia.org/wiki/%ED%83%9C%ED%8F%89%EC%96%91_%EA%B1%B0%EB%8C%80_%EC%93%B0%EB%A0%88%EA%B8%B0_%EC%A7%80%EB%8C%80).

이상용 외 4인(2002): 해양학, 시그마 프레스.

한국해양대학교 국정교과서 편찬위원회(2003): 해양일반. 대한교과서 주식회사.

한국해양자료센터(http://portal.nfrdi.re.kr/page?id=sp_ans_kodc&someID=3).

해양수산부(2015): 육상 폐기물 해양배출, 이제 역사 속으로 사라진다. 해수부 보도자료.

해양경비안전본부(2016): 2015년도 해양오염사고 통계분석.

환경부(2016): 2015 환경백서.

Clark, R. B.(2001): Marine Pollution, 5 ed., Oxford University Press.

Stewart, R.H.(2005): Introduction to physical oceanography.

Tan, A.K.(2005): Vessel-source Marine Pollution-The Law And Politics of International Regulation, Cambridge University Press.

제3장 수산자원

제1절 수산자원 생물

1. 수산자원 생물의 정의

일반적으로 바다나 강, 호수 등 물에 서식하는 생물들을 통칭하여 수계 생물이라고 하며, 수계 생물 중에서 일반적으로 바다에 서식하는 생물들을 해양 생물이라고 구분하기도 한다. 이들 수계 생물은 인간의 기준으로 인간에게 유용한 종과 유용하지 않은 종으로 구분 할 수 있다. 수계 생물 가운데 인간에게 산업적 이용 가치가 있어 채포 또는 양식의 대상이 되는 생물을 통틀어 수산 생물이라 한다. 수산자원 생물은 이러한 수산 생물 중에서 직접적으로 현재 인간이 이용하고 있는 수산 생물을 말한다. 따라서 과거에는 경제적인 가치가 없어 수산자원 생물이 아니었다가 가공 기술이나 식성의 변화, 기타 여러 가지 원인으로 새로이 수산자원 생물로 우리 인간이 이용하는 생물도 많다. 대표적으로 우리나라 사람들이 즐겨먹는 쥐포는 주로 말쥐치를 가공한 것인데, 이 말쥐치는 쥐포로 가공하는 기술이 개발되기 전인 1960년대 이전에는 자원이기 이전에 등의 강한 가시로 인하여 오히려 선망어구의 조업을 방해하는 생물로 인식되었고, 오징어는 우리나라 사람들은 예로부터 즐겨 먹었으나 수출을 통하여 우리나라 등으로 판매하기 전에는 유럽의 어민들에게는 무용한 해양 생물로 인식되었다. 물론 수산자원 생물과 수산 생물은 어떤 의미로 동일한 용어로 해석할 수 있으나, 현재 수산 생물은 직접적인 수산자원의 대상이 되는 생물뿐만 아니라 이들 수산자원 생물에게 영향을 주는 비수산자원 생물을 포함하는 용어로 많이 사용되고 있다.

따라서 수산 생물을 다룰 때는 우리가 이용하는 어패류 뿐만 아니라 이들 어패류에 영향을 주는 해적 생물인 불가사리나 따개비 등도 포함하여 설명하는 것이 일반적이다. 그러나, 수산자원 생물은 자원이라는 용어에 경제학적인 의미를 포함하고 있으므로, 직접 경제적인 활동의 대상이 되는 수산 생물을 말한다.

2. 수산자원의 특징

수산자원이란 인간의 생존에 필요하여 노동의 대상이 되는 물질을 의미한다. 여기서 노동은 부가가치를 창출하는 경제 활동을 가리킴은 물론이다. 인간의 생존에 필요한 물질이기 때문에 자원 가운데는 여러 가지 성질을 가진 것이 있다. 예를 들어 석유 또는 광물 자원은 과거 지질시대를 거치면서 자연적으로 형성된 것으로 인간이 이용하지 않고 방치하면 언제나 그대로 존재하고, 인간이 이용하면 이용하는 만큼 매장량이 감소하여 언젠가는 없어지는 무생물자원이다. 즉, 이들은 비갱신자원(非更新資源)인 것이다. 그러나, 똑같이 무생물자원에 속하는 수자원(水資源)은 인간의 생활, 농업, 공업, 기타 산업의 용수로 사용되는 외에 여러 가지 요인에 의해 계속적으로 소멸되지만, 다른 한편으로는 계속적으로 생산되고 있어, 갱신자원(更新資源)이라 할 수 있다.

수산자원도 수자원과 같은 갱신자원이다. 그러나, 수산자원은 생물자원이기 때문에 수자원과는 다른 성질을 가지고 있다. 수산자원은 생물 집단의 내부에서 한편으로는 죽지만 다른 한편으로는 새끼가 태어남으로써 소멸되지 않으며, 다만 그 내용만 끊임없이 교체될 뿐이다. 수자원은 바다로부터 태양열에 의해 증발하여 구름이 되고, 비나 눈이 되어 땅에 떨어지면 낮은 곳으로 모이고 강을 거쳐 바다로 들어간다. 수자원은 수권(水圈), 육권(陸圈) 및 기권(氣圈) 간에 일어나는 태양열 에너지의 교환에 의해 지표에서 타율적으로 순환하는 타율갱신자원(他律更新資源)이다. 이에 비해 수산자원은 스스로 그 내부에서 성장하고 번식하는 재생산을 끊임없이 반복함으로써, 스스로 자신의 내용을 갱신한다는 점에서 자율갱신자원(自律更新資源)이다. 수산자원과 마찬가지로 생물자원에 속하는 삼림자원도 자율갱신자원임은 물론이다.

수산자원이 재생산하는 속도 즉, 자율갱신율은 자원 자체의 내부적 요인과 환경 요인에 의해 시시각각 변동한다. 예를 들어 수산자원 중에서 가장 중요한 어류자원은 산란기가 되면 많은 수의 알을 낳지만, 알에서 치어가 되기까지의 발육 초기단계에서 대부분이 다른 생물에게 포식되거나, 유영 능력의 미비로 생존에 부적절한 곳으로 표류하여 사망함으로써 생물적 또는 무생물적 환경 변화에 매우 민감하게 반응할 뿐 아니라, 이러한 사망과정이 우연에 의해 지배되는 수가 많기 때문에 해마다 예측이 어려울 정도로 양적으로 그리고 질적으로 심한 변동을 한다. 이러한 「변동성」도 수산자원의 특성 중에 하나이며, 어업경영의 불안정성은 이에 기인한다.

수산자원은 넓은 범위에 걸쳐 분포하고 회유한다. 성어는 산란기가 되면 연안에 접근하여 산란하고, 산란을 마치면 먹이가 풍부한 해역으로 이동하여 살다가 겨울이 되면 월동장으로 간다. 한편, 알에서 부화한 치어는 먹이가 풍부하며, 해초가 무성하고, 암초가 많아 포식생물로부터 보호를 받을 수 있는 연안 해역에서 살다가 성장하면 깊은 바다로 나가 성어 집단에 합류한다. 이와 같이 수산자원은 한 곳에 고정되어 존재하지 않고 넓은 해역에 걸쳐 이동한다. 이 「이동성」 때문에 수산자원은 대부분이 국제공동자원이고, 어느 한 연안국의 전유물이 될 수가 없다. 수산자원의 이동성에 비추어 연안국들은 공동으로 이용하는 수산자원을 합리적으로 관리하기 위하여 상호 협력하지 않으면 안 된다.

이러한 수산자원의 특성은 무주공개성(無主公開性)적인 의미로, 예로부터 농업과 다른 어업의 주요 특성 중의 하나로 인식되었다. 즉, 스스로 씨를 뿌리고 가꾸지 않고도 “바다의 생물은 주인이 없으며, 먼저 잡는 자가 주인이다.”라는 인식이 오랜 기간 어민들의 특성으로 인식되었고, 이러한 특성은 어민들이 농민들보다 성실하지 못하거나 정직하지 못한 것으로 인식되어 온 것도 사실이다. 따라서 이러한 특징은 어업의 근본적인 특성으로 이해되어야 하며, 이러한 특성도 최근에는 산란기의 보호나 치어 보호, 환경 보호 및 적정 어획 등으로 농업과 같이 스스로 길러 잡는다는 인식이 널리 확산되고 있다. 즉, 이제는 바다의 물고기도 주인이 있으며, 바다의 물고기가 풍부하게 서식하도록 노력한 어민들만이 주인이 될 수 있고, 이들 어민만이 물고기를 잡을 수 있을 것이다.

수산자원의 근본적인 특성은 자율갱신성이다. 광물자원에는 재생산이 없기 때문에 인간의 이용으로 일방적으로 소모된다. 인간이 할 수 있는 것은 아껴 사용하여 먼 후세대까지 가능한 한 많은 양을 남겨두는 수밖에 없다. 수자원은 순환하므로 자원이 소모되는 한편으로 보급이 된다. 수자원에 있어서 소모와 보급은 서로 무관계하게 일어나며, 물은 일방적으로 흘러간다. 그러나, 수산자원은 환경의 영향으로 변동이 심하기는 하지만, 어획에 의해 재생산이 조절되는 음(陰)의 피드 백(feed back) 메카니즘을 가진 계(系)이다. 이 때문에 자기 조절이 가능하다. 인간이 어획을 가하면 수산자원은 이에 대응하여 재생산력을 증가시킨다. 이 자율갱신율의 자기 조절이 가능하기 때문에 계속적인 어업이 가능하다. 그러나, 어획의 압력이 계속해서 지나치게 가해지면, 즉 자원의 재생산량 이상으로 계속 잡게 되면 자원은 자율갱신력을 유지할 수 없게 되어 괴멸되고 만다. 수산자원의 자율갱신력을 최대로 유지시키는 한도 내에서 최대의 어획을 지속적으로 올릴 수 있는 방법을 찾아내는 것이 수산자원학의 중심 과제이다.

제2절 수산자원의 단위

1. 계군

수산자원 생물을 일반적으로 수산자원이라고 줄여서 사용하는 경우가 일반적이다. 하지만 수산자원과 수산자원 생물은 동일한 의미로만 사용되는 것은 아니다. 즉, 선망자원이라고 하면 선망어구에 어획된 모든 자원생물을 통칭하는 용어로, 생물 자체보다는 어업의 의미가 강한 반면, 저어 자원이나 부어 자원 등으로 분류하는 경우는 어업 대상이 되는 생물을 말한다. 하지만 이를 구분하여 사용하는 경우는 없으며, 수산자원이라는 용어 속에 이러한 생물적인 의미와 경제적인 의미를 포함하여 광의로 해석한다.

실질적으로 어떤 생물 종을 대상으로 자원의 평가나 자원조사, 자원관리 등을 행하는 경우에는 어업보다는 대상 종의 생물 자체를 단위로 하므로, 이 경우 개체군(個體群) 또는 계군(系群)이라는 용어가 사용된다.

그러나, 계군(subpopulation)과 개체군(population)의 사전적인 의미는 다소 다른 의미로 사용된다. 즉, 개체군은 동일한 생물 종이 생태계에서 집단을 이루어 서식하는 것을 말한다. 그러나, 개체군은 단일 집단으로 이루어진 경우도 있으나, 때에 따라서는 지역적으로 혹은 생태적으로 여러 개의 집단으로 구성된 경우도 있다. 이 경우, 이들 집단은 어떤 한정된 공간에서 암컷과 수컷, 나이 어린 것과 나이 많은 것이 같이 어울려 영속적으로 세대를 거듭하면서 스스로를 유지하고 보전할 수 있는 최소한의 짜임새를 갖춘 개체군을 일컬어 생태학에서는 지역 개체군(local population)이라 한다. 지역 개체군 간의 분리의 정도는 종에 따라 다르지만, 기회가 있으면 개체가 같은 종이므로, 서로 교배가 가능하고 이로서 전체적으로 같은 종으로써의 동질성을 유지한다. 지역개체군을 구성하는 개체들은 어떤 공간 내에서 같이 살면서 교배에 의해 서로 유전자를 교환하는 공동의 유전자급원(gene pool)을 가지고 있다. 따라서 특유의 유전적 조성을 가지고 있어 개체수 변동의 기본적 단위가 된다. 말하자면 종 개체군은 공간적으로 분리된 여러 개의 지역 개체군으로 구성된다고 할 수 있으며, 이는 지구상에 존재하는 모든 생물종의 존재 양식이다.

수산자원도 생물학의 관점에서 볼 때, 공간적으로 분리된 수 개의 지역 개체군으로 구성되어 있는 것이 보통이다. 종 개체군의 분포권은 일반적으로 매우 광범위하기 때문에, 한 국가의 어업은 수산자원의 종 개체군 전체를 이용하지 못하고, 각 어업이 공간적으로 또는 시간적으로 쉽게 접근할 수 있는 지역 개체군만을 이용한다. 따라서 지역 개체군은 생태학적으로는 자원 변동의 단위이지만, 어업의 입장에서는 자원 이용의 단위가 될 뿐 아니라 자원 관리의 단위이기도 하다. 이러한 이유 때문에 수산자원학에서는 지역 개체군을 특별히 계군 또는 계통군(系統群)이라 부른다.

우리나라의 대구는 동해계군과 서해계군으로 뚜렷하게 분리되며, 오징어도 이러한 특징을 보여주고 있다. 따라서 수산자원의 연구에서는, 계군은 수량 변동의 단위로서 뿐 아니라, 자원의 이용과 관리의 단위로서 사용된다. 물론 수산자원의 연구와 이용의 실제에 있어서, 편의상 계군을 임의로 규정하는 경우가 있다. 자원의 단위로서의 계군을 규정하는 작업은 자원 연구의 출발점이다. 계군은 집단으로서의 속성을 몇 개 가진다. 이 속성은, 집단의 성질을 나타내는 것이므로, 개체에 대해서는 적용될 수 없는 통계학적인 의미를 지닌다.

2. 계군의 식별방법

같은 해역에서 잡힌 동일한 종의 개체군이라도 서로 다른 여러 개의 계군이 섞여 있다면, 이들 종의 자원조사와 자원분석 및 자원관리는 대단히 어렵다. 그러나, 몇 개의 계군으로 구성되어 있는지를 안다면, 보다 쉽게 분리하여 자원을 분석하고 관리할 수 있을 것이다. 따라서 계군의 구분을 위한 계군 식별방법을 다음과 같이 기술하였다. 물론 아래에 기술한 계군 식별방법은 편의상 구분한 것으로, 계군의 구분은 어떤 하나의 방법으로 하는 것은 대단히 위험하며, 여러 개의 방법을 중복하여 조사하거나 비교 분석하여 최종적으로 계군을 구분하여야 할 것이다.

1) 형태학적 방법

형태학적 방법은 계군의 특정 형질에 관한 많은 개체의 측정 자료를 통계적으로 분석하여 비교 구분하는 생물측정학적 방법이 많이 사용되며, 비늘의 휴지대의 위치나 가시의 형태, 뼈나 돌기의 형태, 새파의 형태 등과 같은 형태적인 차이를 통하여 구분하는 해부학적 방법이 있다. 또한, 생물측정학적 방법은 비늘의 수나 척추골수, 기조수, 유문부수 등과 같이 개수의 차이로 구분하는 체절적인 방법과 체장, 두장, 체고, 체폭, 체중 등과 같이 크기의 차이를 통한 구분인 비체절적인 방법으로 구분할 수 있다.

2) 생태학적 방법

각 계군의 생활사를 비롯하여 산란기나 산란장, 분포와 회유, 포란수, 난경이나 생물학적 최소형의 차이나 비만도, 체장조성이나 연령조성, 기생충의 종류와 기생율의 차이 등으로 계군을 식별한다.

3) 생화학적 및 유전학적 방법

어류의 근육이나 안구의 아미노산 구성의 차이나 혈청의 항원항체 반응의 차이, 효소나 염색체의 분석을 통하여 계군을 구분한다. 최근 들어 과학의 발달과 함께 보다 정확한 계군 분석이 가능하지만, 경비가 많이 들어 많은 개체를 조사하여 통계적으로 분석하기가 어려운 단점이 있다.

4) 어황 분석에 의한 방법

어획 통계자료를 이용하여 여러 어장의 동일 종에 대한 어황 추이나 공통성, 주기성, 변동성, 풍흉의 상관성 등을 종합 분석하여 어군의 이동이나 회유로를 추정하고, 이를 통하여 계군을 구분한다.

5) 표지방류에 의한 방법

살아 있는 상태로 어획한 다수의 어체에 표지를 하여 방류하고, 일정한 시간이 지난 후 어민들이 재포한 어체를 분석하여 어체의 상세한 정보를 입수하고, 이 정보를 비교. 분석하여 계군을 구분하는 방법이다. 이 방법은 비교적 정확한 정보를 입수 할 수 있으나, 시간과 경비가 많이 들고, 어체의 특징상 표지가 어려운 경우가 있다. 비교적 어체가 큰 어류에 적당하며, 음파발신기를 고래 자원에 부착하여 인공위성으로 추적하는 방법에 이르기까지 기술력이 발달하였다.

3. 분포와 회유

1) 발육단계와 생활연주기

(1) 발육단계

수산자원의 대표 종을 이루는 어류는 출생 후 성장하여 성어가 되고, 사망할 때까지 일생 동안 생리, 생태, 형태 등이 바뀐다. 이 변화의 과정을 발육단계라 한다. 출생 후 시간의 경과에 따라 생물체의 크기라고 하는 양이 증가하는 과정을 성장이라 한다면, 발육은 생물체의 질이 점진적으로 변화하는 과정이라 할 수 있다. 발육이 점진적으로 진행되지만 수산자원학에서는 편의상 그 진행을 단계적으로 파악한다. 수산동물 종마다 다른 종과는 특이한 발육의 과정을 거치기 때문에 학자마다 발육단계의 설정과 정의가 다르지만, 여기서는 어류자원을 두고 일반적으로 논하는 발육단계를 살펴보고자 한다.

발육단계는 난기(卵期, egg stage), 자어전기(仔魚前期, prelarval stage), 자어후기(仔魚後期, postlarval stage), 치어기(稚魚期, young stage), 미성어기(未成魚期, immature stage), 성어기(成魚期, mature stage 또는 adult stage)의 여섯 단계로 나눈다.

난기는 수정란의 난막 속에서 세포 분열에 따라 배엽(胚葉) 형성, 기관 형성 및 분화를 거치면서 소위 난 발생이 진행되는 시기이다. 난기에 있어서 생명 유지에 필요한 영양은 난황에 의존한다. 자어전기는 난막을 뚫고 부화했지만 아직 복부에 난황을 가지고 있는 시기이다. 외부 환경으로부터 먹이를 취하지 않고 영양을 난황에 의존한다. 자어후기는 난황을 모두 흡수하고 외부로부터 먹이를 섭취하기 시작함으로써 영양적으로 친어로부터 독립한다. 그런 의미에서 생후 처음으로 외부 환경과 관계를 맺기 때문에 이에 대응하여 형태 변화가 일생 중에서 가장 심하게 일어난다. 소화기관, 근육 및 지느러미와 같은 운동기관의 발달이 현저하다. 지느러미의 가시수와 연조수가 결정되어 종 분류의 기준이 되는 형태적 특징이 나타나기 시작하기 때문에 어느 정도 분류 검색이 가능하다. 치어기는 체표면의 반문(斑紋)과 색채 등을 제외하면 급속하게 성어의 형태를 닮아가는 시기이다. 무리를 이루는 종류는 군영성을 보이기 시작하고, 먹이가 풍부한 곳으로 적극적으로 이동하는 등 종의 생태적 특징이 나타나기 시작한다. 일생 중에서 가장 성장이 빠른 시기이다. 일생 동안의 성장 중 거의 절반이 이 시기에 달성된다. 미성어기는 형태상으로는 성어와 완전히 일치하지만 성적(性的)으로 미숙한 시기이다. 성어기는 완전히 성숙하여 생식 능력을 갖추고 자원의 재생산을 수행하는 시기이다.

난기에서 치어기에 이르는 기간은 운동 능력의 결여 또는 미비로 인해 살기에 부적한 곳으로 표류하거나 포식 동물로부터의 도피가 어려워 생존율이 매우 낮다. 그러므로, 이 세 단계를 통틀어 초기 발육단계라 부르기도 한다.

발육단계는 기능상 크게 둘로 묶을 수 있다. 하나는 성어기—난기—자어전기의 단계이고, 나머지 하나는 자어후기—치어기—미성어기의 단계이다. 알과 자어전기는 외관상으로는 성어와 분리되어 있으나, 생명 유지에 필요한 영양은 성어로부터 받은 난황에 전적으로 의존하고, 생존을 위해 외부 환경을 적극적으로 선택하는 능력이 없으므로 성어의 난소 내의 상태의 연장이라 할 수 있다. 이 점에서 성어기—난기—자어전기는 종족유지단계라 한다. 한편, 자어후기—치어기—미성어기는 영양적으로 성어로부터 완전히 독립하여 외부 환경으로부터 먹이를 구하고, 자신의 생존을 위해 적합한 환경을 적극적으로 선택하면서 성장에 전념하는 개체유지단계이다.

(2) 생활연주기

생활연주기(生活年週期)란 같은 발육단계에서 1년을 주기로 하여 생리 및 생태적으로 생활이 반복되는 과정을 말한다. 대부분의 수산동물에서 초기 발육단계를 거치는 데 수개월 밖에 걸리지 않기 때문에 생활연주기는 미성어기와 성어기에 나타나며, 특히 성어기에서 뚜렷하다.

생활연주기에는 기본적으로 색이기(feeding season)와 생식기(spawning season)가 있으며, 그 사이에 과도적으로 월동기(hibernating season)가 존재한다.

색이기는 수산자원이 먹이가 풍부한 해역에 널리 분산하여 분포하면서 먹이를 찾는 시기이다. 색이기는 개체를 유지하면서 생식기에 대비하여 체력을 축적하는 시기라고 할 수 있다. 월동기는 수온을 비롯한 환경 요인이 악화되고, 먹이가 부족해지는 계절에 자원이 색이 활동을 줄이고, 환경의 호전을 기다리는 시기이다. 이 시기의 자원의 분포 범위는 색이기에 비해 좁아지며, 색이기 동안에 축적된 체력을 유지하는 수준에서 생식기의 도래를 기다린다. 생식기는 산란기라고도 하며, 성숙한 성어가 산란장에 집중 분포하여 산란과 방정의 생식 활동을 하는 시기이다. 따라서 이 시기는 종족 유지의 시기이며, 생식 활동으로 소모된 체력은 이어 시작되는 색이기에서 회복된다.

생활연주기는 개체의 수준에서 1년을 주기로 하여 반복되는 과정이다. 반면에 발육단계는 개체에서는 반복되지 않고 일방적으로 진행되지만 개체군의 수준에서는 반복되는 과정이다. 그리고, 발육단계와 생활연주기는 어느 쪽도 개체 유지와 종족 유지의 기능을 각각 수행하는 두 과정을 가지고 있다.

이와 같이, 수산자원은 발육단계와 생활연주기를 통하여 개체 유지와 종족 유지의 두 기능을 통일하면서 세대와 세대를 영속적으로 이어간다.

2) 개체군의 분포 원리

물고기는 발육단계와 생활주기를 거치면서 적정한 서식지를 찾아 이동하면서 성장하고 사망한다. 이러한 과정에서 어군의 중심은 여러 가지 요인에 의하여 그 분포를 달리하며, 특수한 경우 넓은 장소를 이동하면서 회유한다. 물고기의 분포에 가장 큰 영향을 미치는 요인은 수온이라고 할 수 있으며, 물의 흐름이나 염분, 수심, 육지와 해저의 형태나 저질형상, 먹이생물, 자원 자체의 밀도, 천적 등과 종 자체의 환경에 대한 적응력과 생리적 요구 등을 들 수 있다.

3) 회유

수산자원은 초기 발육단계에서 유영 능력의 결여 또는 부족으로 해류에 실려 표류한다. 이는 개체를 널리 분산시켜 좋은 환경과 조우하는 기회를 보다 확실하게 가짐으로써 생존의 확률을 높이고, 개체군의 보전에 이바지한다. 초기 발육단계를 거치면 잘 발달한 운동기관을 갖추게 되고, 종에 따라 유영 생활 또는 저서 생활로 들어가 자신의 생존에 유리한 환경을 적극적으로 추구한다. 성장하고 성숙하여 생식기를 맞이하면 산란장에 모여 생식활동을 마친 뒤 먹이가 풍부한 해역으로 흩어진다. 이와 같이 수산자원은 발육단계와 생활연주기를 거치는 일련의 과정마다 변화하는 생리적 요구와 환경 변화로 계군의 분포권 내에서 이동한다.

회유(回遊, migration)란 수산자원이 발육단계와 생활연주기를 거치는 과정에서 생리적 요구와 환경 변화에 적응하기 위해 무리를 지어 일정한 방향으로 이동하는 것을 말한다. 회유를 이와 같이 정의할 때, 회유에는 유기회유(幼期回遊), 성육회유(成育回遊), 색이회유(索餌回遊) 및 산란회유(産卵回遊)의 네 가지가 있다. 이 중에서 유기회유와 성육회유는 발육단계의 진행 과정에서 나타나고, 색이회유와 산란회유는 생활연주기의 과정에서 나타난다.

유기회유는 알, 자어 및 치어가 산란장에서 성육장으로 이동하는 것을 말한다. 이들은 운동 능력이 없거나 모자라기 때문에 해류에 실린 채 표류하면서 산란장으로부터 성육

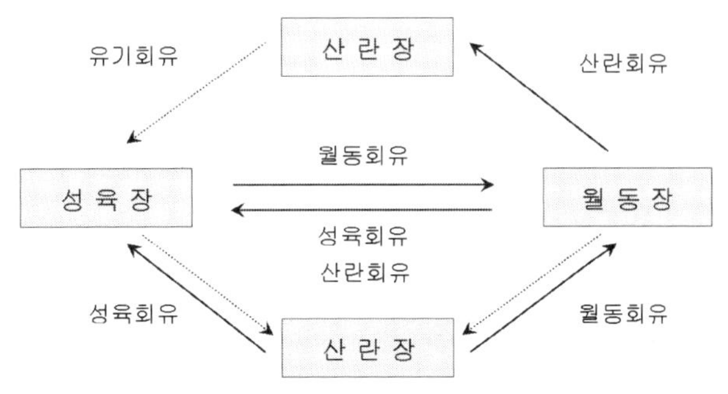

그림 3-1 회유의 모식도.

장에 도달한다. 따라서 북반구에 있어서 대양의 해류가 시계 방향으로 흐르므로 유기회유는 시계 방향으로 나타나며, 네 가지의 회유 중에서 유일하게 수동적이다. 성어는 초기 발육단계의 새끼가 산란장에서 성육장으로 확실하게 수송될 수 있도록 성육장으로 항상 흐르는 해류의 상류 해역에 산란장을 정한 것이다. 물론 이는 수 만년을 거쳐 오면서 진행된 진화의 결과이다.

유기회유의 대표적인 예로서 북대서양의 뱀장어를 들 수 있다. 북대서양의 뱀장어에는 북미산과 유럽산의 두 종이 있는데, 이들의 성어는 하천에 살다가 산란기를 맞이하여 성숙하게 되면 바다로 내려가 사르가소해의 버어뮤다섬 근처의 심해에서 산란한다. 수정란은 바다 표면으로 부상하며, 대서양의 북적도해류를 따라 서서히 이동하는 동안에 부화된 자치어는 서인도제도 근해에서 멕시코만류를 따라 북상한다. 이 시기의 치어는 투명하고 버들잎 모양을 하고 있다. 이 치어를 특별히 렙토세팔루스(leptocephalus)라 한다. 미국산 뱀장어의 렙토세팔루스는 약 1～1.5년이 걸려 북미 대륙의 동해안에 도달하면 실뱀장어로 변태하여 북미 동부의 각 하천에 소상한다. 한편, 유럽산 뱀장어의 렙토세팔루스는 멕시코만류에 도달하더라도 변태를 하지 않고, 유기회유를 계속하여 북대서양 해류를 따라 총 3년 동안 6,500km의 표류 끝에 유럽 연안에 도달하여 실뱀장어로 변태하고 하천으로 올라간다. 우리나라에서 발견되는 뱀장어도 성숙하면 바다로 내려간다. 필리핀 동쪽의 심해에서 산란하고, 렙토세팔루스는 태평양 북적도해류와 쿠로시오로 이어지는 시계 방향의 북태평양 해류계를 타고 우리나라 서해연안에 표착하면 실뱀장어로 변태하여 하천으로 소상한다. 뱀장어의 유기회유는 수산자원의 초기 발육단계의 생활이 생리, 생태 및 형태에 있어서 환경에 잘 적응되어 있는 좋은 예이다.

해류를 따라 표류하면서 성육장에 도착하는 데 성공한 치어는 발육이 진행되면서 유영 능력을 완전히 갖추게 되면서 능동적으로 색이장으로 이동하는데, 이를 성육회유라 한다. 난해성의 어류인 쥐치류, 방어 및 꽁치의 자치어는 뜬말(표류 해조) 아래에서 생활하다가 유영 능력을 완비함에 따라 뜬말을 떠나 성장에 적합한 해역으로 이동한다. 게르치의 치어는 연안의 해조가 무성한 천해에서 살다가 성장하면 차차 깊은 해역으로 나간다. 성육장에서 색이장에 도달한 치어는 급속히 성장하여 미성어기와 성어기를 맞이한다.

미성어와 성어는 생리, 생태 및 형태에 있어서 종의 고유한 특징을 가지고, 환경 변화에 대해 일정한 반응을 나타낸다. 그 중에서도 계절에 따라 서식 해역의 수온이 변화하면 적수온을 찾아 이동하여 적수온의 해역에서 풍부한 먹이를 추구한다. 이와 같이 어류가 적수온의 범위 내에서 먹이를 찾아 이동하는 것을 색이회유라 한다. 우리나라 연근해의 정어리, 꽁치, 고등어, 전갱이 등이 봄철에 난류를 따라 북상하는 것은 적온 범위 내에서 먹이를 찾아 이동하는 색이회유의 좋은 예이다.

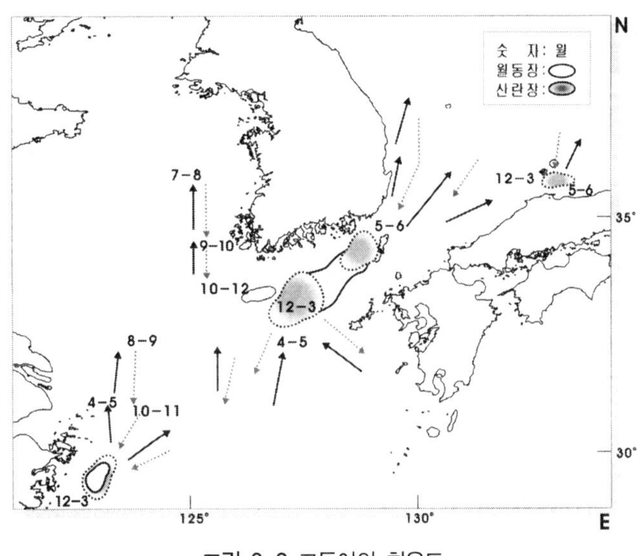

그림 3-2 고등어의 회유도.

성어는 산란기가 되면 태어날 새끼가 안전하게 자랄 수 있는 장소를 찾는다. 성어가 사는 곳이 반드시 새끼의 생존과 성육에 적합한 곳은 아니다. 성어는 수정란의 부화에 좋고, 자치어의 발육과 성장에 유리한 해역을 산란장으로 정하고 이동하는데, 이를 산란회유라 한다. 참조기의 성어는 겨울철에 제주도 남서 해역에서 월동하다가 봄철이 되면 우리나라 서해안을 스치며 북상하는 황해난류를 따라 북쪽으로 이동하여 연평도 앞바다에서 집중적으로 산란한다. 산란장과 산란회유의 경로는 계군별로 고정되어 있다. 이것은 수산생물이 종족 보전을 위해 오랜 세월에 걸쳐 이룬 진화의 결과이다.

회유는 이 밖에도 여러 가지로 분류된다. 방향을 기준하여 수평회유와 수직회유, 접안회유와 이안회유, 소하회유와 강하회유 등으로, 해류의 방향과 관련하여 역류회유와 순류회유 등으로 나누기도 한다. 관심이 회유의 주기성에 있을 때 계절회유, 환경에 있을 때 적온회유 등으로 표현하기도 한다. 월동회유라고 불리는 경우도 있지만 이는 엄밀하게 따지면 일종의 색이회유이다. 만약, 회유를 이야기하면서 계절회유, 접안회유, 산란회유, 소하회유 등과 같이 회유를 구분한다면, 구분의 기준이 혼란하여 회유에 관해 정확한 추론이 안 될 것이다.

4) 분포와 회유의 조사방법

개체군의 분포와 회유를 조사하기 위하여 사용하는 방법은 여러 가지가 있으며, 조사 목적과 조사 상황에 따라 조사방법이 다르다. 가장 널리 사용되며 손쉽게 조사할 수 있는 방법은 어획량 자료를 이용하는 방법이며, 보다 정확한 조사를 위해서는 표지방류 방법을 사용할 수 있다. 최근에는 컴퓨터와 음향탐지기를 이용하는 방법이 많이 이용되고 있고, 간접적인 방법으로는 난치어(卵稚魚) 채집을 통한 방법이 있다.

(1) 어획량 자료를 이용하는 방법

우리나라 근해어업의 경우 각 조업 선박은 조업 위치를 어업무선국을 통하여 보고하도록 의무화하고 있으며, 근해어업은 대부분 어획량이 많아 수협을 통하여 위판하므로 비교적 조업 위치와 어획량을 정확히 알 수 있다. 즉, 우리나라 주변의 전체 바다는 그림 3-3와 같이 도면상으로 위도와 경도를 각각 0.5°(30″) 간격씩 해면을 구획하고, 각 구획마다 고유의 번호를 부여하여 해구도(海區圖)로 작성하여 각 어민들에게 배포하여 사용하고 있다. 각 일별, 주별, 월별 또는 계절별로 단위노력당 어획량(CPUE)을 해구도에 표시하여 어군의 분포와 회유 등을 알 수 있다.

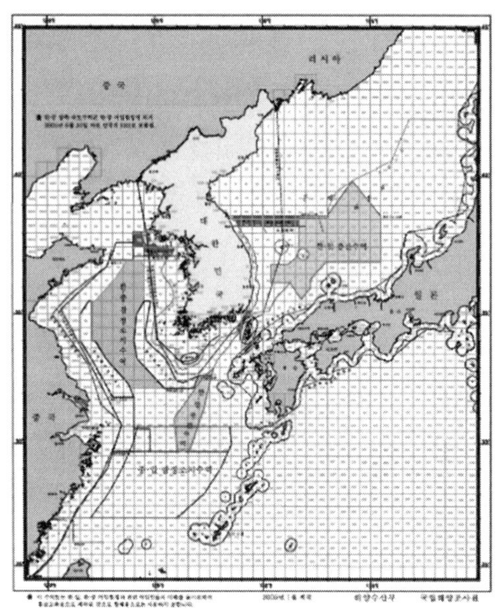

그림 3-3 해역도에 나타낸 한·중·일 어업협정 수역도.

(2) 표지방류에 의한 방법

표지방류한 어체를 재포하여 어군의 회유경로나 분포 상황을 비교적 정확히 알 수 있다. 또한, 자원의 성장이나 사망, 먹이, 피포식 등 여러 가지 주요한 자료를 파악할 수 있으나 경비와 시간이 많이 드는 단점이 있다.

(3) 음향탐지기를 이용하는 방법

배를 타고 가면서 수중에 음파를 발사하여 되돌아오는 반사파를 분석하여 대상 생물의 종류와 크기, 양 등을 알 수 있다. 이 방법은 최근 들어 컴퓨터와 음향탐지기를 연계하여 음향탐지기의 정보를 컴퓨터가 분석하여 수층별 어군의 종류와 밀도, 생체량 등을 계산하고, 이를 분석하여 비교적 정확한 자원량과 분포 및 회유로 등을 알 수 있다.

(4) 난치어 채집을 통한 방법

어군의 분포와 회유를 조사하는 간접적인 방법으로 난치자 네트(net)를 이용하여 수층별로 난치자의 종류와 밀도를 분석하고, 이를 개체군 전체의 분포와 회유에 적용하는 방법이다. 그러나, 이 방법은 개체군의 생태를 완전히 조사하여 분석하고 난 후 사용하여야 한다.

4. 계군의 속성

계군은 그것을 구성하는 개체들이 우연히 모여서 이루어진 집단이 아니다. 개체는 크게는 계군이라는 전체 집단의 성원이지만 발육 단계에 따라 생리적, 생태적 및 공간적으로 서로 다른 소집단에 소속한다. 이와 같은 계군의 계층 구조로 계군은 생물 집단으로써 독특한 속성이 생긴다. 이 속성은 각 개체의 성질을 단순히 합산한 것이 아니며, 계군이 다르면 그 속성도 달라진다.

계군의 속성에는 기본 속성으로써 크기가 있고, 크기를 좌우하는 1차 속성으로써 출생률, 사망율, 전입률 및 전출률이 있으며, 1차 속성을 좌우함으로써 결과적으로 크기에 영향을 미치는 2차 속성으로써 연령 조성, 성 조성, 체장 조성 및 유전자 조성 등이 있다. 여기서는 1차 속성에 대하여 설명하고, 2차 속성은 다음 절에서 다루겠다.

1) 크기

크기란 계군을 구성하고 있는 모든 개체의 전체 수량을 말하는 것으로 개체수 또는 중량으로 나타낸다. 수산자원의 대종을 이루는 어류자원에 있어서 계군의 구성원을 복상의 염색체를 가진 개체에 한정한다면, 계군의 크기에는 수정란 또는 난막을 뚫고 나온 자어(仔魚)에서 왕성하게 생식활동을 하는 성어에 이르기까지의 모든 발육단계의 개체가 산입되어야 할 것이다. 수산자원학에서는 모든 발육단계의 개체보다는 충분히 성장하여 어획의 대상이 되는 개체들의 동태에 주된 관심을 가진다. 계군 내에서 어획의 대상이 되는 개체들 즉, 어획 대상군 만의 수량을 수산자원학에서는 자원량이라 부른다.

자원량은 절대 자원량과 상대 자원량이 있다. 절대 자원량이란 어느 시간에 어느 공간을 점유하고 있는 어획 대상군의 총 수량을 의미한다. 절대 자원량은 전수조사 또는 표본조사에 의해 파악된다. 전수조사는 어느 시간에 어느 공간을 점유하고 있는 어획 대상군의 전체 수량을 조사하는 것으로, 특별한 경우를 제외하고는 이 방법의 사용은 불가능하다. 표본조사는 어획 대상군의 일부를 표본으로 발췌해서 관찰한 결과에 추측 통계학의 기법을 적용하여 어획 대상군 전체의 자원량을 추정하는 것으로 이에는 방형구법(quadrat method), 선상법(line transect method) 및 표지재포법(capture-recapture method)이 있다. 방형구법은 조사 구역을 전체 범위에 걸쳐 일정 크기와 모양의 소구역으로 세분하고, 각 소구역에서 관찰되는 어획 대상군의 개체수 또는 중량에 의거해 자원량의 평균치와 분산을 구하여 계군 전체의 자원량을 추정한다. 방형구의 모양은 원형, 정사각형, 정육각형 등이 있으며, 모양은 물론이고 그 크기도 조사 생물의 개체 크기와 운동성에 따라 적절하게 선택한다. 갯벌 또는 암반에 분포하는 저서성 수산자원의 자원량 추정에 이 방법이 널리 쓰인다. 선상법은 조사 구역의 전체 범위에 걸쳐 임의의 선을 긋고, 이 선을 따라가면서 좌우의 일정 폭 내에 관찰되는 생물의 수량에 의거하여 절대 자원량을 추정하는 것으로 방형구의 특수한 경우라고도 할 수 있다. 속도가 빠른 선박으로 항해하면서 항로를 따라 시야 내에서 관찰되는 고래의 수에 근거하여 고래의 자원량을 조사하는 이른바 목시법(目視法), 선박에서 발사된 후 어군에 반사되어 오는 초음파를 감지하는 어군탐지기의 어군 영상에 의해 자원량을 추정하는 어탐법(魚探法), 산란장에서 난치어 채집망을 끌어 채집된 난 수와 인망 면적에 의해 총 산란수를 계산하고, 이에 어미 한 마리의 평균 산란수를 감안하여 자원량을 추산하는 총 산란량법 등은 선상법에 속한다고 할 수 있다. 표지재포법은 생물을 방생하여 이를 재포했을 때, 방생 개체수, 재포시의 총어획 개체수 및 재포 개체수에 근거한 확률론적 추론으로 방생시의 절대 자원량을 추정한다.

상대 자원량은 절대 자원량에 비례하여 절대 자원량의 변동을 반영하는 것으로 수산자원학에서 널리 사용되는 어획량 또는 단위노력당 어획량(CPUE; catch per unit effort)은 상대 자원량에 속한다.

2) 출생

출생은 수산자원으로 하여금 자율 갱신성을 가지게 하는 근원이 되는 과정이다. 수산자원의 대표종을 이루는 어류를 보면, 극소수를 제외하고 출생은 산란, 수정 및 부화를 통해서 달성된다. 계군의 크기를 복상의 염색체를 가진 개체의 총수량으로 본다면 출생은 알의 산출, 즉 산란이 아니라 수정이 될 것이고, 비록 복상의 염색체를 가졌다 하더라도 수정란을 현실적으로 독립된 개체라 보기 어렵다면, 난내 발생을 완결하고 난막을 뚫고 자어가 나오는 부화가 출생이 될 것이다. 출생율(natality rate)이란 단위시간 동안의 계군의 크기에 대한 출생수로 정의 할 수 있다.

대부분의 수산자원은 난생으로 체외 수정을 거쳐 번식한다. 알에는 산출 직후부터 물에 떠다니는 부성란, 바닥에 갈아 앉는 침성란, 고착물이나 표류물에 달라붙는 점착란의 세 가지가 있다. 고등어 · 방어 · 참다랑어 등과 같이 대체로 넓은 바다를 회유하는 자원은 수 십만~수 백만 개의 부성란을 산출하고, 연어 · 노래미 · 쥐노래미 등과 같이 넓은 바다에서 좁은 강에 소상하여 산란하거나 연안 천해에 정착 생활하는 자원은 수 백~수 천 개의 침성란을 산출하며, 도루묵 · 뱅어 등은 고착 해조에 점착란을 낳는다. 그러나, 대구나 꽁치는 표류 해조에 점착란을 산출하는데, 이들의 산란수는 수 십만~수 백만 개에 달한다.

수컷 어미가 알에서 치어가 되기까지 새끼를 자신의 입 속에 가두어 보호하는 가시고기는 산란수가 수 십 개에 불과하고, 암컷의 체내에서 부화된 새끼를 어느 정도 키워서 낳는 망상어나 상어류와 같은 태생어 또는 난태생어의 산란수는 수~수십개에 불과하다.

산란수(fertility)와 포란수(또는 잉란수, fecundity)는 명확히 구별하여 이해되어야 한다. 산란수는 글자 그대로 어미의 체외로 산출되거나 체내에서 수정을 거쳐 개체군의 구성원의 출생에 실제로 관여되는 알의 수이고, 포란수는 난소 내에 존재하는 난립의 수를 가리킨다. 난소 내의 알이 산란기가 되어 모두가 성숙하여 산출된다면 산란수와 포란수는 일치한다. 그러나, 거의 대부분의 자원에서 산란수는 포란수의 일부이다. 수산자원학에서는 자원의 재생산력의 지표로 포란수를 조사한다. 이는 대개의 자원에서 포란수는 성숙한 난소에서 계수하기가 쉽지만, 어미의 체외로 산출된 산란수는 알아낼 방도가 없기 때문이다.

어류는 산란기를 맞이하는 나이가 많아질수록 포란수가 증가한다는 점에서 다른 척추동물에서 볼 수 없는 특징을 가지고 있다. 그리고, 포란수는 일반적으로 자원량이 증가하면 감소하고, 자원량이 감소하면 증가하는 경향이 있어 자원량 변동에 음의 피드 백 메카니즘의 하나로 작용한다. 수산자원 연구에서 산란수 또는 포란수가 중요한 연구 항목이 되는 이유가 이 점에 있다.

수산자원학에서는 개체군의 구성원 중에서 어획 대상군만의 수량, 즉 자원량의 변동에 관심을 가지므로, 출생 후 자어와 치어를 거쳐 어획 대상이 되기까지의 초기 발육단계의 양적 변동은 자원량으로서가 아니고 자원량 변동에 영향을 미치는 요인으로 취급된다. 자원이 출생하여 초기 발육단계를 거쳐 어획 대상이 되는 과정을 수산자원학에서 가입(recruitment)이라 하며, 수산자원학은 출생보다 가입에 관해 더 많은 관심을 가진다. 출생이 계군의 입구라 한다면, 가입은 자원의 입구이기 때문이다. 그런 점에서 수산자원학에서는 실제적으로 출생율보다 가입율(recruitment rate), 즉 어미 한 마리가 낳은 새끼 중 어획 대상으로 자라기까지 생존하는 개체수의 비에 연구를 더 집중한다.

대부분의 수산생물은 수명이 수 년이다. 개체군은 각기 출생년도를 달리하는 집단으로 구성되어 있다고도 볼 수 있다. 해에 따른 출생율의 변동이 가입율의 변동을 좌우하고, 가입율의 변동이 자원과 어업의 풍흉을 지배하기 때문에 수산자원학에서는 자원을 구성하는 집단을 출생 연도를 기준으로 하여 별칭하는 경우가 있는데, 이를 동시 출생집단(cohort) 또는 연급군(年級群, year class)이라 한다. 예를 들면, 1960년도에 출생한 집단을 1960 연급군이라 부르는 것이 그것이다. 그리고, 가입연도를 기준으로 하여 가입군(加入群, recruits)이라고도 부를 수가 있는데, 1960년 가입군이라고 부르는 것이 그 예이다.

3) 사망(mortality)

생물은 사망에 의해 개체군에서 제거된다. 출생이 개체군의 입구로서 개체군 크기를 증가시키는 요인인데 반해, 사망은 개체군의 출구로 개체군의 크기를 감소시키는 요인인 셈이다. 사망율(mortality rate)은 어느 기간 동안의 생존수에 대한 사망수의 비를 가리킨다.

한 연급군에 대해 나이가 증가함에 따라 생존수가 감소하는 모습을 출생수에 대한 각 연령에서의 생존수의 비, 즉 생존율 또는 생잔율(survival rate)로 나타낸 것을 생존 곡선(survivorship curve)이라 한다. 생존 곡선에는 후기 사망형(type-Ⅰ survivorship curve), 대각선형(type-Ⅱ survivorship curve) 및 전기 사망형(type-Ⅲ survivorship curve)의 세 가지의 형이 있다. 후기 사망형은 출생 후 어느 나이까지는 사망율이 매우 낮은 수준에서 유지되다가 고령이 되면서 갑자기 사망율이 급격하게 증가하는 것으로써, 사람이 그 전형적인 예가 된다. 대각선형은 일생을 통해 사망율이 일정한 것으로 새무리의 대부분이 대각선형의 생존 곡선을 보인다. 전기 사망형은 어릴 때 사망율이 극도로 높고, 어느 나이에 도달하면 수명을 다할 때까지 사망율이 아주 낮은 수준에서 거의 일정하게 유지되는 것으로 어류를 비롯한 수산자원의 거의 대부분이 전기 사망형의 생존 곡선을 나타낸다. 수산생물의 생존 곡선이 전기 사망형을 나타낸다는 것은 수산생물은 어린 나이에 거의 대부분이 죽고 가입하는 나이까지 살아남는 수, 즉 가입율이 매우 낮다는 것을 의미한다. 출생 후 가입하기까지의 사망 과정에 관해서는 별도의 장에서 상세히 살펴보게 될 것이다.

사망 요인에는 노쇠, 부적합한 환경, 해적생물에 의한 피식, 질병, 어획 등이 있다. 노쇠가 원인이 되어 사망함으로써 결정되는 수명을 생리적 수명(physiological longevity)이라 하고, 그 밖의 원인으로 결정되는 수명을 생태적 수명(ecological longevity)이라 한다. 개체군에서 거의 대부분의 개체가 생태적 수명을 다한다. 이 때문에 수산자원의 경우 생리적 수명은 수 년이 된다 하더라도 한 연급군의 평균 수명은 수 일을 넘지 않는다.

수산자원학에서는 편의상 사망을 자연 사망(natural mortality)과 어획 사망(fishing mortality)으로 구분한다. 어획 사망은 어획의 요인에 의한 사망을 가리키고, 자연 사망은 어획 이외의 모든 요인에 의한 사망을 가리킴은 물론이다. 수산자원은 출생 후 가입하기까지는 자연 사망 과정에 의해서 생존수가 감소하고, 가입 후부터는 자연 사망 요인에 어획이 부가되어 생존수가 감소한다. 따라서 가입 후부터 생존 곡선의 기울기가 한층 더 급경사를 나타낸다.

4) 전입(immigration)과 전출(emigration)

종 개체군 내에 있어서 계군 간의 분리의 정도가 다양함은 전술한 바 있다. 우연하게 또는 의도적으로 혼합의 기회가 주어지면 계군 간에는 동일종에 속하므로 교배가 가능하고, 유전자의 교환이 일어난다. 인접하는 계군으로부터 개체가 이동해 와 합류하는 것을 전입이라 하고, 인접하는 계군으로 개체가 이동해 가는 것을 전출이라 한다. 어느 기간 동안에 계군의 크기에 대한 전입량 및 전출량의 비를 각각 전입율 및 전출율이라 한다. 전입이 계군의 크기를 증가시키고, 전출이 계군의 크기를 감소시키는 요인이 됨은 물론이다.

자원 연구나 어업이 계군의 전체를 대상으로 행해지고, 인접 계군과의 교류가 없다면 전입과 전출에 의한 자원 변동은 있을 수가 없다. 이러한 계군을 폐쇄 계군(closed population) 또는 폐쇄 자원(closed stock)이라 하며, 자원 연구는 통상적으로 폐쇄 계군을 가정하고 진행된다. 그러나, 자원 연구 또는 어업이 계군의 일부를 대상으로 행해진다면 전입과 전출 과정은 중요한 관심 항목이 되어야 한다.

제3절 수산자원의 조성

1. 성 조성

개체군을 구성하는 개체들을 성을 기준으로 하여 암컷과 수컷으로 구분하면 암컷과 수컷이 개체군에서 차지하는 점유비를 구할 수 있다. 이를 성 조성(sex composition)이라 한다. 성 조성은 성비(sex ratio)로 나타내는데, 성비는 전체 수에 대한 암컷 수의 비(♀/♀+♂), 또는 암컷 수에 대한 수컷 수의 비(♂/♀)로 계산된다.

유성 생식을 하는 수산동물의 성 결정 이론에 의하면 출생시의 성비는 1 : 1이다. 대부분의 수산동물의 성비는 1 : 1에 가깝지만, 생존율 · 성장 · 성숙 연령 · 성숙 시기 등이 암수 간에 차이가 있으면 연령 · 계절 · 장소에 따라 성비가 달라진다. 예를 들면, 북양의 홍연어에서는 체형이 작은 성숙군에서는 수컷이 많으나, 대형의 성숙군에서는 오히려 암컷이 더 많다. 이는 수컷이 조숙하여 이른 나이에 산란에 참가하기 때문이다. 한편, 성비가 계절적으로 크게 변화하는 경우가 있는데, 황해 및 동중국해의 갯장어의 성비는 매년 봄철에는 암컷이 많고, 여름철에는 수컷이 더 많다. 이는 암수에 따라 서식 수역이 약간 다르고, 회유도 암수가 따로 하기 때문인 것으로 생각된다.

수산자원 연구에서 성비가 중요한 조사 항목이 되는 것은 성비가 자원의 재생산력에 영향을 미치기 때문이다. 암컷의 조성비가 높으면 자원 증강에 유리할 것이다. 성비는 자원량 추정에도 이용되는 기초 자료가 된다. 산란기에 있어서 총 산란량과 성숙한 암컷 1마리의 평균 산란수를 알면 성숙 암컷의 개체수가 계산되고, 이것에 성비와 연령 조성을 적용하면 자원량 추정이 가능하다.

2. 체장 조성

개체군은 출생 연도를 달리하는 여러 연령군으로 구성되어 있기 때문에 개체의 크기가 다양하다. 개체군을 구성하는 개체들을 체장을 기준으로 하여 여러 개의 체급군으로 구분할 수 있다.

체장 조성(length frequency distribution)이란 개체군에서 각 체급군의 점유비를 가리킨다.

생물체의 크기를 체중으로 평가한다면 체중 조성(weight frequency distribution)이 구해질 것이다.

성장은 유전 및 환경에 좌우되기 때문에 개체간에 차이가 있다. 일반적으로 같은 연급군에 속하는 개체들의 체장 분포를 보면, 많은 개체가 비슷한 크기를 하고 특별하게 작거나 큰 개체는 적은 이른바 정규분포를 한다. 연령이 증가하면 작은 것이던 큰 것이던 모두의 체장은 전반적으로 커지지만, 성장율의 차가 누적됨으로써 개체간의 체장의 차이는 더욱 벌어진다. 즉, 연급군의 체장 조성을 나타내는 정규분포곡선은 그 중심이 상향 이동하고, 분산이 커지면서 좌우로 점점 퍼지는 모양이 된다.

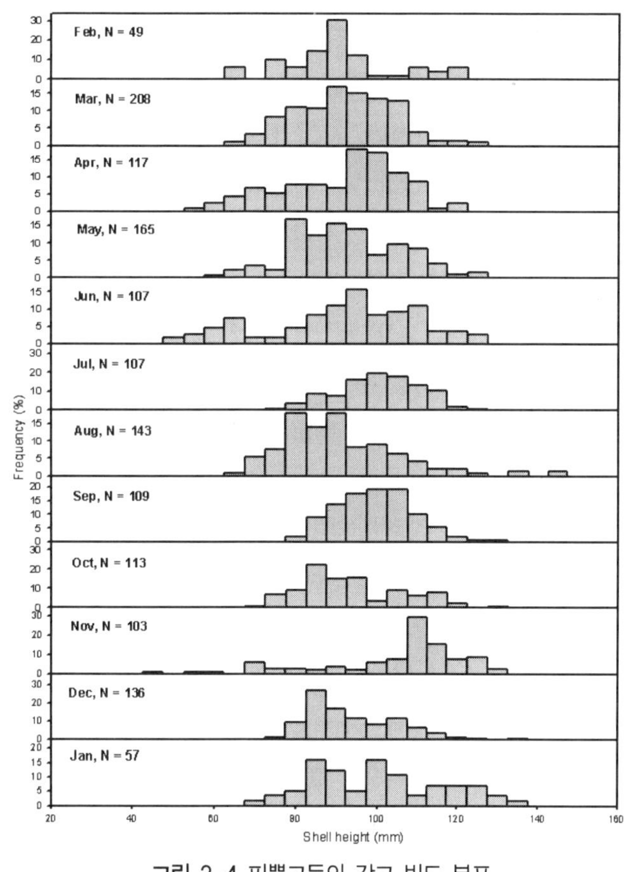

그림 3-4 피뿔고둥의 각고 빈도 분포.

어획물은 출생 연도를 달리하는 여러 연령군이 섞여 있어, 체장 조성에 의해 그 분포곡선을 그리면, 여러 개의 모우드(mode)가 파상으로 연결되는 곡선을 구할 수 있다. 이와 같이 구한 어획물의 체장분포곡선을 수산자원학에서는 피터센 곡선(Petersen curve)이라 한다. 피터센 곡선의 각 모우드는 각 연령군의 평균 체장을 나타낸다. 피터센 곡선은 작은 체장 범위에서는 모우드의 분리가 분명하지만, 큰 체장 범위로 갈수록 모우드의 분리가 불명확해지고 곡선이 평탄해진다. 이는 연령이 증가할수록 개체 간에 성장의 차가 점점 누적되어 정규분포곡선의 분산이 커짐에 따라 인접 연령군의 체장분포곡선과 중복되는 정도가 증가하기 때문이다.

피터센 곡선은 나이가 사정되어 있지 않거나, 나이 사정이 불가능한 자원의 성장 과정을 연구하는 데 이용된다.

3. 연령 조성

계군은 출생연도가 1년씩 다른 여러 개의 연급군으로 구성되어 있다. 따라서 연급군이 다르면 연령이 달라진다. 수산자원학에서는 계군을 구성하는 집단을 출생연도 외에 연령에 기준을 두고 별칭하기도 하는데, 연령군(age class)이 그것이다.

연령 조성이란 계군을 구성하는 각 연급군의 상대적 점유비를 말한다. 이와 같이 어느 연도에 있어서 계군을 구성하는 각 연급군의 상대적 점유비를 나타내는 것이 본래의 의미의 연령 조성이다. 수산자원학에서는 한 연급군에 대해 수명을 다하여 계군에서 사라질 때까지 매년의 생존수를 추적하여 각 연령에서의 생존수의 상대적 점유비에도 관심을 가진다. 전자를 연도별 연령 조성(static age composition), 후자를 연급별 연령 조성(cohort age composition)이라 한다. 연도별 연령 조성은 어느 시점에서의 자원의 상태를 횡단면에서 보여주는 것이고, 연급별 연령 조성은 한 연급군의 일생을 통해서 자원의 상태를 종단면에서 보여주는 것이라 할 수 있다.

연령 조성은 매년의 출생량과 생존율에 의해 좌우된다. 매년의 출생량과 각 연령에 있어서의 생존율이 일정하다면 두 연령 조성은 일치한다. 이러한 상태의 개체군 또는 자원을 평형 개체군(stationary population) 또는 평형 자원(stationary stock)이라고 부른다. 연령 조성이 출생량과 생존율에 결정된다면 역으로 연령 조성에서 생존율(즉, 사망율)을 확인할 수 있을 뿐 아니라, 수년에 걸쳐 연령 조성을 추적하면 자원의 변동도 예측할 수 있다.

해에 따라서는 연령 조성에서 다른 연급군에 비해 월등하게 높은 점유율을 가진 연급군이 나타나 수명을 다하여 사라질 때까지 수년에 걸쳐 지속되는 수가 있다. 이런 연급군을 탁월연급군(卓越年級群, prevailing year class 또는 dominant year class)이라고 한다. 탁월연급군은 예년에 비해 출생량이 현저하게 많고, 어린 시기를 경과하는 동안에 생존율이 매우 높은 연급군에서 출현한다. 탁월연급군이 한 번 나타나면 그것이 자원에서 사라질 때까지 매년 연령 조성은 급격한 변동을 하면서 풍어가 계속된다. 탁월연급군의 출현은 청어나 정어리 자원에서 보고되고 있다.

어획물은 어린 연령군이 빠지고 어획 대상군 만을 포함하기 때문에 그 연령 조성을 보면, 출생 후 처음으로 어획되기 시작하는 연령군을 정점으로 하여 고령군으로 갈수록 구성비가 감소한다. 이를 근거로 하여 어획 대상군의 생존 곡선을 그릴 수 있는데, 어획물의 연령 조성에 의해 구한 생존 곡선을 수산자원학에서는 특별히 어획물 곡선(catch curve)이라 한다. 어획물 곡선의 우측부에서 감소하는 곡선 부분의 기울기를 구하면 자원의 생존율을 알 수 있다. 어획물 곡선의 우측부의 경사가 해를 거듭하면서 계속해서 기울어지면 생존율이 떨어지고, 고령군이 자원에서 점점 사라져 자원을 구성하는 연급군 수가 감소하므로 자원은 어업과 환경 변화에 취약해진다. 수년에 걸쳐 작성된 어획물 곡선에서 이러한 경향을 보이는 자원은 남획 상태에 빠져 있을 가능성이 매우 높다.

4. 유전자 조성

집단 유전학에서는 개체군을 공통의 유전자급원(gene pool)을 가지고, 유성 생식 과정을 통해 유전자를 교환하는 집단으로 정의한다. 한 개체군에 속하는 개체들은 종으로서의 특징을 공유하면서 개체간에는 생리, 생태, 형태 등이 군간 변이의 범위를 벗어나지 않는 한도 내에서 조금씩 다르다. 개체군으로서 또는 개체로서 다른 개체군 또는 개체와 틀리는 특징을 형질이라 부른다. 형질을 결정하는 근원은 세포의 염색체의 유전자좌에 있는 유전자이다. 유전자 조성(gene frequency)이란 각 유전자좌의 대립 유전자가 개체군 속에서 차지하는 상대적인 빈도이다.

계군의 속성으로서 유전자 조성을 나타내는 형질은 혈액형, 효소 단백질의 형 등이 있다. 개체 변이에는 유전 변이와 환경 변이가 있고, 그 중에서 유전 변이만이 다음 세대로 전해지기 때문에 유전자 조성은 계군의 속성으로서 가장 본질적인 속성이다. 이 때문에 계군의 유전자 조성에 관한 연구가 계군을 정의하는 근본적인 지표로서 활발하게 행해지고 있다. 우리나라에서 피둥어꼴뚜기 자원에 관한 연구는 좋은 예가 될 것이다

제4절 수산자원의 변동

1. 자원량 변동의 기초

수산자원은 사망에 의하여 개체수가 감소하며, 출생에 의하여 개체수가 다시 공급됨으로써 유지되거나 증가될 수 있다. 이러한 천연자원 상태에 어업이 가해지게 되면, 자연적인 사망 외에 어획에 의한 감소가 추가된다. 여기서 출생이라는 개념은 자원으로의 가입을 의미한다. 따라서 자원이 개체수로서 고려되는 경우, 자원의 변동은 가입미수와 자연 사망에 의한 개체수, 어획 사망에 의한 개체수 등 3개의 크기에 의하여 결정된다. 대개의 어류자원의 경우에는 일반적으로 사용되는 단위가 중량이므로, 이 경우에는 앞에서의 3가지 요소 외에 개체의 성장에 의한 증중량을 고려하여야 한다. Russell(1931)은 이 점을 고려하여 다음과 같은 관계식으로 표시하였다.

$$P_2 = P_1 + R + G - M - C \qquad 3\text{-}1$$

즉, 어느 해 초기의 자원량 P_1과 다음 해 초기의 자원량 P_2 사이에는 가입량 R과 개체의 성장에 따른 증중량 G에 의한 자원의 증가 요인과 자연 사망량 M 및 어획에 의한 사망량인 어획량 C가 자원 변동에 관여한다. 따라서 자원 변동이 없는 평형상태($P_1 = P_2$)의 경우에는 $R + G = M + C$ 의 관계가 성립되어, 증가 요인과 감소 요인의 크기가 같게 되며, 이 관계를 달리 표현하면, $C = R + G - M$ 으로 나타낼 수 있다. 또한, 자원이 증가 상태이면 $R + G - M > C$ 이고, 자원이 감소 상태이면 $R + G - M < C$ 이다. 이때 $(R + G - M)$ 은 자원 고유의 내적 자연 증가량이라고 한다. 어류자원에 영향을 미치는 네 가지 요소 중에서 인위적인 요소인 어획에 대하여는 다음 절에서 기술하고, 자원 고유의 내적 자연 증가량인 가입과 성장, 자연 사망에 대하여 본 절에서 설명한다.

2. 가입

바다에는 큰 고기와 어린 고기가 섞여 살고 있으며, 어린 고기일수록 큰 고기보다 그 개체수가 보다 많을 것이다. 그러나, 그물로 고기를 잡은 어획량은 그림 3-5와 같이 어린 고기일수록 어획빈도가 높지 않고, 개략적으로 정규분포의 형태를 보인다. 이는 어린 물고기는 바다에 많으나 아직 그물에 잡히지 않은 결과로 인한 것으로 해석할 수 있다. 따라서

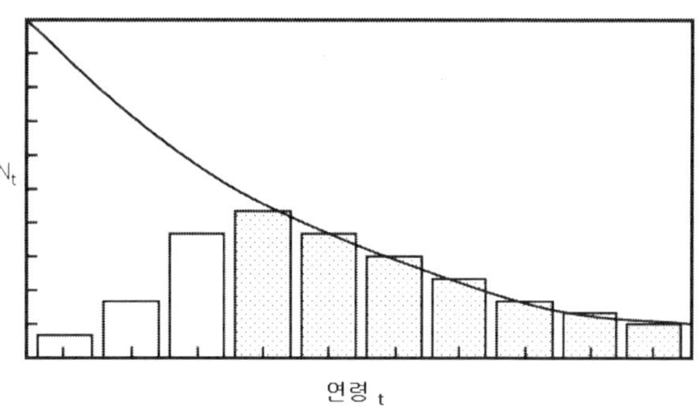

그림 3-5 어획 대상자원의 조성.

곡선: 자원 전체의 조성, 막대: 어획 대상자원의 조성

바다에 물고기는 많으나 아직 어구에 잡히지 않는 자원을 예비 자원 또는 보충 자원이라 하고, 이들 예비 자원이 어구에 어획되는 것을 어구 가입이라 한다.

이와는 다른 뜻으로 해석되는 어장 가입은 어획이 이루어지는 어장에 서식하지 않고 다른 해역에 서식하던 어린 물고기들이 어획이 이루어지는 해역으로 이동해 오는 것을 말한다. 하지만 수산자원학에서 진정한 가입은 어구 가입을 말할 것이다.

가입량은 자원 생물의 감소에 대한 재생력이며, 그 생물의 생식력 또는 번식력에 의존한다. 번식력을 규정하는 것은 산란량과 알의 내적 강도이다. 산란량은 생식력의 왕성도를 표시하는 것이며, 알의 내적 강도는 자연도태에 대한 저항력이다. 일반적으로 산란량이 많은 종류에서는 난형이 작으며, 산란량이 적은 종류에서는 난형이 큰 경향이 있다. 이 성질은 자연에 있어서 생물종 간의 양적 균형을 유지하는 힘으로써 작용한다. 그리고, 산란량이 적은 어종은 알이 높은 생잔률을 나타내어, 역시 다른 종과 균형을 유지하면서 존속하게 된다. 또한, 산란량이 적은 어종은 이상적으로 호적한 환경 조건에 처하게 될 때에도 개체군의 급격한 증대를 나타내지 않으므로, 그러한 어종의 자원량은 비교적 적은 변동을 보인다.

개체군의 총 산란량을 E, 부화율을 ϕ, 치어의 생잔율을 ψ라 하면, 어획 자원에의 가입량 R은 $R = E\phi\psi$ 이다. 난치자의 일부가 가입되기 이전의 시기, 즉 예비 자원의 시기에 사망하는 것을 치자 감손이라 한다.

치자 감손은 일반적으로 막대한 양에 달하지만, 가입한 후의 개체에서는 특이한 환경을 만나지 않는 한 사망율이 그다지 크지 않다. 가입량의 다과를 좌우하는 것은 산란량의 다과보다도 알이 부화될 수 일 또는 수 주일 후의 해황일 경우가 많다. 대체로 가입량은 산란 후 가입 될 때까지의 전반적인 생활사에서 처하는 환경의 좋고 나쁨에 의하는 것이 아니고, 알에서 가입되기까지의 초기 생활사의 어느 특정의 국면을 잘 넘기는가의 여부에 달려있다. 치자 감손의 원인으로서는 1) 부화시의 부적한 환경, 2) 자치어의 먹이의 부족, 3) 표류성 치자의 출현, 4) 해황의 이변, 5) 해적 생물의 증가 등이 있다.

가입량은 어획 자원의 양을 결정하는 제일의 요소이므로, 번식 보호의 견지에서 가입량

의 증가가 도모되어야 할 것이다. 어느 해의 어획 자원으로의 가입량은 그 절대치를 추정하기가 대단히 곤란하나, 다른 해와 상대치는 연령 조성에서 추정할 수 있다. 더욱이 미래의 가입량을 예측하는 것은 현재로서는 많은 난점을 안고 있으나, 어황 예보에는 극히 중요한 사항이다.

3. 성장

성장이란 생물체가 먹이로부터 영양을 섭취하여 동화작용에 의해 유기물을 재합성하고, 그 일부를 이화작용에 의해 생명 유지에 사용한 나머지를 체조직으로 축적하는 것을 말한다. 수산생물은 많은 새끼를 낳지만 그 대부분이 초기 감모로 사망한다. 성체가 되고, 어획대상이 되는 것은 극히 일부에 불과하다. 산란량의 극히 일부가 가입하는 데 성공하지만, 산란량 자체가 수적으로 엄청나게 많기 때문에 평형 상태의 자원에서는 사망으로 없어지는 자원의 구성원을 가입에 의해 해마다 보충한다. 그러나, 가입한 생물체가 성장을 하지 않는다면, 자원의 구성원은 수적으로는 보충되지만 중량의 보충은 기대할 수가 없을 것이다.

따라서 수산자원의 자율갱신 요인에는 두 가지가 있음을 알 수 있다. 하나는 재생산이고, 나머지 하나는 성장이다. 재생산은 사망미수를 갱신하고, 성장은 사망중량을 갱신한다고 볼 수 있다. 가입 연령에서 최고 연령에 이르기까지 여러 연령군으로 구성되는 어획 대상군의 사망 속도가 생물체의 성장 속도보다 크면 자원 중량은 감소할 것이고, 그 반대이면 자원 중량은 증가할 것이다. 즉, 가입미수가 사망미수를 밑돌거나, 성장량이 사망중량을 밑돌거나 한다면 자원의 자율갱신율이 음의 수준으로 떨어지기 때문에 자원은 감소하게 될 것이고, 어업은 불황을 맞이하게 될 것이다.

생명의 기본 단위인 세포는 그 크기를 증가시킬 뿐만 아니라 세포 분열에 의해 자신과 같은 개체를 재생산한다. 이 자기 증식의 결과로 단세포생물은 개체수가 불어나고, 다세포생물에서는 개체의 크기가 증가한다. 다세포생물의 경우, 세포의 크기의 증가와 세포의 자기 증식이 반드시 일치하는 것이 아니지만(예를 들면, 고등 동물의 신경세포는 분열함이 없이 커지고, 난할에는 세포, 즉 수정란의 크기의 증가는 수반하지 않는다), 생물체 크기가 증가하여 성숙하면 생식이라는 수단을 통해서 재생산을 행하여 동료의 수를 늘린다. 이와 같이 생물의 성장에서는 몸의 크기의 증가가 재생산에 연계됨으로써 개체의 유지와 동시에 종족의 보존이 성취된다.

어체의 크기를 나타내는 척도에는 여러 가지가 있다. 전장(total length, 주둥이 끝에서 꼬리지느러미의 끝까지의 직선 거리), 체장(body length, 주둥이 끝에서 꼬리지느러미의 기저까지의 직선 거리), 미차체장(fork length, 주둥이 끝에서 꼬리지느러미가 갈라지는 가랑이까지의 직선 거리), 두장(head length, 주둥이 끝에서 주새개골 후단까지의 직선 거리), 체고(body height, 어체의 가장 높이가 큰 부분의 수직선 길이), 체폭(body width, 어체의 좌우 폭이 가장 큰 부분의 직선 거리) 등과 같이 어체의 특정 부위 또는 기관의 길이에 의해 어체의 크기를 나타낼 수가 있고, 무게로 크기를 나타낼 수도 있다. 무게로 크기를 나타내는 것에는 체중이 있다.

1) 상대 성장과 절대 성장

성장은 어체의 크기가 시간이 경과함에 따라(즉, 나이를 먹음에 따라) 변화하는 것을 가리킨다. 성장은 어체의 크기를 취급하는 방법에 따라 상대 성장(relative growth, 또는 allometry)과 절대 성장(absolute growth)으로 구분된다. 만약, 어느 한 기관 또는 부위의 크기가 시간이 경과함에 따라 변화하는 것을 해석하고자 할 경우의 성장은 절대 성장이고, 두 개의 기관 또는 부위 간에 크기의 차이가 시간의 경과에 따라 어떻게 변화하는가를 비교하고자 할 경우의 성장은 상대 성장이다. 두 기관 또는 부위의 크기를 각각 x와 y라 하고 시간(즉, 연령)을 t라 할 때, 절대 성장은 수학적으로 $x=f(t)$ 또는 $y=f(t)$에 의해 기술되며, 상대 성장은 수학적으로 $y=f(x)$ 또는 $x=f(y)$의 형식으로 기술된다. 바꾸어 말하면, 상대 성장에서는 시간(연령)이 겉으로 들어나지 않는다. 두 기관 또는 부위의 크기가 시간의 경과에 따라 변화하는 (x, y, t)의 3차원 공간에서 각 기관의 크기와 시간을 나타내는 (x, t) 또는 (y, t)의 2차원 공간에서 각 기관의 크기의 변화를 보는 것이 절대 성장이며, 두 기관의 크기를 나타내는 (x, y)의 2차원 공간에서 두 기관의 크기의 변화를 보는 것이 상대 성장이라 할 수 있다. 상대 성장식에서는 차원이 같은 경우 일반적으로 일차식 $(y=a+bX)$으로 나타내며, 차원이 다른 경우 포물선식 $Y=ax^b$으로 나타낸다.

절대 성장의 경우 x축은 시간이 될 것이며, y축은 몸의 크기가 될 것이다. 대개 성(性)이나 발생시기(주 성장시기 전에 발생한 것과 후에 발생한 것에 따라 차이), 수온, 섭식량, 서식 밀도, 서식 수역의 넓이 등에 따라 다르게 나타난다.

2) 성장 조사법

성장 조사는 생물이 출생 후 생존하는 동안에 연령이 증가함에 따라 몸의 크기가 증가하는 것을 추적하는 것을 그 내용으로 하기 때문에, 조사하는 어체의 연령 사정과 크기의 측정이 병행하여 이루어진다. 따라서 성장 조사에도 연령 사정법과 동일한 방법이 적용된다. 성장 조사법에는 사육법, 표지재포법, 체장조성법 및 연령형질법 등이 있다.

(1) 사육법

살아 있는 생물체를 출생 후 사망할 때까지 일정한 시간 간격을 가지고 크기를 측정하는 방법이다. 물론, 크기를 측정할 때의 측정 어체의 나이를 동시에 확인한다. 사육 시간이 경과하는 동안에 동일 어체를 반복하여 크기를 측정하거나, 동일 연령군에서 표본을 발취하여 평균 크기를 구한다. 전자의 방법은 어체가 연령 사정과 크기 측정의 과정에서 사망하지 않는 경우에 적용할 수 있으며, 후자는 어체가 조사 과정에서 사망하는 경우에 적용한다. 이와 같이 동일 어체에 대해 각 연령에서의 크기를 측정하여 조사된 성장을 개체 성장(individual growth)이라 하며, 집단으로부터 다수 개체를 표본 발취하여 각 연령에서의 평균 크기를 계산하므로 조사된 성장을 평균 성장(mean growth)이라 한다.

어류에 대해 출생 후 사망할 때까지 살린 채로 성장을 조사하기는 특별한 경우가 아니고는 불가능하다. 양어지에 사육 중에 있는 어체에 대해서는 이 방법에 의해 성장을 조사할 수 있다. 이 경우에도 개체 성장의 조사는 어렵고, 평균 성장을 조사하는 것이 보통이다. 그러나, 조간대에 분포하여 생명력이 강인한 패류의 경우에는 개체를 식별하는 수단을 사용하여 동일 개체에 대해 개체 성장의 조사는 물론이고, 평균 성장의 조사도 가능하다.

(2) 표지재포법

어체를 생포하여 연령과 크기를 측정하고 방생한 후 재포했을 경우, 방생에서 재포까지의 경과 시간과 방생 및 재포시의 크기에 의해 성장을 조사하는 것이 표지재포법이다. 방생에서 재포까지의 경과 시간이 재포 어체마다 다르기 때문에, 일정 시간 간격을 설정하여 성장을 추적 조사할 수 없다는 것이 단점이지만 성장에 관해 유익한 정보를 얻을 수 있다.

(3) 체장조성법

이 방법은 연령 형질이 없는 갑각류나 연령 형질이 뚜렷하지 못한 어린 개체들의 연령 사정 시에 유효하게 사용되며, 체장빈도법 혹은 피터센(Petersen) 법이라고도 한다. 이 방법은 또한 수명이 2년 미만의 생물이나 비교적 짧은 산란기를 가지고 거의 동시에 성장하는 계군에서 좋은 결과를 얻을 수 있다.

이 방법은 체장이나 체중 등 크기별 도수분포도를 그리고, 여기에 나타나는 봉우리의 변동 경향을 보고 그 자원을 구성하고 있는 연급군의 연령을 추정하여 성장을 추정하는 방법이다. 피터센 곡선에 나타나는 모우드가 해당 연령군의 평균 체장이므로, 체장 조성법은 연령 조성과 성장을 동시에 조사할 수 있다는 점에서 매우 유용하다.

(4) 연령형질법

이 방법은 가장 많이 사용하는 방법으로, 자원생물의 연령을 암시하는 형질을 조사하여 연령을 사정하는 방법이다. 어류의 경우 이석, 비늘, 등뼈, 지느러미 연조, 패류의 패각이나 아감딱지(operculum), 고래의 수염이나 이빨 등이 많이 이용되고 있다.

3) 성장식

성장식이란 어체의 크기를 연령의 함수로 나타낸 식을 가리킨다. 성장식은 이론적 근거를 가지고, 실측치에 잘 적합하며, 취급이 용이한 것이 좋다. 한 연급군은 초기 발육단계를 거쳐 가입하면 시간이 경과함(즉, 연령이 증가함)에 따라 사망과 성장에 의해 현존량과 어획량이 변동하는데, 현존량과 어획량을 중량으로 나타내기 때문에 각 순간의 성장량을 적분하는 과정이 어획 이론에 등장한다. 취급이 용이하다는 것은 적분하기가 용이한 것을 의미한다. 그러나, 어체의 성장에만 연구의 목적이 있다면, 이론적 근거나 취급의 용이성은 무시하고 실측치에 잘 적합하는 식을 채택하는 경우도 흔하다.

성장식에는 직선식 $Y=a+bX$, 지수함수식 $Y=ae^{bx}$, 포물선식 $Y=aX^{b}$, 로버트슨식 $Y=c(1+e^{a-bx})$, 버트란피식 $Y=c(1-e^{a-bx})$ 및 곰페르츠식 $Y=ce^{-ae^{-bx}}$ 이 있다.

4. 사망

본 절에서는 출생 후 가입하기까지의 기간에서의 사망 과정이 아니라, 출생 후 성장하여 경제적 크기에 도달하면서 어획 대상군에 가입하여 수명을 다할 때까지의 기간에 있어서의 사망을 다룬다. 가입 이후의 사망에는 자연 사망과 어획 사망의 두 가지가 있다. 어획 사망이란 어업자의 어획이 원인이 되어 수명을 다하는 사망을 가리키고, 자연 사망이란 어획 이외의 원인으로 인한 사망을 가리킨다. 가입 이전의 사망에는 자연 사망만이 있는 것과는 대조적이다.

1) 자연 사망

자연 사망에 관한 정보는 자원을 합리적으로 이용하고 관리하는 데 매우 중요하다. 자연 사망량이 어획 사망량보다 클 경우에는 그대로 방치하면 자연 사망할 것을 어업이 자원에 미치는 영향을 염려하지 않고 어획 강도를 강화하여 어획하는 것이 바람직하다. 또한, 성장이 빠른 자원은 자연 사망이 있더라도 자원에게 성장하는 시간을 주어 성장을 하도록 한 후에 어획하는 것이 보다 많은 어획량을 기대할 수 있을 것이다. 따라서 자원을 합리적이고 유효하게 이용하기 위해서는 성장, 자연 사망 및 어획 사망의 상호 관계를 기초로 하여 어업 관리 방책을 강구하여야 한다.

인구에 관하여는 생명표가 작성되고, 사망 과정에 대해서 성별과 연령별로 상세하게 파악된다. 그러나, 수산자원의 경우는 실험 개체군 또는 사육 개체군을 제외하고는 자연 사망 과정에 대해 깊은 연구가 제대로 이루어져 있지가 않다. 수산자원의 자연 사망 과정에 관한 연구는 재생산 과정에 관한 연구와 더불어 앞으로의 수산자원학이 나아갈 변경이라 하여도 과언이 아니다.

출생 후 가입하기까지의 기간에 일어나는 사망의 요인은 앞에서 논한 바 있는데, 이 기간의 사망 요인은 가입 이후의 수산생물의 자연 사망의 요인이 된다. 자연 사망 요인에는 오염, 식해, 해황 급변 등을 들 수 있다.

우리나라가 1970년대 이래 농업 국가에서 근대 산업국가로 급격하게 변모하는 과정에서 다량의 산업 폐수와 생활하수가 발생하여 바다로 유출되고 있다. 이로 인해 어장의 수질은 악화되고 부영양화가 진행되어 수계 생태계가 철저하게 교란되고 있는 실정이다. 이는 매년 되풀이 되는 플랑크톤의 이상 발생과 거기에 서식하는 각종 수산생물의 대량 폐사에 의해 확인된다. 근년에 이르러 우리나라의 연근해어업 및 양식어업의 연간 생산량이 감소하는 원인의 상당 부분이 바다의 오염에서 비롯되는 것이라고 할 수 있다.

식해는 다른 생물에 의한 피식을 의미한다. 수산생물의 위를 절개하여 먹이 생물을 조사하면, 먹이 생물 중에 수산생물이 많이 포함되어 있음을 보게 된다. 우리나라 연근해에 분포하는 황아귀(*Lophius litulon*)의 식성을 보면(朴, 1999), 위 내용물에서 관찰되는 생물종이 어류 69종, 갑각류 15종, 두족류 5종으로 총 89종에 이르며, 주요 먹이 생물은 참조기, 멸치, 갈치, 눈강달이, 보구치. 샛비늘치 등이다. 그 중에서 참조기는 개체수 기준으로 34.3%, 중량 기준으로 45.2%를 먹이 생물에서 차지하는 최우점종이다. 황아귀 1마리의 위에 출현한 먹이 생물량은 평균 10.2마리, 166.5g이고, 특히 참조기는 평균 3.4마리, 74.1g으로 황아귀에 포식되는 생물의 양은 막대한 것으로 추정된다.

해황 급변은 초기 발육단계에 있어서 주요한 사망의 요인으로 작용하지만, 가입 이후의 자원에 대해서도 대량 폐사의 원인이 되는 경우가 많다. 동해의 함경북도 성진 연안으로 1925년 10월 24일에 정어리의 폐사체와 빈사체가 대량으로 떠밀려 온 일이 있었다. 당시에 매일 관측한 연안 표면 수온을 보면, 10월 20일의 14.3℃, 22일의 6.8℃, 24일의 6.2℃로 급강하고 있었다. 표면 수온 급강의 원인은 이 기간에 752hPa의 저기압이 서에서 동으로 통과하면서 하층 냉수괴를 표면으로 상승시킨 때문인 것으로 생각된다.

2) 어획 사망

전체 사망 중에서 어획에 의하여 사망하는 것을 어획 사망이라고 하며, 어획 사망의 추정은 물고기가 랜덤(random)하게 분포하고 있는 어장에서 밖으로 전출하지도 않고, 밖에서 이 어장으로 전입하는 물고기도 없다고 생각한다면 추정 가능하다.

제5절 수산자원과 어획

수산자원의 연구와 어업에 있어서 자원량이란, 어획의 대상이 되는 개체의 총중량을 개체군의 단위로서 나타낸 것이다. 어업의 입장에서 볼 때, 개체군은 어획의 직접 대상이 되는 계층만을 고려한다. 자원량은 본질적으로 러셀의 방정식에서 검토한 법칙에 따라 변동하지만, 개체군에 있어서 어업의 대상이 되는 계층만을 취급한다는 점에서, 각도를 약간 달리해서 자원량의 변동을 살펴보는 것이 타당하다. 본 절에서는 자원량 추정방법과 적정 어획이론에 대하여 설명하였다.

1. 자원량 추정

수산자원의 변동 경향을 파악하기 위해서는 시간의 경과와 더불어 변화하는 자원량에 관한 정보를 알아야 한다. 그러나, 대부분의 수산자원 생물은 개체수를 직접 헤아리기가 현실적으로 대단히 어렵다. 즉, 물속에 잠겨 있어 보이지 않고, 넓은 대양을 이동하기 때문이다. 따라서 표본을 사용하고 통계로 추론하여 간접적으로 추정하는 방법을 주로 사용하고 있다. 특히, 자원 고유의 성장율과 사망율을 파악하는 것은 가장 기본적인 일일 것이다. 또한, 자원량의 추정은 자원을 파악하는 데 있어서 대단히 중요한 사항이고, 이를 근거로 효율적인 자원관리와 이용을 위한 중요한 정보로 이용된다.

자원량을 추정하는 방법으로는 자원 총량 추정법과 자원의 상대지수 표시법을 이용하는 방법으로 크게 나눌 수 있다. 총량 추정법에는 직접 조사법인 전수조사법과 표본 채취에 의한 부분조사법이 있으며, 간접적인 방법으로 표지방류 재포법과 총 산란량에 의한 방법, 어군탐지기에 의한 방법 등이 있으며, 상대지수 표시법은 자원 총량의 추정이 어려울 경우 이용되는데, 주로 단위노력당 어획량(CPUE)이 많이 이용되고 있다.

2. 어업 자원의 변동

어느 시점 t 에서 어획 자원의 중량을 P_t 라 하고, 임의의 단위시간 후의 어획 자원의 중량을 P_{t+1} 이라 하면, 어획 자원은 이 기간 동안에 어획과 자연의 원인으로 사망하여 감소되는 반면에, 생잔 개체는 성장하여 자원 중량에 보탬을 준다.

한편, 예비 자원으로 있던 치어가 성장함에 따라 이 기간 동안에 어획 자원으로 가입된다. 이 가입량을 R_t, 생잔 개체의 성장을 통한 증중량을 G_t, 자연 원인에 의한 사망량을 D_t, 어획에 의한 사망량을 Y_t 라 하면, 다음의 식이 성립된다.

$$P_{t+1} = P_t + (R_t + G_t - D_t) - Y_t \qquad 3\text{-}2$$

이 관계식은 러셀(Russell)의 식이라 한다. 이 식의 우변에 있는 R_t, G_t, D_t, Y_t 는 자원의 변동 요인이다. 그 중 $R_t + G_t - D_t$ 를 자연 증가량이라 부르며, $R_t + G_t - D_t > Y_t$ 이면 자원량은 증가할 것이고, 그 역이면 자원량은 감소할 것이다. $R_t + G_t - D_t = Y_t$ 로서 자연 증가량만큼 어획을 한다면 자원량에는 변화가 없다.

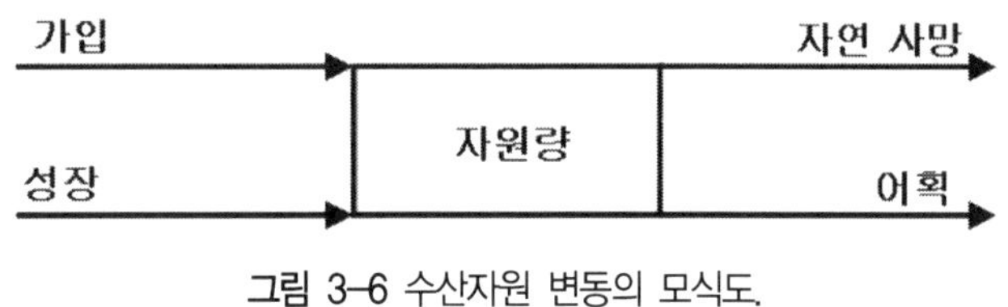

그림 3-6 수산자원 변동의 모식도.

R_t, G_t, D_t, Y_t 는 서로 관련 되어 있다. 이 네 요소의 상호관계를 포함한 해석적인 자원량의 변동을 설명하고 있지는 않지만, 자원 변동의 기본이 되는 개념을 나타낸다.

식 3-1에서 알 수 있는 바와 같이 R_t 와 G_t 는 자원에게 플러스, D_t 와 Y_t 는 자원에게 마이너스로 작용한다. 따라서

$(R_t + G_t) > (D_t + Y_t)$ 이면, $P_{t+1} > P_t$ 로 자원 증가

$(R_t + G_t) = (D_t + Y_t)$ 이면, $P_{t+1} = P_t$ 로 자원 평형

$(R_t + G_t) < (D_t + Y_t)$ 이면, $P_{t+1} < P_t$ 로 자원 감소

라고 하는 관계가 성립한다.

3. 어획의 영향

인간의 손에 닿지 않는 미개발의 처녀 자원의 변동은 러셀의 식을 빌면,

$$P_{t+1} - P_t = \Delta P_t = R_t + G_t - D_t \qquad 3\text{-}3$$

로 표현된다.

이 식의 우변에 있는 자연 증가량의 항에 있어서, $R_t + G_t$ 는 자원을 증가시키는 요소이고, D_t 는 자원을 감소시키는 요소이다.

어획 대상이 되고 있는 자원은 색이장, 산란장, 월동장을 포함하는 한정된 해역에서 생활한다. 한정된 해역에서 서식하는 처녀 자원의 양은 서식 해역의 부양 능력에 의해 결정된다. 만약 가입량이 과도하게 많다면, 개체당 섭취할 수 있는 먹이량의 감소로 성장은 나빠지며, 또한 자연 사망율이 증가하는 밀도 효과가 나타나 자연 증가율은 밀도 종속적으로 어획 자원의 증대에 작용한다. 따라서 앞 장에서 개체군의 크기의 증대를 기술할 때와 꼭 같은 논리로서 어획 자원량의 증대는 다음 식과 동일한 형태인

$$\frac{dP_t}{dt} = rP_i\left(\frac{K-P_t}{k}\right) \qquad 3\text{-}4$$

로 나타낼 수 있다. 이 식을 자세히 음미하면, 짧은 시간 dt 동안에 새로이 증대되는 자원량 $rP_i\left(\frac{K-P_t}{k}\right)$ 이다. 이것은 바로 러셀의 식의 자연 증가량 $R_t + G_t - D_t$ 에 해당하며, 식 (3-2)는 러셀의 식의 자연 증가 요소를 종합해서 표현한 것이다. 자연 증가량을 I_t 라 한다면

$$I_t = rP_i\left(\frac{K-P_t}{k}\right) \qquad 3\text{-}5$$

이다. 이 식은 자연 증가량이 자원량에 따라 달라짐을 보이며, 이를 그림으로 나타내면 그림 3-7과 같다.

처녀 자원은 서식 해역의 부양 능력에 맞추어 K 또는 K에 가까운 자원량의 수준을 유지하면서, 큰 변동을 나타내지 않고 대체로 평형 상태에 있다. 따라서 처녀 자원의 자연 증가량은 0에 가깝다. 즉, 가입과 성장에 의한 증가량은 자연 사망량과 같다.

이와 같은 평형 상태에 있는 처녀 자원에 어획이 가해져 자원의 일부가 제거되면, 자원이 어떠한 반응을 하는지 살펴보자.

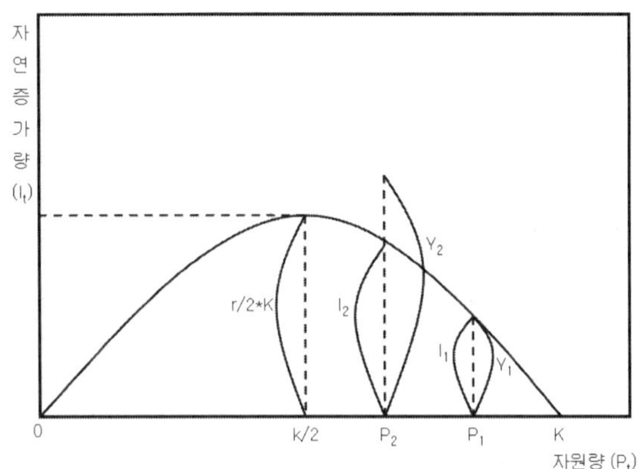

그림 3-7 자원의 자연 증가량.

그림 3-7에서 알 수 있는 바와 같이, K에 가까운 수준에 있는 처녀 자원으로부터 어획으로 현존 자원의 일부를 제거하여 자원의 크기를 P_1 으로 하면, P_1 은 자연 증가량 I_1 을 생산한다. 자원의 크기를 어느 수준까지 낮출수록 자

연 증가량은 증가하고, 수용 능력 K의 절반의 자원량에서 최대의 자연 증가량 $rK/4$를 달성하며, $K/2$ 이하의 자원량에서는 자원량이 감소하면 감소할수록 자연 증가량은 줄어든다.

이 그림을 통해서 결론을 내리면, 어획 그 자체는 결코 자원이 증식하는 데 있어서 반드시 장해가 되는 것이 아니고, 오히려 자원에 대해 자극을 가하여 자원의 증식을 촉진한다. 자원량이 지나치게 많아 생활 구역의 부양 능력 K 또는 그것에 가까운 수준에 있으면 자연 증가량은 없지만, 자원이 어획의 압력을 받아 감소하면 자원은 이 압력에 반발하여 자신을 본래의 크기로 회복시키려는 복원력을 나타낸다. 자원을 적당하게 솎아내면 개체의 성장은 좋아지고, 따라서 성숙 연령이 낮아져 자원의 회전 속도가 빨라지는 것이다.

4. 적정 어획

어업이 행해지지 않는 처녀 자원에 어업을 행하기 시작하면, 자원의 자연 증가량이 나타나, 인간이 자원의 현존량을 다치지 않은 채 이용할 수 있는 양이 생긴다. 솎아 내는 양을 높일수록 자연 증가량은 많아지므로, 어획 노력의 증가에 따라 어획량은 점차 증가하게 되지만, 어획 노력이 어느 한도 이상을 넘어 지나치게 자원을 제거하면 자연 증가량이 적어지고, 차츰 어획량이 감소하게 됨을 알 수 있다. 여기에 적정 어획량을 결정하여 자원량을 어느 수준에 유지시키는 것이 좋은가 하는 문제가 어업에 있어서 중요한 의미를 가지는 이유가 존재한다. 적정 어획량은 어느 수산자원을 어획함에 있어서 최저의 노력으로 최대의 이익을 항구적으로 올릴 수 있는 그러한 어획량을 의미하는 것이기도 하므로, 적정 어획량의 문제는 생물학적 견지에서 뿐만 아니라 경제학적인 관점에서도 연구되어야 한다.

적정 어획량에 관한 이론은 많이 제시되어 있으나, 러셀의 식의 자연 증가 변동 요소를 어떻게 취급할 것인가에 따라, 다음의 세 이론으로 압축될 수 있다.

1) 잉여 자연생산(잉여 생산량) 이론

잉여 자연생산 이론은 1935년 영국의 그레이엄(M. Graham)에 의해 원형이 발표되었고, 1954년 미국의 셰퍼(M.B. Schaefer)에 의해 정립되었다. 이 이론은 러셀의 가설에서 가입, 성장, 자연 사망의 세 가지 자연 증가 요소를 통합하여 자원 변동을 해석하고, 자연 증가량을 최대로 높일 수 있도록 어획량을 결정하는 방법이다.

그레이엄이 제기한 이론은 그림 3-8에서 보듯이, 자원을 빈 공간에 놓아두면 자원량이 적은 처음에는 완만하게 증가하나, 자원이 어느 정도 증가한 후에는 증가율이 최대가 되고, 더욱 증가하여 최대 서식 밀도 근처에 접근하면 자원량이 증가가 둔화된다는 것이다. 즉, 자원량의 증가는 S자 형태의 곡선을 따라 증가하게 된다. 이 이론을 적정 어획량의 추정에 적용하여 실제의 어업 관리에 이용한 사람은 셰퍼이다.

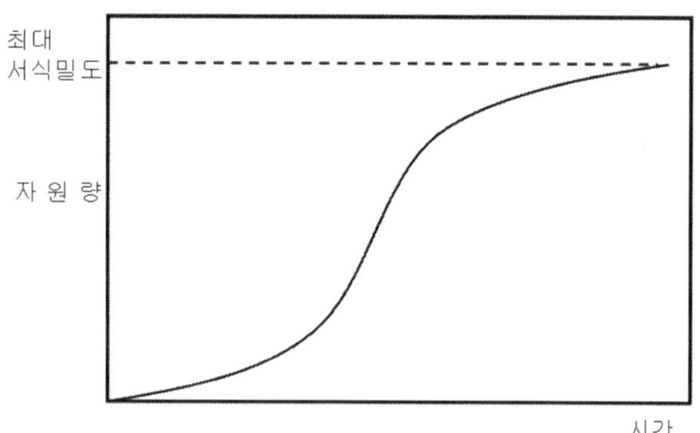

그림 3-8 그레이엄이 제안한 자원의 증가 형태(S자형 곡선).

셰퍼는 자원의 자연 증가량만큼 어획을 한다면, 자원량은 일정한 수준에서 평형 상태를 이룰 것이고, 자원량이 일정하면 그것의 자연 증가량도 언제나 일정할 것이라고 제안하였다. 즉, 자연 증가량만큼 어획하면 자원의 현존량 증가에는 전혀 영향을 미치지 않으므로 이것을 잉여 생산량이라고 하며, 또 일정한 자원량이 유지되는 수준에서 계속 생산하므로 이를 지속적 생산량 또는 평형 생산량이라 한다.

이 지속적 생산량은 앞의 그림 3-7에서 보듯이 자원량이 $\frac{K}{2}$일 때 최대값에 달하며, 이를 최대 지속적 생산량(MSY; maximum sustainable yield)이라 한다. 잉여 자연생산 이론은 자원의 크기가 $\frac{K}{2}$에서 유지되도록 하는 어획 강도를 투입하여 최대 지속적 생산량을 얻을 수 있다는 것이다.

이 이론을 실제 어업에 적용하려면, 자원량을 해마다 추정하여 $\frac{K}{2}$에서 유지되도록 해야 하나 자원량의 추정은 어렵고, 추정값은 소요된 시간과 경비에 비해 오차가 큰 것이 보통이다. 이러한 이유로 실제로는 자원량 대신에 어획 노력량을 조절하여 최대 지속적 생산량을 평가하는 방식을 사용한다. 예를 들면, 어느 해의 우리나라 동해의 명태 트롤 어업에서, 연간 어획 노력량(X_t)과 어획량(Y_t) 간에는

$$Y_t = 1435.581\,X_t - 5.224 \times 10^{-3}\,X_t^{\,2} \qquad \text{3-6}$$

의 관계가 있음이 연구에서 밝혀졌다.

명태 트롤 어업에서 어획 노력량은 인망횟수로 나타낸다. 이 관계식으로부터 적정 어획 노력량은 약 15×10^4회의 인망이고, 최대 지속적 생산량은 약 99,000톤임을 알 수 있다.

그림 3-9에서 알 수 있듯이 어느 해의 명태 트롤 어업의 연간 어획 노력량은 적정 수준을 약간 웃돌고(곡선의 윗부분에 있는 점), 연간 어획량도 약간 과다한 수준임을 알 수 있다.

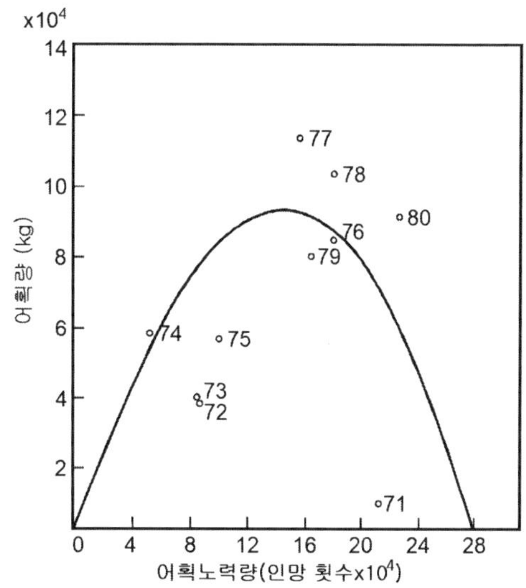

그림 3-9 동해산 명태의 평형 생산 곡선.
(숫자는 연도를 가리킴)

2) 가입량 유효 이용(가입당 생산량) 이론

가입량 유효 이용 이론은 1918년에 소련의 바라노프(F.I. Baranov)가 기초를 세웠고, 1957년에 영국의 베버턴(R.J.H. Beverton)과 홀트(S.J. Holt)의 공동 연구로 완성되었다.

이 이론은 러셀의 가설에서 가입, 성장, 자연 사망의 세 가지 자연 증가 요소를 분리하여 취급한다. 자원량이란 생존 개체수에 생존 개체의 평균 몸무게를 곱한 것을 말한다. 생물은 가입하면 나이를 먹음에 따라 자연 사망과 어획 사망으로 인해서 생존 개체수는 감소해 가지만, 한편 살아남은 개체는 성장에 의하여 몸무게가 증가한다.

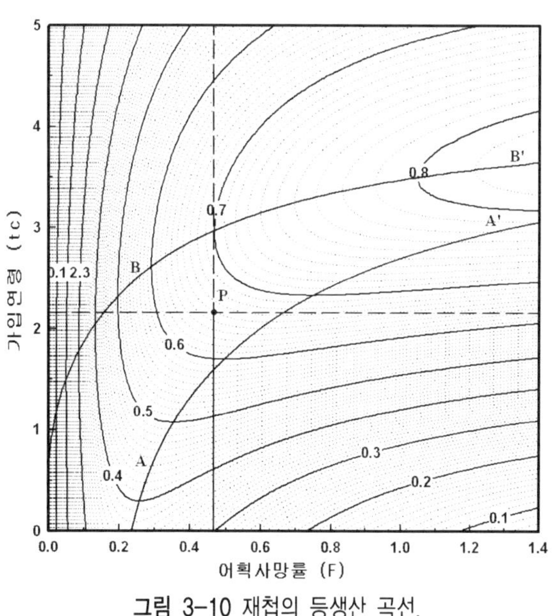

그림 3-10 재첩의 등생산 곡선.

따라서 한 연급군의 자원량은 나이를 먹음에 따라 변화하므로, 이 연급군으로부터 최대의 어업 생산을 얻기 위해서는 어느 연령에 달했을 때부터 어느 정도의 어획 강도를 어획해야 하는가 하는 문제가 제기된다.

최대 어획량을 올리기 위한 적정 가입 연령과 적정 어획 강도를 등생산 곡선에 의하여 판단한다. 등생산 곡선은 수산생물의 가입, 성장, 자연 사망, 어획량 등의 자료를 해석하여, 어획 사망율(어획 사망율은 어획 강도에 정비례함)과 가입 연령의 변화에 따라 어획량이 변화하는 모양을 나타낸 그림이다. 등생산 곡선은 등고선 지도와 같은 것으로, 등생산 곡선에서 가입 연령과 어획 사망율은 각각 등고선 지도의 경도와 위도에 해당되며, 어획량은 등고선에 해당된다. 가입 연령은 사용하는 그물코로, 어획 사망율은 조업 척수 또는 조업 횟수로 각각 정할 수 있다. 예를 들면, 그림 3-10은 재첩의 등생산 곡선을 나타낸 것이다. 그림에서 BB' 는 최대 지속적 어획량을 연결한 선으로, 적정 어획량 곡선이라 할 수 있다. 점 P는 이 어업의 상태를 보여 준다. 즉, 이 기간 동안에 재첩의 가입 연령은 2.2세, 어획 사망율은 0.43으로 어업이 행해지고 있었고, 어획량은 6,600kg임을 알 수 있다. 그러나, 그림 3-10에서 가입 연령을 2.2세에서 2.8세로 높인다면 어획 사망율을 높이지 않더라도 어획량을 7,000kg까지 높일 수 있음을 보여준다.

3) 최대 잉여 재생산 이론

최대 잉여 재생산 이론은 1954년 캐나다의 리커(W.E. Ricker)가 발표하였으며, 러셀의 가설에서 세 가지 자연 증가 요소 중 성장과 자연 사망은 고려하지 않고, 가입만을 최대로 하는 것에 초점을 맞춘 이론이다.

이 이론에서 중요한 개념은 재생산이다. 자원 생물이 알에서 부화되어 자원에 가입되기까지의 초기 단계에서는 밀도에 상관없이 자치어의 사망율이 결정되나, 그 이후에는 사망율이 밀도에 따라 변하게 된다. 이러한 가정 아래 자원량과 가입량 사이의 관계, 즉 어미 세대와 이 세대에서 재생산된 새끼 세대의 양 사이의 관계를 보여 주는 곡선이 그림 3-11에 나타나 있다. 여기서, 곡선을 재생산 곡선이라 하고, 이 곡선은 원점에서 시작하여 원점을 통과하는 45°의 직선과 적어도 1회는 원점 이외의 곳에서 만나며, 이 45°선의 오른쪽 아래로 향해서 끝나는 것이 특징이다. 이 45°선을 치환선이라 한다. 치환선은 자원량과 가입량이 동등한 수준임을 나타낸다. 치환선과 재생산 곡선의 교점에서는 연속하는 두 세대의 재생산량이 같은 수준에서 유지되는 것을 나타낸다.

그림에서 자원량이 C일 때 가입량은 A 임을 보여 주고, 자원량이 C에서 유지되려면 가입량은 B만으로도 충분하며, $A-B$ 는 잉여 생산량이 된다. 즉, 가입량에서 자원량을 뺀 나머지만큼 어획되면 자원량을 일정하게 유지될 것이며, 이것이 지속적 생산량이 되며 (AB), 이 잉여 생산량은 재생산 곡선의 정점에서 최대가 되는 것이 아니고, 치환선과 재생산 곡선의 접선이 평행한 접점(점 A')에서 최대가 된다. 즉, 자원량이 C' 가 되도록 유지하려면 $A'-B'$ 에 해당하는 최대한의 어획량을 올릴 수 있을 것이다. 이 때, $A'B'$ 의 길이가 가장 길게 되며, 이것을 최대 지속적 생산량이라 한다.

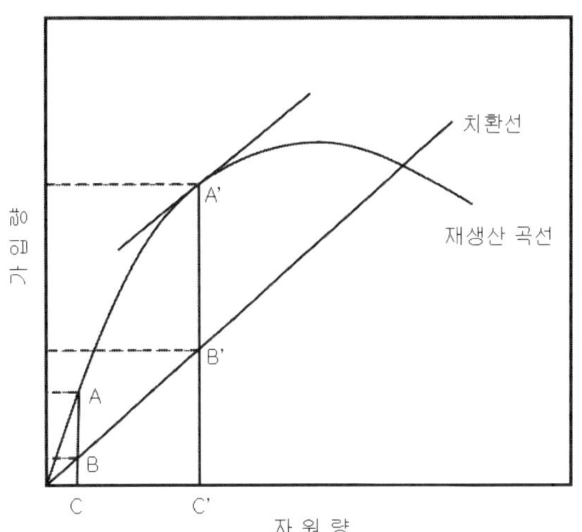

그림 3-11 재생산 곡선과 어획량.

4) 최대 순경제생산 이론

최대 순경제생산 이론은 1953년에 미국의 고든(H.S. Gordon)에 의해 본격적인 연구가 시작되었다. 이 이론에서는 경비의 개념을 도입하여 적정 어획을 추구하고 있다. 어획량은 평균 단가를 곱하여 수입 금액으로 환산될 수 있다. 그리고, 이 어획량을 올리는 데 소요된 경비는 어획 노력량에 비례한다.

따라서 어획 노력량과 어획량 간의 관계를 보여 주는 잉여 자연생산 이론과 가입량 유효 이용 이론에서 어획 노력량과 수입 간의 관계를 알 수 있고, 또 단위노력당 경비를 알면 어획 노력량과 경비 간의 관계도 알 수 있다. 어떤 어획 노력으로 얻어지는 수입에서 경비를 뺀 나머지가 경제적 순생산, 즉 이윤이 된다.

그림 3-12에서 보듯이 수입 금액과 어획 노력량 간의 관계는 어획량과 어획 노력량 간의 관계와 마찬가지로 어느 어획량의 수준에서 최대가 된다. 한편, 경비는 어획 노력량에 비례하므로, 원점을 통과하는 직선이 될 것이다.

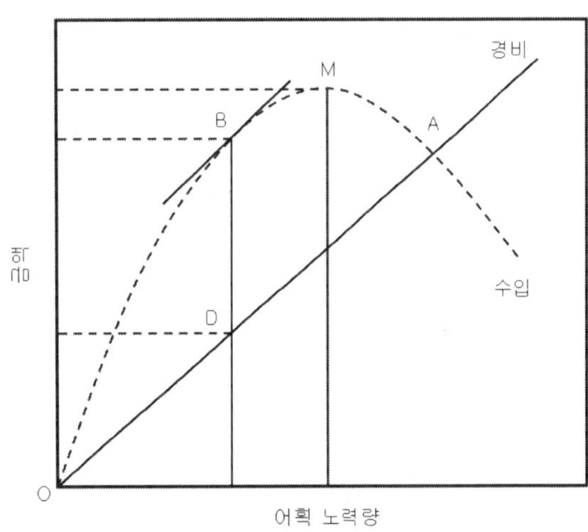

그림 3-12 어획 노력량과 경비 및 수입 간의 관계.

굵은 점선으로 표시된 구입 곡선에서 경비 직선의 위쪽에 있는 부분이 순생산에 해당한다. 순생산은 원점 O와 수입 곡선과 경비 직선의 교점 A에서 0이 되며, 그 중간에서 최대가 된다. 최대가 되는 점은 경비 직선과 평행하면서 수입 곡선과 접하는 접선의 접점 B가 되며, 이 때 $\overline{BD}$ 의 길이가 가장 길다.

여기서, $\overline{BD}$ 를 최대 순경제 생산량(MEY; maximum net economic yield)이라 한다.

그림에서 최대 지속적 생산량(MSY)은 M으로 표시되어 있다. 이윤이 최대가 되는 B 점은 M점의 왼쪽, 즉 어획 노력량이 적은 쪽에 존재한다. 따라서 이윤을 극대화하려면 어획 노력량을 최대 지속적 생산량을 올리는 어획 노력량보다 줄이는 것이 바람직하다.

5. 남획

어느 수산자원에 있어서 어획량이 계속해서 감소되는 예는 많다. 이것이 개체군의 생활구역 내의 국부적인 현상이면 어장의 황폐 또는 어장의 환경 요인의 변화에 의한 것이라고 생각되지만, 생활 구역 전체를 통해서 나타나는 현상이면 개체군 자체의 감소에 기인한다고 판단함이 옳을 것이다.

남획은, 앞 절에서 살펴 본 적정 어획의 이론에 따라 각기 다르게 정의되지만, 여기서는 개체군의 로지스틱 증대 이론과 관련해서 설명하겠다.

앞의 그림 3-7에서 알 수 있는 바와 같이, 수산자원은 어획의 압력을 받으면 자연 증가량을 가지고 이 압력에 반발한다. 0과 K를 제외한 어떠한 자원량의 수준에서도 자원은 적절한 자연 증가량을 나타내지만, 그 자원이 나타내는 자연 증가량에는 최대치가 있다. 이 값은 $\frac{K}{2}$의 자원량에서 실현됨은 앞에서 언급한 바 있다. 어획량이 이 최대 자연 증가량보다 낮은 수준에서 계속 유지되면, 자원은 어획에 반응하여 이 어획량만큼 자연 증가량을 나타내는 자원량으로 수렴하며, 어획량이 이 수준에서 유지되는 한, 이 자연 증가량은 지속적 생산량이 된다. 그러나, 자원이 실현할 수 있는 최대의 자연 증가량보다 많은 양을 어획을 통해서 솎아내면 자원은 어떻게 될까?

그림 3-7을 이용하여 설명하면, 현재의 자원량이 P_2 의 수준에 있는 자원으로부터 이 자원의 최대 자연 증가량보다 많은 Y_2 만큼 어획한다면, P_2 의 자원량이 나타내는 자연 증가량은I_2 이므로, $Y_2 - I_2$ 에 상당하는 초과 어획량만큼 자원량은 줄어들어 차츰 $\frac{K}{2}$의 수준으로 접근한다. 새롭게 결정되는 자원량이 $\frac{K}{2}$보다 클 경우에는, $\frac{K}{2}$에 접근할수록 자연 증가량은 증가하므로, 초과 어획량은 상대적으로 적어지지만, Y_2 가 최대 자연 증가량보다 많은 한, 자원량의 수준은 그때 그때의 초과 어획량만큼 줄어 궁극적으로 $\frac{K}{2}$ 이하의 수준으로 떨어진다. 자원량이 $\frac{K}{2}$ 이하의 수준으로 일단 떨어지면, 계속적인 Y_2 만큼의

어획 하에서는 자원량은 점점 증가하는 속도로 감소되어간다.

남획이란 자원의 최대 자연 증가량보다 많은 양을 솎아내는 어획이라고 정의하고 싶다. 따라서 처녀 자원의 개발 초기에도 남획은 있을 수 있다. 그러나, 남획의 징후는 자원량이 $\frac{K}{2}$ 이하로 떨어지고 나서부터 어떤 지체 시간을 두고 나타날 것이다. 지체 시간의 장단은 자원에 따라 다르며, 적정 어획량보다는 남획이 시작되고 나서 그 징후가 나타날 때까지의 지체 시간에 관한 지식이 더 중요할지도 모르겠다.

20세기에 들어와 어선이 동력화되고 대형화됨에 따라 어획 능률의 향상과 함께 외연 어장으로 조업이 확대되었다. 미개발 어장에서 어업이 행해지면, 처음에는 어획 강도가 높아짐에 따라 어획량도 급격히 증가한다. 그러나, 어획 강도가 계속 강화되거나 과도한 수준을 유지하면 어획량은 늘지 않고 오히려 줄기 시작한다. 한편으로는 인구의 급증으로 동물성 단백질의 수요는 급속히 늘어 어획량이 감소할수록 어가는 반대로 높아지게 되고, 어업에 대한 투자는 계속되어 어획 강도는 더욱 강화된다. 이와 같은 상황이 전후의 선진 수산국의 어업의 전형적인 전개였다. 이러한 어업의 전개로 인하여 자원이 회복 불능의 상태에까지 고갈된 예가 남빙양의 고래이다.

어획이 과도하게 행해지면 자원량의 점차적인 감소로 인해 생물체의 체장, 체중, 자원의 연령 조성, 어황 등에 여러 가지의 징후가 나타난다. 이 징후는 자원의 질에 나타나는 것과 어획 통계에 나타나는 것이 있다. 남획의 징후를 열거하면 다음과 같다.

(1) 어획 노력이 강화되어도 총 어획량이 저하한다.

(2) 단위노력당 어획량이 차츰 감소된다.

(1)과 (2)는 어획 노력량와 총 어획량과의 관계로부터 추정된다. 이것은 저인망어업에서 심하게 일어나기 쉬우며, 이는 저인망의 어구 능률이 높고 소형어도 어획되기 때문이다. (1)과 (2)의 징후는 반드시 동시에 나타나는 것이 아니며, 또 이 징후의 발현 시기가 정확하게 남획 시기를 표시하는 것도 아니다. 그 까닭은 어느 자원의 어장이 개척되고 어획이 점차 강화되어, 그때까지 어획의 대상에 포함되지 않았던 소형군이 어획 대상으로 됨에 따라, 실제로는 남획 상태에 있음에도 불구하고, 어획 노력의 증가에 따라 총 어획량이 증가되기 때문이다. 남빙양의 고래에 대해서 보면, 어획고 상으로는 아무런 남획의 징후가 보이지 않았을 때에도 자원의 연령 조성에 있어서는 고연령군이 이미 감소하고 있었던 것이다. 따라서 어획고 상으로 본 (1)과 (2)의 징후는 다음의 (3)의 징후보다 늦게 나타나는 것 같다.

(3) 어획물의 연령 조성에 있어서 고연령어의 혼재율이 저하하고, 저연령어의 혼재율이

증가한다.

(4) 어획물 곡선의 우측의 경사가 해마다 증가한다.

(3)과 (4)는 어획물을 통해서 나타나는 자원의 질적 변화이다. 어획이 강화되면 자원의 연령 범위가 좁아지고 고연령어의 비율이 저하하며, 전체적인 평균 체장 및 평균 체중이 떨어진다. 이것은 X 축에 연령을, Y 축에 어획미수의 대수를 취해서 어획물의 연령 조성을 나타내는 어획물 곡선에 있어서 우측의 직선부의 경사를 증가시킨다.

(5) 각 연령군의 평균 체장 및 평균 체중은 대형화한다.

어획이 강화되어 개체군의 밀도가 감소하면 한 마리당 먹이는 증가되고, 각 연령군의 성장율이 좋아져 평균 체장은 커진다. 정어리에서 보면, 1941년경 이후의 흉어기에 들어서는 동일 연령군의 체장과 체중이 증가하고 있다.

이상의 여러 증후의 각각은 남획의 필요 조건이지 충분 조건은 아니므로, 남획에 대한 정확한 판단은 상기한 여러 징후의 종합적인 검토에 의거해서 행하는 신중을 기하지 않으면 안 된다. 어업 자원 가운데는 특별히 남획되기 쉬운 자원이 있으며, 이들에게는 공통적인 특징이 있다. 수명이 긴 종류는 자연 사망율이 낮고, 어획 대상자원으로 가입하여 장년에 걸쳐 성장하면서 이용되므로 남획을 당하기 쉽다. 북태평양의 넙치는 이러한 특징을 가진 수산자원의 대표적인 예이다. 이에 비해서 멸치, 오징어, 새우 등과 같이 생존 연수가 1~2년 미만이고 자연 사망율이 높은 자원은 자원의 감소에 미치는 어획의 영향이 상대적으로 낮아, 여간해서 남획의 상태에 이르지 않는다. 그러나, 고래, 물개 등과 같이 성어기에 이르기까지 오랜 기간이 걸리는데다 출생율이 낮은 자원은 어획대상으로의 가입이 양적으로 적으므로 남획되기 아주 쉽다. 그리고, 해저에서 생활하며 이동성이 미미한 가자미, 게 등과 같은 저어 자원이나, 연어, 송어 등과 같이 하천에 소상하는 것은 집중적으로 어획되므로 남획의 위험에 빠지기 쉽다. 또한, 고등어, 전갱이, 다랑어류 등과 같이 해양의 표층을 회유하는 부어 자원은 일시에 다량으로 어획되는 일이 드물고, 산란수도 많아 쉽게 남획되지 않는 것으로 알려져 있다.

제6절 어황

어느 자원을 어획할 때 어획량은 시간에 따라 변동한다. 어획량은 날마다 다를 뿐 아니라 장년에 걸쳐서도 변동한다. 이러한 어획량의 변동을 어황(漁況)이라 한다. 엄밀히 정의하면, 어황은 단위노력당 어획량의 시간적인 추이 상황을 뜻한다. 총어획량은 어획 노력수가 많으면 증가되므로, 단위노력당 어획량이 진정한 어황을 나타낸다.

어황이 왜 변동하는가? 또한 어황의 변동을 예찰하여 어업 경영의 안정성을 도모할 수 없겠는가? 하는 의문은 수산자원 연구의 출발점이라 할 수 있으며, 또한 중요한 귀착점이기도 하다. 따라서 어황의 해석은 어업 경영상 중요할 뿐 아니라, 수산자원 연구의 본질적인 문제에 해당한다.

1. 어황의 변동 요인

기본적으로 어획량은 자원량에 따라 달라진다. 그러나, 자원생물은 한 곳에서 정착 생활을 하는게 아니라 항상 수중에서 이동하므로, 어군이 어장에 내유하는 정도와 어획 능률에 따라서도 어획량은 변동한다. 어황 변동의 요인은 그 요인이 작용하는 양식에 따라 직접 요인과 간접 요인으로 대별된다. 자원량에 영향을 줌으로써 어황에 영향을 미치는 것이 간접 요인인데 비해, 직접 요인은 자원의 회유, 성군, 집적, 소하 등 생태나 어획 능률 등에 영향을 준다.

1) 직접 요인

직접 요인에는 해류 및 조류의 변동, 수온과 염분의 변화, 투명도, 광도 등의 물리적 화학적 요인과 먹이생물 또는 해적생물의 생물적 환경 요인이 있다. 또한, 이러한 환경 요인을 변화시키는 이차적인 요인으로써 기상 및 연안 지형 등도 직접 요인에 포함된다. 직접 요인이 어획량에 끼치는 영향의 예를 몇 가지 들겠다.

어획에 미치는 바람의 영향은 근해어업이나 내해 및 내만의 연안어업에서는 현저하며, 특히 낚시어업의 경우는 바람과 관계가 깊다. 풍향과 풍력이 어획량에 미치는 경우는 많은 자원에서 알려져 있다. 덴마크에 있어서 고등어의 어업에서는 5, 6월의 어획량과 1월~4월의 동풍 및 서풍 빈도 간에 상관이 있는 것으로 인정되어, 1925년 이후의 어황 예보의

한 자료로서 그 상관관계가 사용되고 있다.

저기압이 어획량에 미치는 영향은 개체군에 따라, 또 어장에 따라 다르다. 일반적으로 해상이 평온하지 않을 때가 어황이 좋다. 우리나라의 동해 및 남해에 내유하는 방어의 남방 서식 구역인 일본의 큐슈 서해에서의 방어의 어획량과 저기압과는 밀접한 관계가 있음이 알려져 있다. 동일 저기압 하의 각 어장으로부터는 어획량이 많지 않으나, 저기압의 중심이 어장의 진북 또는 진남을 통과하고 나서 대체로 1～3일 후에 풍어를 본다. 이것은 저기압의 통과에 따라 교란된 해수가 방어의 어군을 연안에 내유시키는 직접적인 자극이 된 때문이고, 이차적으로는 지역에 따라 각 내만이나 연안에 어군을 집적시키는 취송류가 생겨, 그 결과로 어군이 연안으로 내유하여 어획량이 좋아지는 것으로 생각된다. 바다가 바람으로 교란되면 일반적으로 어류의 활동성이 촉진된다.

강우량과 어획량은 깊은 관계를 보여준다. 강우량은 동시에 어황에 직접 영향을 미치는 경우도 있고, 강우 수 일 후 또는 수 년 후의 어황에 영향을 미치는 경우도 있다. 노르웨이에서는 대구 및 청어의 어획량과 성어기 및 그 이전의 각 월의 강우량과의 사이에 상관성이 있음이 인정되어, 어황 예보의 한 수단으로 이 상관성이 쓰여지고 있다. 하천을 통해서 유입된 강수량은 풍부한 용존 영양염으로써 플랑크톤 등의 먹이생물의 생산을 높이며, 그 결과로 어류의 자치어의 번식을 조장하고, 어황에 영향을 미친다. 하구에 가까운 연안 수역의 와류부를 중심으로 하여 어장을 형성하는 멸치는 우량이 많은 해에는 어획이 많고, 발생 번식도 좋다. 소우다조(小雨多照)하면 하천 유입량이 적고, 해면에서의 증발이 심하며, 외양수가 연안에 접근하여 해수의 염분 농도가 높아진다. 내만에서는 강우가 적은 해에 해수가 매우 짜고 맑아져, 돔 및 삼치의 어획량이 많은 경우도 있다.

월령(月齡)도 어획량에 영향을 미친다. 한국의 고등어의 어획량은 월령 7～21일의 밝은 기간에는 적고, 월령 22～6일의 어두운 기간에는 어획이 많다. 월령의 어획량에 대한 작용 기구는 아직 명확하지 않다.

태양의 흑점이 어획량과 관계되는 경우가 있다. 태양의 발산 에너지는 흑점수의 극대기와 극소기에는 적어 진다. 그 영향이 기압 배치, 강우량, 기온 등에 미치고, 이차적으로 어황에 영향을 준다. 북해도의 봄 청어의 어획량은 태양 흑점의 극대기와 극소기에는 풍어이거나 흉어이며, 태양 흑점의 중간기에는 평년의 어획을 나타내는 경향이 있다.

한난류의 변동은 어획량에 큰 영향을 미친다. 우리나라 동해의 정어리 어장에서 1936년과 1937년의 풍어기에는 한류가 돌출하여 수온이 급구배로 변화하는 현저한 조경을 이루고 있으나, 1932년과 1938년의 흉어시에는 한류 세력이 미약하여 조경이 형성되지 않고, 수온의 변화가 완만했다. 한류 세력이 강했을 때는 연안 수괴가 좁혀져서, 정어리군이 조밀하게 되고 어획량이 많아졌으며, 한류 세력이 약했을 때는 연안 수대(水帶)가 넓고, 자원이 확산되었기 때문에 어획량이 적어진 것으로 생각된다.

2) 간접 요인

자원량의 변동에 영향을 미치는 간접 요인은 자연 요인과 어업에 의한 인위 요인으로 대별된다. 자연 요인에는 가입량, 성장, 자연 사망량을 변동시키는 수온, 염분, 먹이생물의 변동, 해적생물의 변동, 자원생물의 질병 등 직접적이고 일차적으로 영향을 미치는 요인과 이 일차적인 요인을 변화시키는 이차적인 요인, 즉 기상, 연안 지형 등의 요인이 있다.

2. 어황의 변동 경향

매일의 어획량의 변화 경과를 표시하는 어획 곡선은 성어기에 모우드를 나타내며, 성어기 이전의 증가 경향과 성어기 이후의 감소 경향은 대칭적인 경우와 비대칭적인 경우가 있다. 장년에 걸쳐서 계속적으로 나타나는 어황 변동의 경향은 자원량의 변동 경향을 보여준다. 어황 변동은 엄밀하게는 단위노력당 어획량으로써 추적되어야 하나, 그 자료가 미비되어 있을 때는 총어획량으로써 논의되는 경우가 많다. 장년에 걸치는 어황 변동의 경향은 (1) 누진적 증가형, (2) 누진적 감소형, (3) 주기형, (4) 평형형, (5) 불규칙형, (6) 복합형, (7) 이행형의 일곱 가지 형으로 분류 된다.

3. 어황의 예보

어획 대상자원에 대해서 어획량의 통계 자료를 가지고 과거의 어획량의 추이 상황 및 어황과 환경 요인과의 관계를 파악하고, 어획 자원의 연령 조성, 생잔율 등을 분석하여 미래의 어황을 예보하는 것을 어황 예보라 한다. 예보에는 단기 예보와 장기 예보가 있다. 단기 예보는 한 어기 내의 어황에 관한 예보이며, 장기 예보는 다음 해 또는 그 이상의 장년을 내다본 어황 예보이다.

예보의 방법에는 크게 나누어 세 가지가 있다.

(1) 통계분석법: 어획량의 통계 자료로서 어획량 곡선의 변동 양식과 경향을 구하여 미래의 어황을 예측하는 방법으로서, 어획 노력수를 포함하여 신뢰도가 높은 가급적 장기에 걸치는 통계 자료를 필요로 한다.

(2) 상관법: 어획 통계와 환경 요인과의 관계 및 다른 자원의 어획량과의 상관관계 등의 분석 결과에 의한 방법으로서, 미리 이러한 관계를 조사해 두면 어황 예보의 유력한

단서를 얻을 때가 많다.

(3) 자원해석법: 자원생물의 자원학적 및 생물학적 해석 결과에 의한 방법으로서, 어황 예보방법 가운데서 가장 이론적이다.

자원학자 요르트(Hjort, 1926)는 어획물의 연령 조성을 조사하여 어황의 예보 문제를 해결하려고 시도했다. 그의 연구에 의하면, 탁월연급군이 나타나 개체군의 주체를 이루고 있는 어획 자원으로부터는 수 년에 걸쳐 계속해서 풍어를 가져온다. 어느 해의 어획량으로 다음 해의 예상 어획량을 표시하면 다음과 같다. n년의 총 어획량 Y_n라 하고, 익년의 어획량은 $Y_{n+1} = pY_n + R_n$ 이다. p는 생잔율, R은 가입량이다. p는 연령에 따라 다소 차이가 있으므로, 위의 식을 연령별의 어획량으로 구하면 더욱 명확한 의미를 갖는다. 생잔율 p는 장년의 연령 조성 자료로부터 구할 수 있다.

한 발생군의 가입은 일반적으로 수 년이 걸려서 완결되며, 가입량은 장년의 연령 조성에서 추산된다. 위의 이론에 근거해서 구한 예상 어획량에 통계분석법과 상관법에 의한 결과를 참조하고 수정을 가하여 어황을 최종적으로 결정한다.

어황의 예측에 의거하여 그 정보를 일반에게 통보하는 것이 어황 예보이다. 우리나라에서는 1920년대부터 해양 관측과 어황 조사가 시작되었다. 그러나, 조직적이고 정기적인 해황 및 어황 예보사업이 실시된 것은 1960년대에 들어와서이다. 현재 우리나라 연근해의 어황 예보사업의 대상 어업은 다음과 같다.

(1) 동해 : 오징어 외줄낚기어업, 꽁치 유자망어업, 명태 연승 및 자망어업

(2) 남해 : 멸치 자망어업, 기선권현망어업, 기선선망어업

(3) 서해 및 동중국해 : 안강망어업, 기선유자망어업, 삼치 유자망어업

(4) 동해 · 서해 · 남해 전역 : 기선저인망어업, 트롤어업

이들 어업은 어느 것이나 우리나라의 연근해에 국한되어 있다. 그러나, 앞으로는 원양어업에 대해서도 예보 체계가 갖추어져야 할 것이다.

예보사업은 국립수산과학원의 본원과 지방의 각 연구소에 의해 해역별로 행해지고 있다.

해황 · 어황 예보의 종류는 다음과 같다.

(1) 일별 수온 속보

(2) 해황 · 어항 주간 예보

(3) 해황 · 어황 월간 예보

이들의 여러 가지 예보는 인쇄물에 의한 우송과 신문, 라디오, 텔레비전 등을 통해서 어민과 관계 기관에 직접, 간접으로 통보된다. 이러한 예보를 수 년에 걸쳐 모아 두면 조업하는 데 크게 도움이 될 것이다.

제7절 자원 관리

적정 어획으로 자원을 유효하게 또한 최대로 이용하기 위해서 자원을 어떻게 관리할 것인가? 하는 것은 어획의 이론을 실제에 적용하는 중대한 문제이다. 자원 관리란 자원생물의 자연 생산 과정을 인간의 이용에 합당하도록 조절하는 것이다. 자원의 이용은 어업에 의해서 이루어지므로, 자원 관리는 어업 관리의 기초가 된다.

자원 관리는 자원의 양 및 질과 관련된다. 자원의 양과 질은 러셀의 식에 나오는 가입, 성장, 자연 사망 및 어획 사망의 네 요소에 의해 결정되는 것이며, 따라서 자원 관리는 바로 이 네 요소의 관리를 통한다. 그러나, 상기한 러셀의 자원량 변동을 해석하는 식에는 환경의 작용 요소가 없으므로, 환경에 의한 자원량의 변동을 고려한다면, 이 네 요소에 환경의 관리도 첨가해야만 비로소 자원의 관리가 더 완전해질 것이다.

1. 가입의 관리

자원생물의 생활사의 초기 발육단계에 있는 개체의 생잔율은 미성어기나 성어기와 같은 가입 이후의 단계에 있는 개체보다 월등하게 낮다. 따라서 알에서 시작해서 이것이 부화하여 자어기 및 치어기를 거치기는 동안의 가입 이전의 성육을 보호하고, 사망율은 낮추어 생잔 개체수를 높이면 가입량은 크게 증가할 것이다.

인공 수정란의 방류나 인공 부화 방류는 가입의 관리의 좋은 예이다. 이와 같이 해서 종묘를 양적으로 질적으로 증강시키는 것은 과거 1세기 이상에 걸쳐서 세계 각국에서 공통적으로 널리 시행해 오고 있는 방법이다. 그러나, 자원의 양적 변동에 대한 지식이 불완전하고, 자연에 있어서 생물 사회의 평형을 무시하고, 단순히 자원이 감소하였다는 이유만으로 이 방법을 이용해 왔기 때문에, 이 방법의 효과 판정에 대해서는 충분한 조사가 없는 경우가 많다. 최근 들어 인공어초의 시설과 바다목장화 사업 등과 함께 대규모 종묘 방류사업을 시행하는데, 그 효과에 대한 종합적인 분석이 다양한 방법으로 진행되고 있다.

종묘 관리가 적용되어 효과를 거둔 것은 북양의 연어, 송어 자원의 인공 부화 방류사업이다. 대구의 인공 수정란 방류, 잉어, 빙어, 은어의 인공 부화 방류를 실시한 일도 있지만, 그 효과는 일부 어종을 제외하고는 매우 회의적이다. 어류 이외에도 전복, 가리비 등의 패류와 보리새우, 꽃게 등의 갑각류에 대해서도 종묘 관리의 방법이 외국에서는 높은 수준에서 적용되고 있고, 최근에는 우리나라에서도 해면에 접한 시, 도에 종묘 배양장이 설립되어 운영되고 있다.

번식을 목적으로 한 이식에 의해서도 자원 관리의 효과를 올린 경우가 있다. 잉어는 중국이 원산이지만 옛날부터 세계 각국으로 이식되고 있고, 송어, 연어, 틸라피아 등에도 최근에 이식 사업이 적용되어 대단한 성과를 올리고 있다.

자연 산란장에 사소한 결점이 있어 자원의 자연적인 번식에 지장이 있을 때, 인위적으로 조그만 수단을 가하여 산란을 가능케 하거나 조장시키는 것은 그 성격으로 보아서 환경의 관리라기보다는 가입을 중시하는 관리사업이라 할 수 있다. 인공 산란장의 설치는 수위의 변화가 심하고, 연안 해역에 산란장이 될 만한 수초 등이 적을 때 필요하다. 보통은 뗏목을 만들고, 여기에 알받이(魚巢)를 매달아 물 위에 띄운다. 해산어류에 대해서는 단지를 물속에 넣어 주든가, 낡은 로우프를 사용하여 청어의 인공 산란장을 만드는 일도 있다.

조업의 시기나 장소, 어획 개체의 크기나 성별, 또는 망어구의 규격 등에 제한을 가하는 것은 가입 관리의 법적인 수단이라고 볼 수 있다.

체장 제한을 통한 치어패의 보호는 자원생물의 함양에 큰 효과를 가져 온다. 자원생물을 어떤 크기에 달한 후에 어획하는 것은 어획량의 증가를 도모할 뿐만 아니라, 생물이 성장하여 적어도 한 번의 산란 기회를 가지도록 함으로써, 후속 자원을 유지하는 데에 크게 유효하다. 체장의 제한은 생물학적 최소형, 즉 생물이 성장하여 최초로 산란할 수 있는 크기에 기준을 둔다. 그러나, 실제로는 어업 경영의 면도 고려되므로, 생물학적 최소형의 기준에 맞지 않는 것도 있다. 체장의 제한은 각국에서 많은 수족(水族)에 대하여 행하고 있다. 그러나, 어망에 걸려 도로 바다에 투기되는 제한 체장 이하의 개체가 어느 정도 생잔하는지에 대해서는 확실하게 모르며, 본래의 상태로의 회복은 대단히 의문스럽다.

망목의 제한으로 치어군을 보호하는 것은 체장 제한보다 자원의 함양에 더욱 효과적이다. 망목의 크기는 어군에 대해서 강한 선택성을 나타내지만, 어떤 체장 이상의 것은 100% 잡고, 그 이하의 것은 100% 놓치는 식의 선택성을 나타내지는 않는다. 체장과 탈출미수와의 관계를 나타내는 도피어수 곡선(이망어수 곡선)은 그림 3-13과 같다.

망목은 자원의 보호 함양을 위해서는 확대되어야 하나, 어업 경영상으로는 축소되어야 하는 경우가 많아 가장 합리적인 망목의 결정이 필요하다. 적정 망목이라는 것은 자원의 보호와 어업 경영의 양면을 성립시킬 수 있는 망목을 의미한다.

적정 망목의 결정 방법은 자원의 성질에 따라 여러 가지 있으나, 개괄적으로 다음의 세 방법을 들 수 있다. (1) 통과율(도피율) 50%를 기준해서 어획물의 평균 체장, 평균 연령 등을 생물학적 최소형 이상으로 유지할 수 있는 망목을 구한다(저인망). (2) 생물학적 최소형 이상의 이용 가능 자원의 평균 체장 또는 평균 연령의 것을 어획할 수 있는 망목을 구한다(자망). (3) 어망에 걸리는 효율이 가장 좋은 망목 한계를 구한다(자망).

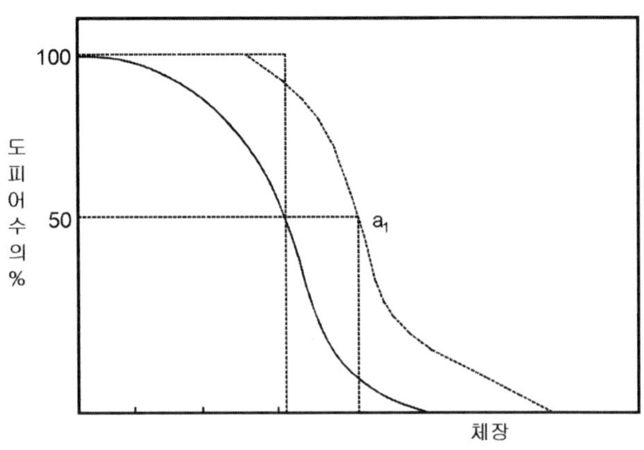

그림 3-13 도피어수 곡선. (a_1은 망목을 확대할 때)

산란 기간 중에 산란 친어를 보호함으로써 가입의 관리를 행할 수도 있다. 어기 제한이 이에 해당하는 방법으로서, 소하성의 연어, 송어는 산란하기 위해 소하하는 시기에 대단히 어획되기 쉬우므로, 이 방법이 특히 유효하다. 우리나라의 수산자원관리법 시행령에는 많은 자원생물에 대해서 번식 보호의 목적으로 금어기가 설정되어 있다.

어장의 제한도 남획의 방지뿐만 아니라, 치어의 보호를 위해서 매우 효과적이다. 특히, 어획대상의 대형어와 가입 이전의 소형어가 분리 서식하고 있는 경우나, 예비 자원의 성육장, 산란장을 보호하기 위하여 해당 수역에서의 어업을 금지할 때가 많다.

2. 성장의 관리

자원량의 증가 요소로서의 성장을 관리하는 데는 자원생물에게 성장에 적합한 환경을 제공하는 방법이 사용되는 수가 많다. 전복에 있어서 냉수성의 북방종을 난해역에 이식해서 성장을 촉진하는 것은 성장 관리의 좋은 예이다.

천연 사료의 증가를 위해서 시비(施肥)를 통해 수중의 영양염류를 높이는 것은 환경 관리의 일부이기도 하지만, 그 효과는 주로 성장에 나타나므로, 성장 관리의 중요한 수단임이 틀림없다.

도시나 민가에서 나오는 오수의 적당한 유입은 연안 해역이나 내수면의 영양염류를 증가시키고, 결과적으로 천연 사료의 증가를 가져 올 수도 있다. 그러나, 이때는 오물이 과도하게 들어가지 않도록 각별한 주의를 할 필요가 있다. 도시의 하수를 오물 처리장에 모아서 정화 처리한 다음에 수중 환경에 유입시키면 좋을 것이다.

수중의 수초를 제거함으로써 먹이생물의 발생에 필요한 영양염류를 절약하고, 광선의 투입을 조장할 수도 있다. 그러나, 어류에 따라서는 수초 자체가 먹이가 되는 일이 있다.

3. 자연 사망의 관리

생물은 서로 잡아먹고 먹히고 하면서 생존 투쟁을 하며 안정된 사회를 유지하지만, 특별히 유용 생물에게 해를 끼치는 생물에 대해서는, 인위적으로 대책을 강구해야 한다.

자연 사망을 관리하는 성격이 강하게 나타난 실례가 적다. 경쟁종 또는 천적으로부터 중요 재래종을 보호하기 위해 외래 생물의 이식을 규제하는 것을 좋은 예이다.

적조는 수중의 특수한 부유 생물의 일시적인 대량 발생으로 수질의 악화를 가져와 유용 생물에게 해를 끼친다. 적조의 원인은 강우, 담수의 다량 유입 등인 것으로 알려져 있으나 아직 불확실하다.

4. 어획의 관리

일반적으로 어획의 관리는 어구, 어법, 어장, 어획량에 대한 제한을 통해서 운용된다. 즉, 어선의 규격과 출어 척수 등을 규제하는 것, 어획 효율이 지나치게 높은 어구의 사용을 금지하는 것, 어기 중에 있어서의 어획량의 상한선을 설정하는 것 등은 어업 생산량과 조화 있는 재생산력을 자원에게 투여하는 데 유효한 조치이다.

따라서 어획의 관리는 앞 절에서 검토한 적정 어획의 문제이다. 적정 어획량을 결정하는 데는 전술한 바와 같이 세 가지로 대별되지만, 그 중에서 가장 우수한 것은 베버튼과 홀트에 의한 이론이다. 이것을 제외한 두 방법에 있어서는, 적절한 어획량을 추정하는 데 필요한 자료로서 어획 노력량과 어획량의 두 통계만 갖추면 충분한 이점은 있으나, 추정된 적정 어획량을 실제로 어획함에 있어서의 구체적인 방책, 이를테면 망목의 크기라든지 체장 또는 연령 제한에 대한 아무런 단서를 구할 수 없다는 단점이 있다. 이에 반해서, 베버튼과 홀트에 의한 방법에서는 어획량과 어획 노력량 외에 가입 연령, 성장율, 자연 사망율에 관한 많은 종류의 자료를 필요로 하므로, 적정 어획량의 추정에 대단한 경비와 노력을 요구하는 단점이 있으나, 구체적인 실행 방책으로써 가입 연령, 망목의 크기, 제한 연령, 어획 강도에 관한 적절한 수준을 제시해 주는 이점이 있다. 우리나라에서는 아직 베버튼과 홀트의 이론에 의한 적정 어획량의 추정에 관한 연구가 전혀 이루어지지 않음은 대단히 유감스럽다.

그림 3-10의 등생산 곡선에 근거를 두고, 가령 망목을 확대하고, 어획 강도를 줄이는 것이 더 많은 어획량을 올릴 수 있다는 것은 어획의 이론에 깊은 지식이 없는 어업자는 물

론이고 수산 정책을 수행하는 관료에게 있어서는 납득하기 어려울지 모른다. 하지만, 이등생산 곡선에 의거한 어업의 관리가 철저히 실행되고 있는 북해에서는 세계에서 가장 고도로 개발된 어장이면서, 어업 생산성은 예나 지금이나 높은 수준에서 유지되고 있음을 간과해서는 안 된다.

5. 환경의 관리

환경 관리의 특징은 생물이 그 환경을 보전하는 것을 인위적으로 도우는 것이다.

성육 환경의 개선책으로 연안에서 어류의 안식처를 제공하기 위한 인공 돌밭의 축조를 하는 일이 많고, 굴, 해삼을 비롯한 각종 유용 해조류의 새로운 부착 장소를 만들기 위해서 투석하는 일도 있다. 이러한 일은 그 동물의 부착 시기, 식물의 포자 방출기 등에 시행하며, 다른 무용 생물에게 부착의 기회를 주지 아니하여야 한다. 인공어초나 최근에는 폐선을 침몰시키는 것도 성육장의 조성으로써 활발히 실행되고 있다. 해저 암초 폭파와 콘크리트 바르기 등도 같은 효과가 있다. 갈이, 객토, 고르기 등은 저서 생활을 하는 패류의 생활 장소의 개선책으로서 중요한 방법이며, 돌 뒤집기, 갯닦기 등은 부착생물의 생활 장소 개선책이다. 물길을 만들어 패류나 해조류의 환경 요소를 개선할 수 있고, 말숲을 조성하여 어류를 비롯한 유용 동물의 집합을 꾀할 수 있다.

산업 개발에 의해서 야기된 환경의 악화를 어떻게 처리할 것인가? 하는 문제는 해마다 심각성을 더하고 있다. 이와 같은 환경의 악화는 자원량 변동에 있어서 가입의 요소를 압박할 뿐만 아니라 자연 사망을 촉진하고, 성장을 저해하여 지역에 따라서는 자원의 고갈과 어장의 황폐에 결정적인 요인으로 작용한다. 환경 요소가 자원량에 미치는 영향에 대해서는 잘 이해되지 못하는 상태에 있다. 환경의 관리에 각별한 관심이 요망되는 것이다.

참고문헌

국립수산진흥원(1990): 沿近海漁業資源의 適正漁獲强度. pp.147.

국립수산진흥원(1994): 연근해 주요 어종의 생태와 어장. pp. 304.

김용술(1997): 수산자원학. 신흥출판사. pp. 291.

장창익(2010): 해양수산자원생태학. 부경대학교출판부. pp. 561.

Bertalanffy, L. von.(1938): A quantitative theory of organic growth(Inquiries on growth laws, II). *Human Bilogy*, 10(2), 181-213.

Beverton, R. J. H.(1954): Notes on the use of theoretical models in the study of the dynamics of exploited fish populations. U.S. Fish. Lab., Beaufort, N.C., Misc. Contrib 2, pp. 159.

Beverton, R. J. H. and S. J. Holt(1957): On the dynamics of exploited fish populations. *Fish. Invest.*, Ser. II, 19, pp. 533.

Beverton, R. J. H. and S. J. Holt(1957): *Fish Invert.*, Ⅱ(19), pp. 533.

De Lury, D. B.(1951): J. Fish. Res. Bd. Canada, 8, 281-307.

Fox, W. W. Jr.(1974): ICCAT Working Doc. WTPD-Nants/74/13, 142-156.

Gompertz, B.(1825): On the nature of the function expressive of the law of human mortality, and on a new method of determining the value of life contingencies. Phil. Trans. Roy. Soc., 115, 513-585.

Graham, M.(1935): J. Cons. Perm. Int. Explor. Mer, 10, 264-274.

Graham, M.(1935): Modern theory of exploiting a fishery, and application to North Sea trawling. J. Cons. perm. int. Explor. Mer., 13, 76-90.

Hjort, J.(1914): Fluctuations in the great fisheries of northern Europe viewed in the light of biological research. *Rapp. P.-v. Reun. Cons. int. Explor. Mer*, 20, 1-228.

Hjort, J.(1926): Fluctuation in the year classes of important food fish. *J. Cons. int. Explor. Mer*, 1, 1-38.

Hjort, J.(1928): J. Cons. Int. Explor. Mer, 1, 1-38.

Nakai, Z. and S. Hattori(1962): Quantitative distribution of eggs and larvae of the Japanese sardine by year, 1949 through 1951. *Bull. Tokai Reg. Fish. Res. Lab.*, 9, 23-60.

Ricker, W.E.(1954a): *J. Exp. Botany*, 11, 559-623.

Ricker, W.E.(1954b): Stock and recruitment. *J. Fish. Res. Bd. Can.*, 11(5).

Ricker, W.E.(1975): Computation and interpretation of biological statistics of fish populations. Bull. Fish. Res. Board Can., 191, 382.

Robertson, T.B.(1923): The chemical basis of growth and senescence. Lippincott, Co. pp. 389.
Schaefer, M.B.(1954): Inter-American Tropical Tuna Comm. Bull., 1, 27-56.
Walford, L.A.(1946): A new graphic method of describing the growth of animals, Biol. Bull., Woods Hole, 90(2), 141-147.

제4장 어 업

제1절 어장

제2절 어구의 구성

제3절 어구와 어법

제4절 어업 기기

제5절 우리나라의 주요 어업

제1절 어장

1. 어업과 어장

1) 어업의 의미

일반적으로 수산동식물을 포획하거나 채취하는 일을 어로(漁撈, fish catching)라 하며, 영리를 목적으로 하는 어로를 어업(漁業, commercial fishing 또는 fishery)이라 하고, 오락을 목적으로 하는 어로를 유어(遊漁, sports fishing 또는 game fishing)라고 한다.

가장 넓은 의미로 사용되는 예로서는 「수산업법」 제2조의 경우를 들 수 있는데, 여기서는 "어업이란 수산동식물을 포획·채취하거나 양식하는 사업과 염전에서 바닷물을 자연 증발시켜 소금을 생산하는 사업을 말한다."고 규정하고 있다. 그러나, 일반적인 의미로는 이 중에서 수산동식물을 포획·채취하는 사업만을 어업(漁業, fishery)이라 하고, 양식하는 사업은 양식업(養殖業, aquaculture)이라 한다.

좁은 의미로는 수산동식물 중에서 가장 양이 많고 보편적인 것이 어류이므로, 이것을 채포하는 사업만을 어업이라고 하는 경우도 있다.

이와 같이 어업의 의미는 때에 따라 다소 다르나, 어느 경우에도 영리를 목적으로 하는 사업이라는 점은 같다. 그렇다 하더라도 단순히 생산을 많이 하는 것만으로 되는 것은 아니며, 생산물을 소비자에게 적절히 공급하여 최소의 노력으로 최대의 수익을 올려야 하는 것이다.

따라서, 어업의 개념에는 어업생산과 경영관리라는 두 가지 요소가 포함되어 있다. 그러나, 이 중에서 중요한 부분은 역시 어업생산이므로, 어업에 관한 연구는 이 어업생산의 연구를 주로 하게 된다.

2) 어업의 종류

어업은 어장, 어획물, 어획 방법, 법적 규제 등에 따라 여러 가지로 나눌 수 있다.

(1) 어획물에 의한 분류

어업의 대상 중에서 어류가 양적으로 가장 많고, 또 어류를 주 대상으로 하는 경우가 많으므로 어류를 대상으로 하는 것만을 어업이라 하고, 포유류를 잡는 것을 해수업(海獸業), 무척추동물 중에서 조개류가 많으므로 이것을 주로 잡는 것을 채패업(採貝業)이라고 하는 경우가 있다.

(2) 어장에 의한 분류

수산동식물이 서식하는 수역은 여러 가지로 나눌 수 있고, 이들 수역의 특성에 따라 어업의 특성도 다르므로 어업을 수역, 즉 어장에 따라 분류할 수 있다.

먼저 어업이 이루어지는 수면은 크게 해면(海面, sea water)과 내수면(內水面, inland water)으로 나눌 수 있는데, 그 경계는 만조해안선이며, 그 바깥쪽 수면을 해면, 그 안쪽 수면을 내수면이라 한다.

내수면어업(內水面漁業, inland water fishery)은 내수면, 즉 담수나 기수(汽水)에서 하는 어업이며, 하천에서 하는 하천어업(river fishery)과 호소에서 하는 호소어업(lake fishery)으로 구분할 수 있다.

해면어업(sea water fishery)은 해양어업이라고도 하며, 보통 근거지로부터 어장에 이르는 거리에 따라 연안어업(coastal fishery), 근해어업(offshore fishery 또는 adjacent sea fishery) 및 원양어업(deep sea fishery)으로 구분할 수 있다.

(3) 근거지에 의한 분류

최근 어업이 점차 원양으로 나아감에 따라 어장과 국내기지 사이가 멀어서 그 사이를 왕복하기에는 너무 많은 시간적 손실이 크므로, 외국에 기지를 두고 조업하는 경우가 있다. 남태평양이나 인도양, 대서양에서의 다랑어 주낙 및 선망어업과 대서양에서의 트롤어업 등이 이러한 예인데, 이런 어업을 해외어업 또는 해외기지어업(over seas fishery)이라고 하며, 이에 반해 국내에 기지를 두고 조업하는 어업을 국내기지어업(home base fishery)이라고 한다. 가령 북태평양어업(이를 북양어업이라 부른다)의 경우, 어장은 원양에 속하나 기지는 국내이므로 국내기지어업이다.

(4) 대상물과 어법에 의한 분류

어업은 대상물의 종류와 어로방법을 알면 그 특징을 파악하기 쉬운 경우가 많으므로, 이것을 결합시켜서 분류하는 경우가 있다. 또 때로는 이 앞에 조업이 이루어지는 해역을 붙여서 가령 남태평양 다랑어 주낙어업, 대서양 문어 트롤어업 따위로 분류하는 경우도 있다.

① 동해의 어업 : 명태 자망・주낙어업, 꽁치 자망어업, 오징어 채낚기어업, 멸치 자망어업, 방어 기타 각종 어족을 대상으로 하는 정치망어업, 기선저인망어업, 근해 트롤어업 등이 있다.

② 남해의 어업 : 멸치 자망・챗배・들망・정치망・낭장망・기선권현망어업, 갈치 주낙・안강망어업, 삼치 자망어업, 고등어・전갱이 자망・건착망어업, 기선저인망어업 등이 있다.

③ 서해의 어업 : 고등어・전갱이 자망어업, 조기 자망・안강망어업, 기선저인망어업 등이 있다.

④ 해외기지어업 : 대서양 문어・오징어 트롤어업, 남태평양・인도양・대서양 다랑어 주낙어업 등이 있다.

(5) 경영 형태에 의한 분류

보통은 어업경영의 모체가 노동의 집약이냐, 자본의 집약이냐에 따라 분류한다.

비자본가적 어업(uncapitalized fishery)은 노동의 집약에 의한 어업이며, 개인의 단독 노동에 의해 이루어지는 단독 어업, 가족 등의 노동에 의해 이루어지는 동족적 어업, 가족 이외의 타인과의 협력에 의해 이루어지는 협동적 어업으로 분류할 수 있다.

자본가적 어업(capitalized fishery)은 자본주와 어업노동자가 다른 어업이며, 대부분의 대규모 어업은 이것에 속한다. 자본가적 어업은 자본주가 개인인 개인어업, 어업협동조합인 조합 어업, 회사인 회사 어업이 있다. 이 중에서 규모가 크고, 보편적인 것은 회사 어업이다.

(6) 법규에 의한 분류

행정관청에서 어업을 관리하기 위한 제도에 의한 분류 방법이며, 기본적으로 수산업법의 규정에 따라 면허어업, 허가어업, 신고어업의 세 가지로 구분된다.

면허어업은 행정관청의 면허에 의하여 일정한 수면을 구획 또는 전용하여 어업권을 설정하고, 독점・배타적으로 영위하는 어업이다. 허가어업은 행정관청으로부터 허가를 받아서 영위하는 어업이며, 면허어업을 제외한 연안어업과 근해어업이 이에 해당하고, 원양어업은 원양산업발전법에서 따로 정한다. 신고어업은 어업자가 행정관청에 신고하여 어업감찰을 받아서 행하는 영세어업이다.

수산 관련 법규에 규정된 면허어업, 연안어업, 근해어업, 원양어업의 명칭 및 어선의 규모 등에 관한 기준은 표 4-1, 표 4-2, 표 4-3 및 표 4-4와 같다.

표 4-1 면허어업의 종류(수산업법 제8조)

어업의 종류	어업의 규정
정치망어업	• 일정한 수면을 구획하여 대통령령으로 정하는 어구를 일정한 장소에 설치하여 수산동물을 포획하는 어업
해조류양식어업	• 일정한 수면을 구획하여 그 수면의 바닥을 이용하거나 수중에 필요한 시설을 설치하여 해조류를 양식하는 어업
패류양식어업	• 일정한 수면을 구획하여 그 수면의 바닥을 이용하거나 수중에 필요한 시설을 설치하여 패류를 양식하는 어업
어류등양식어업	• 일정한 수면을 구획하여 그 수면의 바닥을 이용하거나 수중에 필요한 시설을 설치하거나 그 밖의 방법으로 패류 외의 수산동물을 양식하는 어업
복합양식어업	• 제2호부터 제4호까지 및 제6호에 따른 양식어업 외의 어업으로써 양식어장의 특성 등을 고려하여 제2호부터 제4호까지의 규정에 따른 서로 다른 양식어업 대상품종을 2종 이상 복합적으로 양식하는 어업
협동양식어업	• 일정한 수심 범위의 수면을 구획하여 제2호부터 제5호까지의 규정에 따른 방법으로 양식하는 어업
마을어업	• 일정한 수심 이내의 수면을 구획하여 패류·해조류 또는 정착성 수산 동물을 관리·조성하여 포획·채취하는 어업
외해양식어업	• 외해의 일정한 수면을 구획하여 수중 또는 표층에 필요한 시설을 설치하거나 그 밖의 방법으로 수산동식물을 양식하는 어업

표 4-2 허가어업의 종류 중 연안어업의 명칭, 어선의 규모 등의 기준
(수산업법 시행령 제45조의2 제1항 별표 3의2 <개정 2015. 2. 26>)
(어업 허가 및 신고 등에 관한 규칙 제3조 제2항 별표 2 <개정 2014. 12. 31>)

어업의 종류	어업의 명칭	어선의 규모	비고
연안자망어업	연안자망어업	10톤 미만	총 16,207건
연안안강망어업	연안개량안강망어업	10톤 미만	총 547건
연안선망어업	연안양조망어업	10톤 미만	총 240건
연안통발어업	연안통발어업	10톤 미만	총 4,676건
연안들망어업	연안들망어업	10톤 미만	총 598건
연안조망어업	연안조망어업	10톤 미만	총 624건
연안선인망어업	연안선인망어업	10톤 미만	총 7건
연안복합어업	연안복합어업	10톤 미만	총 24,679건

표 4-3 허가어업의 종류 중 근해어업의 명칭, 어선의 규모 등의 기준
(수산업법 시행령 제45조의2 제1항 별표 3의2 <개정 2015. 2. 26>)
(어업 허가 및 신고 등에 관한 규칙 제3조 제1항 별표 1 <개정 2014. 1. 23>)

어업의 종류	어업의 명칭	어선의 규모	비 고
대형기선저인망어업	외끌이대형기선저인망어업 쌍끌이대형기선저인망어업	60톤 이상 140톤 미만	
중형기선저인망어업	동해구기선저인망어업 외끌이서남해구기선저인망어업 쌍끌이서남해구기선저인망어업	20톤 이상 60톤 미만(회전수가 1,200 미만은 450마력 이하, 회전수가 1,200 이상은 550마력 이하)	
근해트롤어업	대형트롤어업 동해구중형트롤어업	60톤 이상 140톤 미만 20톤 이상 60톤 미만	
근해선망어업	대형선망어업 소형선망어업	50톤 이상 140톤 미만 10톤 이상 30톤 미만	등선 2척 이내 등선 1척 이내 (10톤 미만)
근해채낚기어업	근해채낚기어업	10톤 이상 90톤 미만	
기선권현망어업	기선권현망어업	40톤 미만(예인선 회전수가 1,200 미만은 220마력 이하, 회전수가 1,200 이상은 350마력 이하)	가공 및 운반선 2척 이내, 어로보조선 2척 이내
근해자망어업	근해자망어업	10톤 이상 90톤 미만	
근해안강망어업	근해안강망어업	10톤 이상 90톤 미만	
근해봉수망어업	근해봉수망어업 근해자리돔들망어업	10톤 이상 90톤 미만	
잠수기어업	잠수기어업	10톤 미만	
근해통발어업	장어통발어업 문어단지어업	10톤 이상 90톤 미만	
근해형망어업	패류형망어업	20톤 미만	
근해연승어업	근해연승어업	10톤 이상 90톤 미만	

표 4-4 원양어업의 명칭, 어선의 규모 등의 기준
(원양산업발전법 시행규칙 제15조의2 제1항 별표 1 <개정 2015. 7. 7>)

어업의 종류	어업의 명칭	어선의 규모	비 고
원양연승어업	원양참치연승어업 원양저연승어업	110톤 이상 60톤 이상	
원양기선저인망어업	원양기선저인망어업	60톤 이상	
원양선망어업	원양선망어업	350톤 이상	
원양트롤어업	원양트롤어업	60톤 이상	
원양자망어업	원양자망어업	60논 이상	
원양봉수망어업	원양봉수망어업	60톤 이상	
원양채낚기어업	원양채낚기어업	60톤 이상	
원양통발어업	원양통발어업	60톤 이상	
원양안강망어업	원양안강망어업	60톤 이상	
원양모선식어업	모선식트롤어업 모선식외줄낚시어업	모선 60톤 이상, 부속선 30톤 이상, 탑재식 어로선 7톤 이상 모선 60톤 이상, 탑재식 어로선 2톤 이하	

3) 어장의 의미

어업이 이루어지기 위해서는 일정한 장소에 어선이 접근하여 어획할 수 있는 도구를 가지고 잡을 수 있는 고기가 많이 있어야 한다. 따라서, 유용한 수산동식물이 많이 분포하고, 쉽게 잡을 수 있는 조건을 갖추어 포획 또는 채취가 이루어지는 장소를 어장이라 한다.

어장은 수역 구분에 따라 내수면어장, 조간대어장, 연안어장, 근해어장, 원양어장 등이라 부를 때도 있고, 천해어장, 심해어장이라 부르기도 한다. 대상어종의 이름을 붙여서 부르는 방법도 있고, 지명을 붙일 때도 있다.

최대의 생물 환경으로 생산에 이용되는 해양 공간은 육상의 약 300배이며, 표층으로부터 20～100m 정도가 태양광선으로 광합성 작용을 하는 식물성 플랑크톤이 번식한다. 어족은 수심 200m 이내의 대륙붕 수역에 특히 많고, 바다의 비옥도(풍도)는 풍부한 영양염이 표층에 공급되는 수역이 높다. 바람에 의한 용승이나 겨울철의 냉기에 의한 대류 순환 및 해류간의 경계에서 일어나는 혼합 등이 심층수를 밝은 태양빛이 비치는 상층으로 운반함으로써 바다는 풍부한 어장이 된다.

4) 어장의 환경 요인

어장에서 효과적인 어업이 이루어지기 위해서는 바다에 서식하고 있는 생물의 분포 범위를 제한하는 여러 환경 요인을 알아내는 것이 매우 중요하다. 바다에 서식하고 있는 생물의 분포를 제한하는 요인으로는 크게 물리적, 화학적 및 생물학적 요인으로 크게 나눌 수 있다.

(1) 물리적 요인

물리적 요인으로는 수온, 광선, 투명도와 수색, 해수의 유동, 지형 등을 들 수 있다.

① 수온

여러 가지 물리적 요인 중에서 해양 생물의 생활과 가장 밀접한 관계가 있는 것은 수온이다. 수온은 어떠한 생물이 살고 있을 가능성을 판단하는 가장 기초적인 자료가 되며, 비교적 측정이 쉬워서 어장 탐색에 널리 활용된다.

수온이 어류에 미치는 영향을 살펴보면, 먹이 생물의 이용 정도와 호흡 작용과 같은 신진대사, 성장, 활동 범위 등에 직접적인 영향을 준다. 어류가 생활하기에 가장 적합한 수온이 아닌 상태에서는 어류의 섭이활동이 일반적으로 감소하게 된다. 또한, 서식 수온의 저하는 생식소의 발달에 영향을 미치게 되므로 산란 지연을 초래하게 되고, 유생의 생존에도 영향을 미치게 된다.

수온은 수산생물의 생태 및 어획 상황과 관련하여 서식수온, 어획 적수온, 어획 최적수온 등으로 구분할 수 있다. 서식수온이란 어떤 어종이 살아갈 수 있는 수온의 최대 범위를 말한다. 어획 적수온은 어떤 어종의 어획이 이루어졌던 때의 수온을 말하고, 그 중에서 가장 어획이 많이 어획되었던 수온을 어획 최적수온이라 한다(**그림 4-1**).

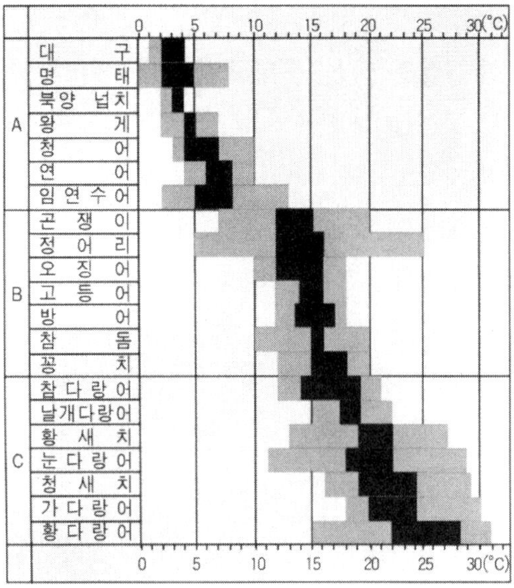

A: 한류성 어종 B: 중간성 어종 C: 난류성 어종

그림 4-1 각종 어류의 어획 적수온 범위.
(검은 부분은 어획 최적수온 범위)
(자료: 교육인적자원부, 2003b)

따라서, 어장에서 어획했을 때 관측한 수온 자료로부터 대상 어종의 서식수온과 어획 적수온을 참고하여 대상 어종의 분포와 이동 상태를 추측하고, 어장을 찾을 수 있다.

해양의 수온은 표면에서 높고, 수심이 깊어짐에 따라 낮아지는 것이 일반적이다. 해양의 연직 수온분포에서 수심이 깊어짐에 따라 수온이 급격하게 낮아지는 층이 있는데, 이 층을 수온약층(thermocline)이라 한다. 수온약층이 발달하면 해수가 안정되어 상・하층의 해수 교환이 잘 일어나지 않게 된다.

② 광선

태양 광선은 해양 식물이 광합성을 통하여 해양의 생산력을 높이는 데 도움을 줄 뿐만 아니라 해양 생물의 성적인 성숙을 촉진시키고, 어군의 연직 운동에도 영향을 미친다. 녹색 식물이 빛 에너지를 이용하여 이산화탄소와 물로부터 유기물을 합성하는 과정을 광합성이라 하는데, 광합성 작용이 일어나는 정도는 그 해역의 기초 생산력에 영향을 미치게 된다.

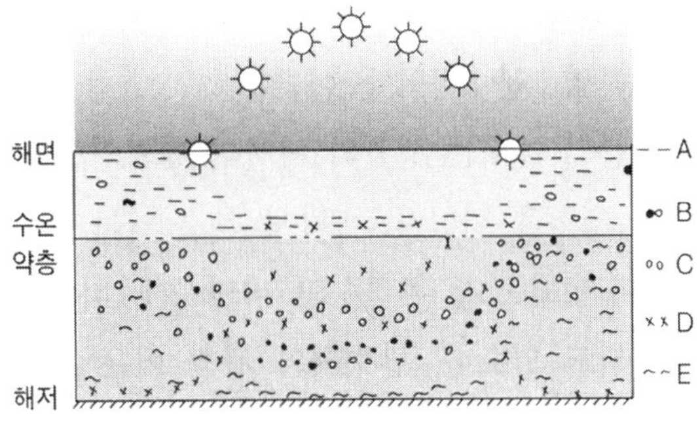

그림 4-2 해양생물의 일주기 연직 운동.
(A, B, C, D, E는 다른 성질을 가진 생물군)
(자료: 교육인적자원부, 2003b)

어업 생물과 그 먹이 생물은 태양 광선의 광도와 밀접한 관계가 있는데, 일반적으로 어업 생물은 태양의 고도와 반비례하는 행동 패턴을 보이며, 밤에는 수심이 얕은 층에 머물고 낮에는 깊은 층으로 내려간다.

③ 투명도와 수색

어업 생물의 이동 분포는 바닷물의 맑고 흐림의 정도를 나타내는 투명도와도 관계가 있다. 투명도란 지름이 30cm인 흰색 원판을 바닷물에 투입하여 보이지 않을 때까지의 깊이를 미터(m) 단위로 나타낸 것이다. 해수의 투명도는 어업 생물, 특히 빛을 이용하여 고등어, 오징어, 멸치 등을 어획할 때 크게 영향을 미치게 된다.

바닷물이 맑을수록 청색을 띠고 흐릴수록 황색을 띠게 되는데, 이와 같이 바다의 색깔을 이용하여 바닷물의 맑기를 나타내는 것을 수색(水色)이라 한다. 수색은 일반적으로 포렐(Forel) 수색계를 사용하여 판정한다. 수색을 관찰할 때에는 태양을 등지고 반사광이나 직사광을 차단하고, 해면을 바로 위에서 바라보았을 때에 그늘진 바닷물의 색을 표준액과 비교하여 비슷한 번호를 선택한다.

④ 해수의 유동

해수의 유동은 크게 수평 운동(해류, 조류)과 연직 운동(용승류, 침강류)으로 나눌 수 있다. 해류는 회유성 어류의 회유 및 유영력이 없는 어류의 알과 자·치어를 먼 곳으로 수송함으로써 해양 생물의 재생산과 성어의 산란 회유에 영향을 미친다. 조류는 수심이 얕은 천해역과 내만의 유동 및 상·하층수의 혼합을 촉진하여 해양 생물의 생산력에 크게 영향을 미친다.

용승류는 깊은 수심에 있던 물이 표면으로 올라오는 현상이며, 침강류는 표면수가 아래로 내려가는 현상이다. 이러한 연직 운동으로 영양염이 풍부한 하층수가 표면으로 올라오면 그 해역의 생산력이 높아지게 된다.

⑤ 지형

해저 지형이나 저질도 어장 형성과 깊은 관계를 가지고 있다. 예로부터 어장으로 가장 많이 이용되어 온 곳은 생산력이 높은 대륙붕 해역이다. 대륙붕 해역은 대륙의 연장으로 수심이 얕고, 경사가 완만한 것이 특징이며, 수심이 얕아서 바람이나 조류에 의한 혼합이 저층에까지 일어나 영양염류가 풍부하여 먹이 생물이 많다. 그리고 이 해역은 연안과 가까워 산란장과 성육장으로서의 장점을 갖추고 있고, 해저 지형과 해류 및 조류와의 상호 작용에 의하여 용승류가 발생하기도 한다.

저서 어류는 저질에 따라 서식하는 종류가이 다른데, 그것은 저질에 따라 먹이가 될 수 있는 소형 생물이 다르고, 그에 따라 포식어가 달라지기 때문이다. 참돔이나 가자미 등은 저질의 색이 어두운 곳을 좋아하며, 꽃게・새우・소라 등은 주로 암반이 노출된 곳에 서식한다.

(2) 화학적 요인

어장 환경에 크게 영향을 미치는 화학적 요인으로는 염분, 용존산소 및 영양염류 등이 있다.

① 염분

염분 농도는 생물의 체액과 체외 환경수의 삼투압 조절에 영향을 미친다. 해산어는 체액 이온 농도가 환경수인 해수에 비해 낮게 유지되고 있으나, 담수어는 체액 이온 농도가 환경수인 담수보다 높다. 따라서, 해양 생물은 언제나 체내・외의 삼투압을 조절해야 하며, 조절 작용을 못하면 죽게 된다.

염분 농도는 반드시 표층이 높고, 수심이 깊어짐에 따라 낮아지는 것은 아니다. 그러나, 염분의 연직 분포에서 급격하게 변하는 층이 존재하는데, 이 층을 염분약층(halocline)이라 하며, 이보다 하부층에서는 염분 농도가 거의 균일하다.

표층수의 염분값에 영향을 주는 요소에는 크게 강수량과 증발량이 있다. 염분은 담수가 유입되거나 강수량이 많은 해역에서는 낮고, 외해나 증발이 많이 일어나는 해역에서는 높은 경향이 있으며, 연직 방향에서는 수온보다 더 복잡한 변화를 나타낸다.

② 용존산소

용존산소(dissolved oxygen)는 생물의 호흡과 대사 작용에 있어서 꼭 필요한 요소이다. 용존산소가 부족하게 되면 생물의 성장에 지장을 주고, 생물이 서식 장소를 이동하거나 도망가게 되며, 심한 경우에는 죽게 된다. 용존산소는 표층수일수록 많고, 하층수일수록 적다.

연안역에서는 산소가 적은 저층수가 상층으로 올라오는 수가 있으나, 외양수의 교환이 적은 폐쇄 만(灣)에서는 여름철에 강한 수온약층이 형성되고, 상・하층 사이의 강한 밀도차로 인하여 풍부한 산소를 함유한 표층수와 하층수 사이에 혼합이 일어나지 않게 된다. 그래서 하층에서는 퇴적물의 분해가 촉진되면 산소 소비가 많게 되어 산소가 거의 없는 무산소 상태가 되는 수도 있다.

③ 영양염류

해수에 녹아 있는 질산염(NO_3), 인산염(PO_4), 규산염(SiO_2)과 같은 영양염류는 식물 플랑크톤과 해조류가 광합성을 할 때 꼭 필요한 물질이다. 영양염류는 열대 해역의 표층에는 적으나, 대류 작용이 왕성한 온대 해역이나 한대 해역에는 많다. 또 북반구 중위도 해역에서는 현저한 계절 변화를 하는데, 여름철에는 광합성이 활발한 표면수의 온도 상승에 의하여 강한 수온약층이 형성되어 하층에서 공급되는 영양염류가 거의 차단되기 때문에, 표층수 중의 영양염류의 농도가 아주 낮아지게 된다. 겨울철에는 여름철보다 광합성 작용이 활발하지 못하고, 해면의 냉각으로 인하여 대류 작용이 활발하게 되므로, 하층으로부터 영양염류의 공급이 많아져서 표층수 중의 영양염류의 농도가 높아지게 된다.

또한, 담수의 유입이 많은 큰 강 하구의 연안역에서는 육상으로부터 공급되는 영양염류가 많지만 외양에는 적다. 깊이에 따른 분포는 대체로 표층에서는 적고 수심이 깊어질수록 증가한다.

(3) 생물학적 요인

생물학적 요인으로는 먹이 생물, 경쟁 생물, 해적 생물과의 관계 등을 들 수 있다.

먹이 생물인 플랑크톤은 영양염류가 풍부한 해역에서 대량 발생되며, 그것들이 해류를 따라 조경에 모이게 되면, 이들 플랑크톤을 먹이로 하는 어업 생물이 조경역에 체류 또는 집합하게 되는 원인이 된다.

같은 식성의 생물 사이에는 먹이 생물을 두고 서로 경쟁이 일어나, 격렬한 경합의 결과로 우점종이 교체되는 수가 있다.

어업 생물들은 이와 같은 종간(種間) 관계 외에도 동일종의 어미와 새끼, 암컷과 수컷, 개체와 개체 사이에도 서로 영향을 미치는 수가 있다.

2. 어장의 형성 요인

어장은 그 형성 요인에 따라 조경 어장, 용승 어장, 와류 어장, 대륙붕 어장 등으로 크게 나눌 수 있다.

1) 조경 어장

해수의 특성이 서로 다른 두 개의 수괴가 접하고 있는 경계를 조경 또는 해양전선이라 한다. 세계의 주요 어장들은 이와 같은 조경 해역에 분포하고 있는데, 특히 쿠로시오와 오야시오, 멕시코만류(Gulf stream)와 라브라도해류(Labrador current) 등과 같은 난류와 한류가 서로 만나는 곳을 모두 조경이라고 할 수 있다.

조경역은 불연속선을 형성하게 되므로 부분적으로 소용돌이가 일어나며, 발산・수렴 현상이 나타나게 된다. 이러한 곳은 대서양의 멕시코만류와 태평양의 쿠로시오의 남북 방향에 난수괴(warm water mass)와 냉수괴(cold water mass)가 각각 생기게 된다.

외양 조경의 대표적인 예로는 오야시오 전선(Oyashio front), 쿠로시오 전선(Kuroshio front), 아열대 수렴선(subtropical convergence), 남극 수렴선(antarctic convergence) 등을 들 수 있다.

또한, 연안역에서는 대륙붕 연변부에 연안수와 외양수 사이에 형성되는 연안 전선, 대륙 하천수와 연안수 사이에 형성되는 하구역 전선 등이 있다.

(1) 세계의 대표적인 조경 어장

① 북태평양 어장

일본의 태평양 쪽 북위 약 36°선에서는 난류인 쿠로시오 본류가 동쪽으로 전향하고, 북위 약 42°선에서는 북쪽으로 남하하는 한류인 오야시오와 난류인 쿠로시오가 조경역을 이루면서 사행(蛇行)하게 된다. 이 해역에서는 한류성 어류와 난류성 어류가 수평 및 연직적으로 한・난수에 의한 서식 수온 범위가 제한을 받게 된다.

따라서, 이 조경역에서는 난류성 어류인 다랑어, 꽁치, 고등어와 같은 부어류(浮魚類)의 좋은 어장이 형성된다. 그 이북의 해역에서는 한류성 어류인 연어, 송어와 명태, 대구 등의 저어류(底魚類)가 풍부하여 세계 최대 어장 중의 하나를 형성한다.

② 뉴펀들랜드 어장

미국의 동부 뉴펀들랜드(Newfoundland) 연안인 북위 45~50° 부근에는 약 16℃의 난류인 멕시코만류와 약 12℃의 한류인 라브라도해류와의 조경역이 형성되어 청어, 대구 등의 저서 어족이 풍부하다. 이 해역의 해양 구조도 북태평양의 조경 어장과 거의 비슷한 해양 구조를 가지고 있다.

③ 북해 어장

북동 대서양의 아이슬란드, 스칸디나비아 반도 부근 해역은 약 16℃의 난류인 북대서양 해류와 북극에서 흘러나오는 약 8℃의 한류인 동그린란드 해류와의 중간 해역(12~16℃)인 노르웨이 해류역에 해당하는 조경역에 대구, 청어 등의 좋은 저서 어장이 형성된다.

④ 남빙양 어장

겨울철에는 표면 수온이 4~10℃, 표면 염분이 33.9~34.9psu이고, 여름철에는 표면 수온이 약 14℃까지 되는 아남극수(subantarctic)와 표면 수온이 약 20℃, 표면 염분이 약 35.0psu인 아열대수가 서로 만나는 아열대 수렴역(subtropical convergence)은 크릴(krill)과 고래 어장으로 널리 알려져 있다.

이 해역에는 일본, 러시아 등 각국에서 출어하고 있으며, 우리나라도 1970년대 말부터 크릴을 대상으로 시험 조업을 해 왔고, 1989년부터 본격적인 조업에 들어갔다.

(2) 우리나라 근해의 조경 어장

조경은 서로 다른 수괴의 경계로, 수색이나 투명도의 차이 때문에 육안으로도 식별할 수 있으며, 조경을 사이에 두고 양쪽 수괴의 수온, 염분, 화학 성분이 급격히 변한다. 일반적으로 조경역에서는 해황이 시간과 장소에 따라 뚜렷한 변화를 보이며, 영양염류가 풍부하여 생산력이 높고, 두 수괴에 분포하는 어군이 모여들어 좋은 어장을 이룬다.

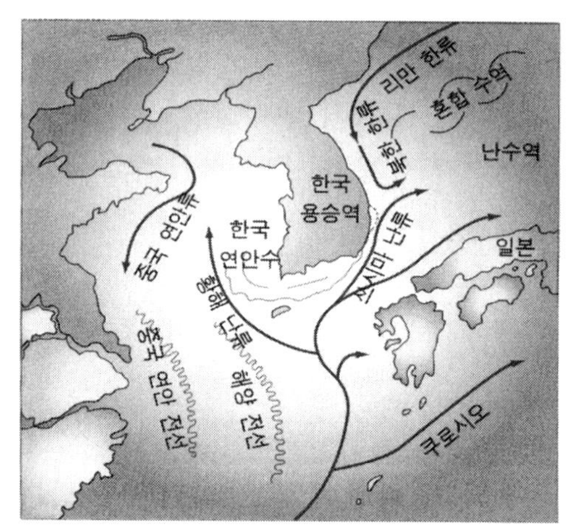

그림 4-3 우리나라 주변의 조경 어장.
(자료: 교육인적자원부, 2003b)

우리나라 남해의 연안수와 쓰시마난류와의 조경역에는 멸치, 고등어, 전갱이 등의 좋은 어장이 형성된다. 또한, 동한난류와 북한한류 사이에 형성되는 동해의 아극전선 조경역은 명태, 꽁치, 오징어 등의 좋은 어장이 된다.

2) 용승 어장

해양의 하층에서 질산염(NO_3), 인산염(PO_4), 규산염(SiO_2)과 같은 풍부한 영양염류가 용승에 의하여 표면 부근의 태양 광선이 도달하는 유광층까지 올라오게 된다. 영양염류는 식물 플랑크톤의 광합성을 촉진시켜 먹이 생물을 많이 생산하게 되므로, 좋은 어장을 형성할 수 있게 된다.

용승역은 세계 전 대양 표면적의 0.5%에 불과하나, 세계 전체 어류 생산의 약 50%가 생산되는 좋은 어장을 이루고 있다.

용승이 일어나는 원인에는 바람에 의한 것, 퇴초(堆礁)에 의한 것, 조경이나 조목(潮目)에 의한 것 등이 있다.

세계적으로 유명한 용승 어장으로는 미국의 캘리포니아 근해(정어리, 멸치, 저서어 등), 남미의 페루 근해(멸치), 대서양의 알제리 연해(정어리, 문어, 저서어 등), 카나리아해류 수역, 벵겔라해류 수역(정어리, 저서어 등) 및 인도양의 소말리아 연근해를 들 수 있다.

3) 와류 어장

와류도 어군의 분포, 이동에 중요한 역할을 한다. 이러한 와류는 조경역에서 흐름의 와류로 인한 속도차, 또는 해저나 해안의 지형 등에 의한 해저 마찰로 인한 저층 유속의 감소 등으로 인하여 발생하는데, 전자를 역학적 와류, 후자를 지형성 와류라 한다.

와류 운동의 방향이 북(남)반구에서는 반시계(시계) 방향으로 회전할 때 용승이 생기게 된다.

(1) 역학적 와류

조경역에서 반시계 방향으로 회전하는 와류가 생겨, 저층의 차갑고 영양염류가 풍부한 해수를 표면까지 상승시켜 주변에 생산력이 큰 어장을 형성하는 수가 있다. 예를 들면, 우리나라 울릉도 근해에서 9월경에 나타나는 냉수괴는 쓰시마난류와 북한한류가 접하는 아한대 극전선을 형성하고, 사행을 한 극전선에서 발산성의 와류 현상이 생긴다. 이 발산성 냉수괴 주변의 난수역은 좋은 오징어 어장이 된다.

(2) 지형성 와류

지형에 의한 와류는 불규칙한 해저 지형 때문에 발생하는 것이다. 예를 들면, 우리나라 동해의 중층 이심에는 수온 1～2℃ 이하, 염분 34.5 psu의 저온 저염수인 동해 고유수가 있고, 그 상층에는 50～150m 두께의 쓰시마난류가 흐르고 있는데, 주변에 비하여 수심이 얕은 지형적인 영향으로 인하여 용승류가 생겨서 저층의 냉수괴가 표층에 나타나며, 쓰시마난류는 그 영향을 받아 꾸불꾸불하게 흐른다.

수심이 급격하게 얕아진 해역에서는 이러한 냉수괴가 나타나고, 그 선단부의 용승류로 인하여 난류를 외해 쪽에서 연안 쪽으로 밀어 붙이거나, 그 반대로 연안에서 외해로 밀어내어 정어리, 전갱이, 고등어 등의 분포에 영향을 미친다.

4) 대륙붕 어장

대륙붕의 면적은 전 해양 표면적의 약 7.2%에 불과하지만, 이 곳에는 하천수의 유입으로 육지로부터 영양염류가 풍부하게 운반된다. 그리고 파랑, 조석, 대류 등에 의하여 상·하층수의 혼합이 활발하게 일어나게 되므로, 표층에서부터 하층까지 영양염류가 매우 풍부하게 되어 유광층 내의 기초 생산력이 높아져 좋은 어장을 형성하게 된다. 또한, 대륙붕역은 각종 어업 생물의 산란장, 성육장으로 알맞은 곳이 많으며, 해저에는 저서 생물이 서식하기 좋은 조건을 갖추고 있기 때문에, 생물의 분포 밀도가 비교적 높다. 해양에서 생산되는 자원 생물의 약 절반은 대륙붕 내에 분포하며, 어종도 다양하고 규모도 큰 어장이 많다.

우리나라 근해의 대표적인 대륙붕 어장은 황해, 동중국해이고, 세계적인 어장으로는 베링해 및 오호츠크해(명태, 대구, 게), 북해 및 바렌츠해(넙치, 가자미, 대구, 청어), 남아메리카 동안 근해(대구, 새우, 게), 아프리카 서안(돔류, 문어), 북아메리카 뉴펀들랜드 근해(대구, 정어리) 등이 유명하다.

제2절 어구의 구성

1. 어구의 재료

1) 그물에 사용되는 섬유

섬유는 어구 재료 중에서 가장 중요하게 쓰여 왔으며, 그물실과 그물감, 줄 등을 구성하는 데 사용된다.

합성 섬유(synthetic fiber)가 나오기 전에는 면, 삼, 짚 등의 천연 섬유가 어구 재료로서 주로 사용되었지만, 제2차 세계대전 이후 합성 섬유가 대량으로 보급되었으며, 우리나라에서도 1970년대 이후에는 합성 섬유가 주로 사용되고 있다.

어구 재료로서 주로 사용되는 합성 섬유는 표 4-5와 같다. 이 표에서 계통명은 화학적 성질상 붙여진 이름이며, 상품명은 제조 회사가 붙인 이름이다.

합성 섬유는 무한히 길게 뽑을 수 있으나, 필요에 따라 적당한 길이로 끊어서 면사와 비슷한 구조의 실로 만들기도 한다. 합성 섬유로 된 실을 형태상으로 분류하면 다음과 같다.

표 4-5 합성 섬유의 계통과 상품명

계 통 명	기 호	상 품 명
폴리아미드(polyamide)	PA	나일론(nylon), 아밀란(amilan), 엔칼론(enkalon) 등
폴리에스테르(polyester)	PES	테릴렌(teryene), 테트론(tetron), 데이크론(dacron) 등
폴리염화비닐 (polyvinyl chloride)	PVC	테빌론(tevilon), 엔빌론(envilon), 페체우(P.C.U) 등
폴리비닐 알코올 (polyvinyl alcohol)	PVA	비닐론(vinylon), 쿠랄론(kuralon), 크레모나(cremona), 만료(manryo) 등
폴리에틸렌(polyethylene)	PE	에틸론(etylon), 코올렌(courlene), 하이젝스(hi−zex) 등
폴리프로필렌(polypropylene)	PP	파일렌(pylene), 바이킹(viking), 프로젝스(pro−zex) 등
폴리염화비닐리덴 (polyvinylidene chloride)	PVD	사란(saran), 쿠레할론(kurehalon), 소비덴(soviden) 등

(1) 장섬유(continuous fiber)

무한 섬유(endless fiber)라고도 하며, 무한히 긴 섬유이다. 형태에 따라 단일 섬유, 필름

섬유, 복합 섬유 등으로 나눌 수 있다.

① 단일 섬유(monofilament) : 섬유가 상당히 굵어서 섬유 자체를 바로 실로 쓰는 경우로, 낚싯줄이나 자망의 그물실로 쓰인다.

② 복합 섬유(multifilament) : 섬유가 가늘어서 1가닥으로는 제1단계의 실이 될 수 없기 때문에, 여러 가닥을 모아서 제1단계의 실로 쓰는 경우와 비교적 굵은 섬유 1가닥을 바로 제1단계의 실로 쓰는 경우의 두 가지가 있다.

③ 필름 섬유(film fiber 또는 split fiber) : 포장할 때 사용하는 넓적한 끈과 같은 섬유이다.

(2) **단섬유**(cut fiber **또는** discontinuous fiber)

짧게 끊은 섬유이며, 길이는 4～6인치이고, 방적 섬유(spun fiber 또는 staple fiber)라고도 한다.

한편, 섬유를 감별하는 방법에는 연소에 의한 방법, 단면이나 측면의 형상에 의한 방법, 약품에 대한 용해성, 염료에 대한 색 반응 등 여러 가지가 있으나, 가장 간단한 방법은 연소에 의한 방법이다(**표** 4-6).

표 4-6 연소에 의한 섬유의 감별법

계통	종 류	타는 모양	냄 새	재의 모양
천연 섬유	면	타기 쉽다. 불꽃을 멀리 해서 태워도 탄다.	종이 타는 냄새가 난다.	약간 색깔이 있으며, 무르다.
합성 섬유	나일론	녹으면서 뭉치고, 약간 타지만 불꽃에서 떼면 곧 꺼진다.	다소 특이한 악취가 난다.	부서지지 않는 검은 덩어리를 남기고, 식으면 단단해진다.
	비닐론	오므라들면서 조금 타지만, 불꽃에서 떼면 잘 타지 않는다.	다소 특이한 냄새가 난다.	흑갈색의 덩어리이며, 나일론보다는 무르다.
	비닐리덴	오므라들거나 불꽃 속에서도 거의 타지 않는다.	자극성 있는 냄새가 난다.	흑갈색의 덩어리이며, 의의로 무르고 뭉개진다.
	아크릴	오므라들면서 약간 탄다.	다소 특이한 냄새가 난다.	흑갈색의 덩어리이며, 단단하다.
	폴리에스테르	녹아서 둥글어지고, 쉽게 타지 않는다.	다소 향기 있는 냄새가 난다.	흑갈색의 덩어리이며, 약간 무르다.
	폴리에틸렌	오므라들거나 불꽃 속에서 잘 타지 않는다.	다소 특이한 냄새가 난다.	원색의 덩어리이며, 단단하다.

2) 그물실의 종류와 구조

(1) 꼰 그물실

가늘거나 짧은 섬유로부터 실을 만들기 위해서는 우선 꼬아서 제1단계의 길다란 실을 만들어야 하는데, 이것을 홑실 또는 올(단사, single yarn)이라 한다. 이 실은 섬유의 탄력성으로 인하여 꼬임이 풀리기 쉽기 때문에 옷감을 짜는 데 쓰이고, 그물실로는 쓰이지 않는 것이 보통이다. 그러나, 단일 섬유로서 홑실이 되는 경우도 있다.

홑실을 다시 몇 가닥 모아 제1단계의 실의 꼬임과는 반대 방향으로 꼬아서 제2단계의 실, 즉 겹실(편자사, folded yarn 또는 plied yarn)을 만드는데, 이 실은 재봉용으로 주로 쓰이고 그물실로는 유연성이 크게 요구되는 자망 등에는 가끔 쓰이지만 보편적으로 쓰이지는 않는다.

그물실로 흔히 쓰이는 것은 제2단계의 실을 2～4가닥(보통 3가닥)을 꼬아서 만든 제3단계의 실, 즉 겹겹실(복사, cabled yarn)인데, 이것을 보통 그물실(netting twine)이라 한다. 주낙 어구의 모릿줄이나 아릿줄과 같이 좀더 굵고 빳빳한 것이 필요할 때에는 다시 제3단계 실을 몇 가닥 꼬아서 제4단계 실을 만들어 쓰는 경우도 있다.

(2) 땋은 그물실

꼰 그물실(twisted twine)은 꼬임이 안정되지 않으면 어구의 성능에 좋지 못한 영향을 미치는 수가 있어서 땋은 그물실(braided twine)이 개발되었는데, 이 실은 꼬임의 안정이 크게 요구되는 어구에 쓰인다.

땋은 그물실도 제2단계 실까지는 꼰 그물실과 구조가 같으나, 제3단계 실은 꼬지 않고 땋아서 만드는데, 보통 8가닥으로 땋는다.

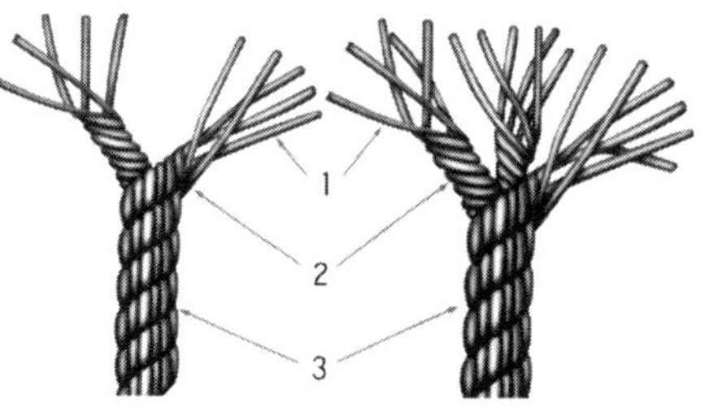

(a) 꼰 그물실

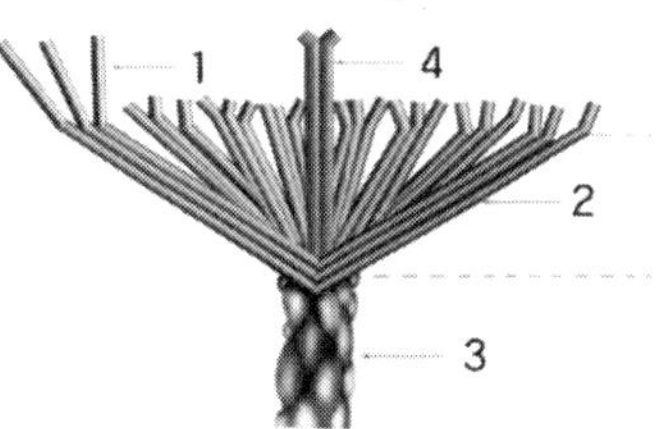

(b) 땋은 그물실

그림 4-4 그물실의 구조.
1. 홑실, 2. 겹실, 3. 그물실, 4. 심
(자료: 교육인적자원부, 2003a)

2. 그물실의 규격

1) 그물실의 굵기 표시

그물실과 같이 가는 것은 지름이나 둘레를 재어서 그 굵기를 표시하기가 곤란하므로, 옛날부터 관습적으로 길이와 무게와의 관계로써 표시하는 방법이 쓰여 왔다.

제1단계 그물실의 굵기를 표시하는 방법에는 항중법(恒重法)과 항장법(恒長法)의 두 가지가 있다.

(1) 항중법

일정한 무게를 기준으로 해서, 그 무게에 상당하는 실의 길이가 기준이 되는 길이의 몇 배인가로 표시하는 방법이며, 간접법 또는 번수법(番手法)이라고도 한다. 이 방법은 실이 굵을수록 숫자가 작아진다. 과거에는 주로 면사의 굵기를 표시하는 데 쓰였으나, 최근에는 합성 섬유의 실 중 면사와 비슷한 구조를 가진 실(즉, 단섬유로 된 실)의 굵기를 표시하는 데도 쓰인다.

항중법은 주로 영국식 번수법(English count)이 쓰이는데, 무게의 기준은 파운드(1lb＝453.6g), 길이의 기준은 행크(1hank＝840yd＝768.1m)이다. 가령, 무게 1파운드인 홑실의 길이가 20행크이면 20번수(또는 20수), 즉 무게 1파운드인 홑실의 길이가 840야드의 20배이면 20번수이며, 20'S, #20, 20Nec 등으로 표시한다.

기호는 재래의 관습상으로는 앞의 두 가지가 많이 쓰였으나, 최근 국제적으로는 맨 뒤의 방법으로 표시하도록 되어 있다. 이 방법에 따르면, 20Nec인 홑실은 10Nec인 홑실의 1/2의 굵기이다. 이 숫자는 보통 짝수로 증감하는데, 보통 그물실의 홑실로 쓰이는 것은 20Nec이다.

(2) 항장법

항중법과는 반대로, 일정한 길이를 기준으로 해서 그 길이의 실의 무게가 기준이 되는 무게의 몇 배인가로써 표시하는 방법이다. 이 방법은 실이 굵을수록 숫자도 커지므로 직접법이라고도 한다. 주로 명주실, 마닐라 삼 등 섬유가 길고 방적을 하지 않는 실의 굵기를 표시하는 데 쓰였으나, 최근에는 합성 섬유의 실 중 명주와 비슷한 구조를 가진 실(즉, 장섬유로 된 실)의 굵기를 표시하는 데도 적용하고 있다.

① 데니어(denier)식

이 방법은 주로 합성 섬유 중 장섬유에 쓰인다. 길이 450m인 실의 무게가 0.05g의 몇 배인가에 따르는 것인데, 이것은 실용상 대단히 복잡하므로 그 길이와 무게를 각각 20배하여 길이의 기준은 9,000m, 무게의 기준은 1g으로 한다. 즉, 9,000m의 실의 무게가

100g이면 100Td, 200g이면 200Td이다.

② 호수식(號數式)

본래는 낚시 힘줄에 쓰던 것이다. 천연산 힘줄은 원래 장섬유가 아니므로 길이 5자(1.515m) 되는 힘줄 100가닥의 무게가 몇 돈중(1돈중은 3.75g)인가로서 정한 것이지만, 미터법에서는 이것을 환산하여 길이 40m인 실의 무게가 몇 g인가로서 호수를 정한다.

오늘날에는 낚시 힘줄에는 물론, 단일 섬유(monofilament)로 된 그물실에도 이것을 적용하는 수가 있다. 이 기준에 따르면 1호는 대략 223Td이지만 220Td를 1호로 한다.

③ 텍스(tex)식

앞에서 설명한 항중법은 굵기와 숫자가 반비례하므로 불편하며, 길이나 무게의 단위가 다르고, 또 그 숫자가 10진법이 아닌 것이 많다. 섬유마다 표시 방법이 달라서 상호 비교하기가 곤란하고, 무역이 발달하면 국제적으로 단위의 혼란이 생길 우려가 있었다. 따라서, 1961년 제1차 세계 어구회의에서 앞으로 국제적으로는 모든 섬유의 단위는 텍스법을 쓰도록 결의한 이후 점차 많이 사용하게 되었다.

텍스는 길이 1,000m인 실의 무게가 몇 g인지로써 나타내는 것으로, 1,000tex＝1kilotex가 된다.

④ 번수, 데니어, 호수 및 텍스 사이의 관계

어떤 실의 굵기를 번수로는 Nec, 데니어로는 Td, 호수로는 N, 텍스로는 Tex라 하면, 다음과 같은 관계가 성립한다.

$$\frac{453.6}{768.1\,\mathrm{Nec}} = \frac{\mathrm{Td}}{9{,}000} = \frac{220\,\mathrm{N}}{9{,}000} = \frac{\mathrm{Tex}}{1{,}000}$$

2) 완성된 실의 규격

(1) 홑실의 구조로 나타내는 방법

이것은 섬유의 종류, 홑실의 구조, 굵기 및 꼬임, 완성된 실의 단계별 가닥수 및 꼬임의 방향과 정도 등을 차례로 표시하는 방법이다.

이 경우, 제1단계 실이 복합 섬유로 된 경우에는 그 안에 들어 있는 단일 섬유(filament)의 수를 표시해 주는 것이 좋다. 가령, 나일론 복합 섬유는 면사 20Nec의 굵기로 만들려면 단일 섬유 24가닥을 합쳐야 하고, 이것은 대략 210Td이므로, 210Td/24F와 같이 표시한다.

완성된 실의 가닥수의 표시 방법에는 관습적으로 다음과 같은 것들이 있다.

첫째, 그물실을 구성하는 홑실의 총 수로써 몇 사라고 표시하는 방법인데, 이 방법은 그물실로서 가장 보편적으로 쓰이는 것이 3합사이므로 3합사에 대해서만 쓴다. 가령, 홑실 5가닥을 모아서 겹실을 만들고, 그것을 3가닥 모아서 그물실을 만들었다면 이 실은 15합사이다.

3합사가 아닌 경우의 표시 방법으로는 그물실의 구조를 알 수 없는데, 이것을 명시해야 할 경우에는, 예를 들어 5가닥으로 겹실을 만들고, 그것을 2가닥 모아 그물실을 만든 것은 2합 10사, 또 5가닥으로 겹실을 만들고, 이것을 4가닥 모아 그물실을 만든 것은 4합 20사라고 표시한다.

둘째, 홑실 m가닥으로 겹실을 만들고, 그것을 n가닥 모아 그물실을 만든 것을 m×n사라고 표시하는 방법, 즉 위의 경우는 각각 5×2사, 5×4사이다.

(2) 합성 텍스(resultant tex)로 나타내는 방법

실의 단계별 구조와는 관계 없이 완성된 실을 기준으로 해서 1,000m의 무게가 몇 g인가로서 R 몇 tex라고 표시하는 방법이다. 이 경우, 제1단계 실의 굵기와 총 수만으로는 R tex와 맞지 않는데, 그것은 꼬임의 영향이 있기 때문이다. 따라서, 제1단계 실의 굵기로부터 산출할 때에는 그 값에 10%를 가산한 것을 R tex로 보는 것이 보통이다. 가령, 23tex/5×3인 실은 23×15×1.1≒380이므로, R380tex이다.

이 방법은 매우 굵은 그물실이나 혼합사, 땋은 실 같은 것의 굵기를 표시하는 데 편리하다.

3) 그물실의 꼬임

특수한 경우를 제외하고 실은 몇 단계로 꼬아서 만들어지는데, 꼬임의 단계는 실의 각 단계마다 서로 반대이다. 또, 마지막 단계의 꼬임을 윗꼬임(上撚), 아랫 단계의 꼬임을 밑꼬임(下撚)이라 한다.

꼬임의 방향을 표시하는 방법은 우리나라에서는 실의 끝에서 보아 꼬여 오는 방향이 시계 방향일 때 오른꼬임, 반시계 방향일 때 왼꼬임이라 하나, 영어에서는 앞의 경우를 left handed twist, 뒤의 경우를 right handed twist라 하여 그 표현이 서로 반대이다. 국제적으로는 실의 평면을 놓고 보았을 때의 꼬임 방향에 따라 S꼬임, Z꼬임이라고 하는데, S꼬임은 오른꼬임, Z꼬임은 왼꼬임이다.

꼬임의 정도는 엄밀히는 단위 길이당 꼬임의 수, 즉 30꼬임/10cm와 같이 표현해야 하나, 일반적인 표현으로는 단위 길이당의 꼬임의 수가 많을 때는 '꼬임이 되다(hard twisted)'고 하고, 적을 때는 '꼬임이 무르다(soft twisted)'고 한다.

(a) 왼꼬임 (Z-twist)

(b) 오른꼬임 (S-twist)

그림 4-5 그물실의 꼬임.
(자료: 교육인적자원부, 2003a)

4) 그물실의 물리적 성질

그물실은 외부로부터 물리적, 화학적인 여러 가지 충격이 가해지므로, 이것에 견딜 수 있는 힘이 있어야 하는데, 어구 재료로서 중요한 것은 물리적 성질이다. 여기서는 물리적 성질에 대해서만 언급하기로 한다(**표 4-7**).

표 4-7 주요 섬유의 물리적 성질

섬유명	비중	건시의 세기(g/d)	습시의 세기(건시에 대한 %)	건시의 파단신장도(%)	신장 탄성율 (kg/㎟)	신장 회복도 (3% 신장시)	흡수율		연화점 (℃)	융해점 (℃)
							표준상태	RH 95%		
면	1.54	3.0～4.9	102～110	3～10	800～1,200	50～75	7～11	24～27	없음	없음
삼(아마)	1.50	3.0～6.2	105～125	2～4	2,000～3,000	50～60	6～8	20	없음	없음
명주	1.33～1.35	3.0～4.5	70～85	15～25	650～1,200	80～85	8.5～11	20～23	없음	없음
인조견	1.50	1.7～3.1	50～65	16～24	850～1,150	60～80	12.0～14.0	25～30	없음	없음
폴리아미드	1.14	5.0～7.5	84～92	30～50	280～510	90～100	3.5～5.0	8～9	180	215～220
폴리에스테르	1.38	4.3～6.5	100	20～50	1,100～2,000	95～100	0.4～0.5	0.6～0.7	238～240	255～260
폴리우레탄	1.0～1.3	0.5～1.2	–	500～800	–	100	0.4～1.3	–	–	200～220
폴리에틸렌	0.94～0.96	5.0～7.0	100	8～35	300～850	85～97	0	0～0.1	100～115	125～135
폴리프로필렌	0.91	4.0～7.5	100	30～65	330～1,000	90～100	0	0～0.1	140～160	165～173
폴리비닐알코올	1.26～1.30	4.0～6.2	77～85	15～26	700～950	75～85	4.5～5.0	10～12	220～230	–
폴리염화비닐	1.39	2.0～3.7	100	20～30	450～550	70～85	0	0～0.3	60～100	200～210
비닐리덴	1.70	1.5～2.6	100	18～33	100～200	98～100	0	0～0.1	150～180	180～200
아크릴	1.14～1.17	2.5～4.5	80～100	27～48	260～650	90～95	1.2～2.0	1.5～3.0	190～240	–
유리섬유	2.56	6.3～6.9	90～95	3～4	1,420	–	0	0～0.3	–	815

(자료: 양재목 외, 2000)

(1) 항장력

길이가 일정한 그물실의 한 끝을 고정시켜 놓고 다른 끝을 당기면 여러 단계의 변형이 일어나는데, 그물실을 직선 상태로 잡아당겨 파단될 때까지 필요로 하는 힘의 크기를 항장력 또는 파단력이라고 한다.

그물실의 항장력은 그것을 구성하는 섬유 또는 홑실의 종류에 따라 다르나, 보통은 구성하고 있는 홑실의 수에 비례한다. 즉, 홑실의 수를 N이라 하면, 그물실의 항장력 T는

표 4-8 그물실의 종류별 항장력 계수

그물실의 종류 (합성 섬유 계통)	*k*	
	건조시	습윤시
면사 20Nec	0.43	0.51
나일론(PA) 210Td	1.20	1.06
테트론(PES) 250Td	1.26	1.26
테빌론(PVC) 300Td	0.65	0.65
테빌론(PVC) 450Td	0.82	0.82
비닐론(PVA) 20Nec	0.88	0.74
에틸렌(PE) 200Td	1.05	1.05
에틸렌(PE) 380Td	1.50	1.50
사란(PVD) 360Td	0.51	0.51
사란(PVD) 1,000Td	1.30	1.30

(자료: 교육인적자원부, 2003a)

$$T = kN$$

인데, 이 식의 비례 상수 k의 값은 대략 표 4-8과 같다.

항장력은 그물실의 구조가 같은 경우에는 꼬임의 정도, 습기를 머금은 정도, 온도 등에 따라 다르고, 물을 충분히 흡수했을 때의 항장력은 PA, PVA 등은 다소 감소하지만, PVC, PE, PP 등은 거의 변하지 않는다.

(2) 신장도와 탄력성

그물실은 어느 한계까지는 당겼다가 놓으면 완전히 원상으로 회복된다. 이 한계(보통 탄성한계라 한다)를 넘도록 당겼다가 놓으면 완전히 회복되지 않고 일부는 늘어난 채로 있는데, 이것을 영구 신장도라 하며, 전 신장도에서 영구 신장도를 뺀 나머지를 탄성 신장도라 한다. 그물실을 영구 신장도를 넘도록 계속 당기면 끊어지게 되는데, 이 때의 신장도를 파단 신장도라 한다.

신장도의 크기는 일반적으로 원래 길이에 대한 비로써 나타낸다. 즉, 원래 길이를 L_0, 끊어지는 순간의 길이를 L_b라 하면, 파단 신장도 l은

$$l = \frac{L_b - L_0}{L_0} 100$$

이다.

전 신장도에 대한 탄성 신장도의 비를 신장 회복도라 한다.

(3) 마찰 저항

그물실은 사용 중 선체나 해저 바닥, 그리고 그물실이나 줄 등 상호간의 마찰에 의하여 마모가 일어나고, 강도도 저하하여 사용 기간이 줄어들게 된다.

각종 마찰 저항의 시험에 의하면, 합성 섬유 그물실의 경우에는 동일 계통의 섬유로 구성되었다 하더라도 단섬유 그물실은 장섬유 그물실에 비하여 마찰 저항이 크며, 또한 꼬임의 수가 많으면 대체로 마찰에 강하다. 또, 그물실이 부드러울수록 건조시보다는 습윤시에 마찰 저항이 크다.

(4) 비중

그물실의 비중은 어구의 수중 무게를 좌우하는 중요한 요소이며, 어구의 종류에 따라 요구되는 비중의 크기도 달라질 수 있다. 특히, 수중에서 뜨거나 가라앉는 성질은 어구 운용에 있어서 대단히 중요한 관점이 될 수 있다.

합성 섬유의 비중은 사란이 1.71로 가장 크고, 테트론 1.38, 나일론 1.14, 폴리에틸렌 0.96, 파일렌 0.92의 순으로 적다.

(5) 유연성

그물실이나 낚싯줄은 유연해야 하며, 전락망(纏絡網, 얽애그물)이나 자망에서는 그물실의 유연성이 특히 요구된다.

(6) 내후성

합성 섬유로 된 그물실은 썩지는 않으나, 햇빛에 장시간 노출시키면 그 강도가 떨어지는데, 이런 성질을 내후성이라 한다. 나일론이나 파일렌 같은 섬유는 비교적 내후성이 강한 섬유이고, 테빌론이나 에틸렌 같은 섬유는 내수성이 약한 섬유이다.

5) 그물실이 갖추어야 할 요건과 선택

(1) 그물실이 갖추어야 할 요건

그물실은 그물 어구의 기본 재료인데, 이들이 갖추어야 할 요건은 어구의 종류에 따라 다르기는 하지만, 일반적으로 요구되는 사항은 다음과 같다.

① 항장력이 크고 고를 것.

② 다소 탄력성이 있고, 늘어났더라도 쉽게 회복할 것.
③ 어구의 성질에 알맞은 유연성이 있을 것.
④ 마찰에 잘 견딜 것.
⑤ 썩지 않을 것.
⑥ 일광, 온도, 습기, 산, 알칼리 등에 강할 것.
⑦ 물의 저항이 작을 것.
⑧ 어구의 특성에 알맞은 비중을 가질 것.
⑨ 오물, 해조류 등의 부착이 적고, 또 부착되었더라도 쉽게 떨어질 것.
⑩ 공급이 풍부하고, 값이 쌀 것.

(2) 그물실의 선택

어구는 종류에 따라 각기 구성 조건이 다르므로, 그물실에 요구되는 조건도 일반적인 조건 이외에 그 어구에만 특히 요구되는 것이 있다. 예를 들면, 저인망에서는 마찰 저항은 크고 유연성이 작은 그물실이 요구되고, 선망의 경우에는 비중과 마찰 저항이 큰 것이 요구되며, 자망에서는 유연성이 큰 것이 요구된다.

따라서, 그물실을 선택할 때에는 이런 여러 가지 조건을 고려해야 하는데, 표 4-9는 그러한 조건과 주로 쓰이는 섬유의 예를 나타낸 것이다.

표 4-9 각종 어구의 특성과 사용되는 섬유의 종류

조 건		어 구 의 종 류				
		유자망	선 망	저인망	정치망	주 낙
그물실의 구비 조건	비 중	보통	매우 클 것	작을 것	매우 클 것	클 것
	마찰 저항	클 것	클 것	매우 클 것	보통	매우 클 것
	유 연 성	매우 클 것	작을 것	작을 것	관계 없음	작을 것
	내충격성	클 것	클 것	클 것	보통	클 것
	신장 수축성	보통	작을 것	작을 것	작을 것	작을 것
사용상의 조건	탈 수 성	클 것	클 것	보통	보통	보통
	적재시 부피	작을 것	작을 것	보통	보통	보통
	취급의 편의	가벼울 것	가벼울 것	보통	보통	보통
주로 쓰이는 섬유		나일론	나일론	폴리에틸렌	사란, 비닐론, 폴리에틸렌	나일론, 테트론

3. 줄의 구조와 규격

그물실과 줄은 원료나 구조가 비슷하기 때문에 엄격히 구별하기는 어렵다. 그러나 보통은 상당히 굵더라도 그물감을 짜는 데 쓰이는 것은 그물실(網絲, twine)이라 하고, 비교적 가늘어도 그물의 뼈대를 형성하거나 또는 힘이 많이 미치는 끌줄 등으로 쓰는 것은 줄(綱, 索, rope)이라고 한다.

대체로 그물실은 직경이 5mm 미만으로 가늘고, 줄은 직경이 5mm 이상으로 굵다.

1) 줄의 구조

(1) 섬유 로프의 구조

과거에는 섬유 로프는 꼬어서 만든 줄 뿐이었으나, 최근에는 땋아서 만든 줄도 많이 쓰이고 있다.

꼰 줄(twisted rope)의 구조는 실의 구조와 비슷하다. 즉, 섬유를 여러 가닥 모아서 일정한 방향으로 꼬아서 야안(단사, yarn)을 만들고, 이것을 몇 가닥 모아 반대 방향으로 꼬아서 스트랜드(strand)를 만들며, 이것을 다시 2～4가닥(보통 3가닥) 모아 반대 방향으로 꼬아서 보통의 줄(rope)를 만든다. 때로는 이 줄을 다시 몇 가닥 모아서 제4단계의 줄(cable laid rope)을 만드는 수도 있으나, 어업용으로 쓰는 것은 3가닥으로 꼰 제3단계의 줄이 보통이다.

꼰 줄은 제조과정이 간단하므로 옛날부터 어업에 널리 쓰여 왔으며, 사용 목적에 따라 같은 종류의 섬유만으로 하지 않고 스트랜드의 중심에 어떤 섬유로 된 야안을 넣고, 그 주위를 다른 종류의 야안으로 둘러싸고 꼰 포연(包撚) 로프(encloced fiber rope), 종류가 다른 섬유를 섞어서 꼰 혼연(混撚) 로프(mixed fiber rope), 중량을 크게 하기 위하여 스트랜드의 중심에 납을 넣은 연심(鉛心) 로프(lead cored rope)도 있다.

땋은 줄(braided rope)도 야안이나 스트랜드를 만드는 과정은 꼰 줄과 같으나, 제2단계의 줄(strand) S꼬임 2가닥씩 2짝과 Z꼬임 2가닥씩 2짝, 합계 8가닥으로 땋아서 만드는 것이 보통이며, 단면의 중심부에는 심(core)이 들어 있다.

꼰 줄은 사용 중 꼬임이 안정되지 않아서 어구 조작에 지장을 초래하는 수가 많으나, 땋은 줄은 그런 결함이 없으므로 자망의 뜸줄 · 발줄 등에 많이 이용된다.

(2) 와이어 로프의 구조

강(鋼) 또는 철(鐵)을 녹여 제선기(製線機)에서 일정한 굵기의 소선(素線, wire)을 만든 것을 제1단계의 줄(yarn)로 하고, 이것을 몇 가닥 모아서 가운데에 심(core)을 넣고 반대로 꼬아서 만든 것을 제2단계의 줄(strand)로 하며, 이것을 다시 몇 가닥(보통 6가닥) 모아 그 속에 심을 넣어 반대로 꼬아서 와이어 로프(鋼索, wire rope)를 만든다.

와이어 로프는 소선의 굵기, 스트랜드 안에 든 소선의 수와 배열 방법, 스트랜드의 수 등에 따라 여러 가지가 있으며, 그 상세한 것은 KS 규격집 또는 JIS 규격집 등을 따른다. 스트랜드는 보통 6가닥이며, 단면이 거의 원인 6가닥의 스트랜드가 서로 접하게 배열하면 가운데가 비므로, 여기에다 섬유나 소선으로써 심(core)을 넣는 것이 보통이다.

어구에 쓰는 것은 일반적으로 스트랜드에 든 소선이 24가닥이고, 와이어와 스트랜드의 중심에 각각 섬유심이 든 것(JIS 4호 해당)이 가장 많이 쓰이나, 대형 트롤의 끌줄처럼 단면이 작으면서 항장력이 커야 하는 곳에는 스트랜드에는 심이 들지 않고 중심에만 심이 든 필러형(filler type, JIS 12, 13, 14호 해당)이 주로 쓰인다.

(3) 콤파운드 로프의 구조

유연 강색과는 반대로 섬유 로프의 심에 와이어 소선이나 스트랜드를 넣은 것인데, 엄밀하게는 스트랜드마다 와이어 소선을 넣은 것을 콤파운드 로프(compound rope, CPR), 로프의 중심에만 와이어 소선을 넣은 것을 컴비네이션 로프(combination rope, CBR)라 하나, 일반적으로 콤파운드 로프라고 통칭한다.

콤파운드 로프는 섬유 로프와 와이어 로프의 장단점을 보완해서, 파단력은 로프보다 크고 유연성은 와이어 로프보다 크게 한 것인데, 과거에는 주로 저인망이나 트롤의 돋움줄과 후릿줄에만 쓰였으나, 최근에는 뜸줄 · 힘줄에도 쓰이고 있다.

2) 줄의 규격

(1) 섬유 로프의 규격

어구용으로 쓰이는 섬유 로프는 3가닥으로 된 제3단계의 줄 뿐이므로, 이것의 규격은 섬유의 종류, 완성된 굵기, 꼬임의 방향 등으로 표시한다. 굵기는 줄에 외접하는 직경을 쓰는 경우가 많으나, 서양에서는 둘레를 쓰는 경우도 있다. 단위는 mm를 쓰며, 줄은 굵기에 관계없이 길이 200m를 1사리(coil)로 한다.

(2) 와이어 로프의 규격

와이어 로프의 규격은 철사의 질과 굵기, 스트랜드를 구성하는 철사의 수와 심의 유무, 완성된 줄의 지름과 심의 유무, 꼬임의 방향 등을 함께 표시해야 하지만, 일반적으로 철사에 관한 것은 표시하지 않는다. 예를 들면, 다음과 같이 표시한다.

유연 강색 : 24**본**×6**연**, **중심 및 스트랜드 섬유심들이**, **지름** 18mm

(3) 콤파운드 로프 및 컴비네이션 로프의 규격

콤파운드 로프나 컴비네이션 로프는 섬유와 철사가 혼연된 형태이며, 그 비율에 따라 규격이 다르므로, 엄밀하게는 철사의 굵기와 스트랜드의 지름, 꼬임의 방향 등도 표시해 주어야 한다. 예를 들면, 크레모나 섬유로 된 로프 속에 스트랜드 28번선 24가닥(직경 4.7mm)을 넣어서 꼰 지름 30mm의 왼꼬임 콤파운드 로프라면 다음과 같이 표시한다.

콤파운드 로프 : **와이어 스트랜드** 28**번선**, 24**본**, **지름** 4.7mm×3**연**, **지름** 30mm

4. 낚시 어구의 구성

1) 낚시의 재료와 구조

오늘날 사용되고 있는 낚시의 재료는 대부분이 쇠이며, 낚시가 녹슬지 않도록 주석이나 아연으로 도금을 하는 것이 보통이다.

큰 낚시는 줄을 꿰어서 맬 수 있도록 꼭지에 구멍이 뚫려 있으나, 작은 낚시에는 구멍을 뚫을 수 없으므로, 꼭지를 납작하게 해서 꼭지에 묶은 줄이 빠져 나가지 못하도록 한다.

끝은 뾰족하여 고기의 입 안에 잘 꽂히도록 되어 있고, 일단 걸린 고기가 쉽게 빠져 나가지 못하도록 끝의 안쪽에 뾰족한 미늘이 있다. 또, 보통의 낚시 2개 또는 3개를 채 부분에 붙여서 1개로 만든 겹낚시가 있는데, 이것은 미끼가 빠지지 않게 하고, 고기가 낚시에 확실히 걸리게 하며, 미끼 없이 고기를 채어서 낚고자 할 경우 등에 사용한다. 전자는 끌낚시에, 후자는 오징어 낚시 등에 주로 쓰인다.

2) 낚시의 모양과 규격

낚시의 모양에는 여러 가지이나, 크게는 L자 모양으로 길고 네모난 것, C자 모양으로 둥근 것, 오각형에 가깝게 굽은 것 등 세 가지로 나눌 수 있다.

낚시의 크기와 모양이 어떤 것이 좋은지는 목적물의 종류, 몸집의 크기, 입의 크기, 이

빨의 세기, 활동력의 정도, 감각의 발달 정도, 먹이를 먹는 식성 등에 따라 다르다.

낚시의 규격은 정확하게는 낚시의 형, 굵기 등으로 표시해야 하나, 시중에서 판매되는 것은 무게로써 몇 g짜리, 뻗친 길이로써 몇 mm짜리 또는 낚시의 뻗친 길이(mm)의 ⅓의 숫자로 몇 호라고 나타내고 있다. 가령, 뻗친 길이가 30mm인 낚시의 규격은 10호이다. 보통 큰 낚시는 무게로, 작은 낚시는 호수로 표시한다.

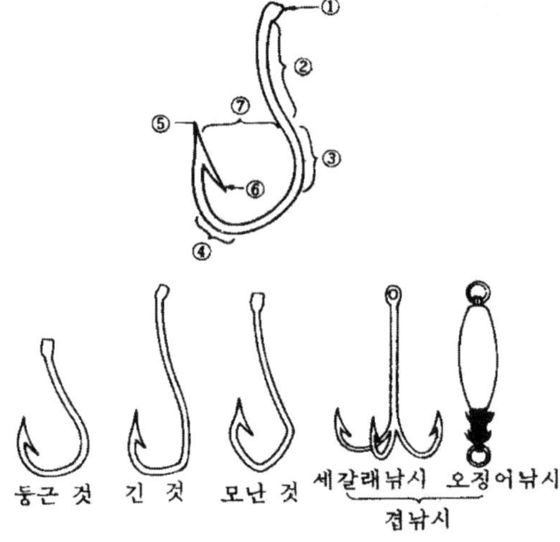

그림 4-6 낚시의 구조와 모양.
① 꼭지, ② 채, ③ 허리굽이, ④ 끝굽이, ⑤ 끝, ⑥ 미늘, ⑦ 품

3) 낚시와 낚싯줄의 재료

(1) 낚시의 재료

낚시 재료가 갖추어야 할 요건은 다음과 같다.

① 재료가 단단하고 또한 탄력성이 있으며, 쉽게 부러지지 않을 것,

② 공작하기가 쉬울 것,

③ 녹이 슬지 않을 것,

④ 값이 싸고, 대량 생산이 가능할 것

등이다.

오늘날 쓰이고 있는 낚시의 재료는 대부분이 쇠이고, 그 밖에 놋쇠, 구리, 양은 등이 있으나, 위의 요건들을 모두 갖추고 있지 않으므로, 여러 가지 가공을 하여 그 결점을 보완하고 있다.

낚시에 녹이 슬지 않게 하는 데는 주석이나 아연으로 도금하는 것이 보통이나, 이것은 다소 광택이 나므로, 좋지 않을 때는 니스나 옻칠을 하기도 한다. 그러나, 어느 것으로도 녹을 완전히 방지하기는 어렵다.

(2) 낚싯줄의 재료

일반적으로 낚싯줄이 갖추어야 할 요건은 다음과 같다.

① 항장력, 탄력성이 크고 질길 것,

② 물의 저항이 작을 것,
③ 물에 의하여 변질되지 않을 것,
④ 되도록이면 투명하여 대상물에 자극을 덜 줄 것,
⑤ 꼬이지 않고, 취급이 간편할 것,
⑥ 공급이 풍부하고 값이 쌀 것

등이다.

실로 된 낚싯줄의 구조, 성질 등은 그물실에서 설명한 바와 같다. 낚시 힘줄은 투명한 합성 힘줄인데, 그물실로 쓰는 단일 섬유(monofilament)와 구조가 같고, 굵기 표시 방법도 그물실에서 쓰는 호수식과 같다. 복어는 이빨이 날카로워서 보통 실은 끊어 버리므로, 낚시를 매는 목줄에는 1가닥으로 된 보통의 철사를 쓴다. 그러나, 다랑어나 상어와 같은 큰 고기를 낚을 때에는 1가닥의 철사로는 약하므로 실과 같이 2~3단계로 꼬아서 쓴다.

4) 낚시 어구의 구성

(1) 목줄매기

낚시 목줄은 원칙적으로 매기 쉽고, 매듭이 작으면서도 쉽게 풀어지거나 낚시가 빠지지 않도록 매어야 한다. 낚시 꼭지에 구멍이 있는 낚시는 매듭이 구멍을 빠져 나가지 않도록 매면 된다.

그러나, 오징어 낚시처럼 낚시 아래에 연속적으로 여러 개의 낚시가 매어 있는 어구는 위쪽의 목줄이 풀리면 아래쪽 낚시까지 한꺼번에 잃어버리므로 단단히 매어야 한다.

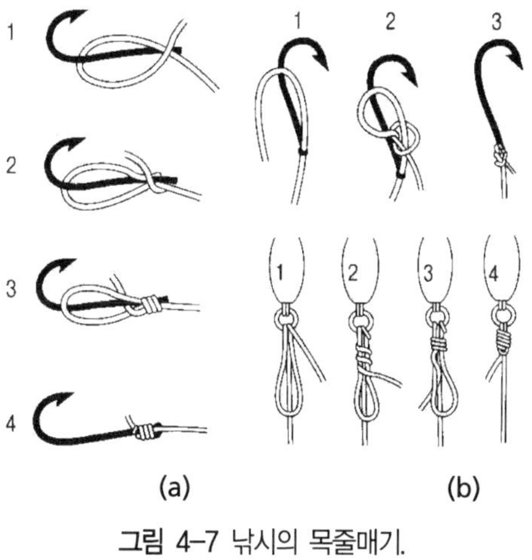

1 2 3 4 (a) (b)

그림 4-7 낚시의 목줄매기.
(a) 꼭지 구멍이 없는 것
(b) 꼭지 구멍이 있는 것

(2) 낚싯줄 잇기

낚싯줄을 잇는 방법에는 여러 가지가 있으나, 일반적으로 면사는 막매듭으로 잇고, 나일론처럼 잘 미끄러지는 것은 겹막매듭, 도래매듭, 장고매듭 또는 겹장고매듭으로 잇는다.

5. 그물 어구의 구성

1) 그물감의 구조와 종류

그물감(webbing)은 마름모꼴의 그물코(網目, mesh)가 연속된 것으로써 1개의 그물코는 길이가 같은 4개의 발과 4개의 매듭으로 되어 있다. 그물감은 짜는 방법에 따라 손으로 짜는 수공 편망지와 기계로 짜는 기계 편망지로 나눌 수 있고, 매듭의 유무에 따라 매듭 그물감과 매듭 없는 그물감으로 나눌 수 있다.

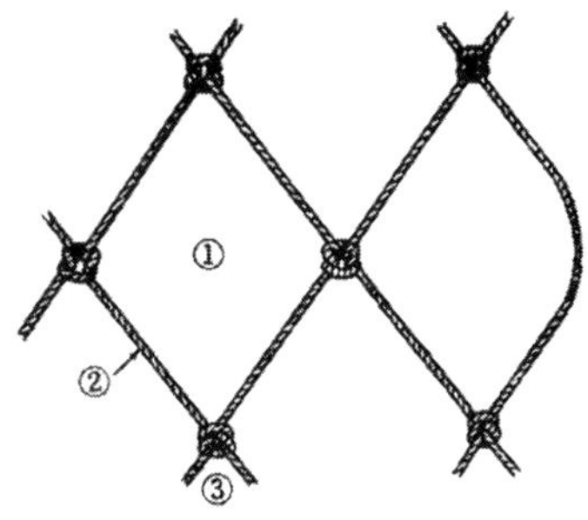

그림 4-8 그물감의 구조.
① 그물코, ② 발, ③ 매듭

(1) 매듭 그물감

매듭 그물감(결절망지, knotted webbing)은 그물코를 이루는 마름모꼴의 네 꼭지점마다 매듭을 맺어서 짠 것이며, 매듭을 맺는 방법에 따라 참매듭(flat knot, reef knot), 막매듭(sheet bend knot, trawler knot), 이중참매듭(double flat knot), 이중막매듭(double sheet knot) 등이 있다.

참매듭은 수공 편망이 쉬워서 옛날에는 많이 썼으나, 기계 편망이 어렵고, 또 힘이 고루 미치지 않으면 매듭이 잘 미끄러지므로 오늘날에는 잘 쓰이지 않고, 다만 수공 편망을 하지 않으면 안 되는 큰 그물감(정치망의 길그물, 권현망의 날개그물 등)에만 쓰이고 있다. 막매듭은 기계 편망이 쉽고, 또 잘 미끄러지지 않으므로 대부분의 그물감은 막매듭으로 되어 있다. 그러나, 매듭이 크므로 물의 저항이 다소 큰 결점이 있다.

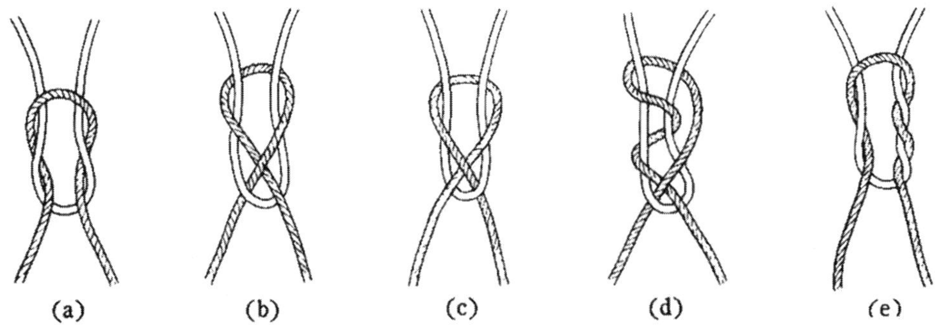

그림 4-9 그물감 매듭의 종류.
(a) 참매듭, (b) 막매듭(동양식), (c) 막매듭(유럽식), (d) 이중막매듭, (e) 이중참매듭
(자료: 李秉錡 등, 1989)

(2) 매듭 없는 그물감

매듭 없는 그물감(무결절망지, knotless webbing)은 매듭을 맺지 않고 그물감을 짜는 것인데, 엮은 그물감(직망지), 여자 그물감(씨날그물감), 관통 그물감, 라셀 그물감, 접착 그물감 등이 있다.

엮은 그물감(織網地)은 모기장처럼 씨줄과 날줄을 교대로 얽어서 짠 것이며, 그물코가 잘 비틀어지므로, 보통의 어구에는 잘 쓰지 않는다.

여자 그물감(綟子網地)은 씨줄과 날줄 2가닥씩 꼬아 가면서 일정한 간격마다 서로 얽어 그물코가 직사각형이 되게 짠 것인데, 멸치 등 작은 고기를 잡는데 많이 쓰인다.

관통 그물감은 저인망, 트롤 등에서 그물감의 저항을 줄이기 위하여 고안된 것이며, 실을 꼬아가면서 일정한 간격마다 서로 맞물리게 하여 짜는 것이다.

라셀 그물감(Raschel webbing)은 독일에서 발명된 것인데, 실을 꼬아 가면서 그물감을 짜는 것이 아니고, 일정한 굵기의 실로써 뜨개질하는 형식으로 짜는 것이다. 따라서, 이것은 그물을 물에서 들어 올렸을 때 물이 잘 빠진다는 장점이 있으나, 실의 실질적인 굵기가 외관상의 굵기의 반 이하이므로 파단력이 약하다는 결점이 있다.

접착 그물감은 단일 섬유(monofilament)로써 그물감을 짤 때 매듭에 해당되는 곳에 서로 접착시켜서 짜는 것이며, 자망에 점차 많이 쓰이고 있다.

매듭 없는 그물감은 어느 것이나 재료가 적게 들고, 물의 저항이 작다는 장점이 있으나, 1개의 발이 끊어졌을 때 그 이웃에 있는 매듭 부분이 잘 풀리고, 또 수선하기가 힘들다는 결점이 있다.

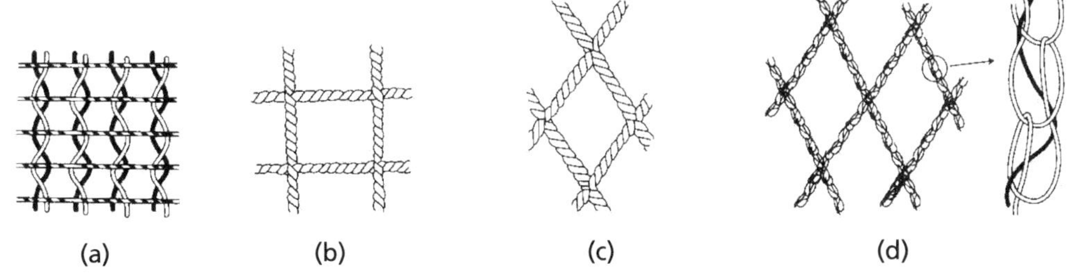

그림 4-10 매듭 없는 그물감의 종류.
(a) 엮은 그물감, (b) 여자 그물감, (c) 관통 그물감, (d) 라셀 그물감 (자료: 李秉錡 등, 1989)

2) 그물감의 규격

(1) 그물코의 크기

그물코의 크기를 표시하는 방법에는 다음과 같은 것들이 있다.

① 그물코의 뻗친 길이로 표시하는 방법

그물감을 뻗쳐 놓았을 때 1개의 그물코의 양쪽 끝 매듭의 중심 사이를 잰 길이로써 나타내며, 길이의 단위로는 mm를 쓴다.

② 1개의 발의 길이로 표시하는 방법

그물감을 펼쳐 놓았을 때 그물코 1개의 발의 양쪽 끝 매듭의 중심 사이를 잰 길이로써 나타낸다. 우리나라에서는 권현망의 날개그물, 정치망의 길그물 등과 같이 옛날에 주로 새끼로 짜던 그물감으로써 코의 크기가 150mm 이상 되는 것에만 쓰인다.

③ 일정한 길이 안의 매듭의 수나 발의 수로 표시하는 방법

우리나라에서는 보통의 그물감은 5치(15.15cm) 안의 매듭의 열의 수로, 새끼처럼 굵은 실로 짠 코가 큰 그물감은 5자(151.5cm) 안의 매듭의 열의 수로 '몇 절'이라고 하며, 그보다 한 단계 작은 단위를 '몇 모'라고 한다(1절＝10모). 보통 n절 그물감의 경우, 그물코의 뻗친 길이 k(mm)는

$$k(\text{mm}) = \frac{303}{n\,(\text{절}) - 1}$$

가 된다.

④ 일정한 폭 안의 씨줄의 수로 표시하는 방법

여자 그물감의 경우에는 일정한 폭(1자 6치 5분≒50cm) 안에 든 씨줄의 수로 '몇 경'이라 한다. 이 때, 양쪽 가의 씨줄은 모두 헤아린다. 예를 들면, 100경인 그물감에서 1개의 발의 길이는 엄밀하게는 500/99mm이다. 보통 시판되고 있는 것은 90경, 105경, 120경, 140경, 160경 등이다.

⑤ 그물코의 안지름으로 표시하는 방법

그물코를 형성하는 마름모꼴을 뻗쳐 놓았을 때의 내부의 길이를 재는 것이며, 자원 보호의 목적상 그물코의 크기를 제한할 때 주로 쓴다.

(2) 그물감의 크기

그물감을 제망 공장에서 생산하여 판매할 때의 단위는 1필이다. 1필은 그물코의 크기에

관계 없이 폭은 100코, 길이는 100장대(151.5m)이지만, 주문에 따라 폭과 길이를 다르게 할 수도 있다.

(3) 그물감의 무게

그물감의 무게는 그물감을 매매할 때와 어구를 설계할 때 필요하다. 그물감의 값은 엄밀히는 앞에서 말한 여러 가지 규격에 따라 다르고, 기본적으로는 섬유의 종류와 재료의 양에 지배된다. 따라서, 섬유가 같고 실의 굵기나 코의 크기가 비슷한 것은 재료의 무게에 의하여 그 값을 결정한다. 특히, 1필이 못되는 그물감은 대체로 무게 단위로 매매한다.

또한, 어구를 설계할 때는 공기 중의 무게보다도 수중 무게를 알아야 할 때가 많다, 그물감의 수중 무게는 흡수량과 섬유의 비중에 따라 다른데, 보통은 공기 중 무게에 대한 수중 무게의 비를 나타낸 것이다.

표 4-10는 몇 가지 그물실의 공기 중 무게에 대한 수중 무게의 비를 나타낸 것이다. 그물감의 무게에 이 표의 수중 무게의 비를 곱하면 대략의 수중 무게를 알 수 있다.

표 4-10 그물실의 수중 무게의 비

섬유의 종류	실의 구조	흡수량비	수중 무게의 비
면 사	20Nec 8×3	156	28
나 일 론	각종	36	13
크레모나	각종	30	21
사 란	각종	9	38
쿠레할론	각종	11	37
테 비 론	각종	32	25

* 흡수량비와 수중 무게의 비는 공기 중 무게에 대한 백분율이다. (자료: 李秉錡 등, 1989)

3) 그물감의 증감목과 재단

(1) 증감목에 의한 그물감의 변형

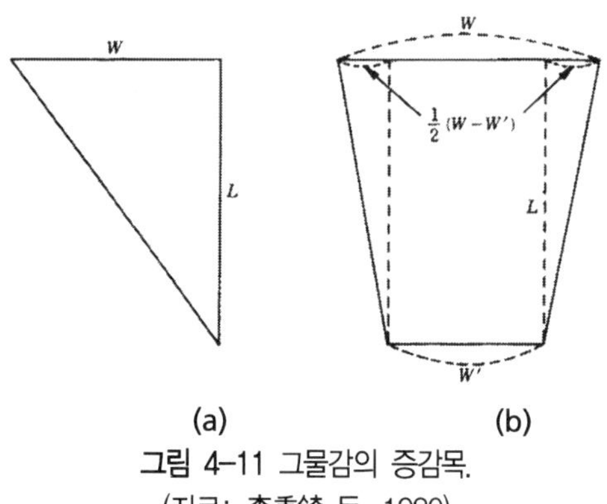

그림 4-11 그물감의 증감목.
(자료: 李秉錡 등, 1989)

그물감을 설계도에 지시된대로 손으로 떠서 만드는 경우, 때때로 가로 방향의 코수를 늘이거나 줄여야 할 경우가 있는데, 코수를 늘이는 것을 증목(增目, increasing), 줄이는 것을 감목(減目, decreasing)이라 한다. 그물코는 가로 방향으로 1행 뜨면 길이 방향으로는 반코 늘어나므로, 길이 방향으로 1코를 뜨려면 가로 방향으로는 2행을 떠야 한다. 그러나, 가로 방향으로는 반코는 늘릴 수가 없고 반드시 1코를 늘려야 한다.

지금, 그림 4-11(a)와 같이 한 쪽은 직선이고 다른 쪽은 빗나가는 삼각형 그물감을 뜨는 경우를 생각해 보자. 이 그물감을 가로 W코, 세로 L코인 삼각형 그물감이라고 보면, 맨 끝은 반드시 1코가 남아야 하므로, 길이 L코 떠 가는 동안에 가로는 W-1코를 줄여야 한다. 따라서, 감목비(decreasing rate) D_r 는

$$D_r = \frac{L}{W-1}$$

이다.

또, 그림 4-11(b)와 같은 사다리꼴의 그물을 뜨는 경우를 생각해 보면, 이 그물은 그 중앙부에 가로가 W코, 세로가 L코인 직사각형 그물감이 있고, 그 양쪽 가에 삼각형 그물감이 붙어서 사다리꼴이 된다고 생각할 수 있는데, 이 때 양쪽 가의 삼각형 그물감의 가로 코수는 $\frac{1}{2}(W-W')$ 코이다. 그런데, 이 $\frac{1}{2}(W-W')$ 코는 길이 L 코를 떠 내려오는 동안에 줄여져야 하므로, 이 때의 감목비 D'_r 는

$$D'_r = \frac{L}{\frac{1}{2}(W-W')} \text{ 이다.}$$

지금 이 식의 분모를 W''라 하면, $D'_r = \frac{L}{W''}$ 이 되어 앞의 식 $\frac{L}{W-1}$ 과는 다름에 주의해야 한다. 또, 이 비의 값은 자연수이거나, 또는 그 1/2이어야 하고, 이에 미달되는 수는 버려야 한다. 증목을 할 때는 위와 반대로 생각하면 된다.

문제 1 **그림 4-12(a)와 같은 삼각형 그물을 뜨려고 한다. 감목비를 구하라.**

풀이 끝에 1코가 남아야 하므로, 감목비는

$$D_r = \frac{L}{W-1} = \frac{16}{7-1} = \frac{16}{6} = 2.66\ldots$$

따라서, 2.5코에 1코 줄여야 한다. 그런데, 이것을 몇 번 해야 할 것인지는

$$16 \div 2.5 = 6 \quad \text{나머지 } 1$$

즉, 2.5 : 1 로 줄이는 것을 여섯 번하고, 나머지 1코를 그냥 떠야 한다.

문제 2 **그림 4-12(b)와 같은 사다리꼴 그물감을 뜨려고 한다. 감목비를 구하라.**

풀이 $$D'_r = \frac{L}{\frac{1}{2}(W-W')} = \frac{12}{\frac{1}{2}(10-4)} = 4$$

즉, 양쪽을 모두 4코에 1코씩 줄여야 한다.

(2) 그물감의 재단법

그물감으로 큰 어구를 만들 때는 모두 기계 편망을 한 그물감을 쓴다. 따라서, 어구를 만들려면 첫째, 그물감을 설계에 맞추어 끊어야 하고 둘째, 원하는 모양이 되도록 알맞은 주름(축결)을 주어서 줄에 매달아야 한다.

그물감을 절단하는 방법에는 종단법, 횡단법, 사단법의 세 가지가 있다.

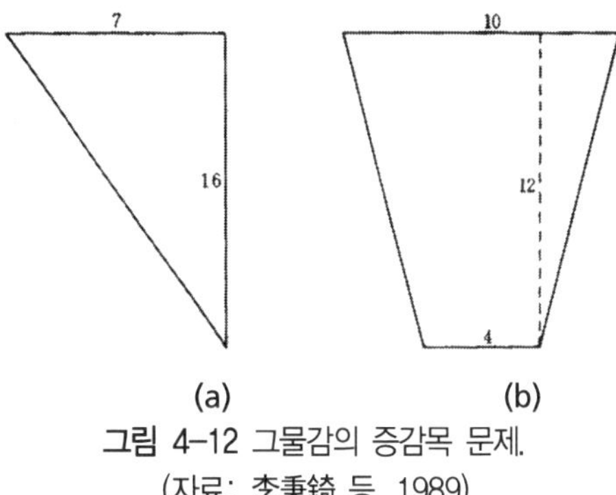

그림 4-12 그물감의 증감목 문제.
(자료: 李秉錡 등, 1989)

① 종단법

폭을 줄이기 위해서 세로로 끊는 것을 종단법(point cut)이라 하며, 사용하는 폭의 코수의 매듭의 바깥쪽 두 발을 세로로 끊는다. 이 때, 보통의 횡편 그물감에서는 발을 너무 짧게 끊으면 매듭이 풀릴 우려가 있으므로 매듭에서 다소 떨어진 곳을 잘라야 한다. 합성 섬유 그물감에서는 특히 주의해야 한다.

② 횡단법

그물감의 길이를 짧게 하기 위하여 가로로 끊는 것을 횡단법(mesh cut)이라 하며, 소요되는 길이 코수의 매듭의 바깥쪽 두 발을 가로로 끊는다. 횡편 그물감에서는 매듭 바로 가까이를 끊어도 매듭이 풀리지 않는다.

참매듭 그물감에서는 그림 4-13(a)와 같이 매듭에 바짝 붙여 끊으면 자른 후의 꼬투리를 쉽게 제거할 수 없으나, 그림 4-13(b)에서의 화살표 방향에 칼을 넣어 점선을 따라 끊으면 꼬투리를 쉽게 제거할 수 있다.

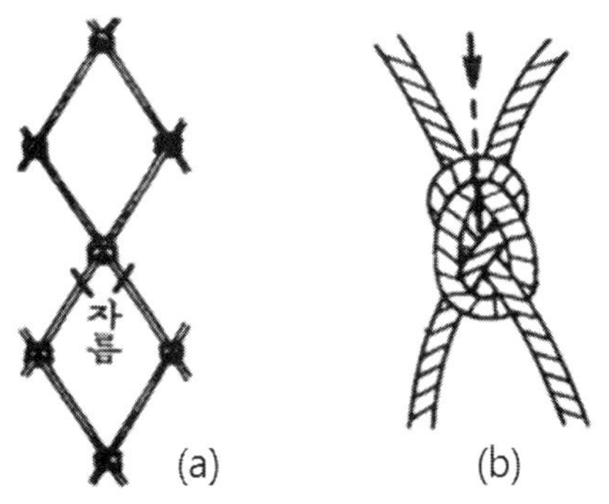

그림 4-13 그물감의 절단법.
(자료: 李秉錡 등, 1989)

③ 사단법

삼각형 그물감이나 사다리꼴 그물감과 같이 직사각형이 아닌 그물감을 얻고자 할 때, 그물감을 빗나가게 끊어가는 것을 사단법(bias cut)이라 한다. 그물감의 절단에 있어서 이 사단법이 가장 문제가 된다.

그물감을 세로나 가로로 두 발씩 끊어 가면 결국은 직사각형 그물감 밖에 생기지 않는다. 따라서, 그물감을 빗나가게 끊기 위해서는 반드시 도중에 1개의 발만 끊는 것이 들어가야 한다.

여기서는 세로로 2개의 발을 끊는 것을 p (point cut), 가로로 2개의 발을 끊는 것을 m (mesh cut), 1개의 발만 끊는 것을 b (bar cut)로써 표시하기로 한다.

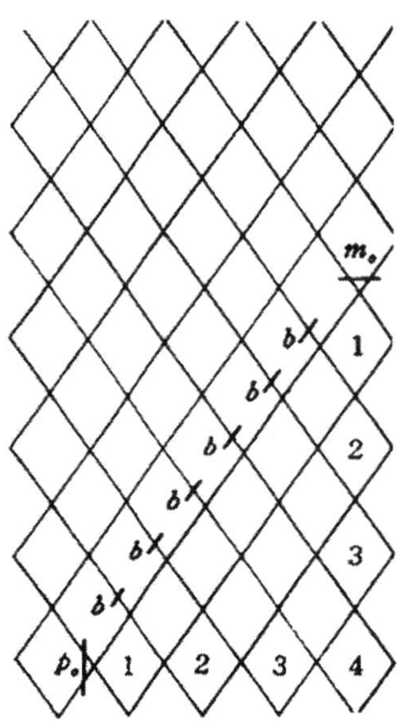

그림 4-14 B=2W-2B의 설명도.
(L=W=4인 때의 보기)

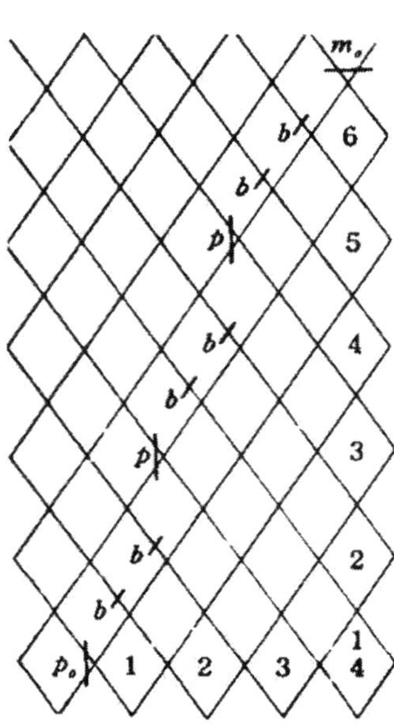

그림 4-15 L=W+P의 설명도.
(L=6. W=4. p=2인 때의 보기)

지금, 세로 L코, 가로 W코이고, $L > W$인 사각형 그물감을 한 모서리에서 b로만 끊어 가면 가로·세로의 코수가 같은 삼각형 그물감을 얻게 된다(**그림 4-14**). 이 때, b의 총수 B는 세로의 코수에는 관계 없고 가로의 코수에만 관계되며, 가로 코수의 2배보다 2가 적다. 즉,

$$B = 2W - 2 \qquad 4\text{-}1$$

이다. 또, p를 P개소 만들면 세로 코수는 P코 많아진다. 즉,

$$L = W + P \quad \therefore P = L - W \qquad 4\text{-}2$$

그러므로, 그림 4-15에서와 같이 $L > W$인 직사각형 그물감을 삼각형 그물감으로 사단하기 위해서는 p를 P개 만들어 주어야 한다. 그러나, 이 삼각형 그물감의 빗변이 되도록이면 직선에 가깝게 하려면 b와 p의 배치가 고르게 되어야 한다.

또, $W > L$ 이면 앞 설명에서의 p를 m으로 끊으면 된다.

문제 3 **폭 6코, 길이 10코인 삼각형 그물감을 만들어라.**

풀이 $B = 2W - 2 = 2 \times 6 - 2 = 10$

$P = L - W = 10 - 6 = 4$

$\therefore \dfrac{B}{P} = \dfrac{10}{4} = 2$ 나머지 2

즉, $(1p2b) \times 2$번 $+ (1p3b) \times 2$번 으로 사단하면 된다.

또, 더 고르게 하기 위해서는 $(1p2b)(1p3b)$를 2번 되풀이하는 것이 좋다.

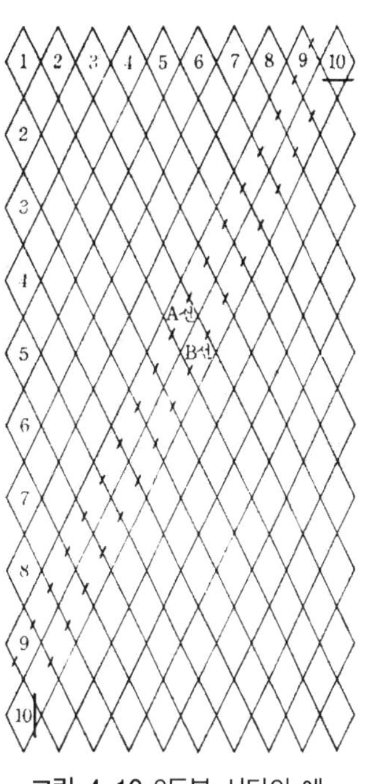

그림 4-16 2등분 사단의 예.

문제 4 **가로·세로가 각각 10코인 사각형 그물감을 사단하여, 2개의 같은 삼각형 그물감을 만들어라(그림 4-16).**

풀이 한쪽 폭을 10코 남겨 놓고 b로만 끊어 가면 반대쪽은 가로·세로가 8코인 삼각형 그물감이 되어 2등분이 안 된다(그림의 A 선). 따라서 이 때는 가로·세로가 각각 9코씩의 그물감으로 끊어야 한다(그림의 B 선).

문제 5 **그림 4-17과 같은 사다리꼴 그물을 만들려면 양 모서리는 어떻게 사단을 해야 하는가?**

풀이 이 경우 중앙부는 가로 8코, 세로 30코인 직사각형 그물감이고, 양쪽 끝은 가로는 위쪽이 6코, 아래쪽이 1코인 삼각형 그물감이 붙어서 된 것이라고 생각해야 한다. 따라서

$B = 2 \times 6 - 2 = 10$

$P = 30 - 6 = 24$

$\dfrac{P}{B} = \dfrac{24}{10} = \dfrac{2}{1}$ 나머지 4

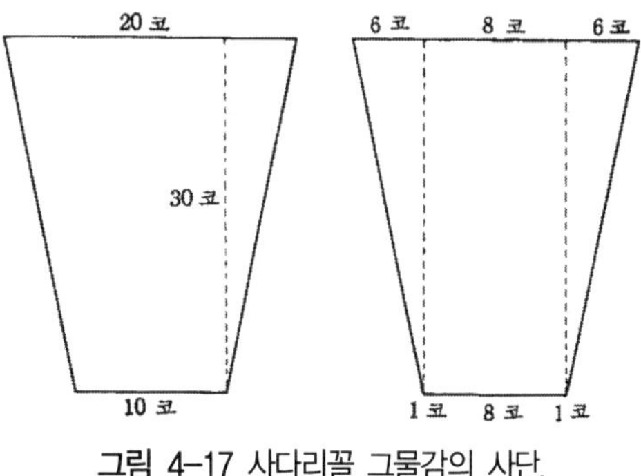

그림 4-17 사다리꼴 그물감의 사단.

즉, $(2p1b)$를 6번 하는 도중에 $(3p1b)$를 4번 하면 된다. 그 이유는 $(2p1b)$는 가로 5코, 세로 1코의 기울기를 가지는 사단방법 이며, 이 경우 전체의 세로 코수가 30코이므로, $30 \div 5$코 $= 6$ 이기 때문이다. 이 때, 중앙부

의 직사각형 그물감의 폭을 10코라고 생각해서는 안 된다.

(3) 그물감의 축결

① 주름과 주름율 및 성형율

그물감은 뻗친 채로는 그물코가 벌어지지 않으므로, 사용할 때는 그물감의 길이보다 짧은 줄에 달아서 그물코가 벌어지도록 한다. 이 때, 그물감의 뻗친 길이(또는 완성된 그물감의 길이)를 a, 줄의 길이를 b라 하면, $a-b$가 주름(縮結, shortening)이다. 그러나, 보통은 기준이 되는 길이에 대한 비율로써 나타내며, 이것을 주름율(shortening ratio)이라 하는데, 때로는 주름율을 주름이라고 하는 경우도 있다.

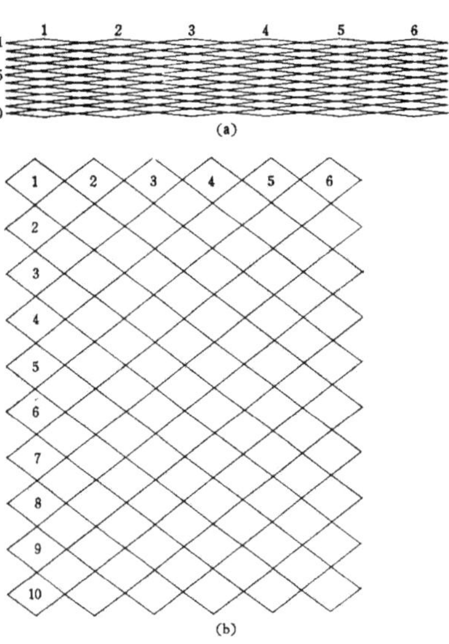

그림 4-18 주름에 의한 그물코의 변화.
(a) 그물감이 거의 뻗쳤을 때,
(b) 가로 방향에 20%의 주름을 주었을 때
(숫자는 코의 수)

주름율의 표시방법에는 다음과 같은 것이 있다.

$$\text{안주름율}\ S=\frac{a-b}{a}$$

$$\text{성형율}\ H=\frac{b}{a}=1-S$$

관습적으로는 안주름율이 많이 쓰이고 있으나, 이론상으로는 성형율(hanging ratio)이 편리하다.

② 그물코의 넓이가 최대가 되는 성형율

그림 4-19에서 1개의 그물코 ACBD의 대각선의 교점을 O라 하고,

$\mathrm{CO}=\mathrm{DO}=x$

$\mathrm{AO}=\mathrm{BO}=y$

$\mathrm{AD}=\mathrm{BD}=\mathrm{BC}=\mathrm{AC}=l$

이라 하면,

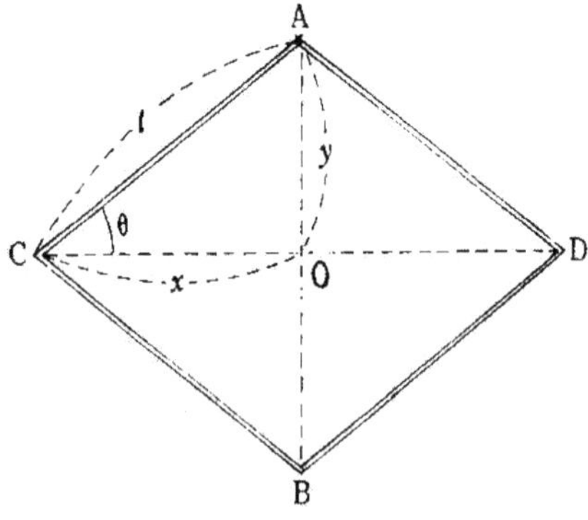

그림 4-19 그물코의 면적.

$$\mathrm{ACBD}=\frac{1}{2}xy\times 4=2xy$$

$$=2l^2\sin\theta\cos\theta$$

$$=l^2\sin 2\theta$$

따라서 □ACBD는 $\sin 2\theta$가 최대일 때 즉, $\theta = 45°$일 때 최대의 넓이를 가진다.

이것을 성형율로 환산해 보면, x방향의 성형율을 H라 할 때,

$$x = lH = l\cos 45° = \frac{\sqrt{2}}{2}\,l$$

$$\therefore H = \frac{x}{l} = \frac{\sqrt{2}}{2} \fallingdotseq 0.707$$

즉, 성형율로는 약 70%, 주름율로는 약 30%일 때 그물코의 넓이는 최대가 된다.

③ 그물코의 가로·세로의 성형율 사이의 관계

평면 위에 그물감이 펼쳐져 있을 때, 그물코의 모양은 주름에 따라 여러 가지로 변형된다. 이 때, 구김살 없이 펼쳐지기 위한 가로·세로의 성형율 사이의 관계를 생각해 보자.

지금 그림 4-20에서 AD_1BE_1 : 주름 없이 뻗쳤을 때의 그물코의 모양, AD_2CE_2 : 주름이 BC인 때의 그물코의 모양, 가로·세로의 성형율을 각각 H_1, H_2라 하면,

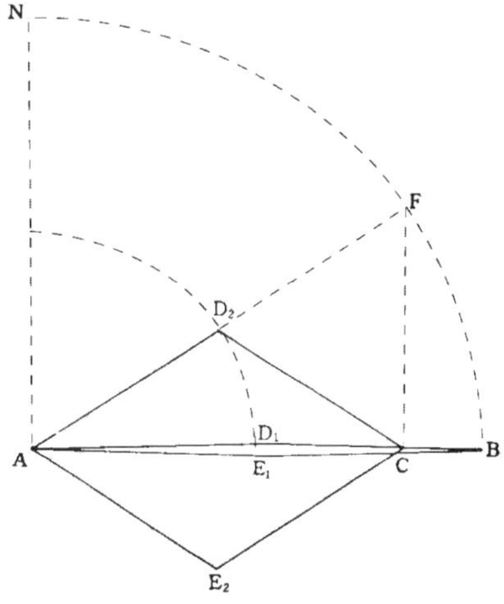

그림 4-20 주름에 의한 그물코의 변형.

$$H_1 = \frac{AC}{AB}$$

$$H_2 = \frac{D_2E_2}{AN} = \frac{CF}{AN} = \frac{CF}{AB}$$

그런데, 피타고라스의 정리에 의하여

$$AC^2 + CF^2 = AF^2$$

$$\therefore \frac{AC^2}{AB^2} + \frac{CF^2}{AB^2} = \frac{AF^2}{AB^2} = \frac{AB^2}{AB^2} = 1$$

즉, ${H_1}^2 + {H_2}^2 = 1$이라는 관계가 성립한다.

H_1과 H_2의 관계를 그림으로 나타내면 그림 4-21과 같다. 이 그림에서, 가령 가로의 성형율이 70%일 때에 주름살 없이 펼쳐지기 위한 세로의 성형율을 구하려면 x축의 0.7에 맞는 곡선 위의 점의 y축의 값을 읽으면 대략 0.71정도이므로, 세로의 성형율은 71%, 주름율로는 29%임을 알 수 있다.

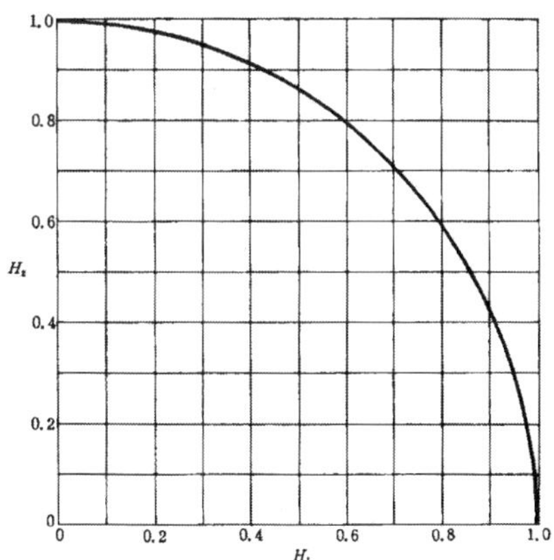

그림 4-21 가로·세로의 성형율 사이의 관계 $({H_1}^2 + {H_2}^2 = 1)$.

문제 6 길이 방향에 20%의 주름을 주었을 때, 폭 방향의 주름은 얼마를 주어야 그물감이 구김살 없이 펼쳐지는가?

풀이 $H_1 = 1 - 0.2 = 0.8$

$H_2 = \sqrt{1 - {H_1}^2} = \sqrt{1 - 0.8^2} = \sqrt{0.36} = 0.6$

∴ 폭 방향의 성형율은 60%, 즉 주름율로는 40%

문제 7 코의 크기 60mm, 폭의 코수 100코인 그물감의 길이 방향에 30%의 주름을 주면 폭의 나비는 얼마가 되는가?

풀이 폭 방향의 성형율 $H_2 = \sqrt{1 - 0.7^2} = \sqrt{0.51} \fallingdotseq 0.7$

∴ 폭의 나비＝60mm×0.7×100코＝4.2m

문제 8 가로 10m, 세로 4m 되는 직사각형의 틀이 있다. 코의 크기 50mm인 그물감을 가로 방향에 40%의 주름을 주고, 구김살이 없도록 붙일려면 가로·세로를 각각 몇 코씩으로 하면 되는가?

풀이 가로 방향의 성형율 $H_1 = 0.6$, 세로 방향의 성형율 $H_2 = 0.8$

가로 방향에 소요되는 그물감의 길이＝10m÷0.6＝16.7m,

가로 방향의 소요 코수＝16.7m÷50mm＝334(코),

세로 방향에 소요되는 그물감의 길이＝4m÷0.8＝5m,

세로 방향의 소요 코수＝5m÷50mm＝100(코)

문제 9 어떤 기선저인망의 천장망의 그물감 배치는 그림 4-22와 같다. AB, AD 방향의 성형율을 구하여라. 다만, AD는 $\overline{AB}$, $\overline{CD}$ 사이의 수선의 길이(코수)이다.

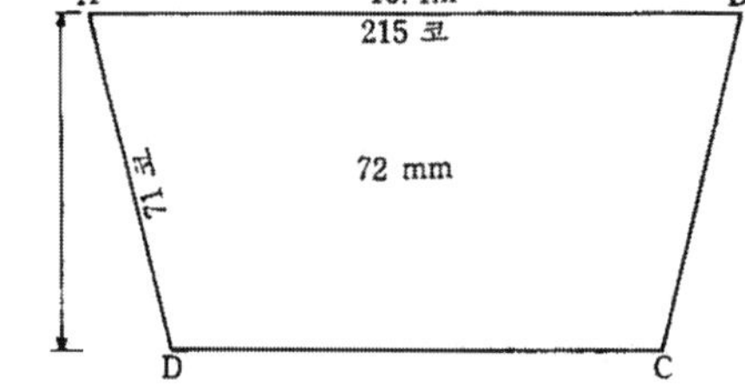

그림 4-22 기선저인망의 천장망 그물감 배치.

풀이 AB의 그물감의 길이＝72mm×215코＝15.48m

성형율 $H_1 = \dfrac{10.1}{15.48} \fallingdotseq 0.65$ 즉, 65%이고,

같은 방법으로 AD 방향의 성형율 $H_2 = \dfrac{3.8\text{m}}{72\text{mm} \times 71\text{코}} = \dfrac{3.8}{5.11} = 0.75$

즉, 75%이다.

제3절 어구와 어법

1. 어로의 과정

어로 행위는 대상 생물의 행동 양식을 알아내고, 그에 알맞은 수단 방법과 도구를 써서 이루어진다. 일반적으로 이러한 수단 방법을 어법(fishing method), 도구를 어구(fishing gear)라 한다. 그러나, 어법이라는 말은 넓게는 어로의 수단 방법 전반을 가리키나, 좁게는 어획 수단만을 가리키거나, 더 좁게는 어구의 사용 방법을 가리키는 경우도 있다.

어로는 다음과 같은 세 과정을 거쳐서 이루어지는 경우가 많다.

(가) 어군이 존재하는 위치를 알아내는 일

(나) 어군을 보다 좁은 공간에 밀집시키는 일

(다) 대상물을 잡아 올리는 일

일반적으로 (가)의 단계를 어군 탐색 또는 탐어, (나)의 단계를 집어, (다)의 단계를 어획이라 한다.

1) 어군 탐색

어로를 가장 경제적으로 수행하기 위해서는 어군의 밀도가 큰 해역을 어장으로 택하여야 하고, 그 어장에서 어군을 확인한 후에 다음 과정의 수단을 써야 한다. 이와 같이 어군의 소재를 확인하는 일이 어군 탐색이다. 어군 탐색에는 간접적 방법과 직접적 방법이 있다.

(1) 간접적 어군 탐색

어업의 대상이 되는 수산동식물도 육상의 생물과 같이 종류마다 생활 조건이 다르므로, 그것이 존재하는 범위, 즉 분포도 다르고, 또 환경 조건이나 자체의 생리적 조건의 변화에 따른 이동, 즉 회유라 한다. 따라서, 어업 생산을 경제적으로 수행하기 위해서는 먼저 대상 생물의 분포・회유상을 파악하여 그것이 존재할 가능성이 큰 해역을 알아내야 하는데, 이 단계를 제1차 어장 탐색 또는 간접적 탐어(primary scouting 또는 indirect locating)라 한다.

그런데, 어업 대상생물 중 식물은 그 소재 위치가 바뀌지 않으므로, 해마다 같은 곳에서 채취할 수 있으나, 이동성인 수산동물은 소재 위치를 소극적 혹은 적극적으로 바뀌므로, 어획이 가능한 장소가 반드시 일정한 것은 아니다. 그러나, 바다의 해류·수온 따위의 환경 조건은 해마다 거의 같은 모양으로 변하는 것이고, 수산동물의 생활 조건은 종류에 따라 거의 일정하므로, 과거에 어획을 한 실적을 분석해 보면 그 생물이 살기에 알맞은 조건을 규명할 수 있고, 이것을 적절히 이용하면 대상생물이 존재할 가능성이 큰 해역을 발견할 수가 있다.

가령 우리나라 동해안에서 꽁치를 잡은 실적을 분석해 보면, 수온 12～18℃에서 가장 많이 잡혔으므로, 동해에서 꽁치 어군이 존재할 가능성이 있는 해역을 찾으려면 수온 범위가 중요한 지표가 될 수 있다. 이 일을 과학적으로 수행하기 위해서는 다년간에 걸쳐 그 해역의 해황(특히 수온, 염분 등의 분포), 어획물의 상태(크기, 성숙도 등) 등을 기록한 자료가 있어야 한다.

(2) 직접적 어군 탐색

어떤 시기에 어군이 존재할 가능성이 있는 수역의 범위는 간접적 탐어에 의하여 추정할 수 있으나, 어업을 경제적으로 수행하기 위해서는 어구를 사용하기 전에 어군의 존재를 확인할 필요가 있다. 이 과정을 제2차 어군 탐색 또는 직접적 탐어(secondary scouting 또는 direct locating)라 한다.

어군이 수면 가까이에 있을 때에는 어군이 일으키는 물살이나 거품 또는 갈매기 같은 바닷새 떼의 움직임 등으로 어군의 존재를 알아낼 수가 있다. 이 경우, 마스트의 꼭대기 가까이에 망통을 만들어 그 안에 사람이 들어가서 관찰하기도 하고, 보다 더 광범위하게 탐어하려면 비행기를 이용하기도 한다. 또, 수심이 깊은 곳에 있는 어군은 어군탐지기를 이용하여 찾아내고 있으며, 오늘날에는 어업의 특성에 알맞은 여러 가지 어군탐지기가 개발되어 거의 모든 어선에 쓰이고 있다.

2) 집어

어군을 발견했더라도 자연 상태의 어군은 그다지 밀집되어 있는 것이 아니므로, 어획 효과를 높이기 위해서는 어군을 더 좁은 공간에 밀집시켜야 할 필요가 있는데, 이 과정을 집어라 한다. 집어의 방법은 크게 유집, 구집, 차단 유도의 세 가지로 나눌 수 있다.

(1) 유집과 구집

어군에게 어떤 자극을 주어 어군이 자극원 쪽으로 모이게 하는 것을 유집(attracting)이라 하고, 반대로 자극원에서 멀리 가게 함으로써 모이게 하는 것을 구집(herding)이라 한다.

일반적으로, 어떤 고기든지 좋아하는 먹이를 뿌려 주면 유집할 수 있고, 또 어린 시기에는 외적의 공격을 피하기 위하여 해조류나 나무 토막 같은 부유물의 그늘에 숨는 습성이 있으므로, 인공적으로 부유물을 설치해 줌으로써 어군을 모이게 할 수도 있다.

대규모로 유집하는 대표적인 방법으로는 불빛을 이용하는 방법이 있다. 즉, 고등어, 전갱이, 멸치, 꽁치, 오징어 등과 같이 표층 내지 중층의 어족은 불빛에 모여드는 주광성이 있으므로, 집어등을 사용하여 집어할 수가 있다. 이 방법은 어업에 널리 쓰이고 있고, 또 매우 효과적인 방법이기는 하지만, 밤에만 쓸 수 있고, 달이 밝은 밤에는 효과가 적은 결점이 있다. 또, 최근에는 고기가 냄새에 대하여 상당히 민감하다는 것이 알려짐에 따라 화학물질로 유집하거나 구집하기 위한 방법이 연구되고 있으며, 앞으로는 공중에서 화학물질을 살포하여 집어할 가능성도 있다.

구집의 방법으로는 물 속에서 줄을 후려 그것에서 나는 시각적 자극과 소리 자극을 이용하는 방법이 가장 보편적이며, 끌그물 어구에서는 날개그물 앞에 후릿줄을 길게 내서 접근해 오는 어군을 놀라게 함으로써 그물 입구 쪽으로 유도한 방법이 널리 쓰이고 있다.

(2) 차단 유도

어군의 자연적인 통로를 차단하여 어획하기에 알맞은 장소로 유영해 가도록 유도하는 방법을 차단 유도(intercept and inducing)라 한다. 어족은 일반적으로 시각이 상당히 예민하므로, 시각적인 장애물을 설치하여 어군의 통로를 차단하여 유도하는 경우가 많다.

대표적인 것은 정치망의 길그물인데, 이것은 그물코가 상당히 큰 그물감으로 된 것이며, 어체의 크기에 비해서는 그물코가 아주 커서 능히 이것을 빠져 나갈 수 있으나, 노란색 계통의 색깔을 가진 그물실을 쓰므로서 고기가 이것에 위협을 느껴, 이것을 통과하지 않고, 이를 따라서 유영해 가게 하여 통그물로 유도해 간다. 또, 예망류는 자루의 좌우에 길다란 날개그물을 가지고 있는데, 이것은 차단 유도와 구집의 두 가지 역할을 겸하는 것이라 볼 수 있다.

3) 어획

어로의 과정 중에서 대상물을 물에서 잡아 올리는 과정을 어획이라 하며, 어획된 수산 동식물을 어획물이라 한다.

어군 탐색이나 집어 등 어로의 두 과정이 아무리 잘 되었다 하더라도, 어획 과정이 적절하지 못하다면 어로의 목적을 달성할 수가 없다.

어획을 효과적으로 달성하기 위해서는 여러 가지 도구 즉, 어구(fishing gear)를 써야 하며, 또 그것을 알맞게 사용해야 한다. 어획을 경제적으로 달성하기 위하여 필요한 과정을 살펴 보면,

① 대상생물의 행동 양식, 특히 무리를 이룰 때의 행동 양식 규명
② 대상생물의 행동 양식에 알맞은 어획 방법 규명
③ 어획 방법에 알맞은 어구의 설계, 제작
④ 어구의 특성을 살릴 수 있도록 조작

의 과정을 생각할 수 있다. 지금까지는 대상생물의 행동 양식을 알아낼 수단이 발달하지 못하여 어업의 발전이 늦어졌으나, 오늘날에는 여러 가지 수중 탐지기술이 발달하고, 이 방면의 연구도 활발하여 대상생물의 행동 양식이 점차 과학적으로 밝혀지고 있으며, 어구도 과학적으로 연구되고 있어서 어업의 과학화가 가속화되고 있다.

2. 어구와 어법의 분류

1) 어구의 분류

어구는 기능에 따라 그물이나 낚시와 같이 직접 어획에 사용되는 주어구, 어군탐지기나 집어등과 같이 어획 능률을 높이는 데 사용되는 보조 어구, 동력 장치와 같이 어구의 조작 효율을 높이는 데 사용되는 부어구로 분류한다.

일반적으로 주어구를 어구라 부르고, 보조 어구와 부어구를 합하여 어로 장비 또는 어업 기기라 부르기도 한다.

어구의 이동성에 따라서는 설치 위치를 쉽게 옮길 수 있는 운용 어구, 설치 위치를 옮길 수 없는 고정 어구로 분류한다. 고정 어구 중에는 한 어로 과정이 끝난 후 위치를 바꿀 수 있는 것이 있지만, 한 어기 동안 그 위치를 옮길 수 없는 것이 있는데, 이것을 정치 어구라 한다.

어구의 주된 구성 재료에 따라 낚기 어구, 그물 어구, 잡어구로 분류하며, 여기서는 어

업적으로 중요한 낚기 어구와 그물 어구에 대해서 알아보기로 한다.

2) 낚기 어구의 종류와 어법

낚기 어구의 기본 구조는 낚싯줄에 낚시를 매단 것이며, 낚시에 미끼를 꿰어 어류를 낚아 올리는 어획 방법을 낚기 어법이라 한다. 여기에는 뜸, 발돌, 낚싯대 등이 쓰이는데, 외줄낚기와 주낙(연승)으로 구분한다.

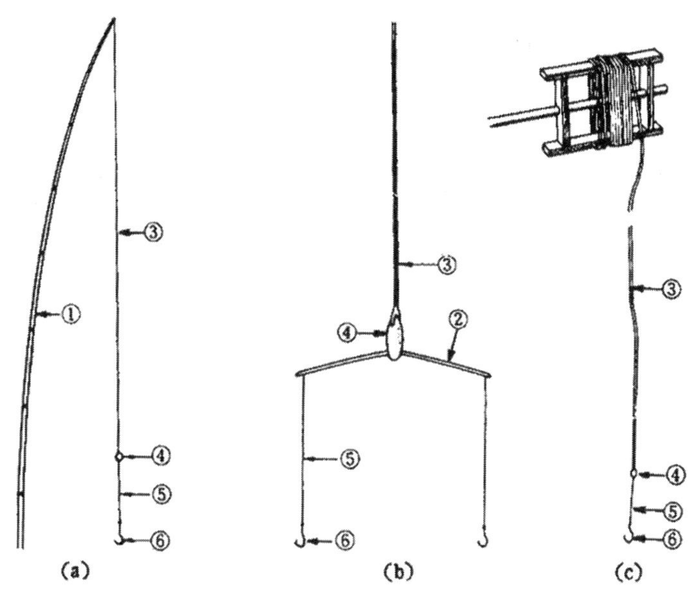

그림 4-23 외줄낚기 어구의 종류.
(a) 대낚시, (b) 보채낚시, (c) 손줄낚시
① 낚싯대, ② 보채, ③ 웃돌, ④ 발돌, ⑤ 목줄, ⑥ 낚시
(자료: 李秉錡 외, 1989)

외줄낚기에는 낚싯대에 낚싯줄을 매다는 대낚시, 보채에 낚싯줄을 매고 낚시를 묶은 보채낚시, 낚시에 가짜 미끼를 달아 수평 방향으로 끄는 끌낚시, 낚싯대가 사용되지 않는 손줄낚시가 있다.

주낙은 한 가닥의 긴 줄(모릿줄)에 일정 간격으로 여러 개의 짧은 줄(아릿줄)을 달고, 그 짧은 줄 끝에 낚시를 매단 것이다. 주낙에는 수평 방향으로 어구를 드리워서 표·중층의 어류를 낚기 위한 뜬주낙, 해저 깊은 곳의 어류를 낚기 위한 땅주낙이 있고, 수직 방향으로 펼쳐 유영층이 두꺼운 어류를 낚기 위한 선주낙이 있다.

3) 그물 어구의 종류와 어법

(1) 함정 어구와 어법

함정 어구는 일정한 장소에 설치해 둔 어구에 들어간 어류를 다시 나가지 못하게 가두어 잡는 방법을 말하며, 유인, 유도, 강제 등의 함정 어법이 있다.

유인 함정 어법은 어획 대상생물을 어구 속으로 유인하여 함정에 빠뜨려 어획하는 방법이다. 이것은 문어가 구멍에 숨는 성질을 이용한 문어 단지와 장어, 게, 새우 등을 어획 대상으로 하는 통발류가 있다.

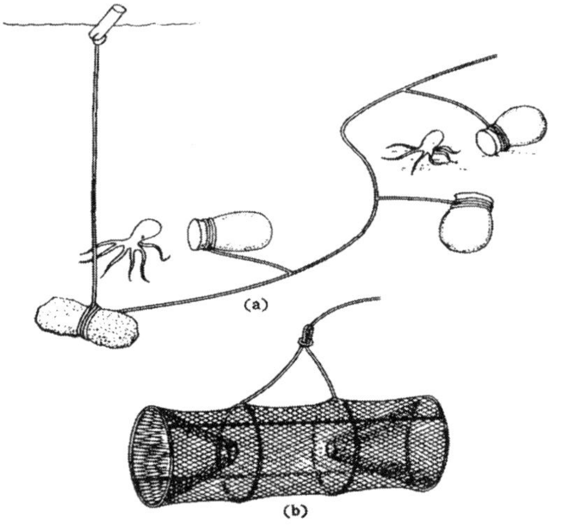

그림 4-24 유인 함정류.
(a) 문어 단지, (b) 장어 통발
(자료: 李秉錡 외, 1989)

유도 함정 어법은 어군의 통로를 차단하고, 어획이 쉬운 곳으로 어군을 유도하여 잡아올리는 어법이다. 가장 대표적인 어구는 정치망으로써 어군의 통로를 차단, 유도하는 역할의 길그물과 대상물을 어획하는 통그물로 구성된다. 정치망 어구는 통그물의 모양에 따라 대망류와 승망류로 분류한다.

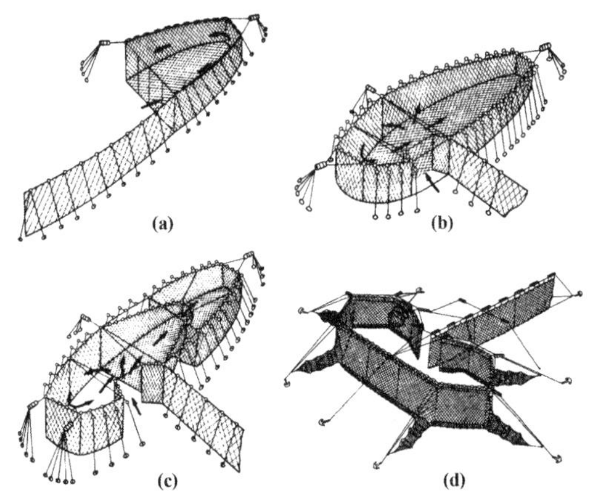

그림 4-25 유도 함정류.
(a) 대부망, (b) 대모망, (c) 낙망, (d) 승망
(자료: 李秉錡 외, 1989)

강제 함정 어법은 물의 흐름이 빠른 곳에 어구를 고정하여 설치해 두고, 어군이 강한 조류에 밀려 강제적으로 자루그물에 들어가게 하여 어획하는 어법이다. 여기에는 어구의 설치 위치가 장기간 고정되는 죽방렴과 주목망, 어구의 이동이 가능한 낭장망과 안강망이 있다. 죽방렴과 낭장망은 남·서해안 일대의 협수로에서 빠른 조류를 이용하여 멸치나 갈치를 잡는 어법이다. 주목망은 원래 서해안에서 조기나 갈치를 잡았으며, 이것이 발달하여 어장 이동이 가능하고, 어획 성능이 우수한 안강망으로 발전되었다.

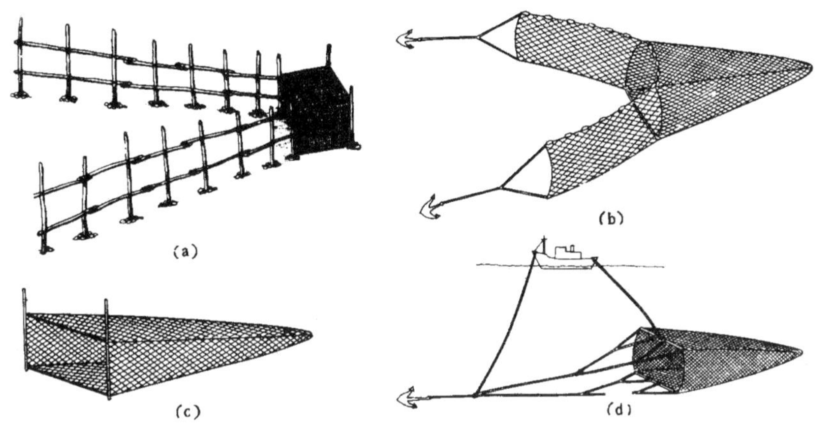

그림 4-26 강제 함정류.
(a) 죽방렴, (b) 낭장망, (c) 주목망, (d) 안강망 (자료: 李秉錡 외, 1989)

(2) 걸그물 어구와 어법

걸그물(자망) 어구는 긴 사각형 모양의 어구로서 어군이 헤엄쳐 다니는 곳에 수직 또는 수평 방향으로 그물을 펼쳐 두고 지나가는 어류가 그물코에 꽂히게 하여 어획한다. 이 때 펼쳐진 그물코의 크기는 어획하고자 하는 어류의 아가미 부분의 둘레와 거의 일치해야만 어체가 그물코에 걸리게 된다.

걸그물은 어구를 부설하는 수층에 따라 표층 걸그물, 중층 걸그물, 저층 걸그물로 나눌 수 있고, 사용 방법에 따라 고정 걸그물, 흘림 걸그물(유자망), 두릿 걸그물(선자망)로 구분하기도 한다.

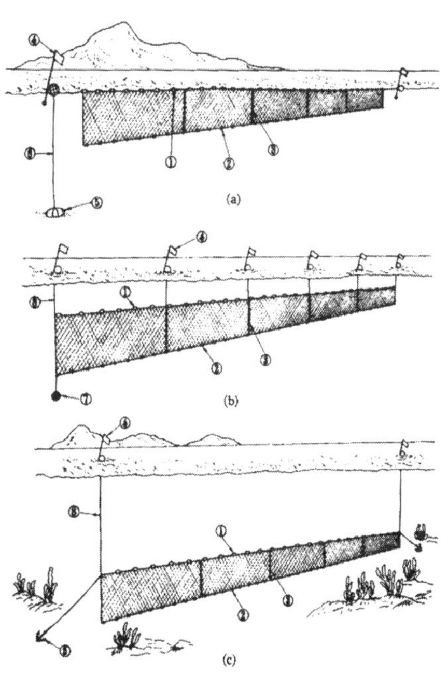

그림 4-27 걸그물 어구의 종류.
(a) 표층 고정자망, (b) 중층 유자망,
(c) 저층 고정자망.
① 뜸 및 뜸줄, ② 발돌 및 발줄,
③ 폭의 이음 부분, ④ 부표 및 표지기,
⑤ 닻, ⑥ 닻줄, ⑦ 추, ⑧ 부표줄
(자료: 李秉錡 외, 1989)

3) 두릿그물 어구와 어법

두릿그물(선망) 어구는 표층이나 중층에 모여 있는 어군을 길다란 수건 모양의 그물로 둘러싸서 가둔 다음, 그물의 포위 범위를 좁혀서 어획한다. 이 어법은 한 곳에 많이 모여 있는 큰 어군을 한꺼번에 대량으로 어획하는 데 매우 효과적이다. 어구의 아래쪽에는 고리가 달려 있고, 거기에 죔줄이 끼워져 있어서 모여 있는 어군을 둘러싼 후에 죔줄을 양쪽 끝에서 잡아당겨 아래쪽 가장자리를 죄어서 아래쪽으로 어군이 빠져나가는 것을 막는다.

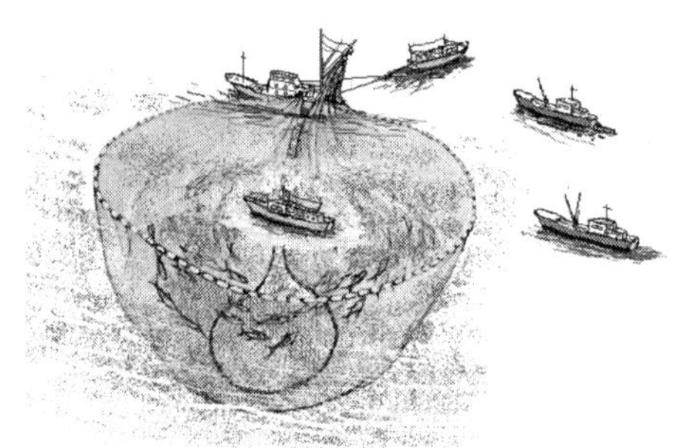

그림 4-28 건착망 선단 조업도.
(자료: 국립수산과학원, 2017)

4) 들망 어구와 어법

들망(부망) 어법은 수면 아래에 그물을 펼쳐두고 어군을 그물 위로 유인한 후 그물을 들어올려서 잡는 어법이며, 현재 산업적으로 활용되고 있는 어구는 봉수망이다. 들망 어법은 연안의 소규모 어업에 간혹 이용되는데, 남해안의 숭어 들망, 멸치 들망, 제주도 연안의 자리돔 들망이 있다.

그림 4-29 봉수망 조업도.
(자료: 국립수산과학원, 2017)

5) 후릿그물 어구와 어법

후릿그물은 자루의 양쪽에 길다란 날개가 있고, 그 끝에 끌줄이 달린 그물을 멀리 투망해 놓고 육지나 배에서 끌줄을 오므리면서 끌어당겨서 어획하는 어법이다. 이 어법은 그물이 투망된 위치로부터 끌어당기는 위치까지의 사이에 있는 대상물만 잡을 수 있는 소규모 재래식에 해당된다.

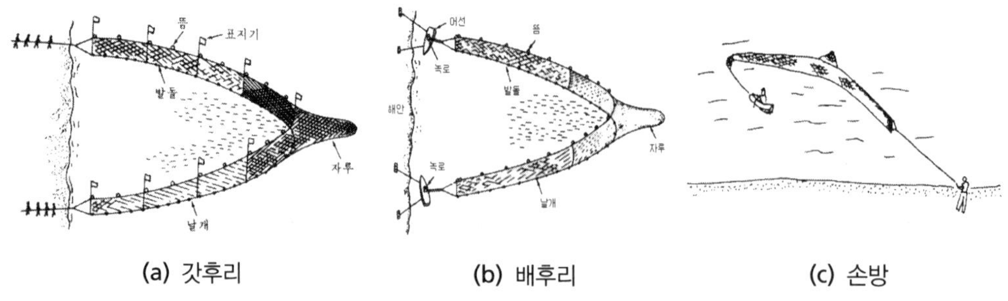

(a) 갓후리 (b) 배후리 (c) 손방

그림 4-30 후릿그물 어구와 어법. (자료: 李秉錡 외, 1989)

6) 끌그물 어구와 어법

한 척 또는 두 척의 어선이 일정 시간 동안 어구를 끌어서 어획하는 어법을 끌그물(예망) 어법이라 한다. 이 어구는 자루그물만으로 구성된 경우도 있으나, 일반적으로는 자루그물의 양쪽에 긴 날개그물이 달려 있다. 어구의 구조상으로는 후릿그물과 비슷한 점도 있지만, 후릿그물 어법은 조업 범위가 한정되는 반면에, 끌그물 어법은 어구를 끌고 어군을 찾아 자유로이 이동할 수 있다는 점에서 훨씬 적극적이고 공격적이며 기계화된 어법이다. 끌그물 어법은 다른 어느 어법보다도 어획 성능이 우수하며, 이들 끌그물 어법 중에는 산업적으로 중요하고 규모가 큰 어구가 많다. 종류는 기선권현망, 쌍끌이 기선저인망, 트롤 등이 있다. 기선권현망 어법은 연안의 표층 부근에서 유영하는 멸치 어군을 어획하는 어법이다. 기선저인망 어법에는 외끌이와 쌍끌이가 있으나, 외끌이는 조업 범위가 한정되므로, 끌그물 어법이라기 보다는 후릿그물 어법에 가깝다. 따라서, 쌍끌이 기선저인망이 대표적인 저인망 어법이라고 할 수 있다.

트롤 어법은 그물 어구의 입구를 수평 방향으로 벌리게 하는 전개판을 사용하여 한 척의 선박으로 조업하는 것이 특징이며, 끌그물 어법 중에서 가장 발달된 단계의 것이다.

최근에는 선내에서 어획물을 처리하여 가공하는 공선식 트롤선이 북태평양과 같이 해황이 거칠고, 수심이 깊은 바다에서 장기간 조업할 수 있는 원양 어업으로 발달하였다. 트롤 어법에는 조업 수심의 층에 따라 해저를 끄는 저층 트롤과 중층을 끄는 중층 트롤이 있다.

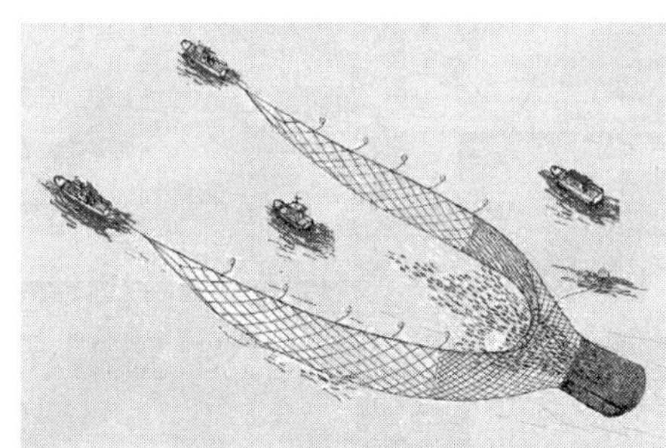

(a) 기선권현망

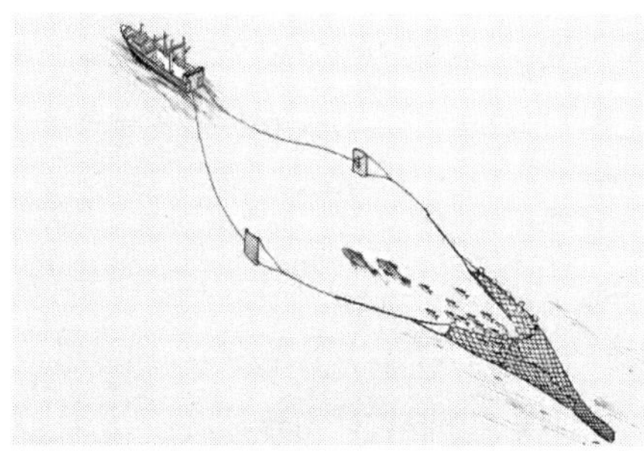

(c) 트롤

(b) 쌍끌이 기선저인망

그림 4-31 끌그물 어구와 어법.
(자료: 국립수산과학원, 2017)

제4절 어업 기기

1. 어업 기기의 분류

1) 어업 기기의 분류

어업 기기란 어업을 보다 효율적이고 경제적으로 영위하기 위하여 사용하는 각종 기계나 기구를 의미한다.

현재 여러 어업에서 사용되고 있는 어업 기기를 사용 목적에 따라 분류하면 다음과 같다.

(1) 수중 정보 수집장치
어군탐지기, 소나(sonar), 네트 레코더, 네트 존데 등

(2) 어구 조작용 기계장치
각종 권양기, 양승기, 양망기, 트롤 윈치, 죔줄 윈치 등

(3) 어획장치
오징어 자동 조상기, 가다랑어 자동 조상기 등

(4) 어획 보조장치
가다랑어 어선의 살수장치, 집어등, 물돛 등

(5) 어획물 처리 및 이송장치
어체 선별기, 컨베이어 시스템, 피쉬 펌프 등

넓은 의미에서 볼 때에는 이들 모두가 어업 기기라고 할 수 있지만, 좁은 의미에서 볼 때에는 주로 (1)과 (2)가 관심의 대상이 되는 경우가 많다. 따라서, 여기서는 좁은 의미의 어업 기기에 대해서만 취급하기로 한다.

2) 어업 기기의 구비 조건

어업 기기는 어선에 설치되어 먼 어장까지 운반되어 어로 작업에 투입되어 적절하게 다루어져야 하므로, 다음과 같은 조건을 구비하여야 한다.

(1) 견고하고, 동하중에 대한 강도가 커야 한다.

(2) 해수에 대한 내식성(耐蝕性)이 커야 한다.

(3) 취급 · 운용이 간편해야 한다.

(4) 속도 조정이 신속 · 확실해야 한다(기계류).

(5) 내진성이 커야 한다(기구류).

어선에 설치되는 기계류는 어구를 거친 파도 속에서 다루는 경우에는 위험이 수반되므로, 그 운용이 신속 · 확실해야 한다. 이것이 조건 (4)이다. 또, 거친 파도에 시달리는 선상에 설치되는 기구류는 내진성이 커야 하므로, 조건 (5)가 필수 조건이 된다.

2. 수중 정보 수집장치

1) 어군탐지기(echo sounder, fish sounder)

수중에 음파를 발사하면 음파 에너지의 일부가 수중의 물체에 부딪쳐 메아리(echo)가 되어 되돌아 온다. 이 성질을 이용하면 수중 깊은 곳에 있는 어군을 탐지할 수 있는데, 이를 위한 장치가 어군탐지기이다.

(1) 어군탐지기의 원리와 구성

① 어군탐지기의 원리

음파란 공기나 물과 같은 매질이 갖는 탄성과 관성에 의하여 생기는 파동인데, 그 파동의 주파수에 따라 가청 음파와 초음파로 크게 나눌 수 있다. 보통 가청 음파는 주파수가 20kHz 이하, 초음파는 그 이상인 음파를 말한다.

어군탐지기에서 이용되고 있는 음파는 초음파인데, 현재 가장 널리 이용되고 있는 음파의 주파수 범위는 28～200kHz이다.

어군탐지기는 음파의 반사성, 직진성, 등속성을 이용하여 해저의 형태나 깊이, 어군이 존재하는 위치, 어군의 크기 및 어류의 체장 등에 관한 정보를 얻는 장치이다.

② 어군탐지기의 구성

어군탐지기는 기본적으로 단속적인 초음파 신호(펄스 신호)를 발생시키는 발진기, 발진기에서 발생시킨 펄스 신호를 수중으로 발사하는 송파기, 수중의 물체로부터 반사된 초음파 신호를 수신하는 수파기, 수파기에 수신된 미약한 반사 신호를 증폭시키는 증폭기, 반사 신호를 연속적으로 기록하거나 브라운 관에 영상으로 나타내는 지시기 등으로 구성된다.

㉮ 발진기(transmitter)

발진기는 송파기를 구동하기 위한 송신 펄스 신호를 발생시키는 장치로서, 기본적으로는 그림 4-32(b)와 같이 정현파 발생기, 펄스 발생기, 변조기 등으로 구성된다. 먼저, 정현파 발생기(oscillator)에서 출력되는 그림 4-32(c)의 A1과 같은 정현파 또는 구형파 신호와 펄스 발생기(pulse generator)에서 출력되는 그림 4-32(c)의 B1과 같은 펄스 신호가 변조기(modulator, mixer)에 입력되면, 변조기에서는 그림 4-32(c)의 C1과 같은 송신 펄스 신호를 발생시킨다. 이와 같이 발진기에서 발생된 송신 펄스 신호는 전력 증폭기(power amplifier)에서 증폭되어 그림 4-32(d)와 같은 고전압의 펄스 신호로서 송파기에 인가되는데, 대부분의 어군탐지기에서는 송신 신호의 주파수, 펄스 신호의 폭 및 반복 주기, 송신 출력 등을 외부에서 필요에 따라 조정할 수 있도록 설계되어 있다.

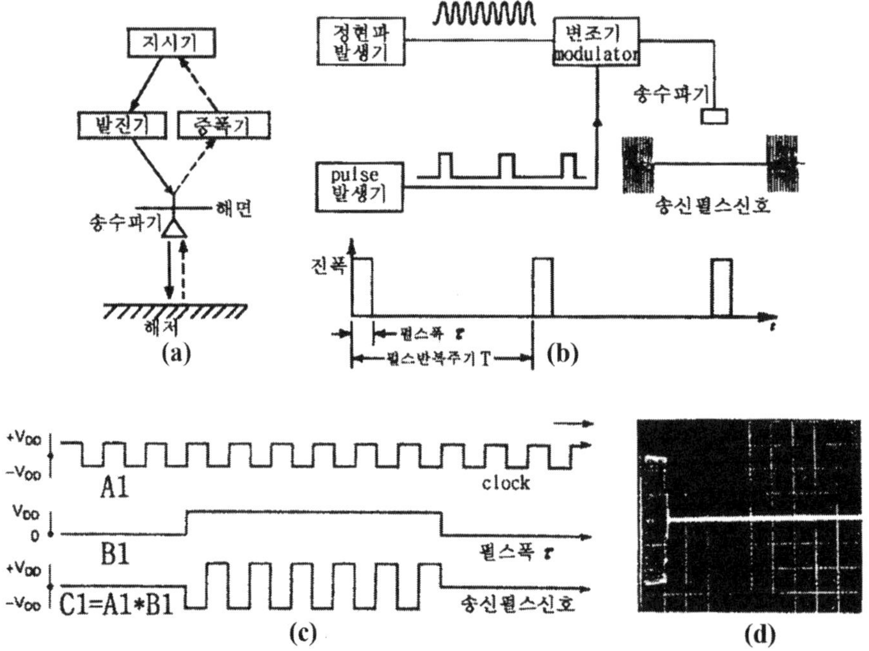

그림 4-32 어군탐지기의 구성과 송신 펄스 신호의 발생. (자료: 李昊在, 1999a)

㉠ 송신 주파수

송파기에 인가되는 송신 펄스 신호의 주파수는 송파기의 전기음향 변환효율이 최대가 되는 주파수(공진 주파수, resonant frequency)와 일치시켜야 한다. 이것은 송파기에 인가되는 송신 펄스 신호의 주파수가 송파기 자체의 공진 주파수와 일치하지 않으면 송파기의 출력이 저하하기 때문이다.

㉡ 송신 펄스 신호의 지속시간 및 반복 주기

펄스 신호가 송파기에 인가되면 펄스 신호가 지속되는 시간 동안에만 송신 신호의 주파수와 일치하는 송파기의 진동이 발생하여 수중으로 초음파를 발사하는데, 그 펄스 신호의 지속시간을 펄스 폭(pulse width)이라 한다.

송파기에서는 임의의 펄스 폭을 갖는 송신 펄스 신호가 일정한 시간 간격을 두고 반복적으로 발사되는데, 이 시간 간격을 펄스 반복 주기(pulse repetition period)라고 한다. 수중 물체에 의한 반사 신호는 송신 펄스 신호가 발사된 후, 다음의 송신 펄스 신호가 발사될 때까지의 사이에 나타나게 되는데, 그것이 나타나는 시간은 물체의 깊이에 의해 결정된다.

한편, 송신 펄스 신호의 폭은 어군탐지기의 거리 분해능과 밀접한 관계가 있는데, 펄스 폭이 짧을수록 거리 분해능이 좋아진다. 그러나, 펄스 폭을 너무 짧게 하면 송파기로부터 발사되는 초음파 에너지가 급격히 감소하기 때문에 보통의 어군탐지기에서는 대부분 0.5～2.0ms 범위의 펄스 폭을 사용한다.

모든 어군탐지기에는 탐지하고자 하는 최대의 수심을 선택하기 위한 조정기가 있는데, 이것을 조정하면 펄스의 반복 주기가 변한다. 만약, 송파기에서 발사된 펄스 신호가 해저에 부딪쳐 수파기에 수신되기 전에 또 다른 펄스가 발사된다면 이들 두 개의 펄스 신호가 뒤섞여 정확한 수심을 구할 수 없다. 따라서, 어군탐지기에서는 한 개의 펄스 신호가 발사된 후, 이것이 수신될 때까지 다른 펄스 신호가 발사되지 않도록 하고 있는데, 이 발사 시간의 간격, 즉 펄스의 반복 주기는 수심이 깊으면 길게, 또 얕으면 짧게 조정한다.

㉯ 송수파기(electroacoustic transducer)

발진기에서 만들어진 전기적인 펄스 신호가 송파기에 가해지면 송파기가 진동한다. 이 진동은 송파기에 접하고 있는 해수에 주기적으로 압력을 가하여 파동을 발생시키고, 이 파동이 수중으로 전파되어 간다. 즉, 송파기는 전기적 에너지를 기계적 에너지로 바꾸고, 이것을 다시 음향 에너지로 바꾸어 수중으로 보내는 역할을 하는 변환기이다.

한편, 수중의 물체에서 반사되어 되돌아온 반사파가 수파기에 부딪치면, 수파기에서는 그 반사파의 세기에 비례하는 만큼의 변형이 일어나고, 이 변형에 의해 수파기에 전기적인 신호가 발생한다. 즉, 수파기는 음향 에너지를 기계적 에너지로 바꾸고, 그것을 다시 전기적 에너지로 바꾸어 주는 변환기이다.

송파기와 수파기는 그 기능과 역할이 서로 정반대되는 전기음향 변환기인데, 보통 송파기와 수파기를 구분하지 않고 하나의 변환기로 겸용하기 때문에, 이들을 합쳐서 송수파기라 부른다.

송수파기를 설치할 때에는 수중에서 발생하는 기포의 영향을 받지 않도록 주의해야 한다. 배가 항주할 때, 송수파기 근처에 기포가 발생하면 이 기포층에 의해 초음파 에너지가 감쇠하거나 반사되어 물체의 탐지 능력을 크게 떨어뜨린다. 따라서, 송수파기는 이러한 영향을 가장 적게 받는 곳에 설치해야 하는데, 보통은 선체 중앙부의 용골 옆에 설치한다.

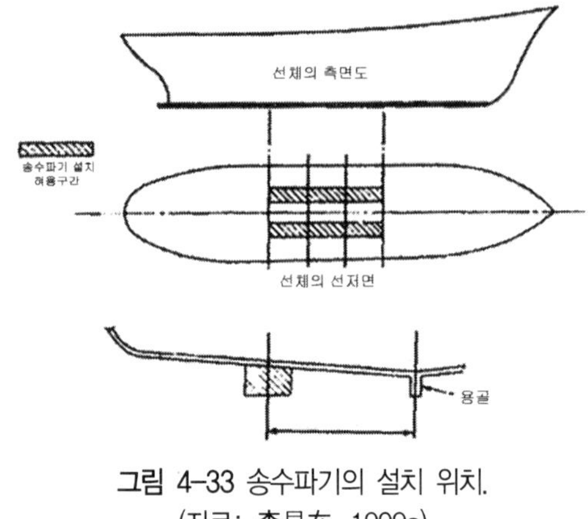

그림 4-33 송수파기의 설치 위치.
(자료: 李昊在, 1999a)

㉰ 증폭기(amplifier)

증폭기는 수파기에서 수신한 아주 미약한 신호를 증폭시켜, 이것을 지시기에 보내는 장치이다. 수중에서 음파의 세기는 그것의 전파 거리의 제곱에 비례하여 감쇠하기 때문에 송파기에서 발사된 초음파가 어떤 물체에 부딪쳐 반사될 때, 수파기에 수신되는 반사파의 세기는 송수파기에서 물체까지의 거리의 4제곱에 비례하여 감쇠한다. 따라서, 수파기에 수신되는 반사파 신호는 매우 미약하여 그대로는 탐지 내용을 판별하기 곤란하기 때문에 반사 신호의 진폭을 크게 하기 위한 장치가 필요한데, 이 장치가 증폭기이다.

일반적으로 증폭 회로는 트랜지스터나 집적 회로 등으로 구성되는데, 그 입력단에는 송파기에서 발사한 음파의 주파수와 동일한 주파수의 신호만을 통과시키는 회로(bandpass filter)가 있어서, 여기서 모든 수중 잡음이 제거된다. 이와 같이 잡음이 제거된 반사 신호가 몇 단계의 증폭기를 거치면서 목적하는 레벨의 전압으로 증폭되는데, 이 증폭된 신호가 지시기로 들어가 기록이나 영상으로 표시된다.

㉱ 지시기(display, recorder)

지시기는 어군이나 해저와 같은 수중 물체에서 반사되어 돌아오는 초음파 신호를 기록지에 기록하거나, 브라운관(CRT)에 영상으로 나타내기 위한 장치이다.

지시기에는 초음파가 송수파기에서 발사될 때마다 수중 물체에 의한 반사 신호가 연속적으로 나타나는데, 이 때 지시기의 상단에 연속적으로 나타나는 좁은 띠 모양의 기록을 발진선(zero line)이라 한다. 발진선은 송수파기에서 초음파가 발사되는 시각과 때를 같이 하여 나타나므로, 모든 물체의 깊이를 측정하는 데 그 기준이 된다.

(2) 어군탐지기의 종류

어군탐지기는 지시 방식에 따라 기록지식과 영상식으로, 초음파 발사 방향에 따라 수직식과 수평식으로 각각 분류할 수 있다.

① 지시 방식에 따른 분류

㉮ 기록지식 어군탐지기

기록지식 어군탐지기는 일정한 속도로 회전하고 있는 고무 벨트에 부착된 기록 펜이 기록지 위를 횡단 이동하면서 물체로부터의 반사 신호가 수신되는 순간마다 반사 기록을 기록지에 표시하도록 하는 장치이다.

기록지식 어군탐지기에서 사용하는 기록지에는 건식과 습식이 있다. 건식에서는 흑색의 탄소 용지를 반도전성(半導電性)의 산화 티탄으로 피막한 방전 파괴 기록지를 사용하는데, 기록 펜에 전압이 걸리면 기록지 표면의 탄소 피막이 파괴되어 그 속에 있는 흑지(黑紙)가 나타나 검은 기록을 남긴다. 그러나, 산화 티탄 피막이 파열될 때 연기가 나고, 심한 악취와 흑색의 분말 가루가 발생하는 문제가 있으나 기록의 보존성이 매우 우수하다. 한편, 습식은 옥도 카리 전분 용액을 침투시킨 습식 전해 기록지를 사용하는데, 기록 펜에 전류가 흐르면 기록지에서 전기 분해가 일어나 그 색깔이 갈색으로 변색된다. 이 방식에서는 기록지의 색깔이 시간이 지나면 쉽게 변색되므로, 기록을 장기간 보존할 수 없다는 문제점을 갖고 있으며, 오늘날 기록지식 어군탐지기는 거의 사용하지 않는다.

㉯ 영상식 어군탐지기

영상식 어군탐지기는 음극선관(cathode ray tube, CRT)이나 액정 디스플레이(liquid crystal display, LCD)를 이용하여 어군에 의한 초음파 반사 신호를 컬러 영상으로 나타내는 장치이며, 현재는 어군의 분포 양상을 8색 또는 16색의 컬러로 나타내는 컬러 어군탐지기가 주류를 이루고 있다.

보통 컬러 어군탐지기에서는 반사 신호의 진폭을 8개의 등급으로 나누어 진폭이 낮은 등급부터 청색, 청녹색, 백색, 연녹색, 녹색, 황색, 주황색, 적색 등의 순으로 색깔을 할당

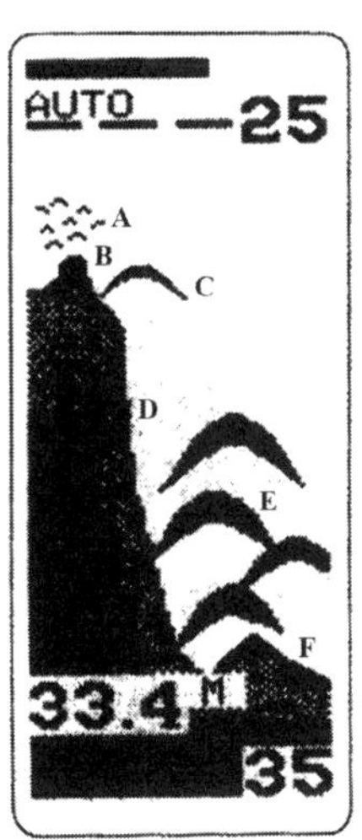

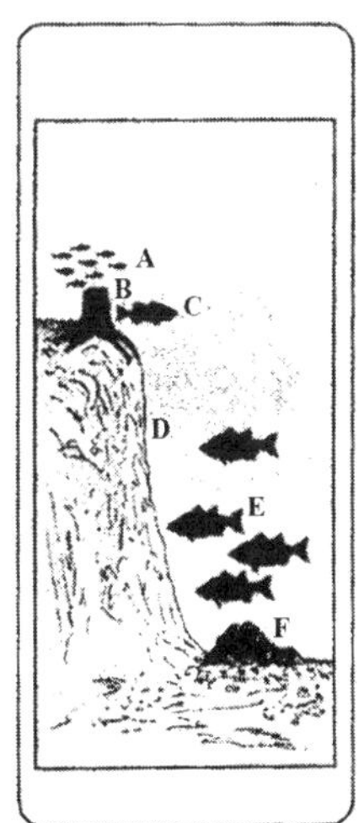

그림 4-34 어군탐지기의 기록 영상.
A: 표층 소형 어군, B: 해저 장애물,
C: 개체어, D: 해저 경사면,
E: 저층 대형 어군, F: 해저
(자료: 교육인적자원부, 2003a)

하고, 이들의 색깔 패턴에 따라 물체의 반사 신호를 영상화하는데, 이들의 색깔 패턴은 제작회사에 따라 조금씩 차이가 있다.

또한, 컬러 어군탐지기에서는 송수파기에서 펄스가 발사될 때마다 음극선관의 우측의 세로 방향으로 주사선이 나타나는데, 이 주사선은 펄스 신호가 연속적으로 발사되면 우측에서 좌측으로 이동해 간다. 음극선관의 우측에는 항상 새로운 주사선이 나타나고, 그것이 좌측 끝단에 도달하면 자동적으로 사라진다. 이와 같은 과정을 반복하면서 화면이 일정한 속도로 이동해 가는데, 이것은 기본적으로 기록지식 어군탐지기에서 기록 펜이 회전과 함께 기록지에 반사 기록이 연속적으로 타나나는 것과 같은 원리이다.

그림 4-35 컬러 어군탐지기의 지시기.
(자료: 교육인적자원부, 2003a)

컬러 어군탐지기의 송수파기에서 발사된 펄스 신호가 수중을 전파해 갈 때 어군이 탐지되면, 그 어군이 분포하는 수심 범위에 상당하는 주사선 구간에 반사 신호의 진폭에 따른 영상이 여러 색깔로 나타난다. 이 때, 펄스 신호가 연속적으로 발사되어 화면이 점차 왼쪽으로 이동해 가면, 그 색깔의 분포가 어떤 형태를 갖는 영상으로 윤곽을 나타내게 되는데, 이 어군 영상의 색깔 분포, 형태, 크기 등은 대상 어군의 군집 상태를 판단하는 데 있어서 중요한 정보가 된다.

② 초음파의 발사 방향에 따른 분류

㉮ 수직 어군탐지기

수직 어군탐지기는 송수파기의 진동면이 해저를 향하도록 선저에 설치하여 선저 바로 밑에 있는 해저나 어군의 분포 상태를 탐지하는 장치로서, 일반적으로 어군탐지기라고 하면 이 수직 어군탐지기를 말하는 경우가 많다.

㉯ 수평 어군탐지기

수직 어군탐지기는 배 바로 밑에 있는 어군 밖에 탐지할 수 없는 단점이 있기 때문에 초음파를 수직 방향 뿐만 아니라, 선박의 전후좌우 모든 방향으로 발사할 수 있도록 하여 자선 주변에 분포하는 모든 어군을 탐지하기 위한 장치로서, 이것을 보통 소나(sonar)라고 부른다.

소나는 수직 어군탐지기와는 달리 자선 주위에 흩어져 유영하고 있는 어군의 영상이 평면적으로 나타나므로, 어군의 방위나 거리를 쉽게 측정할 수 있으며, 또 어군의 동태를 연속적으로 파악할 수 있는 장점이 있다. 따라서, 선망 어선에서는 자선 주변의 어군을 탐색하는 데 주로 소나를 이용하고 있다.

일반적으로 소나는 초음파의 발사 방식에 따라 서치라이트 소나(searchlight type sonar)와 스캐닝 소나(scanning sonar)의 두 종류로 나눌 수 있다.

㉠ 서치라이트 소나(searchlight type sonar)

서치라이트 소나는 선저에 장치되어 있는 송수파기를 기계적으로 선회시키면서 임의의 방향으로 예리한 초음파 빔(beam)을 발사하여 자선 주위의 물체를 탐지하고, 그 물체로부터의 반사 신호를 수신하여 지시기에 표시하는 장치이다.

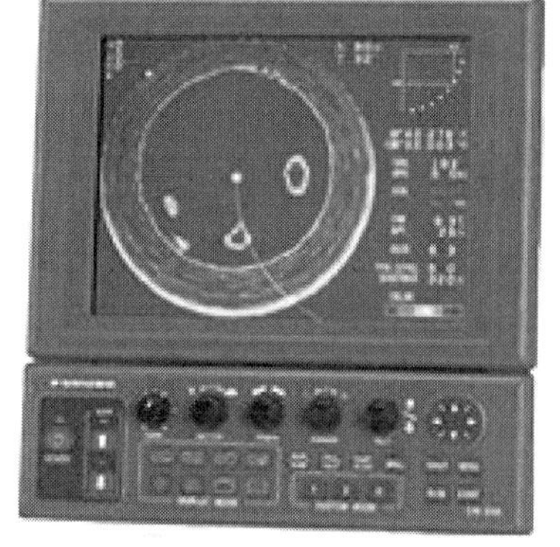

그림 4-36 서치라이트 소나의 지시기와 송수파기.
(자료: 교육인적자원부, 2003a)

서치라이트 소나에서는 송수파기를 선회시키면서 초음파를 발사할 때, 초음파 빔이 선저의 용골 등에 의해 차단되지 않도록 송수파기를 선저로부터 충분히 돌출시켜야 하고, 소나를 사용하지 않을 때에는 다시 송수파기를 선저의 수납공에 수납해 놓아야 하기 때문에, 이를 위한 송수파기의 승강장치가 있으며, 이것에 부가하여 송수파기의 선회 및 부각(俯角, tilt angle) 조정장치가 있다.

이러한 서치라이트 소나는 소형 선망, 봉수망, 중층 트롤 어선 등에서 자선 주변의 어군을 탐색하는 데 널리 사용되고 있다.

㉡ 스캐닝 소나(scanning sonar)

서치라이트 소나에서는 한 개의 송수파기를 기계적으로 180° 또는 360° 선회시키면서 자선 주변의 물체를 탐지하게 되므로, 송수파기가 한 바퀴 선회하는 동안에 물체로부터의 반사 신호는 한 번밖에 수신할 수 없다. 따라서, 송수파기가 선회하여 다음의 반사 신호를 수신하기까지에는 다소 시간이 걸린다. 또, 송수파기가 선회하는 동안 배는 항주하게 되므로, 자선 주위의 물표를 탐지할 수 없게 되는 맹목 구역(blind sector)이 생기는 단점이 있다.

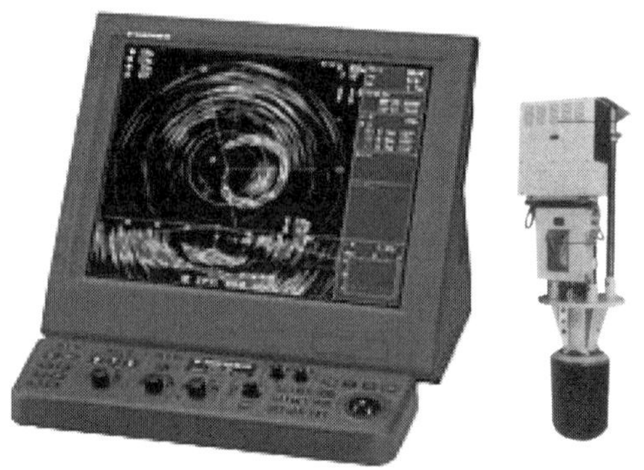

그림 4-37 스캐닝 소나의 지시기와 송수파기.
(자료: 교육인적자원부, 2003a)

이러한 단점을 보완하기 위한 것이 스캐닝 소나인데, 서치라이트 소나와 스캐닝 소나가 크게 다른 점은 송수파기의 구조에 있다.

스캐닝 소나의 송수파기는 서치라이트 소나와는 달리 원통 표면의 둘레와 길이 방향에 많은 진동자가 규칙적으로 배열되어 있기 때문에, 초음파를 발사할 때에는 모든 진동자를 동시에 사용하여 전 방향으로 일시에 초음파를 발사하고, 수신할 때에는 원통의 길이 방향으로 배열되어 있는 진동자의 열(列)을 전자적으로 바꾸어 가면서 각각의 방향에서 들어오는 물체로부터의 반사 신호를 수신하여 그것을 평면 위치 표시(PPI, Plan Position Indication) 방식으로 지시기에 나타낸다.

스캐닝 소나에서는 서치라이트 소나와 같이 기계적인 승강장치에 의해 송수파기를 선저 아래로 돌출시키거나 선저의 수납공에 수납하고 있지만, 초음파 빔의 선회 및 부각은 전자적으로 조정하기 때문에 별도의 기계장치가 필요하지 않다. 스캐닝 소나의 수평 방향에 대한 송신 지향각은 무지향성이다.

2) 어구의 전개 상태 감시장치

(1) 네트 레코더(net recorder)

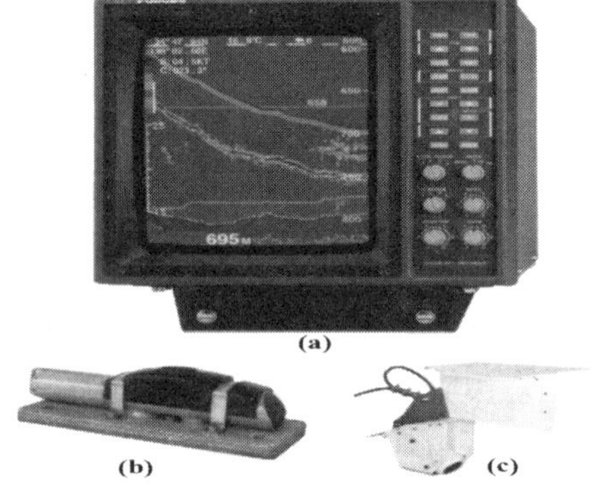

그림 4-38 네트 레코더 시스템.
(a) 지시기, (b) 발신기, (c) 수파기
(자료: 교육인적자원부, 2003a)

저층 트롤 조업에서는 해저의 저질 및 해저의 장애물의 존재 유무, 해저와 어구의 상대 위치, 어구의 전개 형상, 그물에 입망되는 어군의 동태 등을 정확하게 파악할 필요가 있다. 또한, 중층 트롤 조업에서는 그물의 망구를 어군의 유영층과 일치시키도록 어구의 깊이를 정확히 조절하여 예망해야 하는데, 이러한 목적을 위해 개발된 장치가 네트 레코더이다.

네트 레코더는 기본적으로 탐지부, 전송부, 수신부 및 기록부 등으로 구성된다. 탐지부와 전송

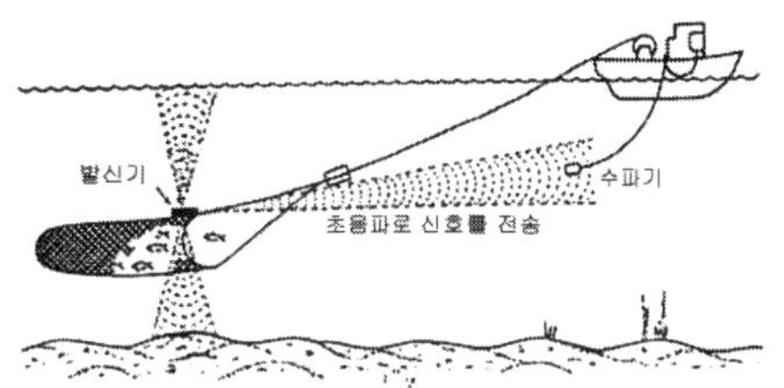

그림 4-39 네트 레코더의 송수신.

부는 원통형의 금속 케이스 속에 내장되어 트롤 그물의 뜸줄이나 천장망에 설치되는 장치인데, 여기에는 보통 3개의 초음파 진동자와 1개의 수온 센서가 붙어 있다. 그 중에서 2개의 초음파 진동자는 그것의 위쪽과 아래쪽에 하나씩 붙어 있고, 다른 하나는 앞쪽에 수면을 향해 약간 경사지게 붙어 있다. 이들 중에서 위쪽의 것(상향 탐지부)은 수면을 향해, 아래쪽의 것(하향 탐지부)은 해저를 향해 초음파를 발사하게 되는데, 이렇게 하여 탐지되는 뜸줄과 발줄 사이의 간격(망고), 해면에서 탐지부까지의 깊이(망심), 해저로부터 탐지부까지의 높이, 그물에 입망되는 어군의 동태, 그물의 상하에 분포하는 어군의 군집 상태에 대한 정보를 얻는다. 수온 센서에 의해 측정한 수온 정보는 앞쪽의 초음파 진동자를 통해 배에 보내어진다.

선박에서는 선저에 장치된 수파기로 이들 정보를 수신하여 지시기에 나타내는데, 보통 네트 레코더의 상향 및 하향 탐지부에서 사용하는 주파수는 배에 정보를 전송해 주는 주파수보다 높다.

(2) 네트 존데(net sonde)

선망 어업에서는 수건 모양의 그물을 수중에서 신속하게 전개시켜야 하기 때문에, 어획 효율을 향상시키기 위해서는 그물을 투망한 후부터 그물 자락의 침강 상태를 정확하게 파악할 필요가 있는데, 이를 위한 장치가 네트 존데이다. 특히, 해저 부근에 분포하고 있는 어군을 대상으로 조업할 때, 그물의 아랫자락이 어군이 존재하는 수심까지 완전히 침강한 후에 죔줄을 신속하게 조여야만 그물의 파손을 방지하고, 어군의 도피를 막을 수 있게 된다.

따라서, 이를 위해서는 어군의 분포 깊이와 그물이 침강하는 깊이와의 상대적인 위치 관계를 정확히 파악함으로써 죔줄을 조여야 할 시간 등을 정확하게 판단해야 하는데, 이런 목적을 위해

(a)

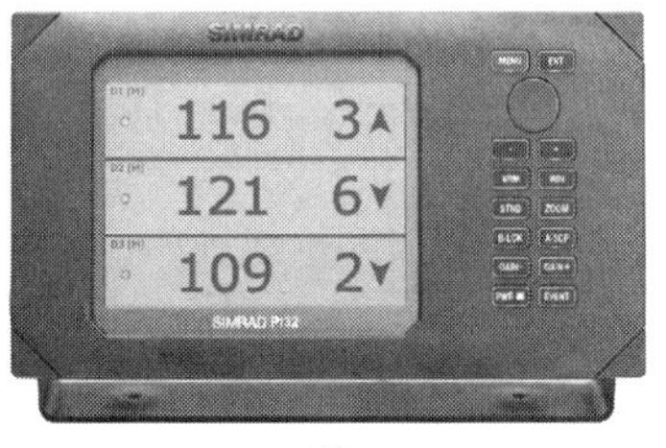

(b)

그림 4-40 네트 존데의 구성.
(a) 발신기 부착 위치, (b) 지시기
(자료: 교육인적자원부, 2003a)

주로 쓰이는 장치가 네트 존데이다.

네트 존데는 기본적을 발신기, 수신기, 지시기로 구성된다. 발신기는 원통형의 금속 케이스 속에 내장되어 선망 그물의 발줄에 설치되는 장치인데, 보통 선망의 몸그물 양쪽에 있는 앞섶과 뒷섶 및 중앙부의 발줄에 각각 1개씩, 모두 3개를 부착한다.

이들의 발신기에는 그들이 위치하고 있는 심도에서의 수압을 검출하고, 그 수압 정보를 주파수가 다른 각각 다른 세 주파수(보통 40kHz, 50kHz, 60kHz)의 초음파 신호에 실어 배에 전송한다.

배에서는 발신기의 전송 주파수와 같은 주파수에서 동작하는 3개의 수파기를 현측의 물속에 내려서 발신기에서 보내 오는 정보를 받게 되는데, 이 때 수신기는 각각의 발신기에서 보내 온 신호를 증폭하고, 그것을 지시기에 보내 각각의 깊이를 표시한다.

네트 존데의 수파기에서 수신되는 신호를 어군탐지기에 입력시키면 어군의 기록과 그물 아랫자락의 침강 상태를 통시에 파악할 수 있다.

(3) 전개판 전개간격 측정장치(otter graph)

전개판은 트롤 어구를 전개시킴과 동시에 침강시키는 역할을 한다. 전개판 전개간격 측정장치는 수중에서 예인되고 있는 전개판의 간격을 측정하는 장치로서, 그 원리는 네트 레코더와 비슷하다. 다만, 네트 레코더에서는 송수파기를 뜸줄에 부착시켜 그물의 높이와 깊이 등을 측정하지만, 전개판 전개간격 측정장치는 송수파기를 한쪽 전개판에 부착시키고, 그 반대편의 전개판을 향해 초음파를 발사하여 두 전개판 사이의 간격을 측정하는데, 일반적인 경우에는 수온 센서가 함께 내장되어 있어서 전개판이 위치하는 곳의 수온을 측정하여 전개간격과 함께 표시한다.

한편, 최근에는 선박에서 보내는 명령에 따라 한쪽 전개판에 설치된 센서에서 어떤 신호를 발사하면 다른 전개판에 부착된 센서에서 응답을 하도록 하여, 이들 센서 사이의 발사 시각과 응답 신호의 수신 시각의 시간차를 측정하여 전개간격을 산출하고, 이 정보를 선박의 송수파기를 향해 보내주는 시스템이 보급되고 있다.

3) 어군의 원격감시장치(telesounder)

어군의 원격감시장치는 어군탐지기로 탐지한 정보를 무선으로 육상이나 다른 선박에 보내서 어군의 동태를 감시하도록 하는 장치로서, 보통 무선 전송식 어군탐지기라고 부르기도 한다.

이 무선 전송식 어군탐지기는 주로 정치망의 원통에 입망한 어군의 정보를 육상의 어장막에 알려 주거나, 선망에서 어탐선이 탐지한 어군의 동태를 망선에 알려 주는 데에도 널리 사용되고 있다. 특히, 가다랑어나 다랑어를 어획 대상으로 하는 원양 다랑어 선망 어업에서는 한 척의 배로 광범위한 해역을 탐색하는 데에는 한계가 있기 때문에, 유목에 원격감시장치를 설치하여 어군의 군집 상태를 감시하기도 한다. 이와 같은 경우에는 유목에 어군탐지기 및 무선 전송장비를 설치해 놓고, 선박에서는 유목에 호출 전파를 보내어 어군탐지기의 송수파기를 동작시켜 초음파 펄스 신호를 수중에 발사한다. 이 때, 탐지된 어군의 정보는 무선 전송장치를 통해 공중으로 발사되면, 선박에서는 이것을 수신하여 지시기에 기록하거나, 지시기에 영상으로 나타내어 어군의 정보를 수집 및 분석하게 된다. 또, 이들 어선에는 조류계나 수온계가 장치되어 있어서 어장에서의 조류 상태나 수온의 분포 등을 파악하여 이들 정보를 조업에 효과적으로 활용하고 있다.

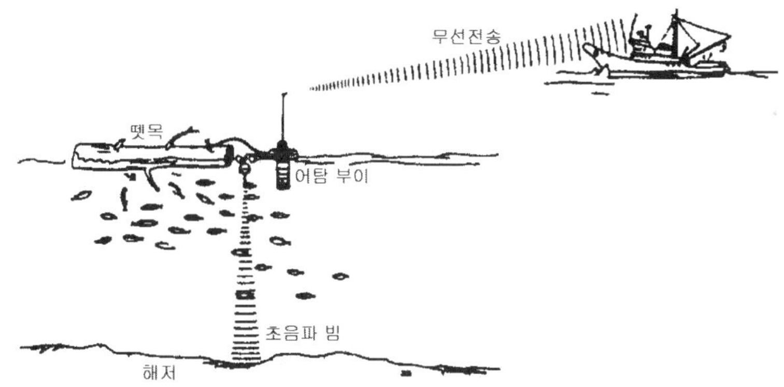

그림 4-41 어군의 원격감시장치 시스템. (자료: 李昊在, 1999a)

3. 어구 조작용 기계장치

최근의 어업은 규모가 클 뿐만 아니라 어구도 매우 크기 때문에, 사람의 힘으로 어구를 조작하기 곤란한 경우가 많다. 대표적인 어구 조작용 기계장치는 양승기, 양망기, 사이드 드럼, 트롤 윈치 등이 있다.

1) 양승기(line hauler)

양승기는 주로 주낙과 같은 긴 줄을 감아 올리는 데 쓰이는 기계인데, 이 장치의 기본 구조는 중앙에 동력에 의해 구동되는 주 풀리(main pulley)와 줄을 주 풀리로 유도하기 위한 유도 풀리(leading pulley), 주 풀리의 홈에 줄을 밀착시키기 위한 압착 롤러(friction roller)가 있고, 하부에는 풀리의 회전 속도를 조절하기 위한 속도 조절용 레버 및 유압 구동 시스템 등이 있다.

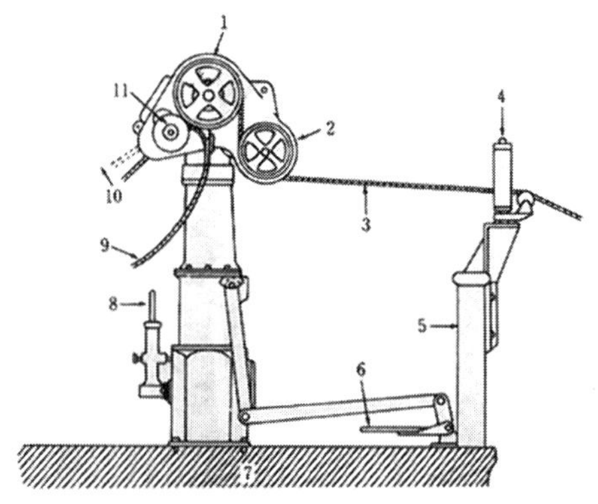

그림 4-42 양승기의 구조.
1. 주 풀리, 2. 유도 풀리, 3, 9. 모릿줄, 4. 현측 롤러, 5. 클러치 조작용 페달, 7. 갑판, 8. 속도 조절용 손잡이, 10. 줄 이탈용 레버, 11. 누름 레버

양승기의 작동 원리는 줄이 현측에 설치되어 있는 사이드 롤러(side roller)를 거쳐 유도 풀리에 유도되면, 유도 풀리의 홈으로부터 주 풀리의 홈으로 줄이 전달된다. 이 때, 유도 풀리의 반대편에 설치된 압착 롤러가 주 풀리의 홈에 끼어 있는 줄을 강하게 밀착시키므로 주 풀리와 줄 사이에 마찰이 일어나고, 이 마찰력에 의해 줄이 자동적으로 끌려 올라오게 된다.

양승기로서 권양할 수 있는 줄의 장력은 유압 모터의 축에 장치된 주 풀리와 줄의 마찰계수가 클수록, 또한 줄이 주 풀리를 둘러싸는 접촉각이 클수록 커지고, 그 밖에 현측의 사이드 롤러는 줄이 현측에서 마찰되는 것을 방지하기 위해 설치된다.

양승기에 사용되는 동력원으로는 초기에는 주기 전도식이 많이 사용되었으나, 최근에는 유압 기술의 발달로 유압식 양승기가 주류를 이루고 있다.

2) 자망용 양망기(net hauler)

자망은 긴 수건 모양의 그물이기 때문에 뜸줄, 발줄, 그물감을 한데 뭉쳐서 그것에 줄을 감고, 그 줄을 권양기로 감아 들이면 그물을 끌어올릴 수 있다. 이 방법은 장치가 간단하여 연안 어선에서 많이 쓰이나, 그물코에 꽂혀 있는 고기가 손상되기 쉽고, 또 줄을 두른 곳이 권양기까지 올라오면 줄을 다시 풀어 앞쪽의 다른 곳으로 옮겨 감아야 하므로, 줄을 연속적으로 감아 들이는 데에는 불편함이 있다.

그림 4-43 자망용 양망기.

자망을 양망할 때에는 어획물을 손상시키지 않고 그물을 연속적으로 끌어올리는 것이 중요한데, 이를 위해서는 양승기로 주낙의 줄을 감아 올리듯이 발줄을 감아 들이면

서 뜸줄과 그물은 사람이 직접 끌어올리는 방법이 쓰이고 있지만, 많은 인력이 소요되는 단점이 있다.

인력을 더욱 줄이기 위해서는 뜸줄과 발줄을 각각 따로 구분하여 기계적으로 끌어들이는 방법을 생각할 수 있는데, 이 방식은 과거 북태평양에서 조업하던 오징어 유자망 어선에서 많이 쓰던 방식이다. 이 방식에서는 발줄은 양승기로 감아 들이고, 뜸줄은 뜸이 있어서 양승기로 감아 들이기 곤란하기 때문에, 2개의 구형 고무제의 볼이 서로 수평으로 강하게 밀착되어 있는 구조의 볼형 양망기로 감아 올린다.

3) 선망용 양망기와 죔줄 윈치

선망에서는 자망과 같이 고기가 그물코에 꽂히지 않기 때문에 뜸줄, 발줄 및 그물감을 한데 뭉쳐서 끌어올리는 방법이 사용되고 있다.

선망 어선에서 사용되는 양망기의 종류로는 V형 양망기(V type net hauler), 블록형 양망기(power block), 막대 롤러형 양망기(side roller) 등이 있다.

V형 양망기는 V자형 홈에 그물을 끼워 넣고, 홈과 그물감과의 마찰에 의해 그물이 연속적으로 양망되도록 한 장치이다. 이 장치에서는 바퀴의 홈과 그물 사이의 접촉각이 클수록, 또 홈과 그물과의 마찰이 클수록 효과적인데, 홈과 그물과의 마찰을 크게 하기 위해 홈의 안쪽에 고무로 된 띠가 붙어 있고, 앞쪽에는 압착 롤러(friction roller)가 붙어 있다. 이 양망기는 선미 갑판에 바다를 향해 설치되는데, 최근에는 기선권현망 어선에서도 널리 쓰이고 있다.

블록형 양망기는 V형 양망기와 그 구조와 작동 원리는 비슷하지만, 유압 구동 블록을 작업 갑판의 데릭 붐(derrick boom) 끝에 높이 매달고, V자형의 홈에 그물을 끼워 달아올려서 바퀴의 홈과 그물 사이의 마찰에 의해 그물이 인양되도록 한 장치이다. 원양 다랑어 선망 어선에서는 마찰력을 증가시키기 위한 자동차 바퀴 모양의 강력한 압착 롤러가 블록형 양망기에 장치되어 있으나, 근해 선망 어선에는 장치되어 있지 않다.

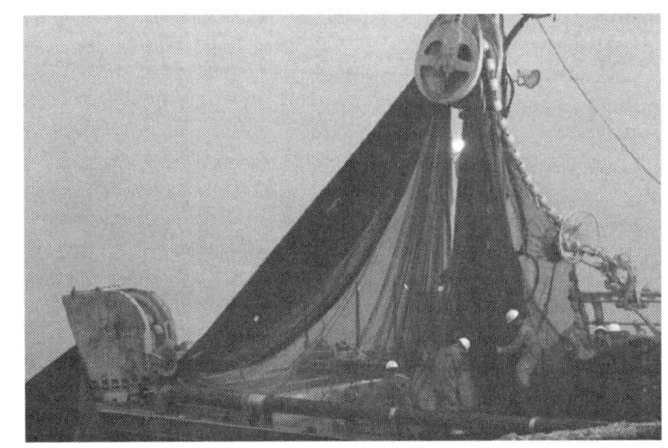

그림 4-44 선망 어선의 파워 블록.

막대 롤러형 양망기는 표면을 고무로 울퉁불퉁하게 만든 길다란 막대형 롤러인데, 이것을 배의 현측에 설치하여 회전시키면, 그물이 울퉁불퉁한 면과 마찰을 일으켜 끌려 올라오게 된다. 이 양망기는 우리나라 근해 선망의 양망 작업의 마지막 단계에서 고기받이에 모인 고기를 더 밀집시키기 위해서 그물을 바싹 끌어올릴 때 주로 사용된다.

죔줄 윈치(purse winch)는 선망 어선에서 가장 강력한 유압식 윈치인데, 투망 완료 후 죔줄을 감아들이는 윈치이다. 근해 선망 어선의 죔줄 윈치의 구조는 죔줄을 감아들이는 1개의 드럼과 죔줄이 드럼에 질서 정연하게 감기도록 하는 와이어 리더(wire leader) 등이 있는 점이 트롤 윈치와 매우 유사하다. 그러나, 원양 다랑어 선망 어선의 죔줄 윈치는 근해 선망 어선과는 달리 보통 2～3개의 윈치 드럼이 함께 설치되어 있어서, 선수 및 선미쪽의 죔줄을 동시에 감아들일 수 있는 구조로 되어 있는데, 이들 선망 어선의 죔줄 윈치는 모두 유압에 의해 구동된다.

4) 권양기

권양기는 주로 기선저인망, 안강망, 기선권현망, 트롤 어선 등에서 끌줄, 후릿줄, 고삐줄, 닻줄 등과 같이 힘이 많이 걸리는 로프 등을 감아올리는 데 사용되는 기계인데, 크게 나누면 사이드 드럼(side drum)과 트롤 윈치(trawl winch)가 있다.

사이드 드럼은 여러 종류의 줄을 감아올리는 장치로서, 소형의 연근해 어선에서도 널리 쓰인다. 기선저인망 어선에서는 끌줄이나 후릿줄을 감아들이는 데에 사용되는 장치이며, 보통 기관실 벽의 좌우에 각각 1개씩 장치되어 있다. 외끌이 기선저인망 어선에서는 끌줄이나 후릿줄로 섬유 로프를 쓰고 있으나, 줄을 와이어 바퀴에 감는 것이 곤란하기 때문에, 사이드 드럼을 이용하여 줄을 감아들여 손으로 사리는 방법을 쓴다. 그러나, 쌍끌이 기선저인망 어선에서는 끌줄이나 후릿줄로 와이어 로프를 쓰고, 줄을 와이어 바퀴(wire reel)에 감는 것이 편리하기 때문에, 사이드 드럼을 이용하여 와이어 로프를 감아올려서 그것을 와이어 바퀴에 사려 놓는 방법을 사용한다.

그림 4-45 기선저인망 어선의 사이드 드럼.

트롤 윈치는 트롤 어선에서 가장 중요한 어업 기계로서, 어구의 투망과 양망 작업은 모두 이 장치에 의해 이루어진다.

중층 트롤 어선에서는 끌줄(warp)을 감는 warp drum과 그물을 감는 net drum을 일체

형으로 만든 윈치와 이들을 서로 독립적으로 만든 트롤 윈치가 선박의 공간, 구조 및 용도에 맞게 적절히 탑재되어 있다.

대형 트롤 어선에 많이 설치되어 있는 윈치의 구조는 줄을 감아들이는 데 쓰이는 2개의 주 드럼(main drum)이 좌우현 양쪽에 각각 1개씩 있고, 이들 주 드럼의 앞쪽에는 와이어 로프가 드럼에 질서 정연하게 잘 감기도록 하기 위한 와이어 리더가 있으며, 주 드럼의 바깥쪽에는 보조 드럼이 있다.

트롤 윈치의 능력은 보통 '감아들일 수 있는 줄의 최대 장력×권양 속도×드럼의 수'로 나타낸다. 예를 들면, '5ton×60m/min×2'와 같이 표시한다.

권양기에 사용되는 동력원은 소형 어선에서는 주로 주기 전도식이 사용되지만, 중형 이상의 어선에서는 대부분 유압식이 사용되고, 매우 큰 힘을 필요로 하는 대형 트롤 어선에서는 전동식이 사용되기도 한다.

그림 4-46 대형 트롤 어선의 트롤 윈치.

제5절 우리나라의 주요 어업

1. 동해안의 어업

동해안은 전반적으로 한류와 난류가 계절에 따라 교차하여 흐르고, 특히 한・난 양류의 경계 부근에서는 영양염류의 연직 순환이 왕성하여 플랑크톤이 풍부하므로, 그 경계(조경) 근방에 많은 어족 자원이 모인다.

한류 세력이 우세할 때에는 명태 어군이 남하 회유하고, 난류 세력이 우세할 때에는 오징어, 멸치, 꽁치, 방어 등의 어군이 북상 회유를 한다. 이와 같은 회유성 어족을 대상으로 하는 동해안의 대표적인 어업으로는 오징어 채낚기어업, 꽁치 자망어업, 명태 주낙 및 자망어업, 게 통발어업, 방어 정치망어업 등을 들 수 있다.

1) 오징어 채낚기어업

(1) 어구 · 어법

① 오징어 채낚시

오징어 채낚시는 미늘이 없는 것이 특징이며, 여러 개의 낚시를 한데 붙여서 삿갓 모양으로 만든다.

② 수동 롤러 채낚시

수동 롤러 채낚시는 20～30개의 채낚시를 길게 연결하고, 맨 아래 끝에 추를 단 것이다. 이것을 사용할 때에는 롤러가 달린 받침대를 뱃전에 설치하고, 수동으로 자새를 돌려서 채낚시를 감아올리면, 오징어는 채낚시가 롤러에서 자새로 가는 동안에 갑판 위에 떨어진다.

③ 자동 조상기(조획기)

수동 롤러 대신 전동 모터를 이용하여 자동적으로 낚시를 올렸다 내렸다 하도록 하여 오징어를 잡는 것으로써, 자동 조상기 1대에 낚시 2조를 동시에 사용할 수 있다. 조상기의 설치 간격은 2m 내외로 하며, 한 사람이 조획기 약 5대씩 맡아 낚싯줄이 엉키거나,

그림 4-47 오징어 채낚시.

작동 상태가 불량할 때를 대비한다. 따라서, 수동 롤러에 비해 조업 인원과 선원의 피로를 감소시킬 수 있으나, 어군이 희박할 때는 어획률이 다소 떨어지는 경향이 있다. 자동 조상기의 일반적인 제원을 보면, 전원은 교류 3상으로 200～270V이고, 수심 조절범위는 0～200m 내외의 무단계식으로 되어 있으며, 조정장치가 있어서 조업 수심, 투·양승 속도 등을 조정할 수 있다. 또, 자동 조상기 1대의 총 중량은 약 60～70kg이다.

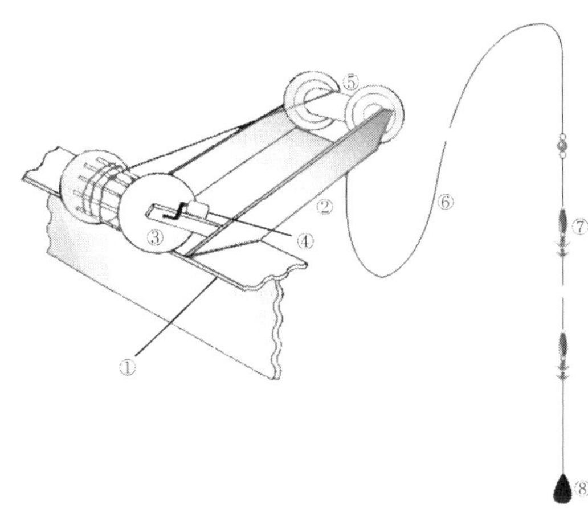

그림 4-48 오징어 수동 롤러의 구조.
① 뱃삼, ② 롤러대(본체), ③ 자새, ④ 손잡이, ⑤ 롤러, ⑥ 낚싯줄, ⑦ 낚시, ⑧ 추
(자료: 국립수산과학원, 2017)

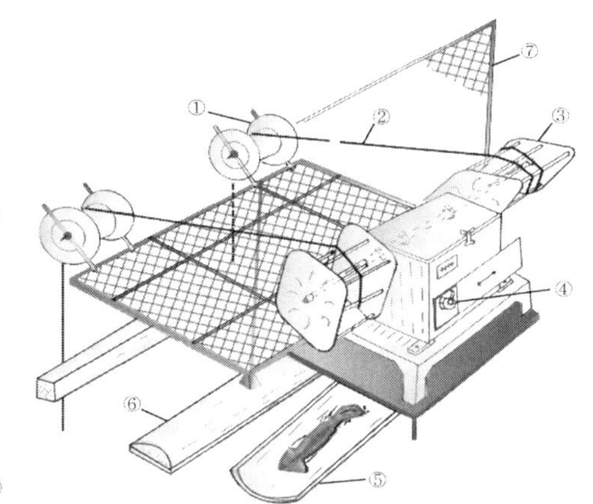

그림 4-49 오징어 자동 조상기의 구조.
① 롤러, ② 낚싯줄, ③ 자새, ④ 조정 핸들, ⑤ 미끄럼대, ⑥ 뱃전 상단, ⑦ 롤러 수납위치
(자료: 국립수산과학원, 2017)

(2) 어선과 어로 장비

① 어선

오징어 채낚기 어선은 일반적으로 배와 낚시가 같은 속도로 압류해야 좋은데, 풍압을 받는 면적이 너무 큰 배는 배가 낚시보다 빨리 압류하여 곤란하므로, 너무 대형선은 조업이 곤란하다.

오징어 채낚기 어선은 크기나 구조상의 제약이 적으므로, 오징어 어기에 이용 가능한 어선으로써 해황에 견딜 수 있고, 낚는 어부를 많이 수용할 수 있으면 되기 때문에 주로 목선은 20～30톤급 300～400마력 내외에 20～25명이 승선하여 조업하고, 강선은 80～120톤급, 500～600마력 내외에 수동 롤러를 사용할 때는 30～35명, 자동 조상기를 사용할 때는 15～20명이 승선하여 조업하며, 150～200톤급 600～900마력 내외에 수동 롤러를 사용할 때는 35～40명이, 자동 조상기를 사용할 때는 20～25명이 승선하여 조업한다.

② 물돛

오징어 채낚기 어선은 원칙적으로 어군 위에 오랫동안 머물러 있어야 하는데, 바람에 의해 어선이 어느 한쪽으로 떠밀리면 바람을 받는 쪽의 낚시는 선저 아래로 들어가고, 반대쪽의 낚시는 수면으로 떠올라서 오징어가 잘 낚이지 않을 뿐만 아니라, 낚시끼리 서로 얽혀서 조업에 지장을 가져오는 수가 있다.

따라서 오징어 채낚기 어선에서는 물 속에서의 저항이 아주 큰 물돛을 선수 쪽에 매달아 바람에 의해 배가 떠밀려 가는 것은 방지한다. 물돛은 물 속에서의 저항이 크고, 재료가 질기고 가벼워야 하며, 흡수성이 작아야 한다. 보통 사용하는 재료는 나일론으로써 낙하산 모양으로 만든 것이며, 크기는 배의 크기에 따라 달리 한다.

③ 집어등

집어등은 분산된 어군을 광역(光域)에 모으기 위해 사용하는 장비이므로, 별도의 발전기를 시설하여 집어등의 용량을 크게 하고 있다. 현재 우리나라 어선이 사용하고 있는 집어등은 대부분 1～2kW 백열등을 수십 개씩 사용하고 있으며, 최근에는 메탈 할라이드 등(metal halide lamp)을 사용하여 같은 발전 용량으로 높은 광도를 내고 있다. 어선 규모별 집어등 광력 기준을 보면, 10톤 미만에서는 100kW 이하, 10～20톤 미만에서는 130kW 이하, 20～50톤 미만에서는 180kW 이하, 50～70톤 미만에서는 200kW 이하, 70톤 이상에서는 210kW 이하를 사용하도록 되어 있다.

오징어는 주광성이 있으나, 너무 밝은 곳에서는 낚시의 형체가 드러나서 낚이지 않으므로, 집어등을 설치할 때에는 현측으로부터 안쪽에 설치하되, 높이를 조정하여 배의 현과 불빛이 수중으로 투과하는 각이 약 20° 내외가 되도록 함으로써 낚시가 그늘에 있도록 한다. 따라서, 광도가 강한 집어등을 가진 어선이 광도가 약한 집어등을 가진 어선에 접근하면, 광도가 약한 어선은 현측이 밝아지므로 오징어가 잘 낚이지 않게 된다. 또, 일반적으로 광도가 크고, 흘수가 깊은 대형선에 오징어가 많이 모이는 경향이 있어서, 대형선과 소형선이 같이 조업하면 소형선이 아주 불리하다고 한다.

④ 어군탐지기

어군탐지기는 어군의 탐색과 수온약층, 플랑크톤층 등의 파악에 효과적으로 사용된다. 어군탐지기의 성능은 지시방식, 주파수 등에 따라 현격한 차이가 있으므로, 어군탐지기의 선정에는 신중을 기해야 한다.

(3) 조업방법

오징어 채낚기 어선은 일몰전에 어장에 도착하여 수온을 측정하고, 어군탐지기로 수온약층, 플랑크톤층 등을 조사하며, 어군이 존재할 가능성이 있으면 먼저 보채낚시 같은 것을 써서 어군의 존재를 확인한다. 그 다음, 풍향·풍속과 유향·유속을 고려하여 물돛을 투입하고, 선수가 바람을 향한 채 조류에 따라 천천히 떠밀려가도록 한다. 그와 동시에 집어등을 켜고 조도를 안정시킨 후, 수동 롤러나 자동 조상기를 사용하여 조업한다.

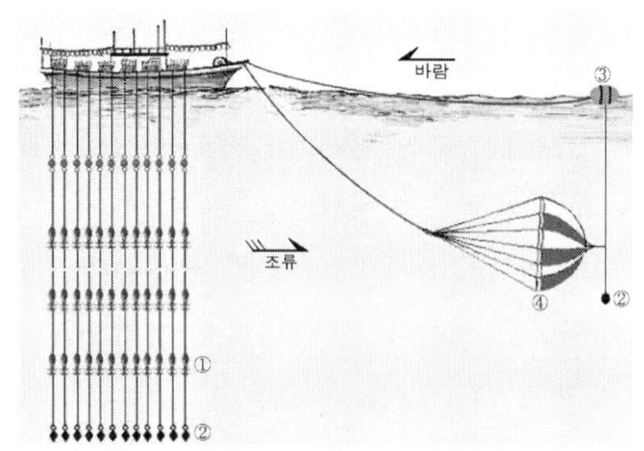

그림 4-50 오징어 채낚기 조업도.
① 낚시, ② 추, ③ 부이, ④ 물돛
(자료: 국립수산과학원, 2017)

조업은 일반적으로 일몰 무렵부터 일출 전까지의 밤에 조업하며, 일몰 직후부터 22시경까지의 시간에 어획이 가장 좋으며, 일출 직전에도 어획이 좋다.

2) 꽁치 유자망어업

(1) 어구 · 어법

우리나라 꽁치 어업의 주체를 이루고 있는 어법이며, 어구의 구성 원리는 보편적인 표층 유자망 어구의 구성 원리와 기본적으로 같다.

그물감은 나일론 210Td/6사 또는 9사, 청회색의 것이 주로 쓰이고 있으나, 최근에는 모노필라멘트 2호가 쓰이기도 한다. 그물코의 크기는 11～12절(28～30mm)의 것을 쓰고, 설은 100코, 길이는 시판되는 그물감 1필의 반, 즉 약 75m에 각각 45m의 뜸줄(뜸줄의 성형율은 약 60～70%)과 48m의 발줄(발줄의 성형율은 약 65～71%)을 매단 것을 1폭이라 하여 사용하는 그물량의 단위로 한다.

어구의 사용량은 어선 규모에 따라 다른데, 10톤급 내외의 어선에서는 50폭 내외를, 30～50톤급 어선에서는 약 300～500폭을 일직선으로 연결하여 사용한다.

뜸은 합성수지 뜸(부력 약 200g)을 90개 정도(총부력 약 18kg), 발돌은 납(무게 약 60g)을 40개 정도(총침강력 약 2.4kg) 단다.

(2) 어선

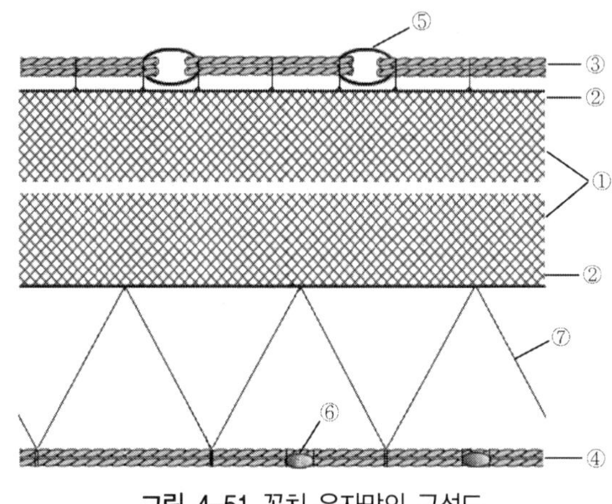

그림 4-51 꽁치 유자망의 구성도.
① 원살 그물감, ② 보호망, ③ 뜸줄, ④ 발줄, ⑤ 뜸, ⑥ 발돌, ⑦ 발줄 연결줄

꽁치 유자망어업에 종사하는 어선은 비교적 해황이 거친 해안으로부터 50~100해리나 떨어진 비교적 수심이 깊은 동해에서 조업하므로, 어선은 선체가 견고하고 많은 그물과 어획물을 적재할 수 있어야 한다. 따라서 복원성이 크고, 그물 등을 적재할 수 있는 충분한 공간이 있어야 한다. 보통 사용되는 어선의 모양은 조타실이 중앙부에 있고, 그 뒤에 기관실이 있으며, 작업 갑판은 조타실 앞쪽에 있다. 어선의 크기는 보통 8~40톤 정도, 기관은 250~450마력 내외에 7~8명이 승선하여 조업하며, 어로 장비로는 양망기가 있다.

(3) 조업방법

조업은 일몰 전에 어장에 도착하여 어군을 탐색하기 시작하는데, 조업 어장의 판단은 어군이 표층 가까이에 뜨기 때문에 어군탐지기 등의 장비가 별로 효과가 없으므로, 수색(水色), 조경 등의 간접적인 지표를 이용한다.

투망 방향은 어군의 진행 방향을 추정하여, 대개 그것에 수직이 되도록 투항하는 것이 원칙이다. 투망 방식에는 그물을 똑바로 뻗치는 직선형, 구불구불하게 뻗치는 파상형, 그물 끝을 오목하게 뻗치는 만곡형 등이 있다. 꽁치는 유영 중 장애물에 부딪혔을 때, 그것을 따라 유영하는 성질이 있으므로, 비교적 밝은 때에는 직선형으로 투망하지 않고 만곡형으로 투망하는 경우가 많다. 투망이 끝나면, 구물의 한쪽 끝은 배에 묶어서 그물과 함께 표류되도록 하고 있으며, 그물의 이상 유무를 수시로 조사한다.

양망은 일출 전에 시작하는데, 보통은 바람 위쪽(풍상측) 선수에 가까운 현에서 실시한다. 양망 중에 어획물은 그물에서 떼어낼 수가 없으므로, 고기가 그물에 꽂힌 채 그물을 적재하고, 귀항한 후에 다시 그물을 펼쳐서 고기를 떼어 낸다.

3) 명태 주낙어업

(1) 어구 · 어법

명태 주낙 어구의 모릿줄은 나일론 210Td 14～16합사를, 아릿줄은 나일론 210Td 2합사를 주로 사용하며, 1광주리(바스켓)의 낚시는 약 300개를 달고, 이를 어구의 단위로 한다. 어구의 사용량은 선원 1인당 약 8광주리씩, 척당 48～56 광주리를 사용한다.

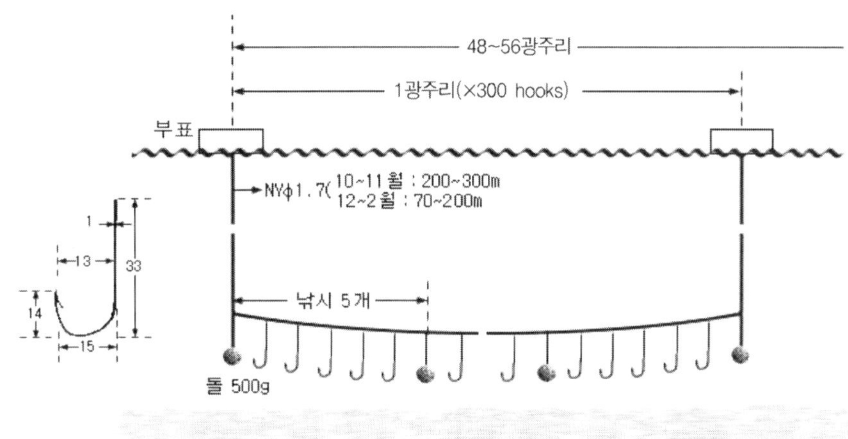

그림 4-52 명태 주낙 어구의 구성. (자료: 국립수산과학원, 2017)

(2) 어선

명태 주낙 어선은 10톤급, 150마력 내외이고, 6～7명이 승선하여 조업한다. 미끼는 양미리, 오징어, 한치 등을 잘게 썰어 사용하는데, 주로 양미리를 사용한다.

(3) 조업방법

오전 3시경에 출항하여 일출 직전에 어군탐지기로 어군의 분포 수심을 파악한 후, 부표줄의 길이를 조정하면서 조류를 따라 거의 일직선으로 투승한다. 투승이 완료되면 처음 투승한 곳으로 되돌아가서 양승한다. 따라서, 어구는 장시간 설치하지 않으므로 닻은 사용하지 않고, 1광주리마다 부표만 띄워 놓는다. 다만, 낚시가 조류에 의해 날림을 방지하기 위해 일정한 간격으로 500g 정도의 돌을 달아 놓는다.

투 · 양승은 모두 인력으로 하며, 투승 소요시간은 약 1시간～1시간 30분, 양승 소요시간은 약 8～10시간이고, 1일 1회 조업한다.

4) 방어 정치망어업

(1) 어구

우리나라 동해안 일대에서 방어를 어획 대상으로 하는 정치망 중에서 규모가 가장 크고 발달한 어구는 낙망이다.

대형 낙망의 기본 구조는 길그물과 통그물의 두 부분으로 구성된다. 길그물은 어군의 통로를 차단하여 통그물로 유도하기 위한 길다란 띠 모양의 그물이며, 보통 해안의 바위 등을 기점으로 하여 통그물에까지 뻗치며, 길이는 어장의 조건에 따라 달라서 수백 m에서 추천 m에 이른다. 길그물의 윗 언저리는 와이어 줄에 붙이고, 아랫 언저리는 해저에까지 이르도록 그물감을 붙인다. 그물감의 재료는 폴리에틸렌이나 나일론으로 짠 것을 쓰며, 그물코의 크기는 300mm 정도이다.

통그물은 어군이 일차적으로 수용되는 헛통과 이차적으로 수용되는 원통으로 구성되어 있고, 원통의 끝에는 고기받이가 있다. 최근에는 원통 끝에 작은 통로를 만들고, 다시 그 끝에 작은 원통을 붙인 이중 낙망도 많이 쓰이고 있다.

헛통은 어군이 들어가서 일단 머무는 곳으로써 길그물 쪽에 입구가 있으며, 입구의 좌우에서 헛통 쪽으로 약간 각이 진 문이 있다. 헛통에는 수면에서 해저까지를 차단하는 병풍그물만 있고 까래가 없다.

비탈그물은 헛통에 있는 어군을 원통으로 유도하는 경사진 통로이며, 원통쪽 부분을 안비탈, 헛통쪽 부분을 바깥비탈이라 한다.

원통은 어군을 최종적으로 가두어서 어획을 마무리하는 곳이며, 육지쪽 그물, 바다쪽 그물, 까래, 고기받이, 치마 및 눈썹그물의 여섯 부분으로 되어 있다. 치마는 안비탈과 바깥비탈의 연결부와 해저 사이를 차단하는 그물이다. 눈썹그물은 원통그물에 모인 고기가 밖으로 뛰어넘지 못하도록 원통 안쪽의 가장자리에 수면과 같은 높이로 좁은 그물로 막을 친 것이다.

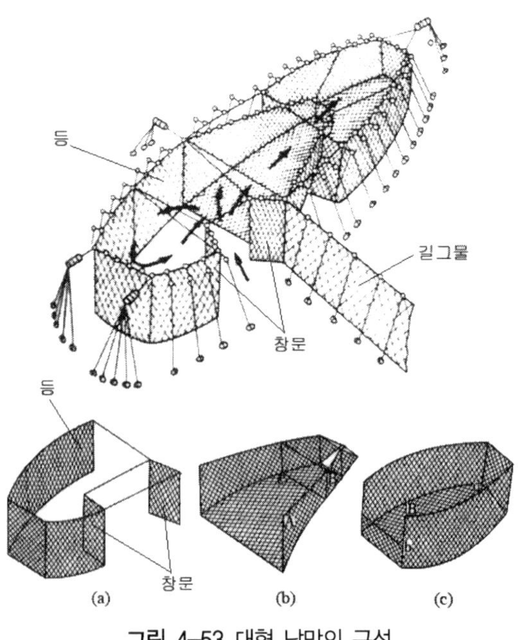

그림 4-53 대형 낙망의 구성.
(a) 헛통, (b) 비탈그물, (c) 원통

(2) 조업방법

원통에 갇힌 어획물을 들어낼 때에는 배잡잇줄에서부터 원통그물을 들어 올려 고기받이에 모아서 수납한다.

방어 정치망에서는 그물을 올리는 데 인력과 시간이 많이 소요되므로, 최근에는 통그물의 여러 곳에 고리와 줄을 배치하여, 이 양망용 줄을 감아 올림과 동시에 볼 롤러를 설치하여 그물 자락을 쉽게 양망함으로써 인력을 줄이는 방법도 사용되고 있다.

2. 서해안의 어업

서해안에는 동해안처럼 뚜렷한 해류가 존재하지 않고, 해안선의 굴곡이 심하여 산란장으로써 알맞은 적지가 많아 서식하는 어종이 다양하다. 그 중에서 중요한 것은 조기, 민어, 고등어, 전갱이, 삼치, 갈치, 넙치, 서대, 가오리, 새우 등이다. 서해안의 대표적인 어업으로는 얕은 수심과 빠른 조류를 이용한 안강망어업이며, 고등어와 전갱이 등을 주 어획대상으로 하는 선망과 자망어업이 행해지며, 저서 어족을 어획하는 기선저인망어업도 성행한다.

1) 안강망어업

(1) 어구 · 어법

안강망의 기본 형상은 아궁이 쪽은 그물코가 크고, 자루 끝으로 갈수록 점차 그물코가 작아지는 길다란 삼각형 모양으로 된 네 폭의 그물감을 서로 옆으로 붙여서 만든 사각뿔 모양의 자루그물이 본체이다.

안강망은 아궁이를 상하, 좌우로 전개시키는 것이 중요한데, 그 방법으로써 안경망에서는 그물의 아궁이를 네모로 만든 목재의 틀에 붙여 썼으며, 미중선(꽁댕이배)과 재래식 안강망에서는 그물 아궁이의 등판 쪽에 부력을 가진 수해와 밑판 쪽에 침강력을 가진 암해를 붙이고, 양 옆판 쪽에는 단순한 옆줄을 붙여서 썼다.

그러나, 현재는 연안 안강망에서만 수해와 암해가 쓰이고, 대형인 근해 안강망에서는 등판과 밑판 쪽에 붙여 쓰던 수해와 암해 대신에 뜸줄과 발줄을 붙여서 부력과 침강력을 유지하고, 양 옆판 쪽에 범포로 만든 전개장치를 붙여서 조류의 저항에 의해 아궁이를 전개시키는 방법으로 개량되었다.

근해 안강망의 그물 형태는 4장의 그물을 길이 방향으로 항을 쳐 자루모양으로 만들며, 그 규모는 어선의 규모에 따라 약간의 차이는 있으나, 대체로 범포의 길이가 48m, 51m, 54m인 3종류를 사용하고 있다. 규모별 윗판과 밑판의 그물콧수 및 범포의 폭은 48m인 경우 440코에 2m, 51m인 경우 460코에 2.2m, 54m인 경우 470코에 2.2m 내외이며, 옆판은 윗판과 같게 하거나 10～20코 정도 더 작게 한다. 그리고, 범포가 조류를 받았을 때 활처럼 휘어 전개력이 떨어지는 것을 방지하기 위하여 뜸줄 부분에는 부력을 아주 약하게 하고, 양측 최상부의 가름대에 직경 360mm인 뜸 18～20개를 그물로 싼 다음 각각 부착하여 이곳에 집중적으로 부력이 작용하도록 하며, 최하부의 가름대는 약 150kg 내외인 철봉을 사용하여 집중적으로 침강력이 작용하도록 한다. 발줄은 바닥에서 다소 떨어져 서식하는 어종을 대상으로 할 때는 발줄 양측에만 체인을 단 가벼운 발줄을 사용하고, 바닥에 거의 붙어서 서식하는 어종을 대상으로 할 때는 고무 보빈과 체인을 단 다소 무거운 발줄을 사용한다.

(2) 어선

안강망 어선은 조류가 매우 강한 해역에서 커다란 닻과 어구를 취급하고, 닻을 놓고 어구와 함께 어선도 빠른 조류에 대항하여 머물러야 하며, 또 펄이 깊은 어장에서 파주력이 큰 닻과 유체저항이 아주 큰 어구를 투・양망해야 하므로, 선체가 단단함은 물론 복원성이 좋을 것이 특히 요구된다.

(3) 조업방법

안강망은 조류가 약하면 조업이 어려우므로, 대조시를 전후하여 약 10일간 조업한다. 과거에는 1척의 어선이 1통의 어구만을 사용하였으나, 어선이 대형화하고, 원해로 나가게 되면서 여러 통의 어구를 사용할 수 있게 되었다.

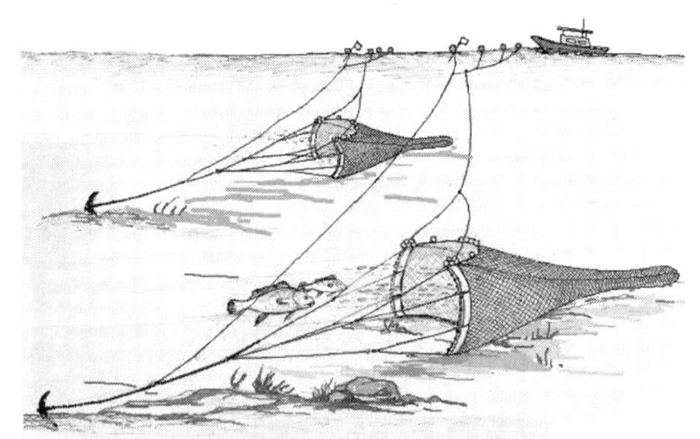

그림 4-54 안강망어업의 조업도.
(자료: 국립수산과학원, 2017)

투망은 정조시를 전후하여 조류가 약하게 흐를 때 우현에서 닻을 투하하고, 배잡잇줄로 배를 조류 방향에 대해 가로로 세운다. 연이어 반대쪽 현 즉, 좌현에서 조류를 따라 자루그물과 전개장치인 범포를 투하하고, 전개상태를 확인하면서 걸이줄, 고광줄, 돋움줄을 투하한다. 투망이 완료되면 부표를 띄우고, 배는 닻으로부터 분리되어 다음 어구를 투망한다. 투망하기 전에 조류의 강약에 따라 즉, 조류가 강할 때에는 범포의 목줄 중 짧은 줄인 앞줄을 약간 줄여 조류를 적게 받도록 하고, 조류가 약할 때에는 반대로 늘여 주어 조류를 많이 받도록 함으로써 그물 입구의 전개상태를 조정할 수 있다.

투망이 모두 완료되면 다음 정조시까지 닻을 놓고, 어구를 감시하면서 대기하였다가 양망을 한다. 양망은 투망의 반대 순으로 즉, 부표를 잡아 배잡잇줄을 잡고 배를 조류방향에 대해 가로로 세운 다음, 캡스턴과 사이드 드럼으로 돋움줄과 조임줄을 차례로 감아 범포가 접히면서 올라오면 갤로우스에 고정하고, 그물을 차례로 당겨 양망한다.

조류의 방향이 바뀔 때에도 어구는 조류를 따라 자동으로 회전하므로, 어장을 이동할 경우를 제외하고는 한 곳에 그대로 부설하여 놓고 자루그물만 양망한다.

어구 1통당 투망 소요시간은 20분 내외, 양망 소요시간은 30분 내외이며, 조류의 방향이 거의 반대 방향으로 변하는 연안에서는 하루에 4회, 황해와 동중국해에서는 하루에 2～3회 정도 조업한다.

2) 기선저인망어업

(1) 어구 · 어법

기선저인망 어구에서 자루그물의 구성은 등판, 밑판, 옆판으로 되어 있으며, 옆판의 앞쪽에 날개그물이 있다. 이 중 옆판과 날개그물의 폭은 그물 입구의 상하 전개거리 즉, 망고와 밀접한 관계를 가지고 있어 가자미, 넙치 등과 같이 바닥에 거의 붙어 서식하는 어종을 주대상으로 할 때는 폭이 좁은 어구를 사용하고, 갈치, 쥐치 등과 같이 바닥으로부터 다소 떨어져 서식하는 어종을 주대상으로 할 때는 폭이 넓은 어구를 사용한다.

날개그물 앞쪽에는 그물목줄과 갯대를 부착하여 날개그물이 잘 벌어지도록 하고, 그 앞에 후릿줄과 끌줄을 연결한다. 후릿줄은 어군을 위협하여 자루그물 속으로 몰아 넣는 역할을 하므로, 가급적 직경이 굵은 콤파운드 로프를 사용하며, 끌줄은 장력이 큰 와이어 로프를 사용한다.

어구 규모는 어선의 예망력과 밀접한 관계가 있으며, 가급적 그물코가 크고, 실의 굵기가 가는 것을 사용하여 유체저항을 줄임으로써 어구의 규모를 크게 하고 있다.

(2) 어선

쌍끌이 기선저인망에 사용되는 어선은 주선과 종선 모두 목선 또는 강선 80～140톤급, 500～1,800마력 내외에 12～14명이 승선하여 조업한다.

(3) 조업방법

쌍끌이 기선저인망의 조업방법은 일반적으로 그물과 한쪽 후릿줄 및 끌줄을 투·양망하는 그물배 즉, 주선과 다른 한쪽 후릿줄 및 끌줄을 투·양망하는 보조선 즉, 종선으로 구분하여 조업하며, 업무를 교대로 수행하기도 한다.

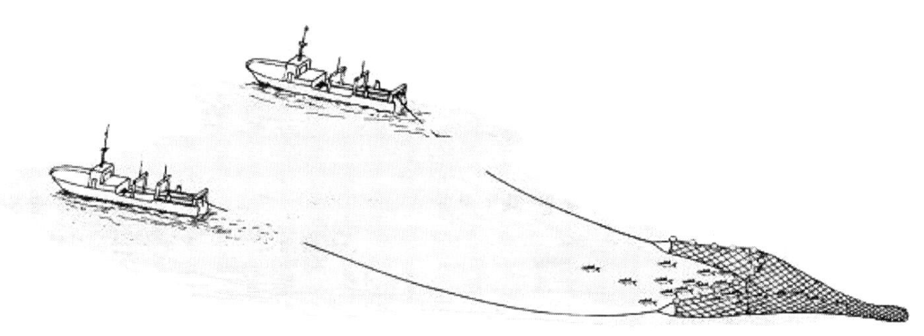

그림 4-55 쌍끌이 기선저인망어업의 조업도.
(자료: 국립수산과학원, 2017)

투망은 주선이 바람이나 해·조류를 가급적 선미에서 받으면서 등심선을 따라 자루그물, 날개그물 순으로 투망한 다음, 그물목줄 끝에 있는 갯대를 스토퍼로 걸어 미속으로 전진하면서 그물의 전개상태를 확인한다. 이때, 종선은 주선의 우현에 접근하여 자기 배에 있는 한쪽 후릿줄의 끝을 주선에 넘겨 주어 갯대에 연결하도록 한다. 후릿줄 연결이 끝나면 주선과 종선은 V 또는 U자형으로 전속으로 전진하면서 후릿줄과 끌줄을 투승하며, 투승이 완료되면 일정한 거리 즉, 어구의 규모와 후릿줄, 끌줄의 길이에 따라 400～600m 내외의 거리를 유지하면서 임의시간 동안 예망한다. 일반적으로 예망 속도는 약 2～3노트, 1회 예망 소요시간은 약 2～3시간이다.

예망이 완료되면 양선은 다시 접근하기 시작하여 두 배가 거의 접근이 되면, 그물을 빨리 오므려 자루그물에 들어간 어군이 되돌아 나오지 못하도록 하기 위하여 약 5～10분 동안 전속으로 예망한 다음, 종선에서 끌줄 끝에 연락줄을 연결하여 주선으로 넘겨 준다. 연락줄을 넘겨 받은 주선은 윈치나 사이드 드럼으로 끌줄, 후릿줄을 감아 올리며, 갯대가 윈치까지 올라오면 스토퍼로 그물을 고정시키고, 양망줄을 걸어 자루그물을 갑판으로 끌어 올린다. 이때, 종선은 다음 투망을 위하여 어군 탐색 활동을 하고, 주선은 투망 준비를 한다.

어기에 따라 다소 차이는 있지만, 일반적으로 밤낮으로 1일 약 7~8회 조업하며, 1항차 소요일수는 20일 내외이다.

3. 남해안의 어업

남해안은 동해안과 서해안의 중간에 위치하고, 해류와 조류, 수심과 해저 지형 등과 같은 해양 환경이 양호한 어류의 서식지를 제공하기 때문에 어업 자원의 종류가 다양하고, 그 양도 풍부하여 다양한 어업이 발달하였다.

남해안에 서식하는 대표적인 어종는 멸치, 갈치, 고등어, 전갱이, 삼치 등이며, 그 밖에 조기, 돔류, 장어류, 방어, 숭어, 쥐치 등과 같은 난류성 어족과 대구와 같은 한류성 어족이 있다.

남해안의 대표적인 어업은 정치망, 기선권현망, 기선저인망, 자망, 선망, 통발 등으로서 다른 해역에 비해 다양하고, 여러 가지 어업이 연중 지속적으로 행해진다.

1) 기선권현망어업

(1) 어구 · 어법

멸치는 연안 가까이 접근하는 어종이기 때문에, 이 어업의 발달 초기에는 갓후리(지인망)로도 어획되었는데, 이것이 여러 단계를 거쳐서 발달한 것이 권현망이다.

권현망은 기본적으로 끌그물의 일종이기 때문에, 자루그물 양쪽에 길다란 날개가 달린 것이 특징이다.

날개는 크게 오비기와 수비로 구분되며, 오비기는 일차적으로 어군을 구집하기 위한 것이어서, 그물코의 크기가 3,000~3,600mm 정도로 큰 것을 쓰며, 완성된 길이는 양쪽의 것이 각각 약 500m 정도이다.

수비는 그물코의 크기가 오비기 쪽에서는 1,800mm, 자루 쪽으로 갈수록 작게 하여 300mm의 것을 쓴다.

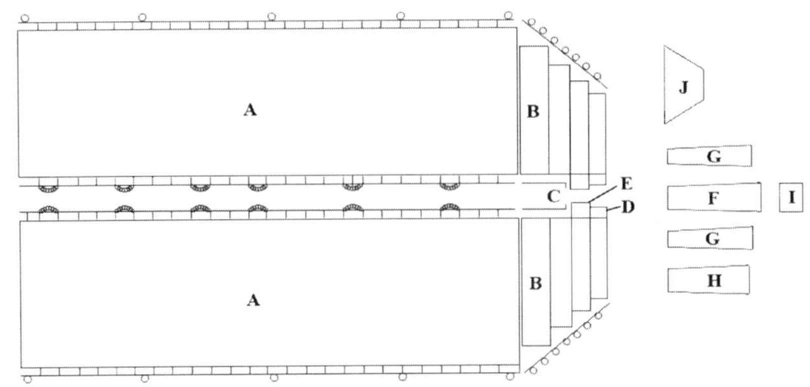

그림 4-56 기선권현망 어구의 그물 배치도.
A. 오비기, B. 수비, C. 앞창, D. 문턱, E. 펄갈이, F. 자루 등판,
G. 자루 옆판, H. 자루 밑판, I. 자루 뒷판, J. 나팔

자루는 각 1장의 등판, 밑판, 뒷판과 2장의 옆판으로 구성되며, 입구 쪽에는 나팔 모양의 그물이 붙어 있어서, 자루에 들어갔던 어군이 되돌아 나오는 것을 방지하도록 구성되어 있다.

(2) 어선

기선권현망 어선은 여러 척의 선단을 이루어 조업하게 되는데, 그물배(網船) 2척, 어탐선 1척, 가공운반선 1~2척으로 구성된다.

그물배는 어구를 끌어 어획을 완수하는 주된 어선으로, 법령상 크기는 40톤 미만, 기관마력은 220마력 이하로 제한되어 있다. 그물배의 선미에는 U자형 홈이 있는 양망기가 설치되어 있어서, 양망할 때 이것으로 오비기와 수비를 감아올린다.

어탐선은 어군의 탐색, 작업 지시 등을 하기 위한 사령선으로 어군탐지기가 장치되어 있다. 어탐선은 속력이 빠른 것이 좋으므로, 10톤급 내외로 50마력 정도인 배를 쓴다.

가공운반선은 어획된 멸치를 삶아서 가공하기 위한 시설을 갖춘 배로서, 법령상 크기는 50톤 미만으로 제한되어 있다.

(3) 조업방법

조업은 어탐선에서 어로장이 어군을 발견하여 예망 방향을 지시함과 동시에 투망 신호를 하면 2척의 그물배는 자루를 투입하고, 양선의 방향을 약 60° 각도로 전개하여 전진하면서 수비, 오비기의 순으로 투망한 후, 0.5노트 정도의 속도로 약 30분~1시간 정도 예망

한다.

예망할 때의 어구 상태는 표층 끌그물에 속하기 때문에, 뜸이 수면에 떠서 끌려가는 것을 볼 수 있다. 그 후, 어로장의 지시에 따라 두 척의 그물배가 서로 접근하여 약 10m 정도의 간격이 되면 양망을 시작한다.

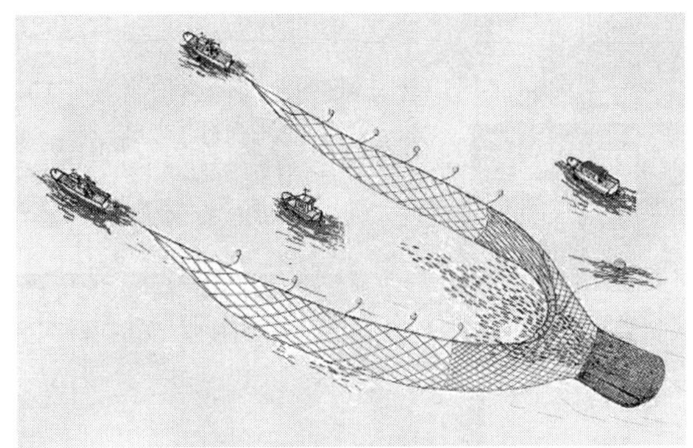

그림 4-57 기선권현망어업 조업도.
(자료: 국립수산과학원, 2017)

2) 근해 선망어업

(1) 어구 · 어법

우리나라 근해에서 고등어, 전갱이, 말쥐치, 부세 등을 어획하는 선망 어구는 건착망이며, 어구의 규모는 길이가 약 1,000m, 폭은 약 300m이다. 그물감은 비중이 클수록 좋으며, 나일론 그물감을 쓰는 것이 일반적이다.

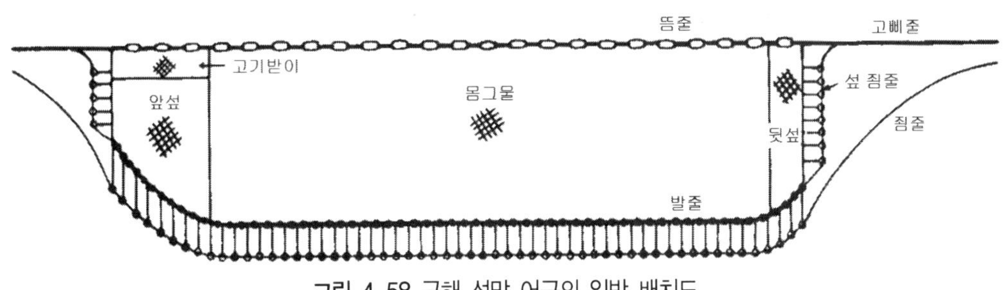

그림 4-58 근해 선망 어구의 일반 배치도.

몸그물은 길이 30m, 폭 100코 정도 되는 그물감 50～80조각을 깊이(설) 방향으로 이어 붙여서 1장의 큰 그물감을 만드는데, 이와 같이 만든 그물감을 1자락 또는 1동이라고 한다. 이것을 다시 40～50동을 가로 방향으로 이어 붙여서 몸그물을 구성한다.

(2) 어선 및 어로장비

근해 선망어업에 종사하는 어선은 그물배(網船) 1척, 불배(燈船) 2척, 운반선 2～3척이 하나의 선단(fishing fleet)을 이루어 조업하는데, 이런 선단을 보통 1통이라 한다.

그물배는 어구를 싣고 투 · 양망 등의 어로작업을 하는 선박이므로, 선체의 길이에 비하여 폭이 넓고 깊이는 얕으며, 어창이 없다. 어선의 크기는 법령상 50톤 이상 130톤 미만으로 제한되어 있다. 그물배의 기본 구조는 상부 구조물이 중앙부에 있고, 그 선수쪽에 윈치 등이 설치된 작업 갑판이 있으며, 선미쪽에 그물 적재용 갑판이 있어서 그물을 선미에 싣고 투망하며, 죔줄죄기와 양망은 작업 갑판의 우현에서 한다. 어로 장비로는 죔줄을 유도하는 대빗(davit) 롤러, 앞뒤 2개의 죔줄 윈치, 양망기, 각종 보조 윈치가 있고, 어군 탐지 장치로는 소나와 수직 어탐기가 있으며, 선단내의 통신은 단파 송수신기를 사용한다.

불배는 어군을 탐색하고, 집어등을 사용하여 어군을 모을 뿐만 아니라, 그물배의 어로 작업을 돕는다. 어로 장비는 소나와 수직 어탐기를 가지고 있다.

운반선은 어획물을 빙장할 수 있는 큰 어창(魚艙)을 가지고 있으며, 어구의 고기받이에 모인 어획물을 반두그물을 사용하여 떠 올리기 위한 데릭(derrick)과 윈치가 있다.

(3) 조업방법

어장에 도착하면 그물배는 선미 갑판에 뜸줄이 좌현으로, 발줄이 우현으로 오도록 그물을 정리함과 동시에 죔고리를 그물에 연결시키고 죔줄을 끼워 투망 준비를 하며, 어탐선은 어군을 탐색하여 어획하기 좋은 상태로 부상시켜 밀집시킨다.

투망 준비가 완료되면 그물배는 어탐선 중 1척에게 고기받이쪽 고삐줄과 죔줄의 끝을 넘겨 준 다음 어탐선을 끌고 투망 위치로 간다. 투망 위치는 일반적으로 어군 진행방향의 우측에서 시작하며, 해·조류나 바람이 강할 때는 해 · 조류 또는 바람 아래에서 시작하기도 한다. 이때, 고삐줄과 죔줄을 잡고 있는 어탐선을 앞잡이배라고 부르며, 그물배와 앞잡이배가 투망 위치에 도착하면, 앞잡이배는 그물배로부터 분리되어 고삐줄과 죔줄을 잡고 그 자리에 서 있고, 그물배는 전속으로 전진하면서 투망한다. 투망은 어군의 진행 방향 앞을 가로질러 뜸줄 길이의 약 3분의 1정도 되는 직경을 가진 원을 그리면서 앞잡이배로 되돌아와 앞잡이배가 잡고 있는 고삐줄과 죔줄을 넘겨 받는다.

투망이 완료되면 고기받이쪽 고삐줄은 선미에서, 날개그물쪽 고삐줄은 선수에서 캡스턴으로 감아 그물의 양 끝이 선수와 선미까지 오도록 한 다음, 선수에 있는 죔줄 윈치로 죔줄을 감는다. 이때, 그물이 충분히 가라앉았는지 확인한 다음 죔줄을 감아야 하며, 어구의 형상에 따라 죔줄을 감는 속도를 조

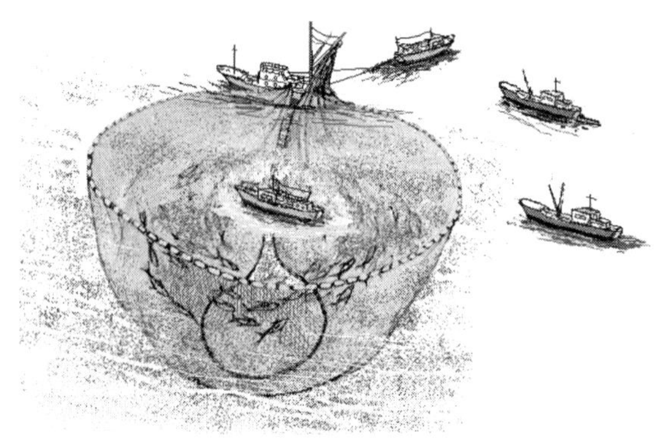

그림 4-59 근해 선망어업 조업도.
(자료: 국립수산과학원, 2017)

정하여야 한다. 죔줄이 발줄과 함께 갑판에 올라오면 죔고리를 3등분하여 각각 꾸러미로 묶은 다음 배 중앙에 있는 데릭으로 달아 올려, 그 옆에 장치된 큰 고리에 걸고 그물로부터 죔고리를 분리시킨다. 또한, 죔줄 윈치의 드럼에 감긴 죔줄을 다른 드럼에 옮겨 감으면서 죔고리로부터 죔줄을 빼낸다.

죔고리와 죔줄 분리가 완료되면 날개그물 옆줄 쪽에 있는 죔줄을 당겨 날개그물 끝이 한데 뭉치도록 한 다음 날개그물 끝부터 양망기로 양망한다. 양망된 그물은 다시 파워 블록을 통해 선미 갑판에 정리한다.

날개그물과 몸그물이 모두 올라오고 고기받이만 양망현 즉, 우현측 물 속에 남으면 발줄측 그물을 파워 롤러로 당겨 어군을 한 곳에 모은다. 그물배가 어군을 한 곳에 모으는 동안 운반선은 고기받이 건너편에 접근하여 그물배와 머릿줄로 연결한 다음 뜸줄을 끌어 올린다. 운반선에서 뜸줄을 모두 올리고 나면 족대나 반두그물을 이용하여 어획물을 운반선에 퍼 올린다.

양망 중 죔줄을 당길 때부터 양망이 완료될 때까지 그물배가 그물 쪽으로 딸려 들어가지 않도록 하기 위하여 어탐선 1척은 그물배의 양망현 반대 쪽에서 그물배를 당겨 주며, 다른 어탐선 1척은 뜸줄이 서로 엉키지 않도록 뜸줄을 잡아 당겨 준다.

낮에 밀집된 어군을 발견하여 조업하는 경우도 있으나, 대부분 밤에 집어등으로 어군을 유집시켜 조업하며, 달이 밝은 보름을 전후하여 약 4～5일간은 조업을 하지 않는다.

1일 조업횟수는 어군의 양에 따라 다르지만 일반적으로 2～3회 조업하며, 1회 투망 소요시간은 약 5～10분, 양망 소요시간은 약 1시간 내외이다.

4. 원양어업

현재 우리나라 원양어업이 진출해 있는 주요 어장과 업종을 살펴보면, 북태평양의 명태 트롤어업과 꽁치 봉수망어업, 남태평양의 다랑어 주낙어업과 다랑어 선망어업, 아프리카 근해의 대서양 트롤어업, 인도네시아와 뉴질랜드 근해의 트롤어업, 아르헨티나와 페루 근해의 오징어 채낚기어업 등이 있다.

1) 다랑어 주낙어업

(1) 어구 · 어법

다랑어 주낙 어구에서 모릿줄은 쿠라론 ϕ7mm 내외를, 아릿줄 중 위쪽 아릿줄은 쿠라론 ϕ5 mm 내외를, 중간 아릿줄은 와이어 ϕ3mm 내외에 나일론 실로 덧감기 한 것을,

아래쪽 아릿줄(와이어 리더)은 와이어 ϕ1.8mm 내외를 주로 사용한다. 낚시는 대상 어종에 따라 조금 차이가 있는데, 참다랑어나 날개다랑어와 같이 소형어를 대상으로 할 때에는 낚시의 뻗친 길이가 약 106mm인 소형 낚시를 사용하는 경우도 있으며, 대부분 황다랑어나 눈다랑어와 같이 대형어를 대상으로 할 때에는 낚시의 뻗친 길이가 약 115mm인 대형 낚시를 주로 사용한다.

아릿줄의 간격은 약 45～50m로 하며, 과거에 인력으로 투·양승할 때는 모릿줄을 아릿줄의 간격대로 45～50m씩 절단하고 모릿줄과 모릿줄을 연결하면서 고리를 내어 아릿줄과 부표줄을 묶어서 사용하였으나, 현재는 투·양승의 기계화로 모릿줄을 일정한 길이로 절단하지 않고 여러 코일(coil)을 연결하여 1본으로 하고, 아릿줄과 부표줄 끝에 클립을 달아 모릿줄에 끼울 수 있도록 하여 사용한다.

따라서, 과거에는 투승 전에 낚시 6～7개를 1광주리로 하여 미리 정리하였다가, 투승할 때 광주리와 광주리를 연결하면서 부표를 달아 투승하였으나, 현재에는 모릿줄은 모릿줄대로, 아릿줄은 아릿줄대로 정리하였다가 자동 투승기에 의해 모릿줄이 일정한 길이 즉, 45～50m 정도 풀려 나가면 사람이 아릿줄 또는 부표줄 끝에 있는 클립을 모릿줄에 채워준다.

부표줄 길이는 대상 어군의 분포 수층에 따라 조정하며, 일반적으로 약 20～35m 범위에서 사용한다. 또한, 어군이 수심 약 100m 내외에 분포할 경우에는 낚시 6～7개마다 부표를 달아 낚시가 깊이 내려가지 않도록 하며, 어군이 수심 약 200～300m 내외에 분포할 경우에는 낚시 13～15개마다 부표를 달아 낚시가 깊이 내려가도록 한다. 이것은 부표와 부표 사이의 모릿줄이 밑으로 곡선을 그리도록 하여 부표에 가까이 있는 낚시는 표층으로부터 얕게 전개되고, 부표로부터 멀리 있는 낚시는 깊게 전개되도록 한 것으로 투승 속도에 따라서 모릿줄의 곡선 형태가 달라진다. 일반적으로 전자를 표층 주낙이라 하고, 후자를 심층 주낙이라 하며, 참다랑어와 날개다랑어는 표층 주낙에서, 눈다랑어와 황다랑어는 심층 주낙에서 많이 어획된다.

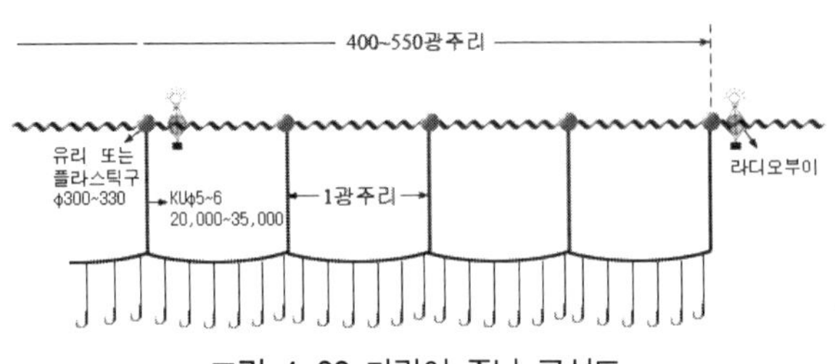

그림 4-60 다랑어 주낙 구성도.
(자료: 국립수산과학원, 2017)

배 1척당 사용하는 어구 수는 낚시 6~7개를 1광주리로 볼 경우 독항선에서는 약 500광주리 내외를, 기지선에서는 약 400광주리 내외를 사용하며, 낚시 13~15개를 1광주리로 볼 경우 독항선에서는 약 250광주리 내외를, 기지선에서는 약 200광주리 내외를 주로 사용한다.

(2) 어선

독항선의 경우는 강선 약 250~700톤급, 800~1300마력 내외, 기지선의 경우는 강선 약 150~300톤급, 500~900마력 내외이며, 승선 인원은 유압 양승기만 설치 조업할 경우 독항선에서는 28명 내외, 기지선에서는 24명 내외이고, 자동 투·양승기와 아릿줄, 부표줄 양승기를 설치 조업할 경우 독항선에서는 22명 내외, 기지선에서는 20명 내외가 승선하여 조업한다.

미끼는 선도가 양호하고 상처가 없는 중형 꽁치를 주로 사용하나, 간혹 소형 고등어, 전갱이, 오징어를 사용하기도 하며, 낚시는 미끼의 머리 위 부분에 끼워서 투승시 미끼가 살아 있는 것처럼 보이도록 한다. 우리나라 어선들은 대부분 일본에서 봉수망에 의해 어획된 꽁치를 수입하여 사용하고 있다.

(3) 조업방법

투승은 오전 2~4시경 배를 약 8~10노트 속력으로 전진시키면서, 과거에는 선미에서 사람이 직접 모릿줄과 아릿줄을 던졌으나, 현재는 선미에 있는 자동 투승기로 모릿줄이 나가도록 하고, 사람은 아릿줄 끝에 있는 클립을 모릿줄에 걸어주기만 한다. 미끼는 투승 중에 사람이 끼워 주며, 부표는 낚시 6~7개마다 부착하는 경우보다 13~15개마다 부착하는 경우 약 2배의 부력을 준다. 투승 형태는 일반적으로 일직선으로 하지만, 어군이 한 곳에 밀집되어 있을 때는 원형 또는 다이아몬드 형으로 하기도 한다. 투승이 완료되면 약 2~3시간 동안 대기하였다가 맨 나중에 투승된 낚시부터 양승한다.

양승은 과거에는 선수 우현에 있는 유압 양승기로 모릿줄을 감아 올리다가 아릿줄 또는 부표줄이 올라오면 모릿줄로부터 분리한 다음 사람이 직접 끌어올려 정리하였으나, 현재는 양승기로부터 선미쪽 우현에 자동으로 아릿줄 또는 부표줄을 끌어당겨 정리해 주는 아릿줄 양승기와 부표줄 양승기가 있어, 모릿줄에 연결되어 올라오는 아릿줄이나 부표줄 끝의 클립만 사람이 끌러 자동 양승기에 걸어 주면 된다. 그러나, 낚시에 다랑어가 물렸을 때는 사람이 직접 아릿줄을 당겨 현측 수면에 다랑어가 오도록 한 다음 갈퀴로 걸어 조심

스럽게 갑판으로 끌어올린다.

또한, 자동 투·양승기를 설치하여 조업하는 경우에는 조타실에 전자 조정장치를 설치하여 투 · 양승시 아릿줄과 부표줄을 연결 또는 분리할 위치를 신호로 알려 주도록 되어 있다.

과거에는 양승이 완료되면 선수 갑판에서 사람이 직접 모릿줄과 아릿줄을 1광주리씩 정리하여 컨베이어 벨트로 선미 갑판에 이동시켜 적재한 다음 투승 준비를 하였으나, 현재는 유압 양승기에 의해 올라온 모릿줄은 자동 이송기에 의해 자동적으로 선미 갑판에 이송되어 정리되며, 아릿줄 양승기와 부표줄 양승기에 의해 사려진 아릿줄과 부표줄은 컨베이어 벨트로 선미 갑판에 이동시켜 적재한 다음 투승 준비를 한다.

어획된 다랑어는 선도를 유지하기 위하여 나무 망치로 머리 부분을 타격하여 즉살시킨 다음 내장을 제거하고, 약 영하 65℃인 급랭실에 넣어 10시간 내외 급랭시킨 후 약 영하 50℃인 어창에 적재한다.

투 · 양승 소요시간은 사용 어구수와 투 · 양승 시설에 따라 다소 차이가 있으나, 일반적으로 1회 투승에 5시간 내외, 양승에 15시간 내외가 소요되며, 1항차 소요일수 역시 어획 상황과 기지에 따라 다소 차이가 있으나, 일반적으로 약 8～10개월이다.

2) 다랑어 선망어업

(1) 어구 · 어법

다랑어 선망의 그물감은 땋은 그물실로 짠 나일론 Td210 27～120합사, 망목 89～203mm를 주로 사용하며, 뜸줄의 성형율은 약 76%, 발줄의 성형율은 약 77%, 옆줄의 성형율은 약 66% 내외이다. 만일 뜸줄과 발줄의 성형율을 약 70% 이하로, 옆줄의 성형율을 약 60% 이하로 하면 양망시 저항이 크게 걸릴 뿐만 아니라 그물살이 처지는 경향이 있어 양망기 사용이 어렵게 된다.

뜸줄의 길이와 설(그물의 깊이)은 각각 약 2,000m, 100～200m 정도여서 발줄이나 죔고릿줄이 체인으로 구성되어 있는 중장비이다.

다랑어 선망 어법은 대양의 표층이나 중층에 떠 있는 어군을 둘러싸서 그물 왼쪽에 가둔 후, 차차 그 범위를 좁힌 후 어획물을 떠올려서 잡는 어업으로, 어체와 유영력이 큰 다랑어류를 주대상으로 하므로, 일반적인 선망과는 다른 특징이 있다.

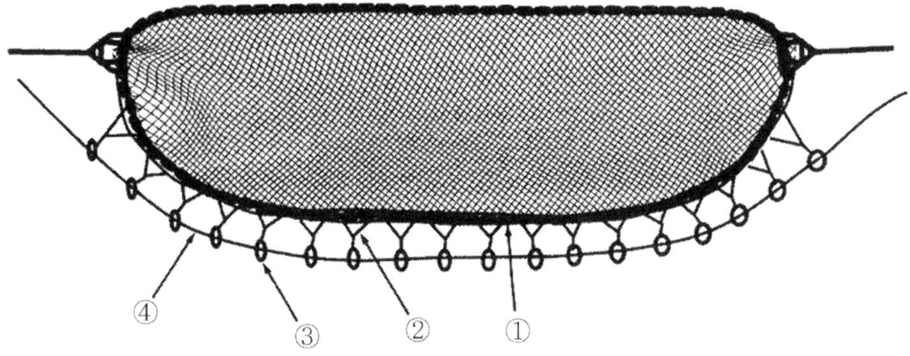

그림 4-61 다랑어 선망 구성도.
① 발줄, ② 죔고릿줄, ③ 죔고리, ④ 죔줄 (자료: 교육인적자원부, 2003b)

(2) 어선

다랑어 선망 어선의 크기는 1,000～1,500톤급, 2,000～2,700마력 내외의 것이다. 유영속도가 빠른 다랑어류를 어획하기 위해 선체의 길이는 길고, 폭은 좁은 홀쭉한 선형으로 빠른 속력을 낼 수 있도록 설계되어 있다.

또한, 어로 작업을 선미 갑판에서 하고, 어획물도 쉽게 어창에 넣을 수 있게 하기 위하여 선교와 기관실, 선원 거주시설 등은 선수 쪽에, 작업 갑판과 어창은 선미쪽에 배치하는 선형을 취하고 있다.

다랑어 선망어업의 가장 큰 특징은 생력화가 철저히 이루어지고, 선원수가 적다는 것이다. 다랑어 선망 어선에서는 파워 블록 등과 같은 생력화된 어로장비와 기관의 원격 조종, 냉동 방식의 개선 등을 통하여 1,500톤급에서도 16～18명으로 조업할 수 있다.

(3) 조업방법

일반적으로 낮에 육안으로 어군을 탐색하여 조업하며, 어군 탐색은 주로 조타실 위 또는 선수 마스트 위에 설치된 망통에 사람이 올라가 쌍안경으로 하지만, 경우에 따라서는 헬리콥터를 이용하기도 한다. 또한, 보조 수단으로 스캐닝 소나 등 탐색 장비를 이용하여 어군 탐색은 물론 어군량, 이동속도 및 방향 등을 관측한다. 육안으로 어군을 탐색하는 방법에는 갈매기 떼, 유목, 고래 등을 찾는 방법과 수면의 물결을 보고 찾는 방법 등이 있다.

어군을 발견하면 어군의 종류와 크기, 상태, 유영 속력 및 방향, 해조류, 파랑 등을 파악하여 조업 여부를 결정한 다음 갑판에 있는 보조선을 내려 보조선의 도움을 받으며 신속히 어군을 둘러싼다.

투망은 어군의 측방에 접근하여 그물의 한쪽 끝을 보조선에 넘겨준 다음 선미 슬립웨이를 통해 그물을 풀어주면서 전속으로 어군의 전방을 가로질러 원을 그리면서 행한다. 처음 투망한 위치로 되돌아오면 보조선으로부터 한쪽 끝을 되돌려 받은 다음 발줄에 있는 조임줄을 신속히 감아 어군이 그물 밑으로 도피하는 것을 방지한다. 또한, 어군이 배 밑으로 즉, 그물 양 끝 사이로 도피하는 것을 방지하기 위하여 다이너마이트를 터뜨리거나 뱃전을 두드리는 등 위협을 가하며, 보조선은 기관 소리를 내면서 그물 주위를 돌아 어군이 그물 위로 뛰어넘는 것을 방지한다.

그림 4-62 다랑어 선망어업 조업도.

죔줄을 완전히 조인 다음 선미에 있는 양망기로 그물을 감아올리면서 인력으로 뜸줄과 발줄, 몸그물을 구별해 선미 갑판에 정리한다. 이때, 보조선은 그물배가 그물 속으로 딸려 들어가지 않도록 양망 반대 현에서 그물배를 당겨 준다.

몸그물의 양망이 완료되면 고기받이 그물의 상부 즉, 뜸줄에 있는 죔줄을 조우면서 고기받이에 어군을 모은 다음 쪽대로 퍼 올리거나 고기받이 그물 전체를 달아 올려 어획물을 처리한다.

1일 조업횟수는 어군 탐색, 해황, 어획물 처리 능력 등과 관계가 있으며, 일반적으로 2~3회 조업하고 4회까지 가능하며, 해황이 파고 약 2~3m 이상이면 조업이 곤란하다.

3) 북양 트롤어업

(1) 어구 · 어법

북양 트롤어업은 북태평양에서 트롤 그물로 명태, 가자미, 대구, 임연수어 등을 잡는 어업이다.

명태는 밤낮에 따라 수직 운동이 심하며, 어군 분포상태에 따라 형태가 다른 어구를 사용하고 있다. 즉, 어군이 바닥에 완전히 침하하였을 때는 6폭 그물을 주로 사용하며, 바닥으로부터 다소 부상하였을 때는 8~12폭 그물을 주로 사용한다. 특히, 저질이 자갈 또는 암초로 되어 있거나, 굴곡이 심하여 완전한 저층 예망이 곤란할 경우 또는 어군이 바닥으로부터 많이 떨어져 있을 경우에는 끌줄 길이를 평소보다 짧게 주고 예망 속도를 높여 어구가 뜬 상태에서 끌려오도록 조업하기도 한다.

전개판은 대부분 2중 만곡판 속에 뜸을 넣어 안전성과 전개력을 좋게 한 하이드로포일(hydrofoil) 전개판을 사용한다.

(2) 조업방법

예망 속도는 약 3～4노트이며, 1회 예망 소요시간은 어군탐지기와 망고 기록계에 나타나는 기록 상태, 기관에 걸리는 부하 등을 고려하여 끝자루에 충분한 양의 어군이 들어갔다고 판단되면 예망 시간에 관계없이 양망하지만, 일반적으로 2시간 내외이다. 조업 시간은 밤과 낮의 구분없이 어획물 처리 상황에 따라 수시로 하며, 1일 평균 5～6회 조업한다.

1항차 소요 일수는 어창 용적이나 어기, 조업 방식에 따라 다소 차이가 있으며, 일반적으로 단독 조업일 경우에는 약 1～2개월, 운반선을 이용할 경우에는 약 3～4개월, 공모선을 이용하여 선단 조업을 할 경우에는 1년 내외이다.

어선은 강선 1,000～5,000톤급, 2,000～6,000마력 내외에 약 40～100명이 승선하여 조업한다.

4) 대서양 트롤어업

(1) 어구 · 어법

대서양 트롤어업은 북대서양 동부 해역에서 저층 트롤 그물로 오징어, 문어 등을 잡는 어업이다.

어구 구조는 대상 어종에 따라 다르다. 즉, 바닥으로부터 약간 떨어져 서식하는 오징어를 대상으로 할 경우에는 북양 저층 트롤 그물과 같으나, 자갈이나 암초 또는 모래에 숨어 서식하는 문어를 대상으로 할 경우에는 좌우 발줄 사이에 3～4가닥의 체인을 달고, 후릿줄 중간에도 체인을 달아 사용한다.

전개판은 대부분 하이드로포일 전개판을 사용하며, 투 · 양망 방법은 선미식으로 대형 저층 트롤과 같다.

(2) 조업방법

예망 속도는 약 3～4노트이고, 1회 예망 소요시간은 3시간 내외이며, 1일 약 5～6회 조업한다. 1항차 소요일수는 어항 또는 어기에 따라 다소 차이가 있으나, 일반적으로 약 2～

3개월이다.

어선은 강선 300～1,000톤급, 1,200～2,800마력 내외에 25～35명이 승선하여 조업한다.

5) 남빙양 크릴 트롤어업

(1) 어구 · 어법

남빙양 크릴 트롤어업은 남빙양에서 중층 트롤 그물로 크릴을 잡는 어업이다.

크릴은 새우류의 일종으로 군을 형성하여 표 · 중층에 서식하며, 체장은 약 40～60mm, 체중은 약 0.6～1.4g의 것이 어획 대상이 되고 있다.

어구 형태 및 조업방법은 명태, 말쥐치 등 회유성 어류를 대상으로 하는 중층 트롤과 유사하다. 다만, 회유성 어류를 대상으로 하는 중층 트롤 그물은 그물코가 큰 폴리에틸렌 홑그물을 사용하지만, 크릴 중층 트롤 그물은 자루그물에 그물코가 작은 나일론 그물과 그물코가 큰 폴리에틸렌 그물로 된 2중망을 사용한다. 따라서, 예망시 어구에 걸리는 유체저항이 크므로, 명태 중층 트롤 그물에 비해 규모가 작다.

(2) 조업방법

예망 속도에 있어서도 명태 등 회유성 어류의 중층 트롤 그물은 약 4노트 내외로 예망하지만, 크릴은 유영력이 약하므로 약 2～3노트로 예망한다.

조업 수심은 대부분 0～100m 범위이며, 이 중 10～50m층에서 어획이 많다.

1회 예망 시간은 크릴군의 밀도에 따라 즉, 망고 기록계 등으로 크릴의 입망 상태를 판단하여 약 30분～1시간 30분으로 하지만, 크릴의 선도 유지를 위하여 대부분 1시간 이내로 한다.

1일 조업시간은 24시간 가능하지만, 5～22시에 어획이 양호하다. 또한, 1일 조업횟수는 약 7～8회까지 가능하지만, 어획물 처리상 약 4～6회 조업을 하며, 어획물 처리는 대부분 원상태로 급랭시키고, 일부는 어분으로 처리한다.

어선은 강선 2,000～3,500톤급, 2,500～3,800마력 내외에 60～70명이 승선하여 조업한다.

6) 해외 오징어 채낚기어업

뉴질랜드 근해, 남대서양 근해, 아프리카 북서안 등에서 어획되는 오징어는 우리나라 연근해산 살오징어와 비슷하다.

해외 오징어 채낚기어업에 사용되는 어구의 구조는 자동 조상기를 사용하는 연근해 오징어 채낚기 어구와 같다.

(1) 남서 대서양 오징어 채낚기어업

포클랜드 수역과 그 인접 200해리 안쪽 어장에서 주로 오징어를 대상으로 조업하는 어업이다. 1985년 2월에 오징어 채낚기 어선 2척이 시험 조업을 한 결과, 어획 성적이 좋은 어장으로 밝혀짐에 따라, 다랑어 기지 조업의 부진으로 부산항에서 장기 체항하고 있던 어선을 개조하여, 그 이듬해부터 대거 출어하기 시작함으로써 단기간에 개발된 어장이다.

(2) 뉴질랜드 오징어 채낚기어업

1978년 3월 16일에 한 · 뉴질랜드 어업협정이 발효되고, 4월 1일부터 뉴질랜드의 200해리 경제수역법이 시행됨에 따라 할당량(쿼터) 조업을 하게 되었다.

뉴질랜드의 외국 어선에 대한 오징어 할당량은 처음에는 어획 가능 수량을 배정하였으나, 1979년부터는 출어 척수를 제한하고, 그 어선이 어획한 수량에 대해 입어료를 징수하는 방식을 채택하였다. 1989년부터는 자국민 보호를 위하여 정부간 어업협정에 의한 할당량을 배정하지 않고 있으며, 또 배정한다 하여도 어황이 불투명하여 출어 척수가 점차 감소하고 있는 추세이다.

(3) 페루 오징어 채낚기어업

페루 수역에 오징어 채낚기어업이 진출하게 된 것은 북양 빨강오징어 유자망어업이 UN의 결의에 의해 1993년부터 전면 금지됨에 따라, 가공용 오징어의 원료인 빨강오징어의 대체 어장을 개발하기 위하여 1990년에 페루 해역에서 시험 조업을 한 결과, 상업성이 입증되어 그 이듬해부터 본격적으로 출어하게 되었다.

참고문헌

高冠瑞(1977): 漁具漁法學, 高麗出版社.

교육인적자원부(2003a): 고등학교 어업(상).

교육인적자원부(2003b): 고등학교 어업(하).

국립수산과학원(2002): 한국 어구도감.

국립수산과학원(2017): http://www.nifs.go.kr/page?id=mimetic.

金大安 · 高冠瑞(1985): 漁具學, 敎文出版社.

金鎭乾(1999): 底層漁法學, 有一文化社.

金鎭乾 외(2002): 水産의 理解, 有一文化社.

수산업협동중앙회(2004): 한국의 어구어법.

梁在穆 외(2000): 水産學槪論, 集賢社.

李昊在(1999a): 漁業計測工學(理論과 實際), 太和出版社.

李昊在(1999b): 漁業機械工學(理論과 實際), 太和出版社.

李秉錡(1977): 現代트로올漁法, 太和出版社.

李秉錡 · 李昊在(1993): 近海 底引網 · 트롤漁法, 太和出版社.

李秉錡 외(1989): 沿近海漁業槪論(三訂版), 太和出版社.

제5장 양　식

제1절 양식의 개요

1. 양식의 개념

수산업은 크게 어업과 양식업으로 구성되어 있다. 어업은 잡는 것을 생산 수단으로 하지만, 어업 생산이 더 이상 증가되지 않게 되면 자원을 증가시킨 후 어획하든지 수산생물을 일정한 공간 내에서 육성하여 어획해야 될 것이다. 어업생산을 유지 또는 증가시키기 위해 생물자원을 인위적으로 관리하여 번식을 돕거나 보호하는 경우에는 증식이라고 하며, 그 생산 주체는 어업이 된다. 최근의 바다목장은 자원을 인위적으로 관리 육성하여 어업생산을 기하는 형태이다.

양식은 구획된 일정 수역에서 수산생물을 소유하고 그 생물을 번식 또는 관리 육성하여 수확하는 수단이며, 이러한 생산 형태를 양식업이라 하고, 기업의 경제 행위에 해당한다. 양식은 인위적 관리 정도에 따라 집약적 양식과 조방적 양식으로 나눈다. 대부분의 경우, 양식은 집약적 양식에 속하며, 조방적 양식에서는 주로 사료를 주지 않는 대신 양식생물의 영양은 그 수역이 가지는 자연 생산력에 의존하여 공급받는다. 패류, 해조류, 우렁쉥이 양식이 이에 해당한다.

어류나 패류 등을 시장에 출하하기 전 좀 더 높은 가격으로 판매할 목적으로 단기간 일정한 구획에서 키우는 경우에는 축양이라 한다. 또 인공적으로 생산된 자치어나 유어를 자연에 방류하기 전에 방류 후의 생존율을 높이기 위해 일정 구획의 해면에서 일정 기간 관리 육성하면서 자연 조건에 순치시키기는 경우에는 중간 육성이라고 한다.

2. 양식의 현황과 전망

양식업이 장래에도 안정적으로 발전하기 위해서는 안정적인 수요가 형성되어야 한다. 우리나라의 식생활은 국민 소득이 증가함에 따라 점차 고급화, 다양화되고 있다. 수산물은 사람들의 고급화된 식성을 만족시킬 수 있는 대표적인 먹거리이다. 그 중에서도 양식은 사람들의 수요가 높은 어종이 자연 생산량이 적거나 그 생산량이 감소하고 있는 종류를 대상으로 생산하고 있다. 김, 굴은 오래 전부터 현재에 이르기까지 활발하게 양식으로 생산되고 있다. 그 외에도 많은 품종이 양식으로 생산되고 있지만, 넙치, 조피볼락, 우렁쉥이 등이 양식의 주종을 이루고 있다. 오늘 날의 양식은 초기 먹이생물의 안정적인 공급으로 수요가 있는 종류는 무엇이든 양식이 가능할 정도로 기술적으로 높은 단계에 이르렀다.

그러나 최근에는 수요에 비해 공급량이 많아 가격 문제로 어려움을 겪는 경우가 많다. 그런 가운데 값싼 외국산의 대량 수입으로 국내 양식업은 그 어려움이 가중되고 있다. 이런 상태가 지속된다면 국내 양식업의 기반은 대단히 위협받게 될 것이다.

이와 같은 수급 문제와 가격 문제를 해결하기 위해서는 많은 노력이 있어야 하는데. 그 가운데서도 생산량은 유지하면서 생산 원가를 줄일 수 있는 기술 혁신과 부가가치를 향상시키는 것이 중요할 것이다. 이를 위해서는 산지의 특성을 살린 좋은 품질의 특산품 브랜드를 만드는 것이다. 지금도 산지명이 붙은 김, 굴, 미역 등이 생산되고 있긴 하지만 품질을 더 향상시킬 필요가 있다. 또 유통구조의 개선, 활어 유통 등을 통해 가격을 안정시키면서 이익을 증가시키는 것도 도움이 될 것이다.

새로운 양식 기술을 지속적으로 개발하기 위해서는 최근 빠르게 발달하고 있는 생물공학 기술인 바이오테크를 양식에 응용하는 것이다. 일부 어종에 대해서는 성 제어, 클론 생산에 의한 우량 종묘 생산, 유전자 치환에 의한 성장 호르몬의 효율적 생산기술 개발 등이 이루어지고 있다. 양식에서 성장, 생존율, 품질 향상을 위한 우량 품종 생산을 위한 바이오테크가 더욱 활성화되어야 할 것이다.

다음으로는 경영의 합리화이다. 가격 상승에 의한 양식 경영에서 탈피하여 생산성 향상에 의한 경영 발전으로 나아가야 할 것이다. 그 목적을 달성하기 위해서는 먼저, 적지에서 적합한 품종을 집단적으로 양식하여 사료 확보, 관리, 판매 등을 공동화, 협업화하여 생산원가를 낮추고, 생산성을 향상해야 할 것이다.

또한, 양식을 중심으로 한 새로운 수요를 창출할 필요가 있다. 양식업을 중심으로 낚시, 양식 체험학습, 신선한 어류를 제공하는 해변 레스토랑 시설 등을 통하여 단순히 수산물을 소비하는 것뿐만 아니라 먹고, 보고, 체험을 통해 즐기는 양식 레저 활동을 더욱 활성화하는 것이다.

마지막으로, 양식 생산품의 안전성을 높이고 소비자에 깨끗한 이미지를 전달하는 것이다. 양식 생산품은 과거 몇몇 사건을 통해 자연산에 비해 덜 안전하고, 건강에 유해한 약제를 사용할 것이라는 인식이 소비자에 존재한다. 이러한 문제를 해결하기 위해 소비 전에 특정 약품에 대한 잔류 농도를 철저히 점검하고, 동시에 양식 과정에도 수질 환경을 잘 유지하여 그런 약품을 사용하지 않도록 해야 할 것이다.

제2절 양식 방법과 시설

1. 양식의 분류

1) 기술 단계에 의한 분류

기술적으로 보면, 양식을 크게 완전 양식과 불완전 양식으로 구분할 수 있다. 가장 완성된 양식 기술의 형태는 인위적으로 양성한 어미로부터 인공 종묘를 생산하여, 그 생물에 사료를 주고 적합한 상태로 환경을 관리하면서 고밀도로 성장시켜 단기간에 판매하고, 또 양성한 생물의 일부는 다시 친어로 키워 관리하는 것이다. 완전 양식은 이와 같이 양식 대상생물의 생활사 전체를 인위적으로 관리하는 형태를 말하고, 그렇지 못한 것을 불완전 양식이라 한다.

2) 수역의 종류에 의한 분류

양식 장소가 내수면이면 담수양식 또는 내수면양식으로, 해면이면 해수양식 또는 해면양식으로 부른다. 또 저수지나, 연못, 논에서 하는 양식은 지중양식 또는 노지양식이라 한다.

3) 양식 시설에 의한 분류

해수양식에서 만 입구나 내만을 막아 그 안에 보리새우, 대하, 방어, 조피볼락 등을 양식하는데, 제방을 쌓아 양성하는 경우에는 제방식(또는 축제식) 양식이라 하고, 그물로 차단하는 경우에는 그물 차단식 양식이라 한다. 대부분의 어류를 대상으로 그물을 이용하여 전체를 차단하고 조류 소통을 좋게 하는 경우에는 그물 가두리식 양식이라 한다. 이동성이 없거나 물체에 부착하여 양성하는 패류나 해조류는 뗏목이나 밧줄(연승)에 매달아 양식하는데, 이런 경우 각각 뗏목식, 연승식 양식이라 하고, 특히 김 같은 경우에는 망홍식 양식이라 한다. 또 뗏목이나 연승식 양식은 주로 패류를 수중에 매달아 키우는데, 이를 수하식 양식이라 한다. 이동성이 약한 바지락과 같이 종묘를 바닥에 방양하거나 굴과 같이 부착기질에 부착시켜 양성하는 경우에는 바닥식 양식이라 한다.

4) 공급수 상태에 의한 분류

지중(池中)양식에는 외부에서 물을 끌어들여 유수 상태에서 행하는 유수식 양식이 있고, 일단 못에 물을 채운 후 지수(止水) 상태에서 행하는 지수식(정수식) 양식이 있으며, 또 필요할 때만 유수하는 반유수식 양식이 있다. 산소 공급의 측면에서 보면, 유수식이 지수식에 비해 단위면적당 생산량은 더 높다. 양식방법은 용수의 조건에 따라 다르겠지만, 산소 소비량이 많은 송어류나 은어는 유수식이 적합하고, 잉어나 뱀장어 등 산소 소비량이 적은 어종은 지수식 양식이 적합하다.

그러나, 잉어와 뱀장어 등도 물을 풍부하게 이용할 수 있는 곳이라면 유수식 양식을 하면 단위면적당 생산량을 향상시킬 수 있다. 또한, 사육수를 여과조로 통과시켜 정화하여 재사용하는 순환여과식 양식으로 잉어, 뱀장어, 은어, 무지개송어 등을 양식하고 있다.

2. 양식장의 적지 선정

양식장 적지를 선정할 때는 어종에 맞는 물과 종묘 확보 등과 같은 요소를 고려하여 장소를 선택해야 한다. 미리 양식지가 정해져 있을 때는 그 장소에 적합한 어종을 선택하고 그 다음에 관리와 판매를 생각하는 것이 좋다.

1) 물

여기서 물이란 물 자체를 의미하는 것뿐만 아니라 사육 수면 전체와 주변 환경을 고려한 것이다.

(1) 수온

수산생물은 종류에 따라 성장에 적합한 성장 적온과 번식에 적합한 번식 적온을 가지며, 성장 적온과 번식 적온이 거의 같은 수산생물도 있고, 현저히 다른 생물도 있다. 번식 적온은 다시 어미의 생식선이 정상적으로 발달할 수 있는 성숙 적온과 어미가 정상적인 알이나 정자를 체외로 산출할 수 있는 산란 적온으로 나눌 수 있다.

성숙 적온은 일반적으로 범위가 넓지만, 그 범위가 분명하지 않는 종류가 많고, 산란 적온은 성숙 적온의 범위 내에 있다.

일 년 중 적온 기간의 길고 짧음은 양성기간에 영향을 미칠 뿐만 아니라 수확을 좌우하며, 판매와 경영에도 영향을 미친다. 예를 들면, 잉어는 10℃ 전후에서 먹이를 먹기 시작하여 수온이 상승하면서 섭이량이 증가하고 잘 성장하지만, 30℃ 이상에서는 섭이량이 저하된다. 보통 4월 말~5월 초 및 10월 초·중순에 15℃ 전후의 수온이 되고, 7~9월에 25~30℃의 수온이 되는 곳이면 잉어 양식은 가능하다.

(2) 염분

해산 어패류의 양성지를 선택할 때는 앞서 언급한 수온 이외에도 염분농도도 고려해야 한다. 참돔은 협염성(31.1psu)으로 양성장의 염분이 상당히 높은 수역이어야 하지만, 참굴은 염분농도가 높은 외양성 연안에서부터 담수 유입이 있는 내만에까지 분포하는 광염성(염분 7.6~33.7psu)으로 염분농도가 양식장 선정의 제약 요인이 되는 경우는 거의 없다.

또한, 김에서는 채묘 및 생육에 적합한 염분은 모두 33.7psu 이하로 저염분 수역이 양식에 적합하다. 특히, 협염성 어류의 그물 가두리식 양식에서는 대량 강수에 의한 저염분 등에 주의할 필요가 있다.

(3) 물의 이용

담수양식에서 무지개송어나 은어와 같이 산소 소비량이 많은 어종은 유수식으로 양식하지만, 산소 소비량이 적은 어종이라도 단위면적당 높은 수확량을 올리려는 경우에는 유수식이 적합하다. 또한, 지수식 양식에서도 용수가 많을수록 양성 관리가 쉬어진다.

담수양식에 이용되는 수자원에는 호소수, 하천수, 복류수, 지하수(용천수 포함) 등이 있지만, 인근 공장이나 농지에서 지하수를 다량으로 사용하여 용수가 부족할 경우를 대비해서 용수의 재이용도 고려해야 한다.

2) 종묘의 확보

수산생물의 양성은 우선 종묘 확보에서부터 시작한다. 양식업에서 종묘비는 사료비와 함께 생산비 가운데서 높은 비율을 차지하고 있으므로, 가능하면 싼값으로 입수할 수 있도록 해야 한다. 그러나 단순히 종묘 가격이 싼 것만이 아니라 종묘 품질도 좋고, 사육 중 탈락률도 적은 것이 좋으며, 또 종묘의 운반비도 적어야 할 것이다. 인공 종묘생산이 쉬운 잉어, 금붕어, 무지개송어, 넙치, 조피볼락 등은 비교적 쉽게 희망하는 크기의 종묘를 입수할 수 있지만, 뱀장어, 방어 등과 같이 종묘를 생산할 수 없는 종류나 시험단계에 있는 것은 자연에서 채포한 자치어를 종묘로 사용해야 된다. 자연 종묘를 사용하는 경우에는 해에 따라 풍년 또는 흉년이 되기 쉽고, 가격의 변동이 심하다. 따라서 양식업을 안정시키기 위해서는 종묘 생산기술을 더욱 개발할 필요가 있다.

3) 사료 구입

과거에는 양어 사료의 단백질 원료는 번데기나 냉동어가 주가 되었으나, 최근에는 각종 양어용 배합사료가 개발되어 시판되고 있다. 따라서 과거와 같이 사료가 적지 선정의 주요 조건으로 되는 경우는 거의 없다고 볼 수 있다.

4) 교통의 편리

수산생물을 양식해서 판매하기 위한 생산물의 출하나 사료를 반입할 때, 수송의 편리 여부도 양식장의 적지 판정에 있어서 중요한 사항이다.

양성된 수산물의 대부분은 활어나 선어 상태로 거래되고, 어체의 크기, 중량, 선도에 의해 단가가 달라진다. 판매를 유리하게 하기 위해서는 출하 대상지의 소비 능력, 판매 단가, 출하 시기 등을 고려하여 생산과 출하를 조정하지 않으면 안 된다. 또한, 쉽게 사육 생물을 관찰할 수 있고, 태풍과 같은 악천후에도 빠르고 정확한 조치를 취할 수 있는 장소와 환경을 갖추고 있는 것이 중요하다.

3. 양성법과 시설

수산생물을 양성하는 경우, 대상 생물의 종류에 따라 그에 적합한 시설이나 설비가 필요하다. 일반적으로 어류나 갑각류의 경우에는 양어지(제방, 그물 차단, 순환여과지를 포함)와 그물 가두리 등의 시설이 이용되고, 패류나 해조류에서는 수하식(연승, 뗏목) 등이 이용되고 있다.

1) 양어지

지중양식에서 종묘 생산을 하는 경우는 친어지, 산란지, 부화지, 치어지 등이 필요하지만, 식용어를 양성하는 경우에는 양성지만 있으면 된다. 양성지는 치어로부터 식용에 적합한 크기까지 키우는 못으로, 지수식과 유수식이 있다. 또한, 월동이나 출하를 위한 축양지가 있으면 더욱 편리하다. 해안의 일부를 제방으로 막은 제방식이나 만 입구를 그물로 구획하는 그물 차단식 등도 양어지로 볼 수 있다.

(1) 지수식 (정수식)

유수지에 비해 물의 교환량(주수량)이 적고, 보급되는 산소량도 적다. 따라서 단위면적당 종묘의 방양량도 유수식에 비해 적다.

(2) 유수식

오래전부터 잉어, 금붕어, 뱀장어 등을 정수식으로 양성해 왔지만, 여름에는 산소 부족을 일으키는 경우가 있다. 이를 해소하기 위해서 수차로 물을 교반하여 산소를 보급하고, 때로는 쉼터를 설치하여 어류의 피난 장소를 설치하기도 한다.

유수식 양어지는 풍부한 용천수나 하천수가 있는 경우이며, 양어지 내로 끊임없이 신선한 물을 도입해서 못 물을 교환하여 종묘의 방양량을 증가시킬 수 있다.

일정 면적의 양어지 내에서는 유수량이 많으면 많을수록 더 높은 생산량을 올릴 수 있으므로, 취수 조건만 양호하면 양성지의 면적은 협소해도 좋다.

(3) 제방식

제방식 양어지는 해안선의 굴곡을 이용하여 시설하는 것으로 규모가 작은 만 입구나 섬과 육지와의 사이를 구획하여 양어지로 만들고 수문으로 해수를 교류시키지만, 해수 교류 효율이 비교적 나쁘고, 여름에는 저질이 악화하여 저층수의 용존산소가 부족할 염려가 있다. 제방식은 태풍 등에 의한 피해는 없지만, 공사비가 많이 소요되어 많이 사용되는 방법은 아니지만, 우리나라 서해안에서는 방치된 염전을 개량하여 새우류 양식에 많이 사용한다.

(4) 그물 차단식

입지 조건은 제방식과 마찬가지지만 제방 대신에 지주(콘크리트 또는 강철제)를 세우고, 여기에 그물을 쳐서 해면을 구획하여 양식장으로 한 것이다. 이것은 제방식에 비해 해수 유통은 좋지만, 태풍이나 계절풍에 동반되는 파랑이나 표류하는 물질에 의한 피해를 입기 쉽다. 또한, 부착생물이나 표류물의 제거, 파손된 그물 수리 등 관리 작업에 일손이 많이 간다.

(5) 그물 가두리식

어망이나 철망 등으로 적당한 크기의 그물 가두리를 만들어 해안선과는 관계없이 해면에 띄어 양식하는 방법이다. 이 방식은 작업비가 싸고 고밀도로 수용 가능하며, 이동이 용이하고 소규모 경영이 가능하며, 다소 수심이 깊은 장소에서도 양식할 수 있다는 장점이 있다.

그물 가두리를 수중에 장기간 설치해 두면 파래, 따개비, 멍게류 등의 부착생물이 망목을 막아 해수 교환을 방해하므로 그물 가두리 내의 용존산소가 감소하여 사육어에 나쁜 영향을 주고 내파성도 나빠진다. 이럴 때는 그물을 교환해야 하지만, 작업 중 그물에 의해 어류가 상처입지 않도록 주의해야 한다.

2) 수하시설

수하식 시설은 굴, 미역, 다시마와 같은 부착생물이나 가리비 같은 저서생물에 대해 사용할 수 있다. 일반적으로 내만에서는 해수 유동이나 용존산소량은 상층일수록 증가하고, 저층일수록 감소한다. 이동력은 없거나 있더라도 미약한 이들 저서생물은 해수 유동에 의해 운반되어 오는 먹이나 영양에 의해 성장하므로, 해수 유동이 좋은 상층이나 중층에 매달아 성장을 촉진시키는 것이다.

저층에는 유기물이 침적되어 용존산소를 소비하고, 때로는 유해물질을 생성하므로 생물은 생리적 장애를 받기 쉽다. 또한, 모래나 뻘이 표면에 쌓이기도 하고, 권패류, 불가사리에 의한 식해를 받기 쉽다.

이 수하식은 저층에서 받기 쉬운 나쁜 영향을 피할 수가 있고, 해안선과 관계없이 수하할 수 있어 간이 수하식을 제외하고는 조석의 간만에 관계없이 작업할 수 있는 이점이 있다.

(1) 간이 수하식

보통 간조선에서부터 2～4m의 수심이 얕은 곳에 말뚝을 세우고, 여기에 대나무, 목재 등을 횡목으로 하여 선반을 만들고, 횡목에서 철사나 끈을 사용하여 수하연을 매다는 방법이다. 이 방법은 보통 풍파의 영향을 많이 받지 않는 조용한 곳에서 이용한다.

(2) 뗏목 수하식

뗏목 수하식은 패류와 해조류를 양성하는 경우에 이용되고, 이들의 구조와 재료는 서로 다르다. 패류의 경우, 맹종죽을 가로 세로로 엮고, 여기에 드럼통이나 유리구 또는 발포 스티로폼 등의 부자를 부착해서 해면에 띄어 여기에 수하연을 매다는 방법으로, 풍파가 별로 없는 내만에 적합하다. 과거 1970년대에는 사용되었으나, 지금은 우리나라에서는 거의 존재하지 않는다.

(3) 밧줄 수하식

패류와 해조류를 양성하는 경우에 이용되고, 표층에 가로로 설치한 밧줄에 뜸통 또는 공 모양의 폴리에틸렌 부낭을 띄어 이것들을 서로 연결하여 시설물을 해면에 유지시키고, 그 밧줄에 수하연이나 채롱을 수직으로 매달아 수면 가까이에서 양성하는 경우(굴, 진주조개 등)와 수면 아래 일정한 수심에 매달아 키우는 경우(가리비, 미역, 다시마 등)가 있다. 이 방법은 내파성이 뛰어나서 풍파가 강한 만 입구 부근이나 외해에서도 이용된다.

(4) 침설 수하식

가리비나 우렁쉥이 등을 수하연에 묶거나 붙여 닻과 뜸통을 사용해 저층에 가라앉혀 양성하는 방법이다. 동해안이 특산인 참가리비 양식을 할 때, 해면에서는 시설 유지가 어려워 20～50m 수층을 이용하고, 우렁쉥이는 10～20m 수층을 이용한다.

(5) 뜬발식

미역, 김 등을 양성하기 위해 고안된 것으로, 김의 경우에는 밧줄로 테두리를 만들고, 이것을 부자로 수면에 띄우고 부자에서 닻을 연결하여 계류한다. 김발이 되는 그물은 테두리 밧줄에 묶고, 김발과 김발 사이에 부자용 밧줄을 쳐서 연결해 김발 그물이 펼쳐지도록 한다.

3) 순환여과시설

신선한 사육수를 대량으로 얻을 수 없는 경우에 소량의 물로 높은 밀도로 사육하는 방법이다. 즉, 같은 물을 여과 순환해서 재이용하는 이 방법은 처음에는 수족관에서 사용되었지만, 현재는 많은 양식장에서 이용하고 있다.

이 방법은 같은 물을 순환해서 사용하므로, 수질의 관리가 매우 중요하다. 이를 위해 침전지, 여과지(여과조) 외에 산소 보급이 필요하다.

(1) 침전지

양어지의 물은 먹이 찌꺼기나 배설물 외에 주위로부터 들어오는 먼지에 의해 심하게 오염되어 있다. 이 물이 직접 여과지에 유입되면 여과재(모래, 자갈, 활성탄 등)가 막혀 여과 능력이 떨어진다. 그래서 여과지 바로 앞에 침전지를 설치하여 미리 큰 입자를 침전 분리시킬 필요가 있다. 또한, 침전지에 물을 보내기 전에 사란망의 필터를 통과시키면, 대형의 먼지는 제거되어 침전지의 오염은 완화된다.

(2) 여과지

여과재에 번식하는 세균의 동화나 산화작용에 의해서 수중에 용해되어 있는 암모니아 등을 정화시키는 것이다. 여과재를 통과하는 물의 속도는 느린 것이 효과가 크다. 여과재의 양과 입자의 크기, 여과재의 표면적 등에 관해서는 많은 연구가 진행되고 있다. 또한, 장기간의 여과로 여과재가 더러워졌을 때 세정하는 방법은 여과 시의 2배 이상의 속도로 여과재 안쪽으로부터 물을 흘려 오물을 제거하는 역세정 장치를 갖추는 것이 바람직하다.

한편, 급속도로 여과하는 경우는 응집 침전→급속 여과→염소 소독의 3단계로 나누어 행한다. 응집 침전에서는 부유물, 특히 여과하기 곤란한 미립자를 응집시켜 여과나 침전하기 쉬운 형태로 바꾸어 제거한다. 다음으로 급속 여과에서는 양수 펌프에 가압 펌프를 추가하여 송수함으로써 여과재를 통과하게 한다. 마지막으로 염소 소독에 의해 남아 있는 세균류를 살균 소독한다.

제3절 양어 사료

1. 양어 사료의 특징

어류는 변온동물이므로 육상동물의 가축과는 다른 영양을 요구한다. 일반적으로 양식어류를 식성에 따라 잡식성과 육식성으로 구분할 때, 잡식성은 잉어, 붕어, 은어 등이고, 육식성은 무지개송어, 뱀장어, 방어 등이 속한다. 그러나 어류의 천연사료에는 탄수화물이 조금 밖에 포함되어 있지 않은 경우가 많고, 잡식성이라 해도 육상의 잡식성 항온동물의 영양 방식을 그대로 적용할 수는 없다. 또한, 소화관도 비교적 짧고 단순하므로, 장내 세균의 기능도 크지 않다고 볼 수 있다.

그리고 어류는 수중으로부터 무기 이온을 흡수하고, 항상 삼투압 조절을 하고 있어, 어류의 무기 이온의 요구 또는 대사는 육상동물과는 다른 것이라고 볼 수 있다.

이와 같이 어류는 육상동물과 다른 영양을 요구하므로, 양어 사료는 몇 가지 특징을 지니고 있다. 가장 특징적인 것은 단백질 함유량이 현저히 높고, 탄수화물의 함유량이 적다는 것이다. 닭, 소, 돼지 같은 가축용 사료의 단백질 함량은 20% 이하인데 반해, 양어 사료는 45% 전후의 것이 많다. 그 이유는 어류가 탄수화물을 에너지원으로 이용하는 능력이 낮기 때문에 단백질을 체단백의 구성에 이용하는 것 이외에도 에너지원으로 소비하기 쉽기 때문이다. 또한, 어류에서는 증중(增重)에 필요한 단백질은 닭이나 돼지 등에 비해 약간 많은 편에 속하지만, 에너지 필요량, 즉 사료의 총량은 거의 절반이므로, 결국 사료 중의 단백질 함유율은 상대적으로 높게 된다.

이처럼 단백질 함유율이 높기 때문에 양어용 배합사료의 가격은 닭 등의 배합사료보다 상당히 고가이다. 그러므로 양어 사료가 생산 원가에서 차지하는 비율이 높기 때문에, 기업적으로 양어가 성립하는 것은 고가의 어종에 한정된다. 앞으로도 지속적인 영양학적인 연구를 통하여 저가의 사료를 계속 개발할 필요가 있다.

2. 어류의 섭이와 소화 · 흡수

어류를 효과적으로 키우기 위해서 급이법, 급이 회수, 먹이 형태는 대단히 중요하다. 그러기 위해서는 어류의 섭이와 소화 · 흡수에 대해서 잘 이해해 둘 필요가 있다. 또한, 양어 사료를 만들 때 단순하게 영양적인 요건만 충족시키는 것만이 아니라, 어류의 기호를 만족시키는 것도 중요하다.

1) 어류의 섭이량

어류의 섭이량은 종류, 크기, 수온과 수질, 먹이 종류 등에 따라 다르다. 또한, 포식량은 어종에 따라 다르고, 체중의 10~20% 가까이 된다. 어류의 체중이 증가하면 포식량은 증가하지만, 체중당 비율은 낮아진다. 예를 들면, 연어에서 100g의 개체는 1일 포식량이 건조 체중당 약 5%인데, 5g의 물고기에서는 약 17%에 이른다.

일반적으로 적수온 범위 내에서는 수온이 높을수록 포식량이 증가한다. 또한, 수중의 용존산소가 감소하면 섭이량도 감소한다. 예를 들면, 고등어가 최대 포식량을 유지하는 것은 수중 용존산소의 포화도가 거의 70%까지이고, 약 35% 이하에서는 섭이량이 현저하게 감소한다. 잉어에서도 포화도가 35%에서의 섭이량은 90% 포화시의 절반을 넘지 않게 된다.

포식량은 어류의 기호에 따라서도 달라진다. 먼저 어떤 먹이를 포식시킨 어류에 다시 기호성이 높은 먹이를 주면 다시 섭이를 시작한다. 또한, 급이 방법이나 1일 급이 회수에 의해서도 섭이량이 달라지며, 급이 회수를 조절하면 섭이량을 증가시킬 수가 있다.

2) 사료효율과 사료계수

어떤 기간 내에 주어진 사료량에 대하여 그 기간 중에 어류가 얼마나 증육했는가를 알기 위해서 사료효율(feed efficiency)과 사료계수(feed coefficient)라는 것을 사용한다.

사료효율 E는 사육기간 중의 어류의 증육량을 G, 같은 기간 사료 공급량을 R이라 하면,

$$E = (G \div R) \times 100(\%)$$

로 나타낸다. 이것은 사료 100g으로 어류 몇 g을 증육했는가를 의미한다.

한편, 사료계수 F는,

$$F = R \div G$$

로 표시된다. 사료계수는 증육계수라고도 하며, 단위 증육량에 필요한 사료의 양을 의미하므로 실용적이다.

이들 수치는 동일 사료라도 사육 수온, 수질, 용존산소량, 염분농도 등의 환경 요인이나 어류의 크기에 의해서도 다르다.

3) 소화와 흡수

어류 소화기관의 구조는 종류에 따라 큰 차이가 있다. 연어, 송어류나 뱀장어에는 위가 있지만, 잉어, 붕어 등은 위가 없어 무위어라 한다. 또한, 위나 장의 크기나 길이도 어종에 따라 차이가 있고, 유문수와 같은 어류 특유의 소화기관을 가진 것과 가지지 않는 것이 있는 등, 어류의 소화 양식은 종류에 따라 상당히 다르다.

유위어에서는 식도에서 위로 보내지는 먹이는 어느 정도 소화된 후에 장으로 보내진다. 무위어에서 먹이는 직접 장으로 들어간다. 장 내에서 유문수나 췌장 등으로부터 분비되는 각종 소화 효소에 의해 먹이는 분해되어 장벽에서 흡수되고, 소화되지 않은 것은 배설된다.

소화 속도는 동일 어종에서는 수온, 섭이량에 의해서도 다르지만, 먹이의 물리·화학적 성질에 의해서도 좌우된다. 소형의 먹이는 대형의 먹이에 비해 소화가 빠르다.

섭이된 사료 단백질, 탄수화물, 지방 등의 영양소는 체내에서 분해(이화)되기도 하고, 다시 생체 성분으로 합성(동화)되기도 한다. 생체 내에서 일어나는 수많은 화학반응은 세포내에 들어있는 효소의 작용에 의해 원활히 수행된다.

이들 효소에는 몇 가지 특성이 있다. 예를 들면, 효소는 그 어떤 물질에도 작용하여 분해하거나 합성할 수 있는 것은 아니다. 단백질 분해효소는 단백질에만 작용한다. 또한, 효소는 어느 pH 범위에서만 작용한다. 예를 들면, 위액에서 분비되는 펩신은 pH 1～3에서 작용하고, 1.8～2.0에서 최적의 pH를 가진다. 또한, 어떤 온도 범위에서만 활성을 나타내며, 대부분의 효소는 고온에서 작용 능력을 잃게 된다.

단백질, 탄수화물, 지방을 분해하는 소화효소는 모두 가수분해효소라 부르고, 어종, 조직, 계절, 성장단계에 따라 그 작용력이 크게 다르다.

4) 각 영양소의 소화율

(1) 단백질의 소화율

다양한 사료 또는 사료 단백질의 소화율에 대해서는 많이 보고되어 있다. 일반적으로 어류는 그 식성이나 소화기의 형태가 크게 다름에도 불구하고, 단백질의 소화·흡수 능력은 매우 높다. 보통 동물성 단백질원에서는 80% 이상의 소화율을 나타내는 경우가 많고, 식물성 단백질원에서도 단백질 함량이 높은 대두, 완두콩 등은 잉어에서 높은 소화율을 나타내고 있다.

(2) 탄수화물의 소화율

일반적으로 연어, 송어류와 같은 육식성 어류에서는 탄수화물의 소화흡수율이 낮고, 특히 방어에서는 흡수율이 현저히 낮아서 사료 중에 다량의 전분과 같은 탄수화물을 첨가할 수 없다. 그러나 당질(글루코스, 자당, 유당)로는 사료 중의 함량이 증가해도 흡수율이 저하되지 않는다. 또한, 탄소화물의 소화율은 수온의 영향을 많이 받으므로 주의해야 한다.

생전분(β-전분)에 비해 자숙전분(α-전분)의 소화율은 매우 높고, 강송어, 무지개송어, 뱀장어에서는 생전분의 소화율이 자숙전분에 비해 현저히 뒤떨어진다. 일반적으로 양어 사료의 탄수화물로는 밀가루가 많이 사용되고 있지만, 사료를 조제할 때 자숙 유무에 따라 밀가루 이용률이 달라지므로 이 점을 충분히 고려해야 한다. 또한, 자숙전분은 노화해서 생전분으로 돌아온다. 이 노화는 수분 30～60%, 온도 0℃에서 가장 일어나기 쉽지만, 수분 15% 이하에서는 일어나기 어렵다. 따라서 조제한 사료를 냉장고에 보존할 때는 이러한 노화에 주의해야 한다.

(3) 지방의 소화율

어류에서 지방 소화율은 상당히 높아 별로 문제가 되지 않는다. 소화율은 지방의 융점에 의해 영향을 받지만, 우지와 같은 고융점의 지방도 비교적 잘 흡수된다. 또한, 사료 중의 지방 함량이 7%나 25%나 흡수율은 거의 변화가 없다.

3. 사료의 보존과 급이

양어에 사용되는 사료는 산 먹이(live food), 생사료, 배합사료 등 다양하다. 이 중에서 보통 양성용 사료로 사용되는 것은 생사료와 배합사료이며, 산 먹이는 초기에 먹이 길들이기를 할 때 사용된다.

1) 사료의 보존과 관리

사료비는 양어 경영비 중에서 대단히 큰 비중을 차지하고 있다. 따라서 가격 변동이 심할 때는 조금이라도 값싼 시기에 구입할 필요가 있지만, 반드시 냉동 보존하여 선도를 잘 유지해야 한다. 그러나 냉동한 경우에도 지방의 산화는 서서히 진행되므로 너무 장기간 보관하는 것은 피하도록 한다.

우수한 사료는 사육 생물이 잘 먹고 잘 성장하며 생존율이 높은 것이지만, 사료 보관을 잘못하여 산화를 가속화시켜 사료 효과를 저하시키는 일이 없도록 해야 한다. 배합사료는 습기가 없고 통풍이 좋은 찬 곳에 보존한다. 생사료는 가능한 동결해 표면이 얼음막(glazing)으로 덮이도록 하여 보관한다.

2) 급이량 및 급이법

급이량은 급이율을 기초로 하여 결정된다. 급이율이란 어체별, 수온별로 일일 급이량을 체중 백분율로 나타낸 것이다. 급이량의 산출 방법은 사육 생물에 따라 약간 다르지만, 사육 미수와 평균 체중을 파악하여 급이 당일의 수온을 측정하여 구할 수 있다. 급이율은 급이율 표 5-1 중에서 수온과 크기에 해당하는 것을 선택한다.

1일 급이량은 다음 식으로 구한다.

1일 급이량 = 사육미수 × 평균 체중 × 급이율/ 100

사료를 주는 방법은 어종이나 먹이 습성에 따라서도 다르지만, 어떤 경우에도 사료 손실을 줄이고, 수질을 잘 유지할 수 있도록 해야 한다.

하루에 몇 회 급이하는 것이 가장 효율적인가를 조사한 결과에서는 유위어인 쥐치는 굴 육질을 3～4회, 참복과 새끼 방어는 전갱이 육질을 2～3회, 방어는 전갱이 육질을 1～2회, 볼락과 무지개송어 1년생은 배합사료를 3회 투이하는 것이 좋은 것으로 나타났다.

또한, 무위어인 잉어, 붕어, 금붕어 등은 가능한 투이 회수가 많은 것이 좋고, 금붕어는 12회 투이할 때가 효율이 최대였다. 다수의 물고기를 사육하는 경우, 1회의 급이로 어류 전부를 포식시키는 데는 장시간이 필요하고, 먹이 유출도 많아지기 쉽다. 따라서 급이 시간을 단축해서 횟수를 늘리는 것이 유효하다.

또한, 일일 중 저녁시간부터는 수온 저하로 소화 능력이 떨어지는 것에 유의하여 1일 1회 급이하는 경우는 오전 중에, 2회 이상 급이하는 경우는 오후의 양을 줄이는 것이 좋다. 그리고 섭이 후에는 어류의 대사가 증가하여 산소 요구량이 많아지므로, 산소 부족이 되지 않도록 해야 한다. 사료를 줄 때 가장 중요한 것은 사육 생물의 섭이 상태를 잘 관찰하여 낭비가 없도록 급이하는 것이다.

표 5-1 무지개송어의 섭이율 (단위 %)

체중(g)	<0.18	0.18~1.5	1.5~5.1	5.1~12	12~23	23~39	39~62	62~92	92~130	130~180	180<
전장(cm) / 수온(℃)	<2.5	2.5~5.0	5.0~7.5	7.5~10.0	10.0~12.5	12.5~15.0	15.0~17.5	17.5~20.0	20.0~22.5	22.5~25.0	25.0<
2	2.6	2.2	1.7	1.3	1.0	0.8	0.7	0.6	0.5	0.5	0.4
3	2.8	2.3	1.8	1.4	1.1	0.9	0.7	0.6	0.6	0.5	0.4
4	3.1	2.5	2.0	1.6	1.2	1.0	0.8	0.7	0.6	0.6	0.5
5	3.3	2.7	2.2	1.7	1.3	1.1	0.9	0.8	0.7	0.6	0.5
6	3.5	3.0	2.4	1.9	1.5	1.2	1.0	0.8	0.8	0.7	0.6
7	3.9	3.2	2.6	2.0	1.6	1.3	1.1	0.9	0.8	0.8	0.7
8	4.2	3.5	2.8	2.2	1.7	1.4	1.2	1.0	0.9	0.8	0.7
9	4.5	3.8	3.1	2.4	1.8	1.5	1.3	1.1	1.0	0.9	0.8
10	4.9	4.2	3.3	2.6	2.0	1.6	1.4	1.2	1.1	0.9	0.8
11	5.3	4.5	3.6	2.8	2.1	1.7	1.5	1.3	1.1	1.0	0.9
12	5.7	4.8	3.9	3.0	2.3	1.8	1.6	1.4	1.2	1.1	1.0
13	6.2	5.2	4.2	3.2	2.4	2.0	1.7	1.5	1.3	1.1	1.1
14	6.7	5.6	4.5	3.5	2.6	2.1	1.8	1.6	1.4	1.2	1.2
15	7.2	6.0	4.9	3.8	2.8	2.3	1.9	1.7	1.5	1.3	1.3
16	7.7	6.4	5.2	4.2	3.1	2.5	2.0	1.8	1.6	1.4	1.3
17	8.3	6.8	5.6	4.4	3.3	2.7	2.1	1.9	1.7	1.5	1.4
18	8.8	7.3	6.0	4.8	3.5	2.8	2.2	2.0	1.8	1.6	1.5
19	9.3	7.9	6.4	5.1	3.8	3.0	2.3	2.1	1.9	1.7	1.6
20	9.9	8.2	6.9	5.5	4.0	3.2	2.5	2.2	2.0	1.8	1.7

제4절 양성과 관리

양성생물을 종묘로부터 판매할 수 있는 크기까지 잘 키우기 위해서는 방양량과 급이를 적절하게 하고, 깨끗한 수질 유지와 병해를 방지하는 것이 중요하다. 이러한 사육관리의 성패가 양식생물의 성장과 생존율에 큰 영향을 미치고 생산량을 크게 좌우한다.

1. 수용량과 생산량

양식시설 내에 사육되고 있는 수산생물의 수량(미수 또는 중량)을 수용량이라 하며, 보통 단위면적 또는 부피당 수량을 수용밀도라 부른다. 또한, 방양시의 수용량을 방양량이라 한다.

생산량은 어느 일정 시기(보통 1년간)에 ① 사육하여 출하 판매한 종묘 또는 식용어의 수량에서 그 기간에 다른 곳에서 반입된 종묘 등의 수량을 뺀 수치와 ② 연말 재고량에서 전년도로부터 이월된 수량을 뺀 수치와의 합계(①+②)로 나타낸다.

1) 수용량의 제한 요인

수용량을 제한하는 최대 요인은 사육하는 수산생물에 공급되는 수중 용존산소량이다. 공급되는 용존산소량이 많을수록 수용량과 생산량이 높아진다.

정수식 양어지에서는 낮에는 오로지 수중 식물 플랑크톤의 광합성에 의해 양식생물, 동물 플랑크톤, 해저 퇴적니(뻘)에 의한 산소 소모량을 초과하는 산소가 수중에 공급되어 용존산소량은 증가한다. 밤에는 광합성이 이루어지지 않으므로, 수중의 용존산소량은 해가 진 후에는 시간이 경과함에 따라 감소한다. 이와 같이 야간의 용존산소량의 저하가 지수 양어지의 수용량을 제한하는 주요인이다. 그러므로 야간에는 펌프나 교반기를 이용하여 못의 물을 혼합시키거나 공기 펌프를 사용하여 압축 공기를 포말 상태로 수중에 폭기(曝氣)하는 방법 등을 사용한다.

어류의 수용량을 제한하는 주 요인인 수중 산소가 일정한 한계 이하로 내려가지 않도록 유지하는 것이 중요하다. 이 일정 한계의 용존산소를 수산생물이 정상적인 대사활동을 할 수 있는 최저 용존산소량이라 할 때, 그 수치는 무지개송어에서는 4.0～4.5㎖/L, 잉어 3.0㎖/L, 뱀장어 2.0㎖/L이다. 이 용존산소량 이하가 되면 섭이량, 사료효율, 성장율이 저하하고, 더 낮게 되면 질식사하게 된다.

용존산소가 충분히 존재한다 하더라도 수산생물의 수용량을 무한하게 증가시킬 수는 없다. 유수식 양어지에서 주수량을 증가시키면서 수용량을 증가시켜 갈 때, 일정 수용밀도 이상이 되면 성장율, 사료효율, 생존율이 저하한다. 이 수용밀도는 무지개송어 1～5g의 치어에서 10～11kg/㎡, 10～20g의 개체에서 20～23kg/㎡이다. 또한, 높은 수용밀도에서 어류를 사육하면 체표에 손상을 입기도 하고, 체색이 흑화해서 상품 가치가 저하한다. 이와 같이 용존산소가 충분히 있어도 고밀도 양성에서는 각 개체간의 간섭이나 생리적 피해를 받게 된다. 따라서 일정 수면적 또는 부피로부터 수확되는 생물의 수량은 아무리 고밀도 기술을 구사해도 일정한 한계가 있기 마련이다.

2) 양식장 환경과 물의 관리

양어지나 양식장에서 물 관리는 가장 중요한 기술이다. 광범한 수역의 일부분에서 양식하는 경우에도 우선 시설의 배치나 밀도 등을 고려해서 해수 교환을 꾀하는 것이 좋다. 또한, 해역 전체의 해수 교류를 개선하기 위해 수로 만들기와 같은 토목공학적 수법을 이용할 필요도 있다.

(1) 정수식 양어지 · 저수지

정수지나 저수지에서는 유수지나 그물 가두리의 경우와 비교해서 수질이 변화하기 쉽고 물 관리가 어렵다.

① 산소 공급과 소비

정수식 양어지에서 수중에 공급되는 산소원은 식물 플랑크톤의 광합성에 의한 것, 대기로부터의 공급, 각종 폭기장치에 의한 공급 등이다.

한편, 수중 용존산소를 소비하는 것으로는 사육생물의 호흡작용, 수중에 부유하는 동식물 플랑크톤의 호흡작용과 현탁 유기물의 분해, 못 바닥에 퇴적한 먹이 찌꺼기와 배설물 또는 플랑크톤 사체의 분해, 용존산소의 공기 중 확산으로 인한 손실 등이다.

정수식 양어지에서 수중 산소는 대부분 식물의 광합성에 의해 공급되고, 산소 소비는 사육동물에 의한 것 보다는 그 외 다른 요인에 의해 훨씬 더 많은 부분이 소비되고 있다. 그러나 플랑크톤이나 유기물 등에 의한 산소소비량을 줄이는 것은 식물 플랑크톤도 감소시키는 결과가 되어 결국 산소공급량을 감소하게 할 것이다.

② 용존산소량의 일변화

정수식 양어지에서 하루 중 식물 플랑크톤은 광합성을 하지만 동시에 호흡도 한다. 낮에는 광합성에 의해 생산된 용존산소량은 호흡에 의해 소비되는 양보다 많기 때문에 수중 용존산소량은 증가하며, 오후 2시 전후에 최고가 된다. 밤에는 식물에 의해 광합성이 일어나지 않으므로, 산소는 공기 중에서만 공급되지만 산소 소비는 주야간에 큰 차가 없으며, 용존산소는 점점 감소하여 새벽 4~5시에 최저량에 달한다. 그 후 산소량은 일출과 함께 다시 광합성으로 급속히 증가한다.

잉어나 뱀장어의 양식지에서 여름에 개체가 성장하여 수용량이 증가하면 새벽에 자주 입올림을 하는데, 이 상태가 지속되면 폐사하기도 한다. 이때는 신선한 물을 주입해 주거나 교반기를 사용하여 수중에 산소를 보급해 줄 필요가 있다. 물 사용이 편리한 뱀장어 양식지에서는 못 주수부에 판자나 콘크리트 블록으로 20~50㎡의 쉼터를 설치하고, 그 가운데 배수구도 만들어 이 구간에만 신선한 물을 흘려 밤에 일어나는 산소 부족을 피할 수 있다.

③ 물 변화

정수식 양어장에서 식물 플랑크톤을 적절하게 번식시켜 항상 그 상태로 유지하는 것이 물 만들기이며, 이것이 물 관리의 요점이다. 그러나, 온수성 어류를 집약적으로 양식하는 정수지에서는 특히, 5~6월과 9~10월에 못의 수색(水色)이 식물 플랑크톤 특유의 청록색에서 단기간에 암갈색, 황갈색, 유백색 또는 투명에 가까운 색으로 변하는 경우가 있다. 이러한 물 변화 현상이 일어날 때는 식물 플랑크톤의 번식이 쇠퇴하고, 때로는 급격히 고사함과 동시에 수중 용존산소도 급격히 저하하고 만다. 이렇게 되면 어류는 섭이 불량이 되어 입올림을 하고 때로는 일시에 대량 폐사하는 수도 있다.

영양염류나 이산화탄소가 급격히 감소한 경우에는 식물 플랑크톤은 정상적으로 번식할 수 없다. 또한, 윤충류가 비정상적으로 번식해 식물 플랑크톤을 섭식해 버리는 것도 물 변화의 원인이 된다.

④ 퇴적니(뻘)

유기물을 다량으로 포함하는 퇴적니도 수질과 관계가 있다. 뻘 표면의 산화 분해가 일어날 때는 영양염류가 보급되어 도움이 되지만, 혐기적 조건에서는 유해물질이나 유해 가스가 발생하게 된다. 탄산칼슘이나 석회를 뿌리면 퇴적니의 유기물 분해를 촉진시킬 수가 있다.

(2) 유수지

유수식 양식에서는 주입수의 용존산소량이 포화량에 가깝게 포함되어 있으므로 오탁수가 혼입될 염려가 없고 양식생물의 수용량에 걸맞는 주수량이 확보되어 있으면 물 관리에 별 문제는 없다.

내수면의 유수지에서의 수원은 용천수와 하천수이지만, 용천수는 용존산소량이 현저히 낮고, 질소 가스 등을 포함하고 있는 경우가 많다. 용존산소량이 적을 때는 낙차를 만들어 물을 폭기시켜 산소를 충분히 포함시키는 것이 좋다. 하천수의 경우에는 농약 등 오탁수가 유입되지 않도록 항상 주의하지 않으면 안 된다. 또한, 태풍이나 큰 비에 의한 수위의 증가나 탁수 유입, 이물질에 의한 주수구의 막힘 등에 대비해야 한다.

펌프 양수에 의해 해수를 사용하는 육상 수조나 지하수를 퍼 올려 사용하는 담수지에서는 정전 사고에 대비해야 하며, 따개비 등 각종 부착생물에 의한 수량의 감소에도 주의해야 한다.

(3) 제방식, 그물 차단식 및 그물 가두리식

이들 해면 구획식의 경우에는 용존산소량의 관점에서 보아 유수지와 지수지의 중간형이라고 볼 수 있다. 이들 구획 양식지의 주된 산소 공급원은 조석 등의 해수 유동에 의한 것으로써, 유수지와는 달리 환수량은 항상 변한다. 환수량은 구획지 주변의 해황, 지세, 구획의 구조에 따라 다르지만, 수용량이 과도하게 많지 않다면 수질이 갑자기 변하는 일은 거의 없다.

그물 가두리의 환수량은 조류나 호수의 흐름, 수용 어류의 유영의 영향을 크게 받는다. 해수나 담수 모두 그물 가두리에 각종 생물이 부착하여 망목을 막아 환수를 방해하여 수질을 악화시키는 원인이 되므로 이를 제거해 주어야 한다. 또한, 망목의 파손 여부도 늘 점검해야 한다.

해면 구획 양식지나 그물 가두리에서는 지수지와 같이 바닥에 점차로 어류의 배설물이나 먹이 찌꺼기가 쌓여 분해될 때 저층수의 산소량은 현저히 감소하고 수질도 변하기 쉽다. 이럴 때는 바닥을 경운하던지 퇴적물을 제거할 필요가 있다.

(4) 순환여과식

이 양식방법은 같은 물을 순환시켜 재이용하는 점에서 타 양식법과 구분되고, 수중에는 사육생물이 분비 배설하는 암모니아나 유기물 이외도 먹이 찌꺼기나 그 분해산물이 대량으로 용해되어진다. 이들은 세균이나 원생동물을 증식시키고, 이들 유기물을 분해할 때 용존산소를 소비하고 이산화탄소를 증가시켜 물을 산성화되게 한다.

여과재에는 여과 세균(질산 세균, 유기물·단백질 분해 세균 등)이 자연 번식해서 정화기능을 발휘하지만, 산성화가 진행되면 호기성인 질산 세균의 기능은 크게 떨어진다. 따라서 이들 호기성 세균의 정화기능을 왕성하게 하기 위해서도 충분한 통기가 필요하다.

이상과 같이 순환여과식에서는 다른 방식에서 볼 수 없는 특이한 물 관리가 필요하므로, 특히 pH나 용존산소의 변화에 세심한 주의를 기울여야 한다.

제5절 수확과 출하

양식생산물의 수확과 출하는 양식업자에게는 마지막 마무리에 해당한다. 이것의 실패는 지금까지의 모든 과정이 헛수고가 되는 것을 뜻한다. 생산물의 출하와 판매를 가장 유리하게 하는 것은 매우 중요하지만, 원칙은 가장 고가일 때 다량으로 판매하여 이익을 최대로 하는 것이다.

대부분 생산물의 시장 가격에는 계절적으로 일정한 변동이 있다. 어업이나 양식업은 일종의 기업이므로 판매기술의 여하에 따라 가격이 좌우된다. 따라서 시세 변동에 유의함과 동시에 출하 장소와 그 소비 능력, 생산지의 생산, 출하 상황을 고려하여 출하시기와 출하량을 결정해야 한다.

1. 수확과 선별

수확 방법은 양식지의 물을 배수해서 전부 수확하는 방법, 그물로 수확하는 방법, 면적이 넓은 곳에서는 소형 정치망 등을 이용하여 잡는 방법 등이 있으며, 일부 새우류에서는 전기 자극으로 수확하는 경우도 있다.

수확하기 전날에는 급이를 중지하며, 종묘나 관상어에 대해서는 미리 기생충을 구제해야 한다. 수확할 때는 고기에 상처를 주지 않도록 주의한다.

선별은 수확한 수산동물 중에서 출하 크기에 적합한 것과 사육을 계속할 것으로 나누는 작업이다. 어느 쪽이든 병어(病魚) 등은 엄밀히 검사하여 제거하지 않으면 안 된다.

2. 절식과 축양

축양(holding)은 수산생물을 적당한 시설에서 일시적으로 산 채로 보관하는 과정을 말한다. 축양을 하는 목적은 여러 가지가 있는데, 수산업에서는 주로 어획물을 판매하기 전에 일시적으로 보관하는 경우, 어획물의 유통과정에서 활어를 수족관 등에서 보관하는 경우 또는 양식 생산물을 포획한 후 이식 또는 재방양이나 판매·출하할 목적으로 축양하는 경우가 있으나, 여기서는 양식 생산물을 대상으로 축양하는 경우에 해당한다.

양식 어류를 수확해서 출하 또는 이식하기 전에 축양하게 될 때에는 보통 2～3일간 유수상태로 먹이를 주지 않는다. 이렇게 절식상태로 유지하는 것은 뻘 냄새를 제거하고, 소화관 내용물을 배설시키고, 맛이나 품질을 높여 좋은 상품으로 출하하려는 의미도 있고, 생산물의 대사기능을 저하시켜 안전하게 수송할 수 있도록 하기 위한 것이다.

3. 수송

수산동물을 수송할 때, 고급 어종에서는 운동신경의 중추에 해당하는 연수(延髓)를 쇠갈고리 등으로 파괴해서 즉살시키기도 하고, 무지개송어, 은어 등에서는 얼음물에 넣어 단시간에 죽인 후 얼음을 채워 수송하는 방법이나 급속동결 후에 수송하는 방법이 있다. 활어 수송은 종묘를 수송할 때는 물론이고, 수산물을 가장 선도가 좋은 상태, 즉 살아 있는 상태에서 고가로 매매하기 위한 수송 방법이다.

1) 활어 수송

수송기에 넣는 물의 양은 가능한 적게 하고, 대량의 수산동물을 수송하는 것이 필요하다.

(1) 무수 수송

자라, 패류, 갑각류, 성게, 어란 등은 상자나 바구니 등에 넣어 적당한 온도와 습도를 유지하는 것만으로 트럭, 화물차, 비행기로 수송할 수 있다.

(2) 활어조 수송

활어조의 용량은 트럭의 적재량에 따라 1조에서 수개의 활어조를 쌓아 올릴 수 있다. 활어조는 비닐 캔버스(vinyl canvas)제, FRP제 등이 있다. 산소통에서 분산기로 산소를 공급하고, 때로는 수온을 내리기 위해 적당량의 얼음을 띄어 수송한다. 수송 중에는 산소의 결핍, 이산화탄소의 증가, pH나 수온의 변화, 배설물의 누적, 충격 등 여러 가지 장애가 발생하기 쉽다. 이러한 이유로 수송 중에 수온을 낮게 하여 대사 기능을 낮추어 수송하지 않으면 안 된다.

(3) 산소 봉입 수송

폴리에틸렌 봉지에 소량의 물과 산소를 넣어 입구를 고무줄로 봉하고, 봉지를 스티로폼이나 골판지 상자에 등에 넣어 수송한다. 여름에 뱀장어를 출하할 때 얼음도 함께 비닐 봉지에 넣는 경우가 많다.

(4) 활어선 수송

이 방법은 해산어나 자연산 종묘를 운반할 때 이용된다. 어류를 수용하는 선저에는 수개의 환수 구멍이 있고, 배가 이동하고 선체가 움직일 때 어류 수조 내에 환수와 해수 유동이 일어난다. 또한, 활어선에는 배가 정박할 때 산소를 공급하기 위해 펌프 설비도 갖추고 있다.

2) 동결 수송 · 빙장 수송

동결된 어획물을 육상에서 수송하는 경우, 거의 냉동차에 의해 수송하고 있다. 어획물에 따라 운반 수조 내의 실온은 다르지만, 다랑어류는 −40℃ 이하로 유지하고 있다. 외해나 연안에서 어획된 수산동물의 단거리 수송은 어획물 위에 쇄빙을 덮어 운반한다.

제6절 수산동물의 질병

수산동물의 질병은 어류를 비롯하여 패류, 갑각류, 양서류, 거북 및 자라 등 수계에 서식하는 척추동물 및 무척추동물의 질병을 통틀어 의미한다. 좁은 의미에서는 주로 어류, 특히 수산 증양식의 대상이 되는 어류의 질병을 의미한다. 그러나, 현재는 과거의 질병 진단과 치료 등을 중심으로 한 수산 생물의 건강관리 뿐만 아니라 자원 보호 및 관리, 환경오염의 관리, 웰빙 식품의 안정적 공급 등 수산업의 지속적인 발전을 위한 영역으로 확대 발전되고 있다.

1. 수산동물(어류)의 특성

육상의 포유동물은 항온동물인데 비해 수산생물은 환경수의 온도에 따라 체온이 변동하는 변온동물이기 때문에 어류의 체온과 모든 대사과정이 환경수의 지배를 받게 된다. 따라서 질병의 발생은 사육수 중의 환경 변화, 즉 수온, pH, 염분 농도 및 유기물의 오염도와 밀접한 관계를 가지고 있다. 수산생물의 질병을 이해하기 위해서는 수산생물이 서식지의 물의 특성에 어떻게 잘 조화되어 있는가를 살펴볼 필요가 있다.

표 5-2에 나타낸 바와 같이 수산동물은 육상동물과 비교해서 환경 및 생물 생리학적인 측면에서 많은 차이가 있다. 즉, 수산동물은 육상동물에 비해 몸의 방어 능력이 낮은 한편, 병원체와 공존하면서 수계 환경에 살아가기 때문에 서식 환경은 병원균의 번식을 조장하고, 어체의 방어력을 저하시키게 되므로 질병에 쉽게 감염될 수 있다는 것이다.

2. 질병의 원인

질병이란 '어떠한 요인에 의해 생명체의 형태나 기능이 정상적인 범위를 벗어난 상태'로 정의하지만 질병에는 반드시 원인이 있게 마련인데, 이를 병의 원인(病因)이라 한다.

병인은 크게 원인이 어류 자체에서 비롯되는 내인성과 기생성 질병과 같이 외부 인자에 의해서 유발되는 외인성으로 나눌 수 있다. 이 중 내인성 요인에 관해서는 거의 연구되지 않고 있으며, 외인성 요인이 산업적으로 큰 피해를 초래하기 때문에 주로 외인성과 질병을 연관시켜 연구하고 있다.

표 5-2 수산동물과 육상동물의 환경 및 생물·생리학적 차이

특 성	수산동물	육상동물	비 고
호흡매질	물	공기	산소 결핍이 되기 쉽다 -물의 산소함유량: 공기의 1/30 -밀도가 높아 산소의 확산이 느림
개체간의 경쟁	다수의 동종 또는 타종과 먹이, 서식장소 경쟁	비교적 경쟁 적음	생존율 낮음
체온 조절	변온동물	항온동물	사육수의 수온에 따라 체온 변화(에너지 소모 과다) -고온기 환수로 냉각 -저온기 가온수 첨가하여 수온 상승
삼투압 조절	항상성 유지에 불리	유지 용이	사육수의 염분 농도에 지배 -담수어 •염분 체내 저장 •수분 배출 -해수어 •염분 체외 배출 •수분 체내 저장
호흡기관	아가미 -수중에 노출 -물리적 손상 용이	허파 -몸 내부에 보호 -손상으로부터 보호	호흡시 육상 동물보다 에너지 소비량이 높음 -물의 무게는 공기보다 800배 무거움 -점성은 60배 높음
산란 및 부화	난생 또는 난태생 -체외 다수 산란 -단기간 내 부화	태생 -체내 소수 배란 -장기간 체내 부화	부화율 및 생존율이 사육수의 환경 및 포식생물의 존재에 지배 받음
회 유	산란, 색이 및 성육 회유	없음	회유 환경에 따라 생리 변화
식 성	육식성 및 잡식성	육식성, 초식성 및 잡식성	성장 단계별 식성 및 먹이 크기에 커다란 변화 -종묘 생산 단계별 먹이 종류 및 형태 변화
질소성 산물의 배설기관	아가미 및 신장	신장	대사산물의 수중 잔류 -암모니아 및 아질산 중독 빈발

3. 어류 질병의 특징

어병(魚病)도 다른 육상 동물의 감염증과 마찬가지로 '숙주-기생체 관계(host-parasite relationship)'가 균형을 상실한 결과 발생하는 것이지만, 어류 감염증의 최대의 특징은 숙주가 수중생물이란 점이기 때문에, 감염증을 유발시킨 병원체가 숙주에서 이탈하였을 경우 육상의 공기 중에 비하여 훨씬 더 오래 수중에서 생존할 수 있다는 것이다. 이 때문에

수중생물이 서식하고 있는 환경인 물을 매개로 하여 전염병의 전파가 쉽게 일어난다고 할 수 있다.

4. 어류 질병의 발생 메카니즘

어류 질병의 발생 메카니즘에 관해서는 1974년 Snieszko의 '어류의 감염증 발생에 있어서의 환경의 영향'이란 논제에 명확하게 설명되어 있다(**그림 5-1**). 어병의 발생과 피해는 결국 숙주인 어류와 숙주가 서식하고 있는 물의 환경 및 수중에 서식하고 있는 병원체의 유기적 관계에 의해 발생하는 것이므로, 질병의 발생을 방지할 수 있는 최선의 방법은 사육환경과 어류의 건강 상태를 좋게 유지함으로써 병원생물의 증식과 침입을 방지할 수 있다는 결론에 도달하게 된다. 그러나, 어류 양식이 산업인 만큼 경영상의 합리화와 관리상의 편리를 도모하기 위해서는 이러한 조건을 모두 충족시킬 수는 없는 것이 현실이다. 관리자인 사람이 할 수 있는 방법은 결국 사육 환경의 개선과 항균제 또는 항생제를 적정량 사용하여 발병을 감소시키거나, 백신 또는 면역증강제(immunomodulator)를 적절히 투여하여 숙주인 어류의 생체 방어력을 증강시켜 나쁜 환경에서도 발병을 방지할 수 있게 하는 것이다.

어류의 백신에는 한계가 있기 때문에, 최근에는 종래에 시행하여 오던 경구 투여나 침지보다는 인간과 마찬가지로 주사기를 사용하여 직접 어체에 접종하는 방법이 도입되었으며, 주사법의 효율을 올리기 위해 연속 주사기도 보급되고 있다. 또한, 면역증강제의 연구도 활발하여 여러 가지 면역증강제의 실용화를 시도하고 있지만, 아직까지 확실한 효과를 거두고 있는 제품은 개발되지 않고 있다. 현재 가장 가능성이 높은 것으로는 β-글루칸을 들 수 있다.

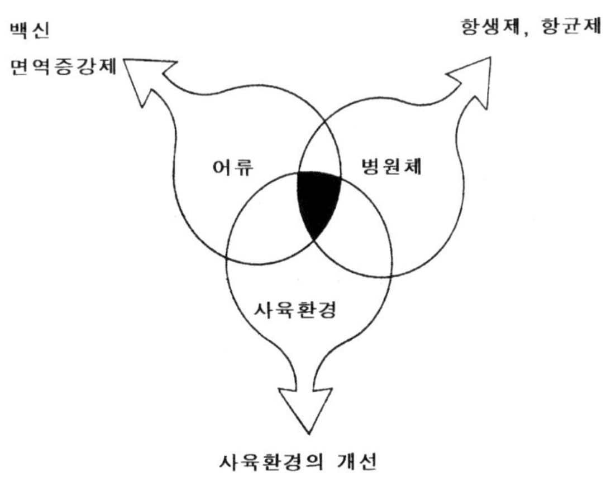

그림 5-1 어병 발생에 관여하는 병원체 및 사육환경의 상호작용과 발병의 감소를 위한 대책.

5. 어류의 생체 방어

1) 체표

건강한 어류에서는 병원체가 피부에 도달하기조차 힘들다. 즉, 체표 점액이 물리적 장벽으로 작용하고, 점액 속의 라이소자임, 보체, 단백질 분해효소에 의해 용균, 자연 응집소에 응집되게 되며, 체표에 세균이나 기생충이 부착하게 되면 점액을 분비하여 유영시에 물에 대한 저항력을 증가시켜 병원체를 탈락시키기 때문에, 생체 방어의 제1 방어선이라 할 수 있다. 이러한 체표가 병원체에 의해 돌파 당하게 되면 피부라는 조직이 또 다른 장벽으로 작용하여 병의 전파를 방지하고 있으며, 피부가 돌파되면 식세포가 출현(호중구가 먼저, 마크로파아지가 조금 늦게 출현)하여 침입한 물질을 비선택적으로 탐식 · 소화하여 전신으로 감염되는 것을 방지하고 있다. 이 때 침입한 병원체가 과거에 침입한 경력이 있는 경우에는 면역기억세포에 의해 감염의 초기 단계에서부터 항체가 작용하여 보다 강력한 힘을 발휘함으로써 적극적으로 질병으로부터 어체를 보호하는 기구를 갖추고 있다.

2) 아가미

어체 중에서 가장 부드러운 조직이며, 한 층의 세포층으로 어체와 수계의 경계면을 이루고 있어 수중에 들어 있는 병원체가 아가미를 통하여 침입하기 쉽다. 아가미에도 체표의 점액과 마찬가지로 점액을 분비함으로 침입한 병원체는 점액에 의해 처리되지만, 점액층을 돌파하면 곧바로 밑에 있는 혈관에서 유주하여 온 식세포의 저항을 받아 탐식 당하게 되므로 질병의 전파를 방지할 수 있다.

3) 소화관

소화관 점막은 체표나 아가미의 점액과 동일한 작용 및 소화효소의 작용을 가지고 있기 때문에 점막을 통한 병원체의 침입을 방지하고 있지만, 점막이 돌파되면 식세포가 침윤하여 침입한 병원체를 처리하여 병의 확산을 방지하고 있다.

이처럼 어류는 질병으로부터 자신의 몸을 보호하기 위하여 병원체가 침입할 수 있는 곳에 여러 가지로 방어벽을 구축하고 있다. 이러한 방어벽은 어류가 건강하고 양호한 수질 환경 속에 놓여있을 때 그 기능이 충분히 발휘되며, 열악한 조건과 영양적으로 장애가 있는 어류는 이러한 보호벽의 기능이 충분히 발휘되지 못하여 질병에 감염되게 되는 것이다.

6. 질병의 종류

1) 바이러스성 질병

바이러스는 생물 가운데 가장 작고, 살아 있는 세포에서만 증식할 수 있다. 수산 생물의 바이러스성 질병 연구는 1960년대에 배양세포를 사용하여 어류로부터 병원 바이러스를 분리할 수 있게 되어 급속하게 발전했다.

(1) DNA 바이러스

① Herpesvirus

㉠ 넙치의 상피증생증(Flounder herpesvirus, FHV)

발병은 부화 후 10일에서 25일 사이인 전장 7～10mm의 자어에 한정적으로 발생하고, 수온이 18～20℃일 경우 빠를 때는 1주일, 느릴 때는 3주 정도에 전멸하게 된다.

폐사 원인은 상피세포의 이상 증식에 의한 호흡 곤란과 삼투압 조절 장애이므로 폐사를 감소시키기 위해선 DO가 높은 조건에서 사육하거나 사육수의 염분 농도를 어류 체액의 삼투압에 가까운 저염분(1/2 또는 1/4희석 해수)에 사육함으로 대량 폐사를 방지할 수 있다.

㉡ 잉어 Herpesvirus(Koi herpesvirus, KHV)

수온이 18～30℃의 범위에서 발병하며, 주 발생수온은 22～24℃이며, 발병기간 동안 수온이 이 범위를 벗어나서 낮아지거나 높아지면 사망율은 줄어든다. 병의 진행은 매우 빨라 발병이 확인된 후 24～48시간 내에 폐사가 일어나며, 10일 동안의 누적 폐사율은 80% 이상이다. 병원체는 아가미나 지느러미를 통하여 어체에 침입한 다음 신장으로 이동하고 최종적으로는 뇌에 잠복하게 된다.

㉢ 뱀장어 Herpesvirus

감염된 양식 뱀장어는 피부와 복부, 특히 입 아래쪽이 심하게 충혈된다. 해부하여 보면 신장과 비장이 증대되는데, 조직 표본에서는 신장의 심한 출혈, 비장의 출혈과 괴사, 췌장이 위축되어 있다. 대책으로 수온을 35℃로 올려 사육하면 폐사량은 줄어든다.

② Iridovirus

㉠ 림포시스티스(Lymphocystis)

농어, 참돔, 가자미 등의 해수어나 담수어 또는 야생어에 생기는 바이러스 질병으로, 지느러미나 체표에 림포시스티스 세포(lymphocystis cells)라 불리는 거대한 세포가 다수 때로는 덩어리가 사마귀 모양으로 나타나는 질병이다. 표적세포는 섬유아세포이며, 사망율이 낮기 때문에 방치하면 자연 치유된다.

㉡ 해산어 이리도바이러스(Megalocytivirus)

여름에서 가을에 걸쳐 참돔, 방어, 잿방어, 농어 등에 발생하고 있다. 병어는 피부의 흑화와 퇴색, 체표의 출혈, 아가미와 위심강 내출혈, 내장기관의 퇴색, 비장이 부풀어 오르는 등의 특징을 나타낸다. 가장 손쉬운 진단법으로 비장의 도말표본을 만들어 Giemsa 염색후 검경하면 호염기성의 이형 비대세포를 확인할 수 있다.

③ Whispervirus

㉠ White-spot syndrome virus(WSSV)

대하를 포함한 새우류의 대표적인 바이러스성 질병의 하나로서, 특징적인 증상은 두흉부의 큐티클(cuticle)에 백색의 반점이 생기는 질병으로 Nimavirus속의 *Whispovirus*종으로 분류되고 있다. 그러나, 백색 반점이 생겼다고 하여 모두가 WSSV인 것은 아니고, *Vibrio* 병에서도 흰 반점이 형성된다.

(2) RNA 바이러스

① Rhabdovirus

㉠ 바이러스성 출혈성 패혈증(viral hemorrhagic septicemia, VHS)

송어류에 감염되는 전염성 조혈기 괴사병(IHN)과 같은 Rhabdovirus의 감염에 의한 질병으로 수온이 7～11℃에서 잘 발생하며, 14～16℃에서는 매우 드물고, 16℃ 이상에서는 발생하지 않는 경향이다. 증상에 따라 급성형, 아급성형(또는 만성형), 신경형의 3가지 형으로 나눌 수 있다.

㉡ 전염성 조혈기 괴사병(infectious hematopoietic necrosis, IHN)

주로 1g 이하나 부화 후 8주 이내의 치어에 잘 발생하며, 주 발생기의 수온은 10℃ 부근이며, 15℃ 이상이 되면 발병은 드물고, 20℃ 이상에서는 발병하지 않는다.

㉢ 넙치 Rhabdovirus병

기존의 Rhabdovirus와 동일하지만 생물학적 및 혈청학적 성상이 차이가 나기 때문에 분리 어종인 넙치의 학명을 따라 *Rhavdovirus olivaceus*(*Hirame rhavdovirus*, HRV)라 명명하였다. 수온을 20℃이상으로 올려 사육하면 폐사율을 줄일 수 있다.

② Birnavirus

㉠ 전염성 췌장 괴사증(infectious pancreatic necrosis, IPN)

발생기의 수온은 6~16℃로 난황 흡수 후 먹이를 먹기 시작한지 1~3주째에 잘 발생하며, 먹이를 먹기 시작한지 20주 정도가 경과한 치어에는 외부 증상이 나타나지 않고 불현 감염으로 보균의 상태가 된다.

㉡ 뱀장어 Birnavirus

송어류에 감염되는 전염성 조혈기 괴사병과 유사한 혈청형을 가진 바이러스로서, 이전에는 새신염(branchionephritis) 또는 바이러스성 신장병(eel virus kidney disease)이라 불리어진 질병이다. 자연 발생 상태는 겨울철 연료 절감을 위하여 수온을 저하시켜 사육할 때 잘 발생하는 경향이지만, 현재의 하우스식 가온 방식의 경우에는 선별 후에 많이 발생하고 있다. 기본적으로는 대형어보다는 소형어에 많이 발생한다. 주요 외부 증상은 아가미의 상피세포의 증생과 새변의 유착이 특징적이며, 때로는 새변의 끝부분이 부식되어 있다.

③ Nodavirus

㉠ 바이러스성 신경 괴사증(Viral nervous necrosis, VNN)

VNN은 1980년대 후반기부터 해산어의 종묘 생산장에서 부화 직후의 종묘에 빈번히 발생하여 치사율이 매우 높은 질병으로 돌돔, 넙치, 복어, 농어, 전갱어 등의 치어에 발생하고 있다. 원인 바이러스는 곤충 바이러스라 알려져 있는 Nodavirus에 속한다.

④ 새우의 RNA 바이러스병

㉠ Taura syndrome virus(TSV)

처음 발견되었을 때는 Picornavirus속으로 분류되었지만, 현재는 Cripavirus에 가까운 Dicistroviridae로 분류되고 있다. 흰다리새우의 TSV의 특징적인 증상은 추정 진단에도 이용할 수 있을 정도로 명확한데, 증상의 첫 단계는 급성의 단계로 꼬리의 끝부분이 붉어지고, 그 부분의 상피세포가 괴사되는 것을 육안으로 확인할 수 있으며, 거의 대부분이 탈피 과정에 죽는다. 그러나, 살아남은 새우는 2번째 단계인 회복단계로 들어가는데, 급성의 괴사가 발생한 부위의 큐티클에 검은색 병소가 생기는 것이 특징이다.

㉡ Yellow head virus(YHV)

감염 새우의 외부 증상이 특징적으로 두흉부가 노란색으로 변색되고, 빈사상태에 있는 새우는 특별히 아가미와 간췌장이 엷게 퇴색되기 때문에 이런 병명을 사용하게 되었다.

2) 세균성 질병

세균은 바이러스와는 달리 죽은 생물, 영양분을 포함한 액체나 한천과 같은 배지에서도 증식할 수 있다. 형태는 구형, 간상(桿狀), 점 모양, 나선상 등 여러 가지가 있지만, 폭은 모두 1㎛ 이하이다. 대부분의 세균은 세포가 이분열로 증식한다. 운동성이 있는 것과 운동성이 없는 것이 있으며, 운동성을 가지는 것의 대부분은 운동기관인 편모를 1개 이상 가진다. 편모가 없는 세균 중에서도 고체 표면을 매끄럽게 움직이거나 몸을 구부리는 것도 있다. 또한, 세균은 그람염색법으로 염색이 되는 것(그람양성균)과 염색이 되지 않는 것(그람음성균)으로 나누어진다.

(1) Aeromonas병

① *Aeromonas salmonicida*

전염성이 있는 병원 세균으로써, 자연산이나 양식산 연어・송어류에 감염된다. 병어의 증상은 질병의 진행 과정과 밀접한 관계가 있는데, 급성으로 진행되는 경새감염과 만성으로 진행되는 경피감염의 2가지 형이 있다.

해산어인 넙치, 조피볼락에도 수온이 7～20℃에서 비정형 에로모나스병이 발생하고 있으며, 넙치에서는 간장의 퇴색과 출혈 등의 증상이 있고, 조피볼락은 대개 체중이 100g 전후의 크기에서 발생하는데, 체표 궤양 등의 증상이 있다.

② 운동성 *Aeromonas*병

담수 중에 상재하는 *Aeromonas hydrophila*가 수온이 10℃ 이상이면서 수질이 나쁠 경우 자연산 및 뱀장어, 금붕어, 은어 등의 양식산 어류에 운동성 에로모나스 패혈증을 일으킨다.

(2) Edward병

*Edwardsiella tarda*의 감염에 의한 것이 대부분으로, 신장이 주로 침해당하는 형(조혈조직염형)과 간장이 주로 침해당하는 형(간염형)의 2가지 형이 있다.

(3) 비브리오병

은어, 무지개송어, 산천어, 참돔, 넙치, 조피볼락, 보리새우, 복어 등 다양한 어류와 갑각류에 발병하며, 그 증상도 어종에 따라 매우 다양하다.

(4) 활주세균병(부식병)

뱀장어의 경우 활주세균(*Flavobacterium columnare*)이 새박판 상피의 표면에 부착한 다음, 상피속으로 들어가 활발히 증식하게 되어 상피세포가 팽화되어 괴사・박리되어진다. *Flavobacterium psychlophilum*는 냉수성 어류 또는 저수온기의 담수성 온수어에 감염되며, *Tenacibaculum maritimus*은 해산어의 아가미나 체표에 감염되어 아가미병이나 궤양병을 일으킨다.

(5) 연쇄구균병

방어에 처음 발병하여 막대한 피해를 초래하였으며, 현재는 해산어인 전갱어, 돌돔 및 넙치와 담수어인 무지개송어, 은어와 틸라피아에도 발병한다. 방어에서 분리한 원인균은 α용혈성의 *Lactococcus garviae*, 넙치에 감염되는 비용혈의 *Streptococcus paraueris*와 β용혈의 *S. iniae*, 최근에 방어의 신연쇄구균병의 원인균인 β용혈의 *S. dysgalactiae*, 참돔에서 분리되는 β용혈의 *S. galactiae* 등이 있으며, 증상은 안구 돌출과 심외막을 특징으로 하는 일반형과 회전 유영을 하는 뇌염형이 있다.

3) 기생성 질병

(1) 원생동물

원생동물은 1개의 세포로도 생명의 영위가 가능한 진핵세포로 되어 있으며, 세포 내에 먹이 섭취, 운동, 삼투압 조절 및 생식이 가능하도록 수많은 세포기관을 가지고 있어, 진화과정에서 더 이상의 조직 분화가 일어나지 못하고 단세포의 형태로 머물러 있다. 원생동물은 대개 어류의 피부, 아가미, 근육, 신경 및 내장기관 등에 기생하는데, 모든 기생체가 숙주에 나쁜 영향을 끼치는 것이 아니라, 숙주와 기생체가 균형을 이루고 있다가 어떠한 요인에 의해 이 균형이 깨어지면 기생체의 수가 증가하면서 숙주는 질병의 상태에 빠지게 된다.

① 편모충류

㉠ 식물성 편모충류

식물성 편모충류인 *Amyloodium ocellatum*은 해산어, *Oodinium pillularis*와 *O. limneticum*이 담수어의 아가미, 피부, 지느러미 등에 기생하지만, 주 기생 부위는 아가미이다. 어류 중에서 점액층이 두꺼운 어류나 낮은 용존산소에 잘 견디는 어류는 이 병에 저항성이 강하다. 틸라피아는 기수역에서 양식하면 이 병에 잘 걸리는 경향이 있다.

㉡ 동물성 편모충류

*Cryptobia salmositica*가 아가미, 피부, 또는 내장에 기생하는 질병으로 송어류에 잘 감염된다. 거머리의 매개로 감염되지만, 어류에서 어류로 직접 감염되는 수도 있다.

뱀장어의 혈액 속에 기생하는 *Trypanosoma* sp.는 기생율은 상당히 높지만, 뱀장어에는 무해한 것으로 생각되어지고 있다. *Hexamita salmonis*는 연어과 어류의 치어나 수족관의 관상어에 유행하는 질병이다.

② 섬모충류

담수어 및 기수어 치어의 체표, 지느러미 및 아가미에 기생하는 *Chilodonella* sp.는 충체의 뒤쪽 끝에 함몰이 있는 난형으로 섬모열을 가지고, 상피세포 위를 활주운동을 하면서 상피세포를 먹이로 하며, 충체의 배쪽을 어체에 흡착시켜 자극함으로써 점액 분비 과다 및 염증이 생겨 조직을 괴사시킨다.

*Trichodina*는 담수어의 어체 표면에 주로 기생하는 종류와 아가미에 주로 기생하는 종류로 대별할 수 있으며, 부적절한 사료, 과밀 수용 등이 감염을 유발하는 요인이다.

담수산 백점충인 *Ichtyophthirius multifilis*는 피부, 아가미 및 지느러미에 감염되며, 외관상 직경 0.5mm 내외의 흰점으로 보이는데, 이 흰점이 충체 그 자체이지만, 백점 주변의 체표도 약간 희게 변색되어 있다.

그 외에도 해산어의 백점병을 일으키는 *Cryptocaryon irritans*, 어체나 난에 기생하여 군체를 형성하는 섬모충인 *Epistylis* sp.가 있다.

③ 포자충류

㉠ 점액포자충

점액포자충은 무척추동물 및 어류에 한정되어 기생하는 편성기생충으로써, 숙주의 조직이나 관공에 기생하는 세포내 기생으로 조직 특이성이 매우 강하다. 포자는 1개의 이분엽핵 또는 2개의 단핵을 가진 포자원형질(sporoplasm), 극사(polar filament)가 나선상으로 들어있는 극낭(polar capsule), 2～6개의 포자각(shell valve)을 가지고 있다.

점액포자충에는 Myxobolus, 장포자충인 Thelohanellus kitauei, Kudoa, Myxidium 등이 있다.

㉡ 미포자충병

모두가 세포내 기생성이며, 어류를 비롯한 곤충류 및 갑각류 등에도 기생한다. 포자는 소형의 장난형 또는 단난형으로 포자원형질과 극관(polar tube)및 극모(polar cap)로 구성된 돌출기관(extrusion apparatus)을 가지고 있다. 경구 섭취된 포자는 소화관 내에서 극관이 반전(反轉)하면서 돌출하여 숙주세포에 꽂히고, 포자원형질의 극관을 통하여 숙주세포 내로 들어간다. 이 후의 생활사는 종에 따라 다양하지만, 기본적으로는 영양생식기(merogony), 포자형성기(sporogony) 및 포자기로 나눌 수 있다. 어류에 기생하는 미포자충에는 *Heterosporis, Glugea* 등 11속이 알려져 있는데, 전 생활사를 통하여 미토콘드리아는 가지지 않는다.

(2) **편형동물**(Plathelminthes)

① 단생류

자웅동체이며, 거의 대부분이 어류의 외부 기생충이지만 양서류나 파충류의 체내에 기생하거나 예외적으로 두족류나 포유류의 외부에 기생할 때도 있다. 몸의 뒤쪽에 있는 숙주에 부착하는 고착기관의 구조에 따라 단후흡반류(monoposthocotylea)와 다후흡반류(polyopisthocotylea)로 나누고 있다.

㉠ 단후흡반류

단후흡반류는 고착기관인 흡반 중앙의 1～2쌍의 갈고리와 흡반 주변의 7～8쌍의 작은 갈고리로 어류의 아가미나 체표에 부착하여 표면 상피를 섭취한다. 어류의 해작용은 기생충의 자극에 의해 점액 분비의 과잉과 식해에 의한 조직 손상 등이 있다.

㉡ 다후흡반류

주로 방어의 아가미에 기생하여 피를 빨아먹기 때문에 아가미 흡충이라고 하는 *Heteroaxine heterocerca,* 복어류에서 가장 중요한 아가미 기생성 질병 *Heterobothrium okamotoi*, 양식 참돔의 새엽에 기생하는 *Microcotyle tai*가 다후흡반류에 속한다.

② 흡충류

자웅동체가 대부분이며, 최종 숙주는 포유류이지만, 어류는 중간 숙주이면서 최종 숙주로도 된다. 흡충류에는 흑점병을 일으키는 *Metagonimus yokogawai*, 금붕어, 붕어 및 미꾸라지에 발생하는 *Clinostomum complanatum*이 알려져 있다.

③ 조충류

자웅동체이며, 최종 숙주는 어류를 포함한 척추동물의 소화관이다. 중간 숙주는 1단계 또는 2단계로 제1 중간 숙주는 갑각류 또는 연체동물로서 어류는 최종 숙주 또는 제2 중간 숙주도 된다. 잉어의 소화관에 흡착하는 흡두조충인 *Bothriocephalus opsariichthydis* 와 은어의 소화관, 유문수에서 관찰되는 배두조충인 *Proteocephalus plecoglossi*가 알려져 있다.

(3) 선형동물(Nematoda)

선충은 자웅이체이며, 몸은 원통형이고 큐티클로 덮여 있다. 제1 중간 숙주는 갑각류이며, 어류는 제2 중간 숙주 또는 최종 숙주이다. 4번 탈피한 후 제5기가 성충이다. 어류가 최종 숙주인 경우, 소화관과 같은 관공에 기생하는 것이 대부분이지만, *Philometroides seriolae*처럼 체측근(體側筋)에 기생하는 종도 있다. 어류가 중간 숙주인 경우 선충은 3기 유생의 단계에 어류의 조직 또는 관공 내로 침입하게 된다.

사상충병을 일으키는 종류로는 잉어에 기생하는 붉은 색 실모양의 선충 *Philometroides cyprini*, 방어의 근육에 기생하는 *Philo metroides seriolae,* 2～3년어인 참돔 암컷의 생식소에 기생하는 *Philometra lateolabracis*가 있으며, 뱀장어의 부레에 기생하는 부레선충 *Anguillicoloides crassus*가 알려져 있다.

(4) 구두충류

구두충의 성충은 척추동물의 소화관 내에 기생한다. 자웅이체로 중간 숙주는 1단계 또는 2단계이며, 제1 중간 숙주는 갑각류이며, 어류는 제2 중간 숙주로 되는 경우도 있고, 최종 숙주가 되는 경우도 있다. 어류가 제2 중간 숙주일 때는 수생 포유동물이 종숙주이며, 어류 질병상 문제가 되는 것은 어류가 최종 숙주가 될 때로서 주로 기생하는 부위는 장이다.

(5) 절지동물

갑각류 중 요각류, 새미류 및 등각류가 기생하는 것이며, 이들은 자웅이체이고, 탈피에 의해 성장한다. 어류에 기생하는 종은 중간 숙주를 필요로 하지 않으며, 외부에 기생하는 것이 대부분으로, 부속지의 일부가 파악기 또는 흡반 모양으로 변형되어 어류에 부착한다. 어류에 기생하는 것은 대부분이 요각류로서 기생 생활에 적응한 것은 운동성이 없고, 자유유영 생활기도 짧으며, 대개 어류의 체액을 먹고 산다.

요각류에 속한 것으로는 주로 온수성 양식어에 기생하여 피해를 주는 닻벌레(*Lernaea cyprinacea*) 암컷이 잉어, 뱀장어, 은어, 무지개송어, 부루길, 차넬메기 등의 아가미에 주로 기생하는 *Ergasilus*, 해산어의 새궁과 구강벽에 기생하는 *Caligus* 등이 있다.

새미류에 속하는 물이는 몸 전체가 약간 둥근 듯 편평하고, 투명한 엷은 녹색을 하고 있으며, 숙주의 적혈구를 용혈시켜 흡수하는 흡혈동물이다.

(6) 패류의 기생충병

① 참굴의 난소 비대증(*Marteilioides chungmuensis*)

참굴의 난모세포의 세포질 속에 기생하며, 난을 용해시킴으로 수정난의 발생과 분화에 이상을 초래하며, 굴을 폐사시키는 난소 기생충으로써, 감염된 난은 생식소 부근에 난 덩어리가 군데군데 뭉쳐져 있다. 때로는 생식소에 여러 개의 평평한 융기부가 생기지만 정상굴과 구별이 불가능할 때도 있는데, 융기부 이외의 연체부는 보통 탄력을 상실하여 물굴의 상태로 된다.

② *Perkinsus* 감염증

Perkinsus marinus(*Dermocystium marina*)는 Dermo라는 병명에서 알 수 있듯이 감염개체는 무기력하고, 입 벌리기(gaping), 소화관의 창백, 외투막의 수축, 생식소의 발달 억제, 성장이 느리게 되는데, 주 기생 부위가 아가미, 발, 외투막의 결합조직 내의 혈구세포내이기 때문에 아가미나 발 등에 융기 환부가 형성된다.

4) 진균성 질병

곰팡이류는 뚜렷한 핵을 가지며, 유성 또는 무성적으로 번식한다. 효모와 같이 예외적인 것도 있지만, 대부분은 포자를 가지며, 영양체는 사상(絲狀)으로 분지한다. 포자에는 수생균(물곰팡이)의 포자처럼 운동하는 것도 있지만, 영양체는 운동성이 없다. 광합성 색소가 없고, 영양분을 외부에서 흡수한다.

(1) 수생균(*Saprolegnia*)

사육 수온이 20℃ 이하일 때, 선별, 수송 또는 기생충의 감염에 의한 체표의 상처나 세균성 질병의 출혈 병소 등 체표에 형성된 궤양 병소 등에 2차적으로 수생균이 감염되어 발생한다(**그림 5-2**). 체표 특히, 두부와 꼬리 부분에 균사체가 번식하여 솜 모양으로 수생균이 붙어 있는 것이 특징으로, 병어는 수면을 천천히 헤엄치든가 서서 헤엄치는 모양을 보이다가 폐사한다.

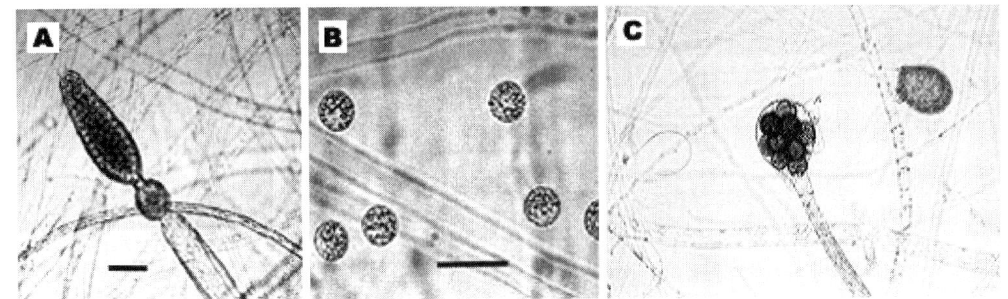

그림 5-2 수생균의 유주자낭(A), 유주자(B) 및 조란기(C).

(2) **이크치오포누스병**(*Ichthyophonus*)

원인 생물인 이크치오포누스는 하등의 조균류의 일종으로, 영양체는 두꺼운 세포벽으로 둘러싸인 다핵 구상체이다(**그림 5-3**). 무지개송어 치어의 경우 외관상 증상은 체색 흑화와 약간 여윈 상태이다. 자연 감염된 생사료를 먹이로 투여하였을 때 발병한다.

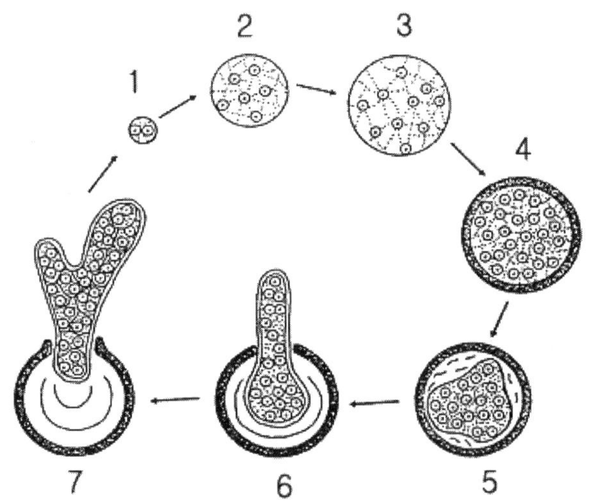

그림 5-3 *Ichyophonus hoferi*의 생활사.

1. 사상체 포자, 2–4.감염 조직내의 다핵 구상체, 5. 세포벽에서 원형질 분리, 6. 세포벽을 뚫고 발아, 7. 균사체 모양의 사상체를 형성하여 내부에 사상체 포자 형성.

제7절 주요 산업종의 양식

1. 유영동물 양식

1) 넙치(*Paralichthys olivaceus*)

넙치는 광어라고도 불리며, 참돔과 함께 오래 전부터 고급 어종으로 잘 알려져 있고, 우리나라 연안에 분포한다. 일본에서는 1960년대에 부화 자어의 장기 사육에 성공하였고, 우리나라에서도 제주도 남해안을 중심으로 종묘의 대량 생산기술이 개발되어, 방류나 양식 기술도 급속히 진보했다.

양식 어종으로써 넙치가 가지는 이점은 성장이 빠른 것을 들 수 있는데, 지역에 따라 다르지만 약 1년 내지 1년 6개월에 체중 1kg 전후로 키울 수 있다. 또한, 활어의 고밀도 수송이 가능하며, 흰색의 육질로 타 어종에 비해 가식 부분이 많고, 수요가 많다.

넙치는 생후 2～3년에 수컷은 체장 30cm 이상, 암컷은 40cm 이상이 되어 성숙하기 시작한다. 자연에서는 수심 20～50m 정도의 조류 소통이 잘 되는 사니질, 사력질 또는 암초대에서 산란한다. 산란기는 주로 수온이 15℃ 전후로 상승하는 봄부터 여름까지로, 한 개체가 수회 산란하는 다회 산란형이며, 알은 분리부성난(分離浮性卵)이다.

수온 약 18℃에서 부화 후 30일에 전장 약 11mm가 되면 변태기가 된다. 이 시기에는 유체의 내부 및 외부 형태에 심한 변화가 생기는데, 체형은 좌우대칭이 무너지고, 우측 눈이 좌측으로 이동한다. 변태는 부화 후 35일경인 전장 14mm 전후에서 끝난다.

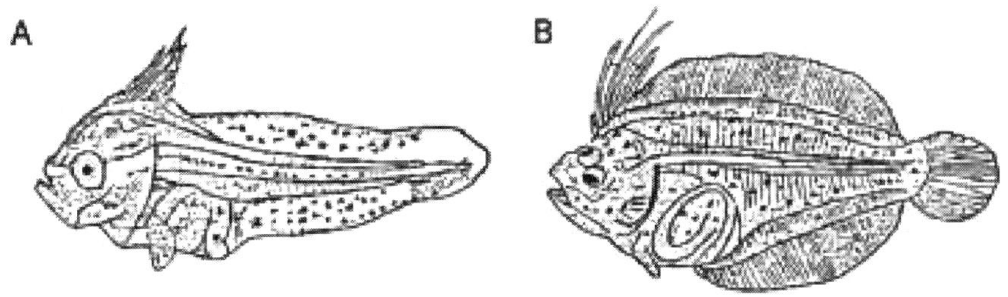

그림 5-4 넙치 자어의 변태. A: 변태 전, B: 변태 후(저서생활기).

2) 조피볼락(*Sebastes schlegeli*)

조피볼락은 볼락류 중에서 대형에 속하며, 난태생을 하는 정착성 어종이다. 산란 시기의 어미는 자어를 산출하므로, 출산 후 약 60일이면 4~5cm로 성장하여 종묘로 쓸 수 있어 타 어종에 비해 종묘 생산기간이 짧은 편이다. 종묘에서 상품 크기인 체중 0.5~1kg 크기까지 자라는 데는 약 1년 6개월~2년이 소요될 정도로 타 어종에 비해 성장이 빠르고, 최근에 우리나라에서는 넙치 다음으로 양식 생산량이 많은 어종이다. 육상 수조식으로 종묘를 생산하여 해상 가두리나 육상 수조에서 양성한다. 자치어기의 초기 사육 시에는 수온 15~18℃가 적당하며, 종묘를 수용하여 성장시키는 데는 15~20℃가 적정 수온이다. 조피볼락은 12℃에서도 정상적으로 성장하여 저수온에는 비교적 강하지만, 고수온에는 약하므로 여름철 고수온기에는 환수량을 늘려주고 밀도를 낮추는 등 관리에 유의해야 한다.

그림 5-5 조피볼락의 그물 가두리 양식장.

3) 뱀장어(*Anguilla japonica*)

뱀장어는 담수에서 성장한 후 바다로 내려가 수심이 깊은 바다에서 산란한다. 알에서 부화한 유생은 버들잎 모양으로 렙토세팔루스(leptocephalus)라고 하며, 산란지로 추정되는 필리핀 동부 해역에서 쿠로시오 해류를 따라 이동하면서 한국, 일본, 중국 등 연안에 도달해서는 몸 길이 5~6cm의 가늘고 투명한 실뱀장어로 변한다. 실뱀장어는 봄철인 2~5월에 강을 거슬러 올라 담수 생활을 시작하는데, 성숙한 뱀장어가 되어 깊은 바다에서 산란을 하기 위해 강 하류를 떠날 때까지 5~8년간 담수 생활을 하게 된다.

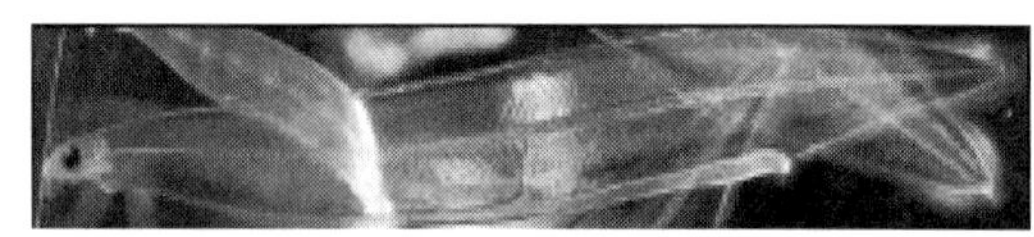
그림 5-6 뱀장어의 렙토세팔루스 유생.

실뱀장어는 야행성이며, 야간에 빛을 따라 모이는 주광성을 가지며 주로 야간에 하천으로 올라간다. 이러한 성질을 이용하여 주로 야간에 등불을 켜고 실뱀장어를 채포한다.

양식용 종묘는 모두 자연산 종묘를 사용하게 되며, 연안이나 강에서 잡힌 실뱀장어나 하천에서 조금 자라 체색이 흑색으로 변한 것도 사용한다. 그러나 국립수산과학원에서는

2016년에 일본(2010년)에 이어 세계 두 번째로 뱀장어 인공 종묘 생산기술을 개발하였는데, 이는 어미 뱀장어에서 시작한 수정란을 부화시켜 어미까지 키운 후 다시 수정란을 생산하는 것으로 가까운 장래에는 현재처럼 자연산 종묘나 수입 종묘에 의존하지 않고도 국내에서 생산된 인공 종묘를 양식에 이용할 수 있게 될 것이다.

뱀장어 사육은 종묘 양식과 식용 양식으로 나누는데, 종묘 양식은 어린 실뱀장어에서부터 체중 20~30g 크기까지 키우며, 식용 양식은 20~30g의 종묘에서 150~250g의 크기까지 키운다. 우리나라에서는 초기 실뱀장어에서부터 거의 1년 만에 성만(成鰻)까지 생산하고 있다.

뱀장어를 양성하는 데는 정수식 못 양성, 순환여과식 양성, 유수식 양성이 이용된다. 이 중에서 어린 뱀장어를 사육할 때는 못 양성과 순환여과식 양성이 주로 이용된다.

정수식 못 양성의 경우, 뱀장어 최적 성장에 필요한 수온 25~26℃를 유지하기 위해서는 비닐 하우스로 시설할 필요가 있다. 또한, 정수식 못 양성에서는 수차(水車)로 산소를 공급해 주고, 물 만들기를 하여 식물 플랑크톤에 의한 녹색의 수색을 만드는 것이 중요하다.

순환여과식 양성은 가온과 보온의 효과가 높고, 고밀도로 사육이 가능한 방법이다.

유수식 양성은 따뜻한 물을 대량으로 활용할 수 있는 곳에서 이용할 수 있으며, 이런 특별한 입지 조건을 갖춘 유수식 양성에서는 비교적 수용 밀도가 높고, 질병도 적게 발생한다.

4) 무지개송어(*Oncorhynchus mykiss*)

무지개송어는 수온 10~20℃(최적 15℃)에서 잘 자라는 대표적인 냉수성 양식 대상종이다. 담수에 서식하며 보통 2~3년 후에 성숙하고 산란기는 11~3월이다. 자연에서의 식성은 수서 곤충이나 작은 어류를 포식한다.

무지개송어를 양식하기 위한 입지 조건으로는 깨끗한 냉수가 풍부하여 용존산소가 충분히 공급되는 곳이어야 하는데, 산에서 나오는 용출수가 용존산소량을 7mg/L 이상(최적 10~11mg/L) 함유한 곳이면 가능하다. 용출수가 부족한 곳에서는 지하수를 파서 용수로 이용한다.

산란기의 무지개송어는 형태적으로 암수 구별이 가능하다. 암컷은 수컷에 비해 입이 비교적 둥글고 이빨이 작다. 산란기의 수컷은 복부를 조금만 압박해도 정액이 흘러나온다.

무지개송어의 부화에 적합한 온도는 7~15℃(최적 10℃)이며, 10℃에서 눈이 생기는 발안기까지 약 16일이 소요되고, 부화가 되기까지는 약 31일이 걸린다. 부화 과정에서 주의할 것은 발안기 이전에는 알에 진동이나 충격, 광선 자극을 주지 않도록 한다. 부화한 자어는 바닥에서 난황을 소비하며 살다가 난황이 모두 소비되면 떠오르면서 먹이를 찾는데, 이 시기를 부상기라고 한다. 부상기에 먹이를 적기에 잘 주지 않으면 먹이 붙임에 실패하고 죽게 된다. 식용어 양식은 1～2g 또는 5～10g의 종묘를 사용하여 200～500g이나 경우에 따라서는 1kg까지 키워 판매한다.

2. 유영성 저서동물의 양식

1) 대하(*Fenneropenaeus chinensis*)

대하는 서해에 서식하는 새우로 어미의 체장이 평균 22cm 정도로 대형이고, 성장이 매우 빨라 1년 이내에 어미가 된다. 우리나라에서는 1960년대 후반부터 서해안에서 양식하기 시작하여 매년 그 생산량이 증가해 왔으나, 바이러스 질병 등으로 피해가 커 2003년 무렵부터 외래종인 흰다리새우로 대체되기 시작한 지 4, 5년 후부터 대하 양식은 극히 일부에서만 행해지고 있으며 주로 연안 종묘 방류 목적으로 양식하고 있다.

황해 특산인 대하는 주로 한반도 연안에서 주로 서식하고, 시기적으로 분포를 달리하는 계절 회유를 한다. 수온이 낮은 2월 또는 3월까지는 제주도 서쪽 수심이 깊은 곳에서 겨울을 보내고, 3월부터 북상하기 시작해 4월경에는 연안까지 접근하여 4～6월까지 산란하고 죽는다. 알에서 부화한 유생은 연안에서 성장하여 수온이 하강하는 10～11월에 교미하고, 다시 월동장으로 회유하여 겨울을 지낸다(Ikematsu et al., 1967; Liu, 1984).

양식을 위한 종묘는 4～6월에 성숙한 자연산 암컷 어미만을 채포하여 생산할 수 있으나, 시기가 늦어지면 채란 성적이 나빠지므로 그 시기는 빠를수록 좋다.

성숙한 암컷의 난소는 청록색을 띠고 있어 쉽게 알 수 있으며 밤에 3～4회에 걸쳐 산란한다. 알은 수온 18～19℃에서 약 34시간이 지나면 노플리우스(nauplius) 유생으로 부화한 후 탈피를 거듭하면서 조에아(zoea), 미시스(mysis), 후기 유생(post-larva)으로 변태해 간다.

노플리우스기의 유생은 먹이를 먹지 않고, 조에아기에 부유 규조류, 부착 규조류, 윤충류, 굴 유생 등을 먹기 시작한다. 저서생활로 들어가는 후기 유생기부터는 바지락, 새우살, 배합사료 등을 공급한다. 대하는 5월경

그림 5-7 대하 제방식 양식장.

부터 약 6개월간 양성하여 수확할 수 있는 크기로 성장시켜야 한다. 양성법에는 제방식 양성과 수조식 양성이 있으며, 우리나라에서는 조석 간만의 차이를 이용하여 주・배수를 하는 제방식을 주로 이용한다.

2) 흰다리새우(*Litopenaeus vannamei*)

흰다리새우(whiteleg shrimp)는 중남미 지역이 원산지로 그 중심은 멕시코, 과테말라, 코스트리카, 페루 등이지만, 대하, 홍다리얼룩새우(black tiger shrimp)와 더불어 세계 도처에서 가장 많이 양식되고 있는 종이다. 우리나라에서는 1960년대 후반부터 대하 양식이 시작되어 2000년대 초까지 새우 양식의 주종을 이루었으나, 흰점바이러스병과 같은 질병의 발생과 양식 환경의 악화로 새우 양식 생산량이 감소하게 되어, 그 대체 양식종으로 2003년경부터 흰다리새우를 양식하기 시작하였다.

흰다리새우는 성장이 빠르고 환경에 잘 적응하며 잡식성으로 식성이 까다롭지 않다. 동물성 단백질 요구량도 적어서 사료 비용이 적게 들어 양식에 적합한 조건을 갖추고 있다. 일몰 후 야간에 활동하며 탈피는 밤에 일어나고 공식(共食) 현상이 다른 새우에 비해 적은 편이다. 사육에 적합한 수온과 염분은 각각 23～30℃와 28～34psu이다. 수온이 18℃ 이하에서는 먹이 활동을 중지하고, 9℃ 이하에서는 폐사하여 대체로 고온에 강하다.

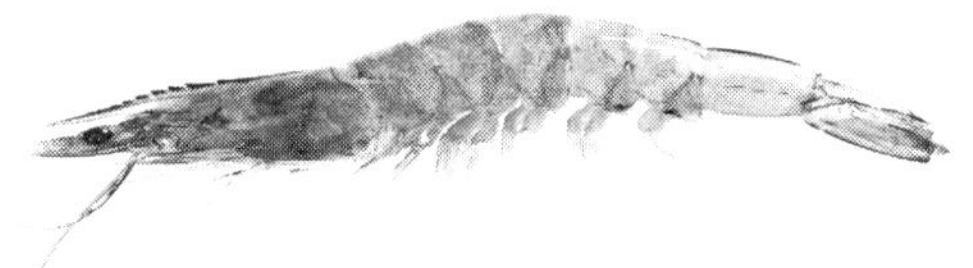

그림 5-8 흰다리새우.

3. 부착성 동물의 양식

1) 참굴(*Crassostrea gigas*)

우리나라에 서식하는 굴 종류로는 참굴을 비롯해서 강굴, 바윗굴, 털굴, 벗굴이 있으나, 참굴만 대규모로 양식되고 있다. 참굴은 자웅이체로 난생형이다. 우리나라와 같은 중위도 지역에서 참굴이 성숙하기까지는 1년 이상이 걸린다. 수온이 10℃ 이하로 낮은 겨울에는 생식세포에 의한 암수 구별은 어렵다. 겨울이 지나 봄에 수온이 상승하기 시작하여 10℃가 되면 생식세포가 형성되기 시작하고, 이후 활발하게 증식한다. 참굴의 성숙시기는 10℃를 기초수온으로 하여 적산수온이 약 600℃에 이르게 되면 완전히 성숙하게 된다.

참굴의 산란은 수온이 20℃ 이상이 되면 산란하기 시작하여 25℃ 전후에서 활발하게 일어난다. 난 발생에 따른 소요시간은 온도에 따라 다르지만, 수온 20~21℃에서 수정에서 D형 유생까지는 25~28시간이 소요되고, 초기 D형 유생에서 부착할 때까지는 19~20℃에서 약 21일, 23℃에서 약 14일, 27℃에서 약 10일이 걸린다.

참굴 양식에 사용되는 종묘는 굴 유생의 부착시기에 맞추어 부착기질인 채묘기를 해수 중에 투입하여 부착한 치패를 사용한다. 채묘기를 투입하는 시기는 부유 유생과 부착 치패의 수량을 조사해서 채묘시기를 결정하는데, 이를 채묘 예보라 한다. 부유 유생이 출현하는 시기는 장소에 따라 약간 다르다. 같은 해역이라 해도 수심이 얕은 만의 내측 간석지에 서식하는 참굴의 산란은 비교적 빨라 수온 상승기의 초기에 일어나고, 수심이 깊은 곳에서는 약간 늦은 수온 상승기의 후기 또는 수온 하강기의 초기에 일어난다. 산란기의 초기, 즉 5월 하순에서 7월 중순에 산란된 유생을 대상으로 하는 것을 전기 채묘라 하고, 수온 상승기 후기 또는 하강기 초기, 즉 7월 중순에서 9월 중순에 산란된 유생을 대상으로 채묘하는 것을 후기 채묘라 한다.

참굴의 유생이 부유한 후 부착할 수 있는 수층은 만조선에서 간조선 아래 1~2m 정도이지만, 주 부착층은 3~6시간 노출선이다.

일반적으로 전기 채묘한 종묘는 채묘한지 2~3주일 후에 바로 양성장으로 옮겨 양성하거나, 그렇지 않으면 채묘상에서 9월 하순까지 그대로 두었다가 단련상(鍛鍊床)으로 옮겨 단련한다. 후기 채묘한 종묘는 채묘 후 약 2주일이 지나 단련상으로 옮겨 단련시킨다.

치패를 단련하는 방법은 채묘기에 부착한 치패를 수심이 얕고 조류가 약한 곳에 미리 시설해 놓은 단련상에 얹어 다음 해 종묘로 사용할 때까지 관리하는데, 이런 환경에서 치패는 해수 중에 잠겨 먹이 활동을 하는 시간이 짧아지고, 햇빛과 공중에 노출되어 성장이 억제되지만, 패각 성장선 주변이 튼튼하고 저항력이 커진다.

치패를 단련하면 크기가 작아서 운반 도중에 취급하기 쉽고, 탈락하는 개체가 적으며, 양성 중에도 저항성이 강해 폐사가 적고, 성장이 좋아 양성기간이 단축될 뿐 아니라 보다 계획적인 양식을 하는 데 유리하다.

그림 5-9 간석지의 굴 채묘장.

참굴을 양성하는 방법에는 바닥 양성, 수하 양성, 나뭇가지 양성 등이 있지만, 현재는 나뭇가지 양성은 거의 볼 수 없다. 저질이 안정된 곳에서 바닥 양성을 하는 경우, 방양기간이 보통 1년 반 내지 2년이다. 수하식 양성에서 단련하지 않은 굴 종묘를 사용할 경우, 6월 상순~7월 중순에 채묘한 후 양성시설에서 양성하여 그 다음 해 봄에 수확한다. 단련 종묘를 사용하는 경우, 채묘한 후 채묘상에서 단련한 후 이듬해 6~7월에 양성하여 12월 말부터 다음해 봄 사이에 수확한다.

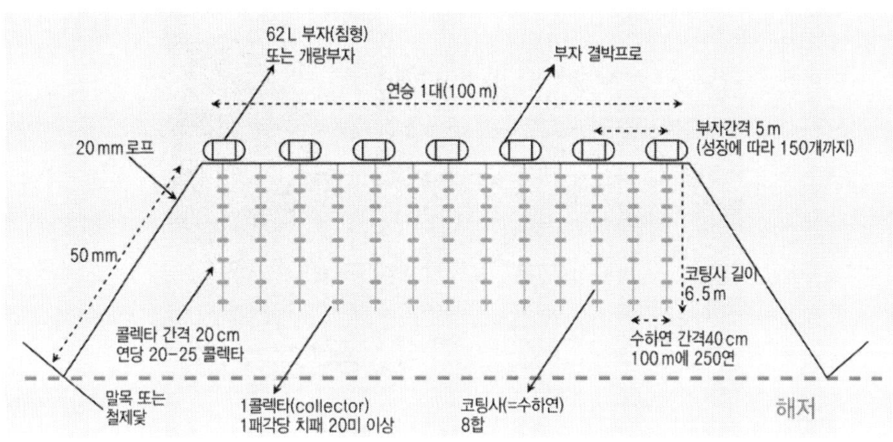

그림 5-10 굴 수하식 양성시설 모식도.

2) 우렁쉥이(*Halocynthia roretzi*)

우렁쉥이는 발생과정에서 알에서 부화한 유생이 척삭 또는 척색(notochord)을 지니고 있어 척삭동물문의 미삭동물아문에 속한다. 우리나라에는 동해와 남해에 주로 외해의 영향을 받는 곳에 서식하며 일본, 중국 등에도 분포한다. 성분 중에는 글리코겐이 풍부하지만, 불포화 알코올인 신티올(cynthiol)로 인해 우렁쉥이 특유의 맛을 내므로 많은 사람들이 좋아한다.

우렁쉥이는 자웅동체이고, 성숙하기까지 2년이 걸리며, 방란・방정기는 수온 8~13℃가 되는 11~3월이다. 수온 약 14℃에서 알이 수정하여 약 1일 만에 길이 1.75~2.30mm의 반투명한 올챙이형 유생(tadpole larva)이 되는데, 대부분의 유생은 수정 후 약 2일내에 변태하여 꼬리 부분이 서서히 흡수되면서 부착생활로 들어간다.

양식용 우렁쉥이의 종묘 생산은 유생의 사육관리가 비교적 쉬어 육상 수조에서 인공 종묘 생산을 하고 있다. 성숙한 개체에서 산란한 알이 부화한 후 올챙이형 유생의 꼬리가 흡수되면서 짧아지기 시작하면 유생이 곧 부착생활로 들어가는 시기이다. 이 때 부착기를 넣어 채묘하게 된다. 꼬리가 흡수되기 시작해서 종료되기까지는 불과 20분밖에 소요되지 않으므로 주의해서 관찰해야 한다. 유생은 수온이 낮으면 부유기간이 길어져 폐사할 염려가 있으므로 13～14℃가 적합하다.

유생이 부착기질에 부착하여 채묘가 완료되면 바다로 옮겨 중층 수심에 매달아 관리한다. 여름이 지나면 채묘기에 붙은 어린 우렁쉥이는 뽕나무의 작은 오디 크기로 자라는데, 이 때 양성용 종묘로 쓸 수 있다.

그림 5-11 우렁쉥이 수하식 양식장(좌)과 양성 줄에서 성장한 우렁쉥이 군체(우).

우렁쉥이 종묘를 수하하는 시기는 가을이나 그 다음 해 봄이며, 5～10m 수층에서 수하 양성하는 것이 성장에 좋다. 성장은 일반적으로 양성장 환경에 따라 다르지만, 양성한 지 1년 후에 약 3～4cm, 2년 후에는 8～10cm 크기로 자란다.

4. 포복성 동물의 양식

1) 참전복(*Haliotis discus hannai*)

전복류에는 한류계인 참전복과 난류계인 까막전복, 시볼트전복, 말전복이 있으나, 양식종으로는 참전복의 가치가 가장 높다. 겨울철 저층 수온이 12℃인 등온선을 경계로 하여 북쪽에는 참전복이 서식하고, 남쪽에는 난류계의 전복이 분포한다.

참전복은 외해성으로 수심 4～5m의 천해에 주로 서식하며, 환경에 잘 적응하고 활동성이 강하다. 생식소는 쇠뿔 모양으로 돌출해 있고, 성숙하게 되면 난소는 짙은 녹색을 띠며, 정소는 담황색 또는 황백색을 띠므로 쉽게 구별할 수 있다.

참전복의 생식세포가 형성되기 시작하는 기초수온은 7.6℃이고, 기초수온에서부터 적산 수온이 500～1,500℃이면 생식소가 성숙한다. 실제로 산란 유발 반응율이 높고, 채란이 확실하게 되는 것은 적산수온이 1,500℃ 이상이어야 한다. 산란기는 5～6월과 9～10월로 수온이 20℃ 내외가 되는 초여름과 초가을 2회에 걸쳐 집중적으로 산란한다. 수정란은 수온이 20℃일 때 담륜자와 피면자 시기를 거쳐 빠르면 2～3일 후에 저서 포복생활을 시작한다.

종묘는 인공 종묘생산으로 생산하며, 유생이 부유생활을 하는 동안에는 먹이를 먹지 않고 저서생활로 들어간 후 부착성 규조류를 먹게 된다. 따라서 유생이 부착하기 전에 플라스틱 파판에 미리 부착 규조를 발생시켜 놓아야 한다. 치패가 1～2cm로 성장하면 플라스틱 파판에서 분리하여 채롱 등에 수용하여 중간 육성시킨 후 2～3cm의 치패를 양식장에 방류하거나 가두리 양식장이나 수하식 양성시설 등에서 양성하게 된다. 성장은 장소, 양성방법에 따라 다르지만, 채롱에 넣어 양성하면 7cm까지 자라는 데 약 2년 반이 소요된다.

그림 5-12 전복 가두리 양식장.

5. 비부착성 동물의 양식

1) 대합류

대합류에는 대합(*Meretrix lusoria*)과 라마르크대합(*Meretrix lamarckii*) 등이 있으며, 우리나라를 비롯해서 일본, 중국 등에 분포한다. 라마르크대합은 대합에 비해 패각이 더 두껍고, 패각의 폭이 거의 평탄하다. 입수관 촉수의 구조는 라마르크대합이 더 복잡하게 분기되어 있고 그 끝은 절단형에 가까운 반면, 대합은 길게 자루처럼 뻗어 있다.

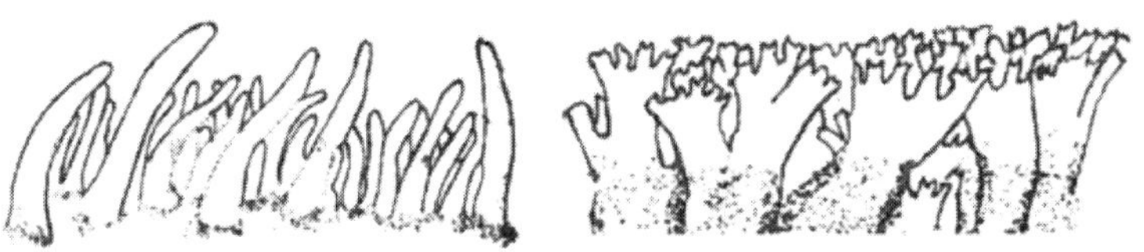

그림 5-13 대합(좌)과 라마르크대합(우)의 입수관 촉수 구조.

대합은 22~27℃가 되는 7월 상순~10월 중순에 산란하며, 8월이 성기이다. 수정란은 포배기(bastula stage), 담륜자기(trochophore stage), D형 유생, 피면자기(veliger stage)를 거쳐 성숙 유생이 되면 수정 약 3주 후에는 저서생활로 들어가게 된다. 치패가 잘 모이는 곳은 와류가 생기는 곳으로, 치패의 침강을 돕기 위해 간석지에 말목을 꽂아 와류시설을 설치하기도 한다.

성장기에 있는 대합류는 수중에서 점액질의 끈을 길게 내어 이동하는 습성이 있다. 따라서 대합 양성장은 대합 이동을 제한할 수 있는 조위망식 시설을 해야 한다.

1년이 경과하면 약 1cm, 2년 후에는 2.8~3.6cm, 3년 후에는 4.4~5.2cm, 4년 후에는 약 5.6~6.0cm로 성장하게 된다.

그림 5-14 대합 양식장의 조위망 시설.

6. 해조류 양식

1) 유용 해조류

해조류는 대략 녹조류, 갈조류, 홍조류로 분류되는데, 태평양 연안에서는 3,700여종이 서식하고 있다. 우리나라의 경우 과거에는 식용 가능한 몇 종의 해조류를 암초 위에서 채취하거나 해변에 떠밀려 온 것을 소량 수확하여 이용하였으나, 오늘날은 인공 종묘생산에 의한 양식기술이 점차 발전하면서 대량 생산이 가능하게 되었다.

예전에는 단순히 식용으로만 이용되다가 점차 한천, 호료(糊料), 공업용 비료 등 해조류의 용도가 계속 확대되어 가는 실정이다. 최근 10년간의 양식 해조류의 생산량은 2000년 이후 점차 증가되어가는 경향을 보이고, 2012년 해조류 양식 생산량은 1,022,326 M/T을 기록한 바 있다. 이는 소득 수준이 향상되어 가면서 웰빙 열풍의 영향으로 몸에 좋은 해조류에 대한 선호도의 증가, 해조류 용도의 확대가 큰 영향을 주었으며, 또한, 다양한 해조류의 양식기술들이 개발 또는 발전되면서 나타나는 현상으로 볼 수 있다.

주요 양식 종은 김, 미역이며, 다시마, 톳, 파래, 쇠미역, 매생이, 모자반, 지누아리 등의 해조류도 일부 지역을 중심으로 양식되고 있다. 이 밖에도 유용하게 이용되고 있는 종은 70여종이 넘는 것으로 알려져 있다.

2) 김(*Pyropia* spp.)

우리나라의 전통 식품인 김은 주로 조간대 상부의 바위에서 서식하는 홍조류이다. 지역에 따라서는 해의, 해태라고 부르기도 한다. 우리나라 해역에서는 십 수 종이 생육하고 있으며, 각 종마다 고유한 형태와 색깔을 가지고 있지만, 같은 종이라고 하더라도 서식지역의 환경조건에 따라 엽체의 모양, 크기, 두께, 색 등이 변화가 많아 단지 겉모습으로 종을 구별하기는 매우 힘들다. 주요 양식종은 방사무늬김, 참김이고, 이 외에도 모무늬돌김, 잇바디돌김 등이 있다.

(1) 김의 생활사

김은 종류에 따라 생활사에 약간의 차이가 있으나, 실제적으로 양식을 할 때에는 모든 양식 대상종이 같은 방법으로 다루어진다. 참김의 생활사를 보면, 충분히 생장한 암 생식기관인 조과기는 정자를 받아들여 난자와 수정하고 과포자를 만든다(**그림 5-15**). 이 시기를 과포자체 세대라 하며, 성숙한 과포자는 바닷물에 방출된다. 이러한 현상은 지역적인 차이가 있으나, 3~4월까지 계속되고, 그 이후 엽상체는 사라지게 된다. 방출된 과포자는 해저에 있는 조가비의 진주층을 뚫고 들어가 그 속에서 자라면서 여름철의 고수온기를 지내게 되는데, 이 시기를 사상체기라 한다. 이들은 수온이 24℃ 이하로 내려가기 시작하는 9월 하순~11월에 사상체로부터 각포자가 방출되어 김발에 붙어 커다란 엽상체로 자라게 된다.

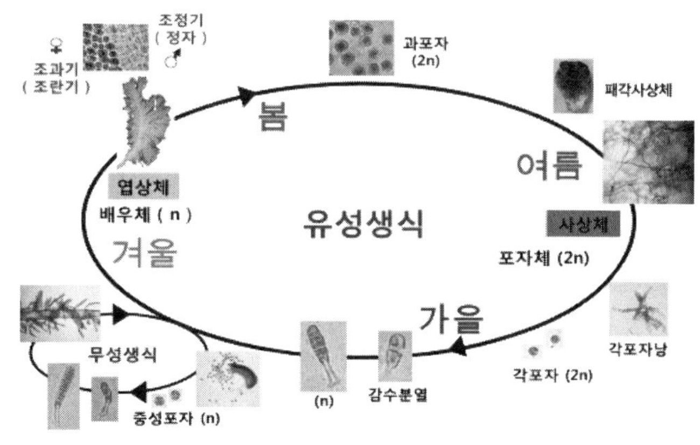

그림 5-15 참김의 생활사.

(2) 김 사상체 배양과 종묘 생산

김 양식의 성패는 우수한 품질의 종묘를 적기에 채묘하여 적량 생산하느냐에 좌우된다. 지금까지는 단지 어장에서 채취한 성숙된 우수한 엽상체에서 과포자를 받아 종묘를 생산했으나, 앞으로는 맛, 색, 내병성 등 우수한 형질을 가지는 품종을 엄선하여 종묘를 생산하는 것이 바람직하다. 김의 종묘 생산이라 함은 사상체의 배양과 관리 과정을 말한다.

① 사상체 배양법

사상체 배양법에는 두 가지가 있다. 김의 엽상체에서 방출되는 과포자를 직접 조가비 속에 잠입시켜 기르는 방법과, 과포자의 발아체를 일정 기간 동안 배양 용기에서 기른 유리 사상체를 이용하는 방법이다. 근래에는 유리 사상체를 이용하는 방법이 일반화되어 많이 이용되고 있다. 그 이유는 양식에서 최우선 과제인 우수 품종의 선발, 육성이 쉽고, 관리성과 인건비 등의 경비 절감 효과에 있어서 큰 이점이 있기 때문이다.

② 사상체의 배양조건

조가비 사상체의 성공적인 배양은 광선의 밝기 조절, 적정한 수온의 유지, 비중 관리의 세 가지가 중요한 사항이다.

㉠ 광선

광선의 밝기는 주변 여건 및 계절과 날씨 등에 따라 변한다. 조가비 사상체 배양시 광선의 밝기는 수온과 매우 밀접한 관계가 있으며, 배양 방법에 따라 생육 단계별로 조절해 주어야 한다. 특히, 고수온기에는 조도를 낮춰 줌으로써 고수온의 해를 막아야 한다. 사상체의 배양시 생육기인 6월까지 패각에 번식한 돌말류의 번식은 7월경에 광선의 밝기를 약간 낮추어 주는 것이 고수온의 해를 효과적으로 막을 수 있다.

㉡ 수온

사상체는 비교적 내온성이 큰 생물체이다. 조가비에 과포자 붙이기를 할 때에는 10~15℃를 유지하고, 6월까지는 25℃ 이상이 되지 않도록 하며, 한 여름철에도 수온이 28℃를 넘지 않도록 관리해야 한다.

㉢ 비중

과포자 배양 기간 중 초기의 비중은 1.020~1.024 범위에 속해야 한다. 1.020 이하의 비중은 과포자의 잠입을 저해하고, 생장에 장애를 준다. 배양하는 기간에는 갑작스러운 어떠한 자극도 피하는 것이 좋다. 과포자가 충분히 잠입한 것을 확인한 다음에는 2~3일마다 증발된 해수의 양만큼 담수로 보충시켜 적정 비중을 유지해 준다. 특히, 9월의 성숙기에 발생하는 자극은 원하지 않는 각포자를 방출시킬 위험이 있다.

③ 각포자 방출

사상체가 각포자낭을 만들기 시작하는 때는 주로 고수온기인 여름이다. 여름이 지나 수온이 25℃ 이하로 내려가기 시작하면 각포자낭이 분열하여 각포자를 만들고, 방출할 수 있는 구멍이 형성되어 언제라도 각포자가 방출될 수 있다.

포자낭 내에서 포자 형성을 억제하는 방법에는 온도 처리, 연속 명기 처리, 냉장 처리 등이 있으며, 포자낭 내에서 형성된 포자가 조가비에서 방출되는 것을 억제하는 방법에는 고비중 처리, 100% 습도 처리, 암흑 처리 등이 있다. 한편, 형성된 각포자의 방출을 촉진하는 방법에는 저온 처리, 단일 처리, 물갈이 처리 방법 등이 있다.

각포자의 방출량은 각 수온에 따라 약간의 차이는 있으나, 21～22℃에서 방출량이 가장 좋다. 낮은 수온에서는 방출량이 많으나 횟수가 적고, 높으면 그 반대이므로 채묘 시기에 맞추어 잘 조절해야 한다. 배양실에서 길러진 조가비 사상체는 어장의 조건에 맞추어 일시에 채묘하도록 시기를 조절해야 한다.

④ 채묘

배양한 조가비 사상체로부터 방출되는 각포자를 그물발에 부착시키는 과정을 채묘라 한다. 채묘는 실내에서 이루어지는 경우와 양식 현장에서 이루어지는 경우의 두 가지 형태가 있다.

㉠ 실내 채묘

자연적인 방출을 억제시키기 위하여 습도를 포화상태로 처리한 후, 보존한 조가비 사상체에 2배 용량의 해수를 넣어 각포자액을 만들어서 그 속에 김발을 담가 채묘한다. 효과적인 채묘를 위해서 물레를 수조에 설치하여 회전시키면서 채묘한다. 이러한 실내 채묘는 각포자의 방출과 부착을 현미경으로 관찰하면서 조절할 수가 있어서 어장의 조건에 구애받지 않고, 계획성 있게 채묘할 수 있는 이점이 있다.

㉡ 야외 채묘

바다의 양식 현장에서 김발에 각포자를 붙이는 과정을 야외 채묘라 한다. 효과적인 방법에는 봉투식 채묘법과 배양한 조가비 사상체를 매달아 채묘하는 방법이 있다.

봉투식 채묘의 이점으로는 1회에 대량으로 채묘할 수 있고, 각포자가 비닐 봉투 밖으로 나가지 않으므로 손실이 없으며, 각포자의 부착 밀도를 조절할 수 있다. 또한, 각포자가 균일하게 붙고, 파래류나 돌말류와 같은 해적생물이 적게 붙는다는 점에서 큰 이점이 있다.

성숙한 조가비 사상체를 어장에 미리 설치한 발에 매다는 방법은 조가비에서 빠져 나오는 각포자가 바로 발에 붙도록 유도하는 하는 방법으로서, 일반적으로 필요한 조가비의 양은 그물발 1떼(발이 20～30매로 겹쳐 있을 때)당 300～600개 정도이다.

㉢ 채묘 후의 김발 관리

김발의 노출 수위는 김의 생육 시기나 조석의 변동, 또는 일사량의 계절적 변화에 따라 조절해야 한다. 김은 일반적으로 바닷물 속에 잠겨 있을 때 자라고, 노출되었을 때는 생장이 억제된다. 그러나, 김은 노출이 적으면 빨리 자라지만, 병해에 대한 저항력이 약해지므로 적절한 관리가 필요하다. 김발에 잘 나타나는 해적 생물의 부착층도 종에 따라 차이가 있다. 매생이는 김보다 약간 위층에 착생하고, 파래는 아래층에서 많이 나타난다. 이에 따라 노출선을 조절하여 예방하거나 구제한다.

㉣ 냉장 김발

조간대에서 자라는 자연 상태의 김은 건조에 매우 강하여, 결합수의 손실만 없으며 생육에 이상이 없다. 특히, 어린 싹은 저온에서 건조에 대한 내성이 강하여, 장기간 보존했다가 양식에 사용될 수 있다. 이 특성을 김 양식에 응용한 것이 냉장 김발이다. 이러한 냉장 김발의 활용으로 갯병 피해에 능동적인 대처가 가능하고, 김발의 노후 문제가 없으므로 양식 기간이 연장됨은 물론, 채묘시에 착생한 해적 생물을 구제할 수 있는 장점이 있어, 김 생산 증가에 필수적인 양식 방법이다.

(3) 양성

① 양식장 환경

김 양식에 적합한 수온은 김싹 부착기와 엽상체 생장기로 나눌 수 있다. 중성 포자는 23℃ 이하의 수온에서 김발에 부착하여 김싹으로 자라고, 이 단계에서 수온이 15℃ 이하로 내려가는 기간이 길어지면, 너무 많은 김싹이 부착되어 정상적인 엽상체의 생장에 방해가 될 수 있다. 김의 생장기 수온은 15℃ 이하이나 최적 수온은 5～8℃이고, 이 수온이 유지되는 기간이 길면 수확량도 증가한다. 지역과 시기에 따라서는 4℃ 이하가 되는 수역이 발생하는데, 이러한 곳에서는 김의 생장이 오히려 늦어진다.

② 지주식(말목식) 양식

지주식 양식은 김발을 말목에 매달아 김을 양성하고 종망을 관리하는 양식법으로써 조간대에 설치하여 인위적으로 발의 노출시간을 조절할 수 있다(**그림 5-16**).

지주식 양식장은 저질이 펄이나 사니질로 된 곳이 좋고, 저질에서 유해성분을 가진 부니가 떠오르거나 조도를 저하시키지 않는 한 직접적인 관련은 없다.

김은 수중에서만 생장하므로 생장 촉진을 위해 계속 수중에만 두면 유리하지만, 이 경우 파래류, 돌말류 등 부착 해적 생물이 급격히 늘어나게 되므로 발의 수위를 일정하게 유지시켜 노출시켜야 한다. 이러한 적정한 노출은 채묘 직후 착생한 포자의 저항력을 높여 주고 색택을 좋게 해준다.

그림 5-16 지주식 김 양식장.

김 생육관리의 발 수위는 하루 2∼4시간 노출이 필요하며, 짙은 안개가 있을 때에는 세포를 파괴하고 병해를 유발하므로, 이 때에는 발을 노출시키지 않도록 수위 조절을 해준다. 소조시에는 노출이 적어 파래류나 부니가 붙기 쉬우므로 노출선을 약간 올려주고, 그 반대로 대조시에는 내려준다. 김 채취는 일반적으로 20∼25일 간격으로 하는데, 채취하기 2∼3일 전부터 발을 높여서 색깔과 광택을 좋게 하고, 채취한 뒤에는 발을 다시 낮추어 생장을 빠르게 한다.

③ 부류식(뜬흘림발) 양식

부류식 양식은 김발을 항상 뜨도록 하여 광합성 조건을 최대로 만들어 김 엽상체의 생장을 촉진시키는 양식 방법으로써, 내만이 아닌 외해에서도 김 양식이 가능하도록 고안된 방법이다(**그림 5-17**). 부류식 양식은 시설비의 많고 적음에 차이는 있으나, 해역의 환경 수질 조건이 좋은 곳이라면 수심이나 저질에 관계없이 시설이 가능한 양식법이다. 그러나, 저질이 단단하여 양식 시설을 고정시키기에 편리한 곳이 좋으며, 수심도 4∼50m 범위가 가능하지만 반드시 깊을 필요는 없다.

그림 5-17 부류식 김 양식장.

기본적으로 부류식 양식은 냉장발의 개발이 없다면 특성을 발휘할 수가 없다. 양식 도중에 김발의 생산력이 저하되면 대체 냉장발로 교체함을 전제로 한다. 즉, 늦가을에서 초겨울에 2～3회, 어장의 성기에 3～4회 김을 채취하고 나면 준비되었던 새 냉장 김발과 교체해야만 계속 양식을 할 수 있다. 최근에는 김의 건전한 생육과 품질을 향상시키기 위하여 생육기에 하루 2시간 정도 노출시키는 방법이 이용되기도 한다.

김발의 재료에 따라서 약간의 차이는 있으나, 부류식은 지주식 양식용보다 더 많은 각포자를 부착시켜 착생 포자가 100～200개/cm 정도 되게 한다. 이와 함께 채묘가 완료된 여러 겹의 김발은 육묘장에서 매일 적당한 노출 시간을 주면서 점차적으로 발을 전개시킨다.

3) 미역(*Undaria pinnatifida*)

미역은 산후 회복에 특효가 있고, 식욕 부진에 좋다고 알려져 있어 옛날부터 우리나라 국민들이 자주 먹는 수산물 중의 하나로 알려져 있다. 미역은 우리나라 전 해역에 분포하는데, 우리나라, 일본 및 중국에만 서식하는 특산 해조였다. 그러나, 십 수 년 전부터 유럽과 남반구의 오스트레일리아와 뉴질랜드에서도 생육이 보고되고 있다. 정확한 전파 경로는 알 수 없지만, 굴 종패 또는 선박의 선체 균형을 유지하기 위해 사용된 해수(ballast water)에 의해 전파된 것으로 추측하고 있다. 일반적으로 내만의 입구나 그 인접한 수역, 또는 조류가 빠르고 파랑의 영향이 있는 곳에서 생장이 좋다. 서식대는 저조선 이하의 조하대 지역이다.

(1) 미역의 생활사

미역은 일년생 해조로서 대체로 늦가을부터 어린 엽상체가 나타나기 시작하여 겨울에서 이른 봄에 걸쳐서 자란다(**그림 5-18**). 봄부터 초여름까지 성숙하며, 포자엽(성실엽, 미역귀)에서 유주자를 방출하고, 모체는 녹아 없어진다. 방출된 유주자는 바닥에 부착하여 곧 발아하며, 육안으로는 보이지 않는 실 모양의 암, 수 배우체로 여름을 지내게 된다. 가을철에 수온이 내려가게 되면 성숙한 암, 수 배우체에서

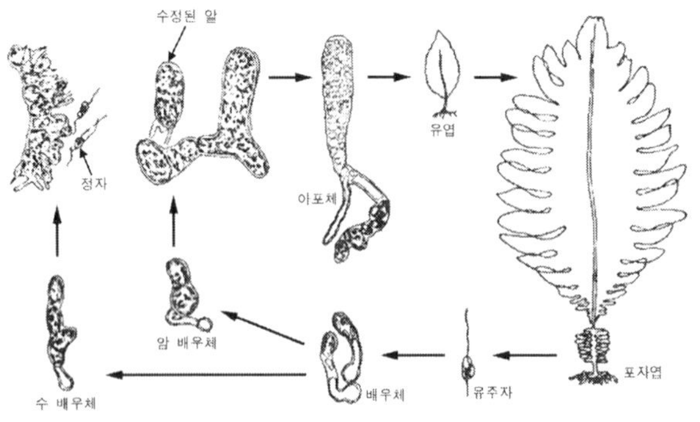

그림 5-18 미역의 생활사.

각각 알과 정자가 생겨 수정한다. 수정란은 곧 발아하여 아포체로 되는데, 점점 자라면서 육안으로 볼 수 있는 유엽이 된다. 이들은 수온이 낮은 늦가을에 자라기 시작하여 겨울부터 초봄 사이에 급속도로 자라서 무성하게 된다. 이와 같이 미역은 포자체 세대와 배우체 세대가 모양이 다른 이형 세대를 가지는 해조류이다.

(2) 생장과 환경조건

미역은 세대 또는 생장 단계에 따라 각기 다른 환경 조건에서 생활한다. 양식을 할 때에는 각 단계별로 이 조건에 유의해야 한다. 미역이 자라면 부착기와 엽상부 사이의 줄기 양 가장자리에 주름이 생겨 포자엽으로 되며, 이곳에서 유주자낭이 생긴다. 유주자는 보통 봄철에 수온이 오르기 시작하여 14℃가 될 때부터 방출이 시작된다. 방출이 많이 되는 시기의 평균 수온은 17～22℃이며, 23℃ 이상이 되면 방출이 정지된다.

배우체의 발아와 생장은 수온이 17～20℃에서 가장 좋고, 27℃ 이상에서는 발아하지 않는다. 발아한 배우체는 23℃까지 생장하지만, 그 이상이 되면 생장은 중지되고 세포는 둥글게 되며, 세포막은 두꺼워져 휴면 상태로 된다.

암, 수 배우체는 수온 20℃ 이하에서 성숙하기 시작하는데, 일조시간의 장단과도 관계가 있어 단일처리(하루 8～12시간 정도의 명기)하는 것이 좋은 것으로 알려졌다. 수 배우체의 조정기에서 만들어진 정자는 암 배우체의 장란기에서 만들어진 알과 수정이 되어 수정된 접합자가 발아하여 포자체가 된다.

일반적으로 포자체는 10～17℃에서 잘 생장하는 것으로 알려져 있다. 수온과 함께 수중 조도도 생장에 영향을 끼치는데, 조도는 수온과 관련이 있어 높은 수온일 때에는 약간 어두운 곳에서 잘 자라고, 낮은 수온일 때에는 약간 밝은 곳에서 잘 자라므로 상황에 따른 수심 관리가 필요하다.

(3) 종묘 생산

미역의 종묘 생산은 5～6월경 미역의 포자엽에서 유주자를 인위적으로 대량 방출시켜 이 유주자를 채묘기에 부착시킨 것을 실내에서 관리하여 10～11월경 해수 중에 옮기고, 미역이 생장하면 12월～다음 해 4월경까지 미역을 수확하는 것이다.

① 채묘

㉠ 채묘 시기

수온 상으로는 14～22℃일 때이지만, 유주자가 방출되는 시기는 언제라도 가능하다. 채묘의 적기는 수온 17～20℃인 5～6월경으로, 포자엽을 쉽게 구할 수 있는 시기를 택하는 것이 좋다.

㉡ 씨줄의 준비

미역의 유주자를 부착시키기 위하여 합성 섬유인 쿠라롱사를 채묘 틀에 3～5mm 간격으로 감고, 담수에 2～3일간 담가두어 불순물을 유출시킨 후 건조시켜 사용하며, 잔털은 불로 살짝 태워 없애서 부착된 유주자가 쉽게 탈락되지 않도록 한다.

㉢ 포자엽 고르기

포자엽은 대체로 광택이 있는 다갈색이나 흑갈색을 띠고, 가장자리가 색깔이 짙고 부드러우며, 점액이 많은 것이 성숙한 것이므로 이러한 것을 골라야 한다.

㉣ 취급 및 음건

채취한 포자엽은 되도록 잡조가 붙어있지 않은 깨끗한 것을 선택하여 통풍이 잘 되는 곳에서 음건(陰乾)시킨다. 음건 시간은 수 시간 또는 하룻밤 정도이며, 보통 포자엽 표면의 물기가 없어질 정도면 충분하다.

㉤ 채묘방법

채묘 용기에 해수를 채묘 틀에 잠길 정도로 넣고, 음건시킨 포자엽을 넣은 다음 천천히 막대기로 저어 주면 5분 후부터 현미경으로 유주자 방출을 확인할 수 있다. 유주자액의 농도는 유영하고 있는 활발한 유주자가 현미경 100배 시야당 20～30개 정도면 채묘에 적당하다.

② 종묘의 배양 관리

종묘의 생육 정도에 따라 배양 조건에 차이가 있으며, 배우체로 자라는 시기와 휴면시기로 나누어 관리한다. 초기 배양 기간은 착생한 유주자를 배우체까지 발아 생장시키는 기간으로 수온 20℃ 전후가 좋으며, 실내 밝기는 보통 3,000lux 정도가 알맞다. 일반적으로 채묘 후 5～10일까지는 환수하지 않으며, 그 이후에는 유주자 발생과 생장 상태를 현미경으로 확인한 후 매일 환수하는 것이 좋다. 물갈이 후 휴면기에 배우체가 떨어지는 것을 막기 위해서는 초기에 배우체의 세포 수가 암 배우체는 3～4개, 수 배우체는 12～13개로 되었을 때 생장을 억제시킨다. 수온이 올라가는 7월 중순～9월 초순경에는 밝기를 200～1,000lux 정도로 낮추어 주어야만 배우체의 생존율이 좋다. 이 시기에는 배우체가 휴면하게 되어 씨줄에서 탈락하기 쉬우므로, 되도록이면 환수하지 않는 것이 좋다. 9～10월경은 수온이 23℃ 이하로 하강하기 시작하면서 배우체가 성숙되기 시작한다. 이 때에는 밝기를 다시 1,000～4,000lux 사이에서 점차적으로 밝게 조절하여 주고, 특히 아포체가 형성되면

4,000～10,000lux까지 밝게 하여 아포체의 생장이 잘 되게 해야 한다. 이 기간은 자주 환수하여 종묘의 생장을 더욱 촉진 시켜야 한다.

수조에서 종기 배양이 끝난 아포체는 생장을 촉진하고, 양성장의 환경에 적응시키기 위해서 본 양성시설을 하기 전에 가이식(假移植)을 한다. 씨줄이 틀에 감긴 채로 가이식을 하는 이유는 씨줄에 번식한 돌말류를 손쉽게 없앨 수 있기 때문이다. 가이식은 아포체, 즉 종묘가 돌말류나 부니에 묻히지 않을 정도의 크기(5～10mm)로 자랄 때까지 한다. 가이식을 하는 곳은 조류의 소통이 잘 되는 곳을 택해야 싹녹음의 병해가 적다. 채묘 틀이 매달리는 수심은 양성장의 투명도나 수온 등에 따라 차이가 있을 수 있지만, 될 수 있으면 종기 배양 시까지의 수조 환경 조건에 가깝게 해주면 좋다. 처음에는 5m 전후에 매달고, 그 후 차차 높여 주어서 7～10일 후에는 수심 1～1.5m에 있도록 한다.

③ 양성

㉠ 양성장의 선정

양성장은 자연산 미역이 서식하고 있는 곳이면 가장 좋지만, 여러 가지 환경 조건이 생육에 좋은 조건을 갖추고 있으면 어디든지 가능하다. 수온은 15℃ 이하의 기간이 길고, 비중은 1.020～1.025이며, 영양염은 풍부한 곳이 좋은 양성장이라 할 수 있다. 또한, 유속은 보통 빠른 곳이 좋으며, 수심은 양성방법과 저질에 따라 다르지만 최적 수심보다 약 1m는 더 깊은 곳이어야 한다.

㉡ 시기와 종묘의 크기

가이식후 종묘가 5～10mm로 생장했을 때 본 양성을 한다. 아포체의 발아가 늦어 수조 내에서 크기가 아직 0.55mm 이하인 것일지라도, 바다의 수온이 20℃ 이하로 되어 안정되었을 때에는 바로 본 양성을 해야 한다.

㉢ 양식 시설의 구조

시설의 제작, 종묘의 이식, 시설의 설치 및 관리, 수확 등의 모든 작업을 가장 손쉽게 할 수 있고, 밀식의 염려가 없는 것은 수평 외줄식이다. 조류가 비교적 센 외양에서는 사각 조립식을 많이 설치하는데, 양식장을 가장 효율적으로 이용할 수 있고, 어미줄 전체를 최적 수위로 유지할 수 있다.

㉣ 어미줄

씨줄에 붙은 유엽이 자라서 부착기를 형성하여 단단히 착생할 수 있는 기질을 만들어 주기 위해 어미줄을 설치하는데, 이 어미줄은 파도에 잘 견딜 수 있어야 한다. 주로 폴리에틸렌계의 합성 섬유 로프가 어미줄로 사용되고 있다. 로프의 굵기는 시설의 길이에 따라

지름 12～16mm로 한다.

㉤ 씨줄 붙이기

씨줄을 어미줄에 붙일 때에는 씨줄이 건조되지 않도록 능률적으로 해야 한다. 씨줄 붙이기에는 그대로 어미줄에 감는 방식과 씨줄을 잘라서 어미줄에 끼우는 방식의 두 가지가 있으나, 감는 방식 중에서 어미줄의 꼬임 방향과 반대 방향으로 감는 방식이 일반적으로 사용되고 있다.

㉥ 수확

미역의 생장 특성을 이용한 수확에는 일제 수확, 솎음 수확, 잎자르기 수확 등의 방법이 있다. 일제 수확은 수온이 비교적 높아 15℃ 이하가 되는 기간이 짧은 곳에서 효율적이다. 솎음 수확은 수온이 15℃ 이하인 기간이 긴 곳(50일 이상)에서 생장의 차이를 고려하여 일찍 자란 것부터 수확하는 방법이다. 잎자르기 수확은 미역의 길이가 5～10cm 정도 남도록 생장대 윗부분만 수확하여 남은 부분에서 재생이 가능하도록 하는 것으로써, 특히 발아수가 적을 때에는 이 방법이 효과적이다. 수온이 높을 때에는 끝녹음에 의한 미역의 생중량 감량을 막기 위해 일제히 수확해야 한다.

4) 기타 해조류 양식

(1) 홑파래(*Monostroma*) 양식

흔히 파래라고 불리우는 종류에는 홑파래속, 갈파래속(*Ulva*)의 두 부류가 있다. 홑파래류는 1층의 엽상체이고, 갈파래류는 2층 또는 관상의 형태를 가지 해조류이다.

① 생태 및 종묘 생산

양식 대상이 되고 있는 홑파래는 가을에서 다음 해 초여름에 걸쳐 나타나는 이형 세대교번을 한다. 즉, 가을에서 다음 해 여름까지 볼 수 있는 홑파래의 엽상체는 배우체이며, 육안으로 볼 수 없는 구상체는 포자체이고, 여름에 생긴다. 자연 상태에서 엽상체는 4～5월경에 많이 성숙된다.

자연 상태의 유주자 방출은 9월 상·중순경이 성기이고, 특히 대조 때의 이른 아침에 많이 방출된다. 실내에서는 암처리에 의해 충분히 성숙된 구상체를 수온 23～27℃에서 강한 광선에 두었다가 30분에서 1시간 후에 대량 방출된다. 홑파래의 자연 채묘는 9월 중·하순에 1일 평균 2～4시간의 노출선에 발을 설치해야 한다.

② 인공 채묘

성숙 엽상체를 여과 해수로 깨끗이 씻은 다음 음건한다. 다음 날 아침에 백색 형광등 아래에서 깨끗한 해수가 든 수조에 넣어 배우자를 방출시킨다. 채묘된 접합자판을 대형 수조에 매달아 배양한다. 초기의 저수온기(18～22℃)에서는 광선을 충분히 주어 생장을 촉진시키고, 고수온기(25℃ 이상)에서는 약광하에서 휴면시킨다. 8월 중순경까지는 지름 60～80㎛의 크기로 생장시키고, 8월 하순～9월 상순까지 성숙되도록 관리한다. 유주자를 받을 때에는 채묘기를 유주자액에 단시간(5～10분) 노출시켰다가 다시 유주자액에 넣어 유주자 밀착을 돕는다. 채묘 후 하룻밤 동안 해수에 담가 두었다가 다음날 양식장에 설치한다.

③ 양성 및 수확

인공 채묘된 엽상체는 약 1개월 후에 수 mm 크기가 되어 육안으로도 확인이 가능하다. 양식할 채묘된 망을 1장씩 펼쳐서 약 4시간 노출선에 설치하여 양성한다. 일반적으로 유아기에는 잡조의 부착을 막으려고 발을 높게 설치하지만 생육이 왕성한 시기에는 낮게 설치한다. 생장은 양식장의 환경에 따라 다르다. 1월 중순에는 약 10cm 정도로 되어 수확이 가능하고, 그 후 4월 상순까지 3, 4회의 수확을 한다.

(2) 다시마(*Sachharina*) 양식

① 생태 및 종묘 생산

다시마는 미역처럼 무성세대인 포자체와 유성세대인 현미경적인 배우체가 세대교번을 하는 생활사를 갖는다. 그러나, 미역은 1년생이지만 다시마의 수명은 3～4년이다. 다시마의 번식 시기는 6월에서 다음 해 3월까지의 장기간이고, 그 수명에 따라 유주자낭이 생기는 정도와 시기에 차이가 있다. 유주자가 방출되면 유주자를 방출하는 부분은 녹아 없어지고, 봄에 남은 부분에서 다음 해에 다시 엽상부가 자라난다.

종묘 생산은 6월 초에 채묘하여 여름의 휴면기를 거쳐 11월 초에 양성을 시작하는 방법과 9월 하순에 채묘하여 약 40일 동안 배양한 종묘로 11월 초에 양성을 시작하는 방법이 있다. 이와 같은 종묘의 배양은 실온에서는 불가능하므로, 수온을 15～16℃로 조절할 수 있는 시설이 있는 곳에서 가능하다. 늦어진 종묘로 양성할 경우에는 여름까지 충실한 다시마가 되지 못하므로 여름 동안에 생장시켜 다음 해에 수확하는 2년 양식을 해야 한다. 그러나, 여름에 수온이 25℃ 이하로 유지되도록 양성, 관리하는 데에 경제성과 기술상의 어려움이 있다.

유주자의 방출을 효과적으로 하는 방법은 미역의 포자엽 음건법과 동일하다. 유주자액 농도는 미역 채묘시의 유주자액 농도보다 묽어도 된다. 다시마는 미역에 비하여 유주자 발아율이 양호하기 때문이다.

② 가이식과 양성

다시마가 아포체기에 도달한 종묘는 해중에 가이식을 한다. 가이식 시기는 11~12월경이며, 가이식 장소는 가급적이면 탁한 해수가 유입되지 않는 곳으로써 풍파가 심하지 않는 조용한 해역을 선정해야 한다.

다시마를 어미줄에 착생시키는 밀도는 수확의 1m당 25~50개체를 기준으로 한다. 이때, 착생 밀도가 높으면 품질이 저하되므로 유엽 때부터 솎아준다. 따라서 어미줄에 감는 방법보다 씨줄을 잘라서 어미줄에 30cm 간격으로 끼우는 방법이 편리하다.

양성 시설은 중층 수평 외줄식이 가장 유리하다. 끝녹음을 방지하기 위해서 너무 깊게 설치하면, 다시마가 충실하지 못하게 된다. 어미줄을 설치하는 장소는 수심이 5~10m이고, 지질이 사니질로서 닻의 고장력이 충분히 있는 곳이 좋다. 미역보다 더 생장력이 좋으므로, 영양염류가 풍부한 곳을 택해야 한다.

(3) 톳(*Sargassum fusiforme*) 양식

톳은 우리나라 남부 이남의 수역에 분포하여, 제주도와 남서 해역이 주산지이다. 제주에서는 예부터 식용으로 이용되어 왔으며, 근래에는 여기에 많이 함유되어 있는 황산화제로 알려지면서 식품으로서의 가치가 더 높아졌다.

톳의 생식은 두 가지 방법으로 이루어지는데, 정자와 난이 수정하여 새 개체를 만드는 유성 생식과 포복지에 의해 새 개체를 만드는 영양 번식이 있다. 우리가 이용하는 톳은 배우체 세대이다.

방출된 알과 정자는 수정하여 발생을 시작하면 어린 배가 가근 세포로 착생하여 여름에 유체로 자란다. 가을이 되면 육안적인 크기의 유체가 나타나서 겨울철에 들어가면서 생장을 시작하여 3~4월에 왕성하게 자라 성체가 된다. 5~6월에는 성숙하여 알과 정자를 방출하면 점차 엽상체는 소실되고, 부착기 부분만 남는다. 또한, 가을에는 남아있던 부착기 부분에서 포복지가 3, 4개 생기게 되면, 끝 부분에서 직립지가 생성되어 새로운 톳으로 자란다. 자연 상태에서는 유배에 의한 번식보다는 포복지에 의한 영양 번식이 우세하다. 새로운 어장을 조성할 때에는 유배액을 밀물 직전에 암면에 살포하면 1년생 톳의 출현율을 높일 수 있고, 강한 재생력을 가진 포복지를 이식하는 것도 한 방법이다.

참고문헌

박성우, 오명주(2001): 어류 질병. 도서출판 진솔.

유성규(2000): 천해양식. 도서출판 구덕.

Flegel, T. W.(2006): Detection of major penaeid shrimp viruses in Asia, a histological perspective with emphasis on Thailand. Aquaculture, 258: 1-33.

Ikematsu, W., S. Kimura and Y. Yamashita(1967): Studies on the propagation of a prawn, *Penaeus orientalis*, and its culture-III. Transplanting test to the Sea of Ariake and notes on some rearing experiments of adult prawn. The Aquaculture, 15(2), 33-42(in Janpanese).

Liu, R.(1984): Shrimp mariculture studies in China. Institute of Oceanography, Academia Sinica, Quingdao, People's Republic of China, pp 11.

Mazeaud, M. M. and Mazeaud, F.(1981): Adrenergic responses to stress in fish. In *Stress and Fish*. Ed. by Pickerring, A. D. Academic Press, pp 49-53.

Robert, R. L.(2001): Fish pathology. 3rd Ed., W.B. Saunders.

Wedemeyer, G. and Yasutake, W. T.(1977): Clinical methods for the assessment of the effects of environmental stress on fish health. US. Tech. Pap., US Fish Wild. Ser., 89, 1-18.

제6장 수산 가공

제1절 수산 가공의 개요

제2절 수산물의 성분 특성

제3절 수산 가공품

제4절 수산 식품 위생

제1절 수산 가공의 개요

1. 식품 원료로서의 수산물의 특성

1) 종류의 다양성

수산 식품의 가공 원료인 수산생물은 하등 생물부터 고등 생물까지 매우 다양하다. 식물성 플랑크톤인 클로렐라로부터 미역・다시마・톳 등의 해조류, 새우・꽃게 등의 갑각류, 다랑어・고등어・정어리・넙치 등의 어류에 이르기까지 수산생물 대부분이 식품 원료로 이용된다. 또한, 동일한 어종이라도 어획 시기, 어체 부위 및 크기에 따라 체성분 조성이 차이가 나므로, 수산 식품 가공 시에는 각 원료의 특성을 면밀히 검토하여야 한다.

2) 생산량의 변동성

수산물의 생산량은 어획 시기, 수온 등과 같은 어장의 환경 변화에 따라 변동이 심하다. 회유성 어종인 고등어, 정어리 등의 어획량은 회유 경로에 있는 먼 바다의 환경 변화에 직・간접적으로 영향을 받는다. 또한, 최근에는 지구 온난화의 영향으로 우리나라 연안의 수온이 상승하고, 이로 인해 연근해에서 어획되는 수산물의 종류 및 어획량이 급속히 변화되고 있다. 따라서 수산 식품의 가공을 위해서는 원료인 수산물을 지속적이고, 안정적으로 확보할 수 있는 다양한 방안의 강구가 필요하다.

3) 일시 다획성

고등어 등과 같은 회유성 어류는 무리를 지어 이동하는 특성이 있어 특정 어기 동안에 다량으로 어획된다. 이에 따라 일시에 대량으로 어획되는 이들 수산물을 단기간 동안 처리하기 위해 다양한 저장방법이 발달하게 되었다. 대부분의 수산물의 가공방법은 저장 수단으로부터 발전되어 왔다. 예를 들면, 대표적인 수산 가공품인 저온을 이용한 냉동식품, 소금을 첨가하는 염장식품과 발효제품, 수분을 제거하는 건제품 등은 일시 다획되는 수산물의 저장성을 연장시키기 위한 저장방법이 식품 가공방법으로 발전된 예이다.

4) 변질성

어패류는 축산물에 비하여 부패 또는 변질되기 쉽다. 축산물은 도축장에서 도살 후 내장 및 피를 제거한 후 유통하나, 어패류는 부패되기 쉬운 내장, 아가미, 피를 제거하지 않고 원형 그대로 유통하므로 쉽게 부패된다. 그리고 어패류는 수중에서 서식하므로 다양한 수생 미생물이 피부 및 아가미에 오염되어 있고, 어획 후 이들 세균의 증식으로 인해 쉽게 부패된다. 또한, 어류의 근육 조직은 축육에 비해 연약하고, 사후 경직 지속시간이 짧을 뿐 아니라 체지방도 축육에 비하여 불포화 지방산의 함유량이 높아 지방 산패에 의한 변질이 잘 발생한다. 따라서 수산 식품의 변질 및 식중독 발생을 방지하기 위해 원료를 저온 관리하여야 하며, 또한 저온에서 신속히 가공처리하여야 한다.

제2절 수산물의 성분 특성

1. 어육의 조직

어류의 근육 조직은 그림 6-1과 같다. 겉에서부터 표피, 진피, 색소 세포층, 피하지방, 혈합육, 보통육의 순으로 배열되어 있다. 오징어의 근육 조직은 그림 6-2와 같이 표피층에 색소 세포층이 있고, 그 밑에 근육이 있다. 오징어 근육은 어류와 달리 근섬유가 가마니처럼 배열되어 있는데, 체축과 나란히 배열된 근섬유가 체축과 직각으로 배열된 근섬유에 비해 적어 체축의 직각 방향으로 잘 찢어진다.

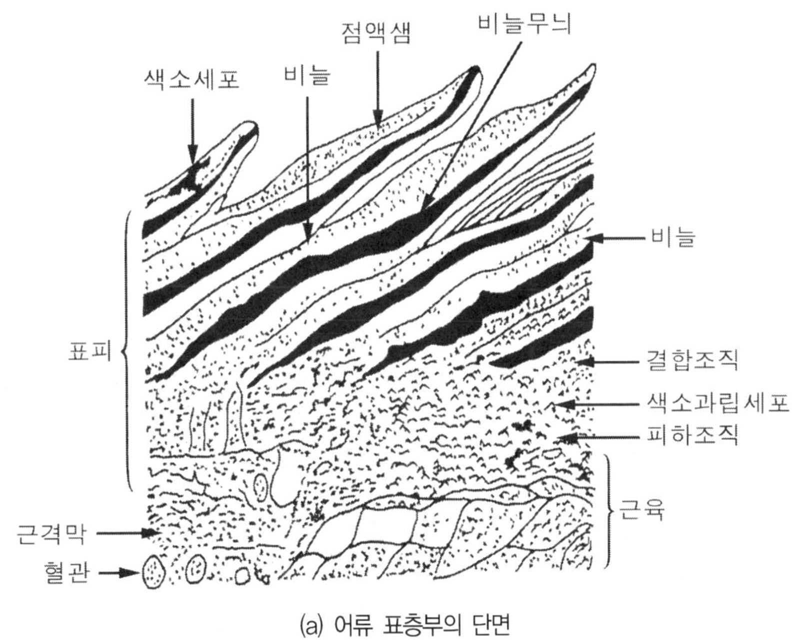

(a) 어류 표층부의 단면

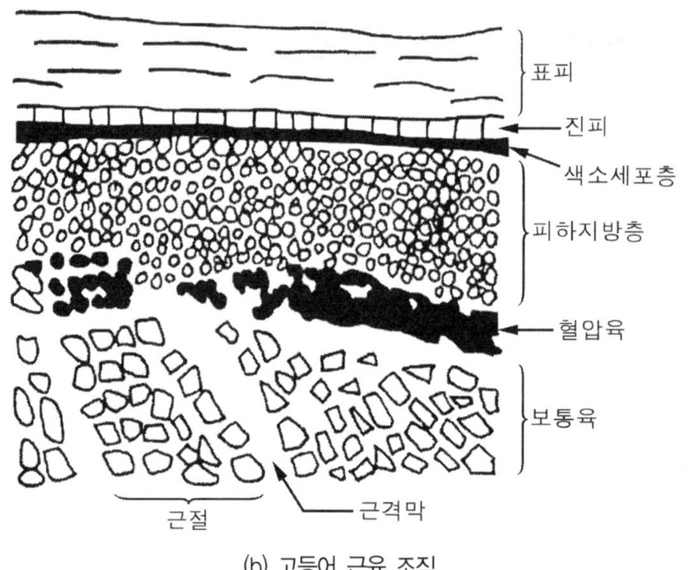

(b) 고등어 근육 조직

그림 6-1 어류의 근육 조직. (자료: 이응호, 1996)

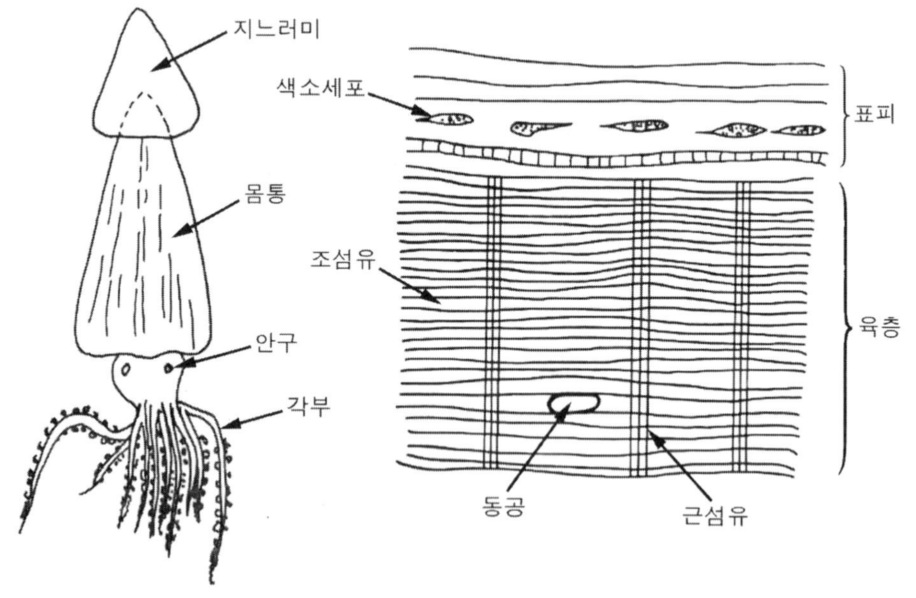

그림 6-2 오징어의 근육 조직. (자료: 박희열 외, 2000)

2. 보통육과 적색육

어류는 육의 색에 따라 고등어, 정어리처럼 붉은 색을 띠는 적색육 어류(붉은살 어류)와 명태와 넙치처럼 흰색을 띠는 백색육 어류(흰살 어류) 로 나눈다. 일반적으로 회유성 어류는 적색육 어류에 속하고, 저서성 어류는 백색육에 속한다. 근육도 색에 따라 짙은 적색을 띠는 적색육(red meat, dark meat, 혈합육)과 밝은 색을 띠는 백색육(white meat, 보통육)으로 나눈다. 고등어육은 그림 6-3과 같이 어류의 표피 쪽에 많이 분포되어 있는데, 백색육에 비해 미오글로빈의 함량이 높아 짙은 적색을 띠고, 성분면에서도 백색육에 비하여 총질소와 수분 함량은 적은 반면에 지질 함량과 효소가 많이 함유되어 있다.

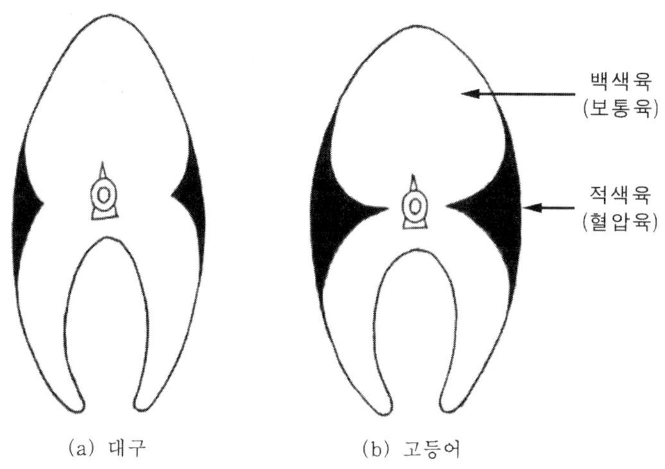

그림 6-3 대구와 고등어의 적색육 분포. (자료: Suzuki, 1981)

3. 수산물의 주요 성분

1) 일반 성분

어류의 일반 성분조성은 수분 67.1~80.3%, 단백질 14.4~25.9%, 지질 0.7~17.1%, 탄수화물 0.1~0.3%, 회분 1.1~3.2%이다. 일반적으로 고등어와 같은 적색육 어류의 지방 함량이 넙치와 같은 백색육 어류에 비해 높다. 굴, 전복 등의 패류는 어류에 비해 탄수화물의 함량이 월등히 높다. 해조류는 어류, 패류, 연체류, 갑각류와 달리 수분, 회분, 탄수화물의 함량이 높고, 지질 함량이 낮은 특성을 나타내며, 김은 해조류 중 상대적으로 단백질의 함량이 높다(**표 6-1**).

표 6-1 주요 수산물의 일반 성분 (단위: %)

어 종	수분	단백질	지질	탄수화물	회분
뱀장어	67.1	14.4	17.1	0.3	1.1
고등어	68.1	20.2	10.4	–	1.3
가다랑어	70.3	25.9	1.8	0.3	1.7
명 태	80.3	17.5	0.7	–	1.5
넙 치	76.3	20.4	1.7	0.3	1.3
멸 치	74.8	17.7	4.1	0.2	3.2
갈 치	72.7	18.5	7.5	0.1	1.2
참조기	78.7	18.3	1.7	–	1.3
굴	80.4	10.5	2.4	5.1	1.1
바지락	82.2	13.0	1.1	0.7	3.0
참전복	77.2	15.0	0.7	5.1	2.0
백 합	79.9	11.7	1.0	3.6	3.8
오징어	77.5	19.5	1.3	–	1.7
쭈꾸미	86.8	10.8	0.5	0.5	1.4
대 하	80.0	18.1	0.6	0.1	1.2
대 게	79.7	17.4	1.0	0.5	1.4
꽃 게	81.4	13.7	0.8	2.0	2.1
미 역	88.8	2.1	0.2	4.4	3.9
다시마	91.0	1.1	0.2	3.6	3.5
톳	88.1	1.9	0.4	4.0	4.6
김	90.5	3.3	0.4	1.7	3.8

(자료: 한국수산과학원, 1995)

한편, 수산물의 경우는 어체의 부위, 크기 및 계절에 따라 체성분의 차이가 매우 크다. 어류의 경우 단백질 함량은 계절에 따라 변화가 적으나, 지질과 수분 함량은 변화가 심하다. 대체로 지질 함량이 많을 때 수분 함량이 적고, 지질 함량이 적을 땐 수분 함량이 많아 지질과 수분을 합한 함량의 변화는 적다. 특히, 어류 근육의 지질 함량의 경우 멸치, 감성돔, 넙치 등은 산란기의 영향을 많이 받는다.

2) 단백질

단백질은 용해도에 따라 묽은 염 용액에 녹는 근원섬유 단백질, 물에 녹는 근형질 단백질, 그리고 불용성인 근기질 단백질로 나눈다(표 6-2).

표 6-2 어류의 근육 단백질 분류

종 류	용해성	비율(%)	특 성	예
근원섬유 단백질	염용성	50~70	중성염에 녹으며 주요 식용 부위에 해당한다.	미오신, 액틴 파라미오신
근형질(근장) 단백질	수용성	20~50	물 또는 중성염에 녹는 단백질로 효소, 색소 단백질 등이 있다.	효소, 알부민 미오글로빈
근기질 단백질	불용성	10% 이하	물, 염류, 묽은 산, 묽은 알칼리에 녹지 않으며, 근 세포막이나 결합 조직을 구성한다.	콜라겐

(자료: 박희열 외, 2000)

(1) 근원섬유 단백질

근원섬유 단백질은 근섬유의 50～70%를 차지하는 단백질로서 근육의 수축 운동에 관여 하며, 주성분은 미오신과 액틴이다(**그림 6-4**). 미오신과 액틴은 소금을 넣고 갈면 함께 녹아나와 거대 분자인 액토미오신을 형성한다. 이 액토미오신은 점성이 강하고, 가열하면 탄력이 있는 겔 특성을 나타내는데, 이러한 성질을 활용한 식품이 어묵이다. 파라미오신은 오징어 등의 근원섬유 단백질이다.

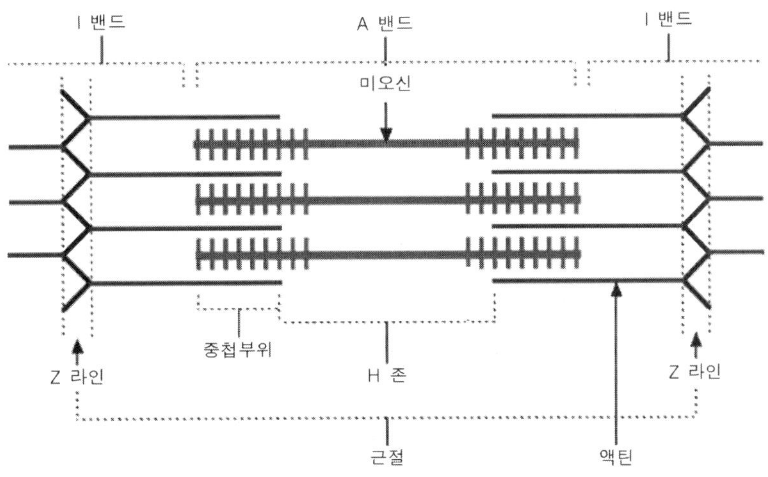

그림 6-4 근원섬유 단백질.

(2) 근형질 단백질

수용성 단백질인 근형질 단백질에는 생체내의 해당(解糖) 반응 등 각종 반응의 촉매 작용을 하는 다양한 효소・산소 저장 기능을 하는 색소 단백질인 미오글로빈, 그리고 기타 수용성 단백질이 있다.

(3) 근기질 단백질

골격 단백질에 해당하는 것으로써 대표적인 단백질이 콜라겐이다. 어류의 콜라겐은 대부분 껍질에 함유되어 있고, 이외에 뼈 · 힘줄 · 비늘 · 부레 등에 함유되어 있다. 콜라겐이 가수 분해되면 젤라틴이 된다.

3) 지질

어류에 함유되어 있는 지질의 대부분은 트리아실글리세롤(triacylglycerol)로 존재하며, 그 외에 일부 인지질(phospholipid), 왁스, 콜레스테롤, 스쿠알렌 등이 있다(**그림** 6-5). 트리아실글리세롤을 구성하는 지방산은 어류의 경우, 축육에 비하여 불포화가 높다. 어류에 함유된 대표적인 불포화 지방산은 EPA(eicosapentaenoic aicd)와 DHA(docosa hexaenoic acid)이다. 포화도가 높은 돼지기름과 같은 지질은 상온에서 고체 상태로 존재하나, 불포화도가 높은 어유는 상온에서 액상이다. 불포화도가 높으면 산소, 빛, 금속 등의 촉매 작용으로 인해 쉽게 산화되고 변질되므로, 수산물의 취급할 때 산패 방지 수단을 강구하여야 한다.

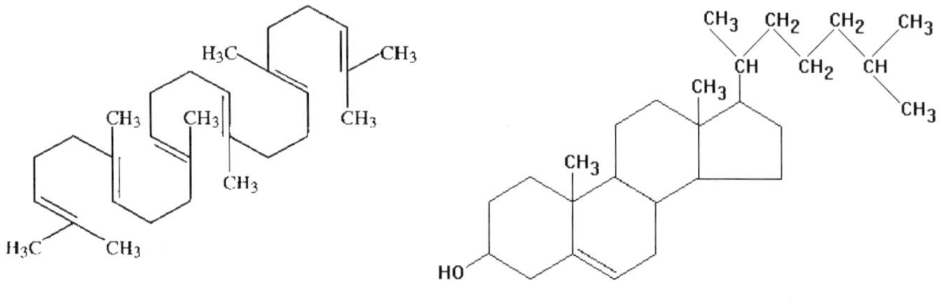

(a) 스쿠알렌

(b) 콜레스테롤

그림 6-5 스쿠알렌과 콜레스테롤의 구조.

인지질은 주로 세포막의 구성 성분으로 존재하며, 포스파티딜콜린(phosphatidylcholine)과 포스파티딜에탄올아민(phosphatidylethanolamine)으로 구성되어 있다. 어류의 콜레스테롤도 세포막의 구성 성분의 일부이며, 어란에 많이 함유되어 있다. 스쿠알렌은 탄소수 30의 불포화 탄화수소로서, 심해성 상어 및 대구의 간장에 많이 함유되어 있다.

4) 탄수화물

탄수화물은 당질이라고도 불리는데, 분자량의 크기에 따라 단당류, 올리고당, 다당류로 나눈다. 단당류는 탄수화물의 기본 단위로 분자내의 탄소 수에 따라 3탄당, 4탄당, 5탄당, 6탄당으로 나눈다. 올리고당은 2～5개의 단당류가 결합되어 이루어진 당이다.

수산물에 존재하는 당질은 대부분이 다당류이다. 어패류에는 에너지 저장원으로써 글리코겐이 근육에 함유되어 있는데, 특히 패류에 많이 함유되어 있다(그림 6-6).

갑각류에는 껍질의 주성분인 키틴이 존재한다. 키틴은 당유도체인 아미노당으로 이루어진 다당체이다. 해조에는 수용성 다당이 다량 함유되어 있는데, 미역 · 다시마 등의 갈조류에는 알긴산, 퓨코이단, 라미나란 등이 함유되어 있고, 우뭇가사리 · 진두발 · 김 등의 홍조류에는 한천, 카라기난, 포피란 등이 함유되어 있다. 이러한 수용성 다당 이외에도 세포벽 성분으로 셀루로오즈와 헤미셀루로오즈가 함유되어 있다.

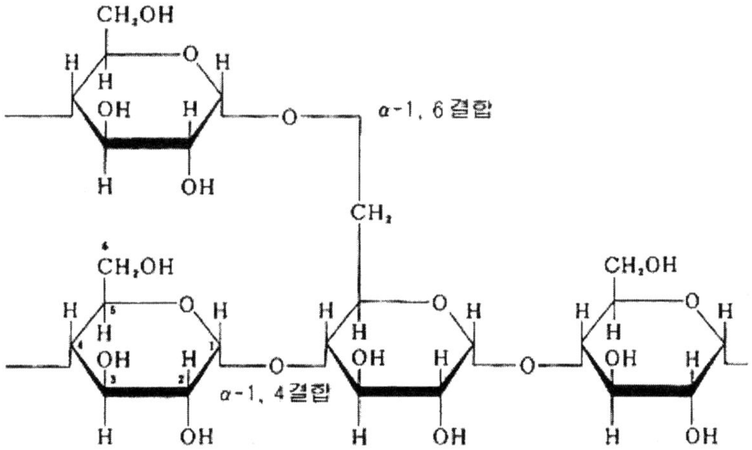

그림 6-6 글리코겐의 구조.

4. 어패류의 사후 변화와 선도 판정

수산 식품 제조에 있어 가장 중요한 것은 원료의 선도이다. 원료의 선도가 떨어지면 가공 제품의 품질이 떨어질 뿐 아니라 식중독 등과 같이 식품 안전성에 큰 위험이 된다. 따라서 수산물의 품질관리 뿐 아니라 위생 안전성 확보를 위해서 어패류의 사후 변화 및 선도 판정의 기본 지식이 요구된다.

1) 어패류의 사후 변화

어패류의 사후 변화 과정은 그림 6-7에 나타낸 바와 같다.

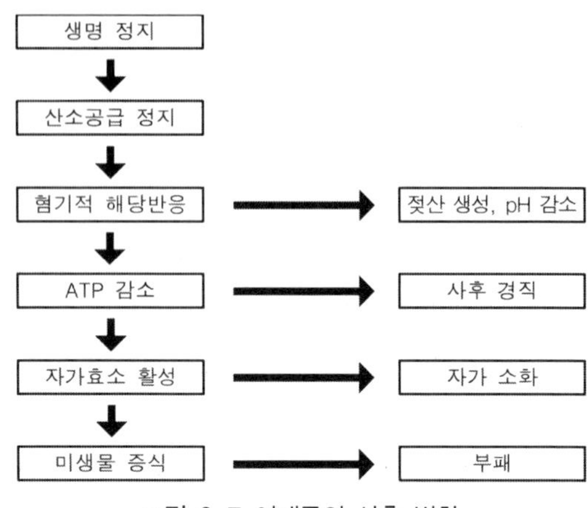

그림 6-7 어패류의 사후 변화.

(1) 해당 반응

호흡이 중단되면 체내에 산소 공급이 중단되고, 이에 따라 ATP는 혐기적 대사과정인 해당 반응을 통해 생산되는데, 호기적 대사에 비해 비효율적이다. 또한, 혐기적 반응을 통해 체내에 젖산(lactic acid)이 생성되어 pH가 저하된다. 체내 pH 저하는 결국 해당 반응을 저해하고, 체내의 ATP 감소를 초래한다.

(2) 사후 경직

어류의 사후 변화가 진행됨에 따라 어체가 굳어지는 현상을 사후 경직이라고 한다. 사후 경직은 ATP 감소에 의해 칼슘(Ca) 펌프 작용이 저하되어, 근육 세포내에 칼슘의 농도가 증가함에 따라 근육의 수축 현상이 계속 지속되기 때문이다. 이러한 경직기간 중의 선어는 비교적 선도가 우수하여 식용 가능하다.

(3) 자가소화(autolysis, 자기소화)

일정 시간 사후 경직을 거친 후에는 외형상으로 근육의 경직이 풀리는 해경(解硬) 현상이 발생한다. 동시에 단백질, 지방 및 글리코겐 등의 고분자가 어체 자체내의 효소 작용에 의해 저분자로 분해되기 시작하는데, 이를 자가소화라고 한다.

(4) 부패

자가소화가 진행되면 미생물이 증식하기 좋은 환경이 되어 급속히 미생물이 증식한다. 미생물의 효소 작용에 의해 어체 성분인 단백질, 지질 등이 아민류, 암모니아, 저급 지방산 등으로 분해되고, TMAO(trimethylamine oxide)도 TMA(trimethylamine)로 전환되어 비린내가 발생한다.

2) 선도 판정

어패류의 선도 판정법은 관능적 방법, 화학적 방법, 세균학적 방법이 널리 사용된다.

(1) 관능적 판정법

어체의 선도를 신속히 판정할 수 있는 방법으로 가장 널리 사용되고 있다. 비록 주관적인 요소가 강하나 신속하고, 간편히 측정할 수 있어 실용적이다.

① 사후 경직 : 사후 경직 중에 있는 것은 비교적 신선하여 식용이 가능하다.
② 냄새 : 신선한 것은 바다 냄새가 나며, 선도가 저하함에 따라 불쾌한 비린내가 발생하고, 특히 암모니아 냄새가 난다.
③ 아가미 : 신선한 것은 붉은 색을 띄나, 선도가 저하함에 따라 퇴색되어 회색으로 변하고, 악취도 난다.
④ 껍질 : 신선한 것은 껍질이 투명하고 비늘이 부착되어 있으나, 선도가 떨어지면 피부가 불투명해지고 비늘이 탈락된다.
⑤ 복부 : 신선한 것은 복부가 단단하나, 선도가 떨어진 것은 내장이 분해되어 복부의 탄력이 없고, 내장의 일부가 항문으로 녹아나온다.
⑥ 안구 : 신선한 것은 투명하나, 선도가 떨어진 것은 혼탁하거나 함몰이 발생한다.

(2) 세균학적 방법

어패류의 세균 수로 판정한다. 어육 1g 중 세균 수가 10^5 이하이면 신선, 10^6이면 초기부패에 해당한다.

(3) 화학적 방법

① 휘발성 염기 질소(VBN, volatile basic nitrogen)

어류의 대표적인 부패 물질인 TMA(trimethylamine), DMA(dimetylamine), 암모니아 등은 휘발성을 가진 염기 화합물인데, 선도가 저하됨에 따라 증가한다. 따라서 수산물의 휘발성 염기 질소 함량을 측정하여 선도 판정의 방법으로 널리 사용하고 있다. 어육의 경우 선도가 좋을 때는 5～10mg/100g, 선도가 보통일 경우 15～25mg/100g, 초기 부패시는 30～40mg/100g, 부패 어육은 50mg/100g이다. 그러나, 이 값은 어종에 따라 차이가 나는데, 특히 상어나 가오리처럼 요소와 TMAO(trimethylamine N-oxide)를 다량 함유하고 있어 사후에 암모니아나 TMA를 많이 생산하므로 직접 적용하기 어렵다.

② K값

어류의 근육 수축에 관여하는 ATP(adenosine triphosphate)는 사후에 분해되는데, 어류의 경우 ATP → ADP → AMP → inosine(HxR) → hypoxanthine(Hx) 순으로 분해된다. 따라서 ATP 분해산물의 함량을 측정함으로써 선도를 판정할 수 있다. K값은 전체 ATP 분해산물 함량에 대한 (HxR+Hx) 함량의 비율로 나타낸다. 즉살어의 경우는 K값이 10% 이하이고, 신선어는 20% 이하, 선어는 30% 정도이다. VBN과 TMA는 초기 부패의 판정에 주로 사용되나, K값은 신선한 횟감용 어육의 선도 판정에 적합하다.

$$\text{K값}(\%) = \frac{\text{HxR} + \text{Hx}}{\text{ATP} + \text{ADP} + \text{AMP} + \text{IMP} + \text{HxR} + \text{Hx}}$$

③ 트리메틸아민(TMA, trimethylamine)

TMA는 TMAO가 세균에 의해 환원되어 생성되는 물질이다. TMA는 암모니아와 더불어 대표적인 비린내 성분이나 암모니아에 비하여 선도 저하에 따른 증가량이 현저하므로, TMA 함량을 측정함으로써 선도를 판정할 수 있다.

일반적으로 TMA 함량이 3∼4mg/100g 이상이면 초기 부패로 판정한다. 그러나 앞의 VBN과 동일하게 가오리, 상어에는 TMAO가 다량 함유되어 있어 TMA 함량도 높아 직접 적용하기 어렵다.

제3절 수산 가공품

1. 건제품

건제품은 수분 함량이 높아 부패하기 쉬운 수산물을 건조시켜 저장성을 향상시킨 식품이다. 초기에는 햇볕과 바람을 이용하여 간단히 건조시킨 제품이 주를 이루었으나, 최근에는 건조방법 및 포장방법의 발달로 인해 다양한 제품이 생산되고 있다.

1) 수분활성도

대부분의 식품의 품질 저하는 미생물 증식, 효소 작용, 식품 성분 간 반응이 일어나 발생한다. 이 중 식품 안전성과 밀접한 관련이 있는 것은 미생물의 증식이다. 미생물의 증식에는 수분이 필요한데, 식품 전체 수분 함량보다 실제로 미생물이 이용할 수 있는 수분 함량이 직접적인 영향을 미친다. 식품에 함유되어 있는 수분에는 아미노산, 당류, 소금 등의 식품 성분이 녹아있고, 이들 성분의 영향으로 인해 미생물이 실제로 이용할 수 있는 수분 함량은 전체 수분 함량보다 적다. 이같이 미생물이 실제로 이용 가능한 수분 함량을 나타내기 위해서는 수분활성도(water activity, Aw)의 개념을 사용한다.

$$Aw = \frac{Ps}{P_0}$$

여기서, Aw =수분활성도, Ps =식품 속의 수증기압, P_0 =동일 온도에서 순수한 물의 수증기압이다.

미생물의 증식과 Aw 의 관계는 일반적인 경우 세균은 $Aw = 0.9$ 이하에서, 효모는 Aw =0.88 이하, 곰팡이는 $Aw = 0.8$ 이하에서 증식하지 않으나 내건성 곰팡이 등은 Aw =0.65에서도 증식되므로, 건제품의 경우에는 곰팡이의 증식에 주의하여야 한다.

2) 건조 방법

(1) 천일 건조법

태양열과 바람을 이용하여 건조하는 가장 오래된 건조 방법이다. 특별한 건조 설비가 필요 없으나 넓은 공간이 필요하고, 비나 눈이 오면 건조를 할 수 없어 계획 생산이 어려운 문제점이 있다. 또한, 장시간 자외선 노출에 의해 지질의 산화, 탈색 등의 품질 저하가 발생되므로, 점차 천일 건조한 건제품의 생산량은 감소되고 있는 추세이며, 현지 바닷가에서 일부 실시되고 있다.

(2) 열풍 건조법

가열기로 가열한 공기를 송풍기로 식품에 불어 넣어 식품 속의 수분을 가열, 증발시킴과 동시에 증발된 수분을 강제로 제거하는 방법이다. 열풍 건조는 천일 건조에 비해 건조 속도가 빠르고, 비교적 기계도 단순하므로 많이 사용되고 있다. 식품을 망으로 된 선반 위에 널은 후 선반 채로 건조기에 넣어 건조한다(**그림** 6-8).

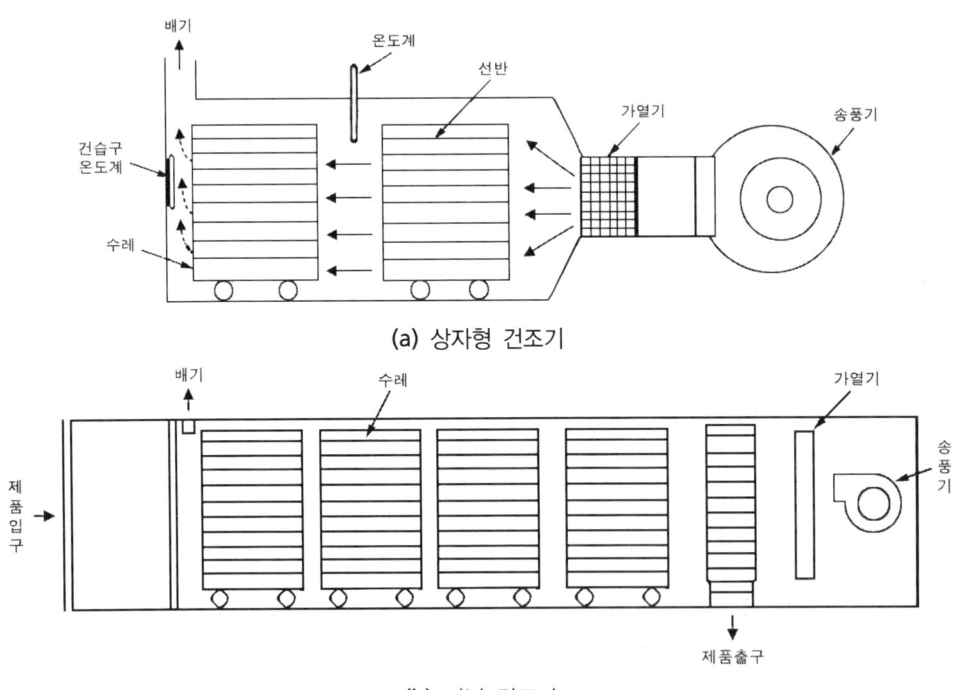

(b) 터널 건조기

그림 6-8 열풍 건조기. (자료: 이응호, 1996)

(3) 냉풍 건조법

건조기 안의 공기를 냉각기로 제습, 냉각한 후 순환시켜 식품 속의 수증기압과 제습된 공기의 수증기압 차이로 식품의 수분을 증발 건조시키는 방법이다. 열풍 건조에 비하여 건조 속도가 느리고, 설비가 비싼 단점이 있다. 그러나 열풍 건조에 비해 건조 중 식품의 온도가 낮으므로 효소 반응, 갈변 반응, 지질 산패 등이 억제되어 품질이 우수하다.

(4) 진공 건조법

건조기 내를 진공 펌프로 감압시키면서 동시에 가열하여 낮은 온도에서 수분을 증발시키는 방법이다. 산소 분압이 낮고 저온에서 건조되므로, 지질 산패나 색소 파괴가 적다. 그러나, 건조기가 밀폐되어야 하고, 진공 펌프가 필요하여 설비가 고가일 뿐 아니라 연속 생산이 어려운 단점이 있다.

(5) 진공 동결 건조법(동결건조법)

식품을 먼저 동결 시킨 후 고진공 상태에서 건조시키는 방법으로, 식품 속의 수분은 얼음 상태의 고체 상태에서 액체 상태의 물을 거치지 않고 바로 기체로 승화되어 제거된다(**그림 6-9**). 대규모 생산 시에는 건조 시간을 단축하기 위해 건조 후반부에 가열판을 이용해 가열을 하기도 한다. 건조 설비 및 비용이 고가이나 건조 중 품질 변화가 가장 적고, 복원성이 우수한 장점이 있어 고급 건제품 제조에 많이 사용된다. 그러나 높은 비용 뿐 아니라 다공성으로 인해 부스러지기 쉽고, 흡습이 잘 일어나며, 지질 산패가 잘 일어나는 단점이 있다.

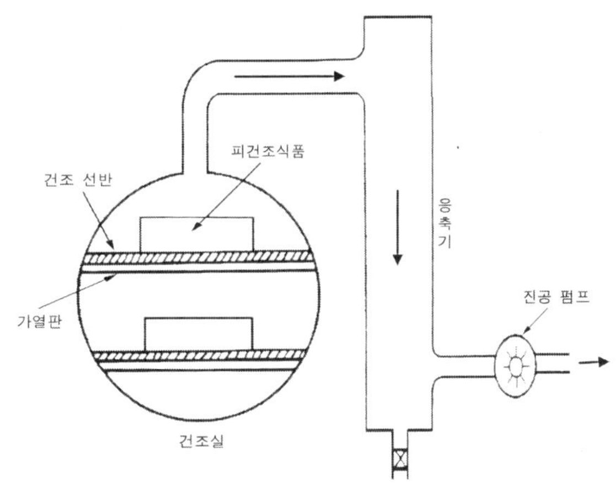

그림 6-9 동결 건조기. (자료: 박희열 외, 2000)

(6) 동건법

식품 속의 수분은 0℃ 이하에서는 얼음으로 동결되고, 온도가 상승하면 녹아 흘러나온다. 이 과정을 반복하여 식품 속의 수분을 제거하는 건조법이다. 동결 시 얼음 결정이 성장됨에 따라 식품의 세포가 파괴되고, 해동 시 세포질 내의 수용성 성분이 동시에 흘러나와 건조된다. 일반적으로 동건품은 겨울철 냉기에 의해 밤에는 얼고 낮에는 녹는 과정이 반복되어 제조된다. 최근에는 냉동기를 이용하는 경우가 증가되고 있다. 동건법으로 제조한 동건품은 완만 동결 과정 중 생성된 빙결정이 녹아 조직에 구멍이 생겨 스펀지 같은 조직이 만들어진다.

3) 수산 건제품

(1) 소건품

수산물을 그대로 혹은 간단히 전처리한 후 건조한 제품이다. 대표적으로 마른 오징어, 마른 한치, 마른 김, 마른 미역, 마른 명태 등이 있다.

(2) 자건품

수산물을 먼저 자숙한 후 건조한 제품이다. 자숙과정 중 수산물에 부착되어 있는 미생물이 사멸되고 효소가 불활성화되므로, 건조 중 품질 변화를 줄일 수 있는 장점이 있다. 대표적으로는 마른 멸치, 마른 패주, 마른 해삼 등이 있다.

(3) 염건품

수산물을 그대로 혹은 간단히 전처리한 후, 소금에 절여 건조한 제품이다. 소금에 의해 일부 탈수가 일어나고, 건조 중 품질 변화를 줄일 수 있는 장점이 있다. 대표적으로는 굴비가 있고, 최근에는 식염 농도를 낮게 얼간하여 건조한 후 저온 유통하는 제품이 많이 생산되고 있다.

(4) 동건품

자연 냉기 또는 냉동기를 이용하여 냉동과 해동을 반복하여 탈수, 건조시켜 만든 제품이다. 동건품의 생산에 적합한 자연 조건은 겨울철과 일부 지역에 한정되는 단점이 있다. 대표적인 동건품인 한천과 황태 모두 최근에는 점차 기계를 이용하여 생산하는 추세이다.

(5) 부시류

가다랑어, 고등어 등을 전처리 한 후, 자숙 → 뼈 뽑기 → 1차 배건 → 수선 → 배건(훈연) → 정형 → 곰팡이 붙이기 → 건조를 하여 제조한 일본 전통 식품이다. 최근에는 국내에서도 조미료로서 소비가 급증하고 있는 가쯔오부시는 가다랑어를 원료로 제조한 부시이다. 학자에 따라서는 부시류를 훈제품으로 분류하기도 한다.

2. 염장품

식염을 첨가하여 식품의 보존 기간을 늘린 식품을 염장품이라고 한다. 수산 염장품은 건제품과 더불어 오랜 역사를 가지고 있다. 염장품을 제조하기 위한 제조방법은 비교적 단순하고, 또한 염장 설비도 간단하여 현재에도 널리 사용되고 있다. 그러나 최근 식염 과다 섭취가 고혈압 등의 성인병의 원인임이 밝혀지고, 소비자의 기호 변화 및 저온 유통 시스템의 발달로 인해 소금 첨가 함량이 점차 감소되고 있다.

1) 식염의 방부 작용

식염을 첨가하면 수산물의 저장성이 향상되는 주된 이유는 식염의 삼투압 작용으로 인해 식품 속의 수분이 제거되고, 이에 따라 수분활성도가 저하되어 미생물의 발생이 억제되기 때문이다. 일반적으로 식염 농도가 15% 이상이 되면 미생물의 증식이 억제된다.

2) 염장방법

(1) 마른간법

식염을 어체에 직접 뿌려 염장하는 방법으로, 식염이 어체의 표면 또는 어체 내부에서 배어나온 소량의 물에 녹아 포화 염수 상태가 되므로, 탈수 효과가 매우 크다. 특별한 설비가 필요 없고, 탈수 효과가 큰 장점이 있는 반면에 식염의 침투가 불균일하고, 지방이 많은 어체의 경우 공기 노출에 의한 산패가 발생하는 단점이 있다.

(2) 물간법

식염을 녹인 식염수에 어체를 침지하여 염장하는 방법으로 마른간법에 비해 식염의 어체 침투가 비교적 균일하고, 지질 산화가 억제되며, 외관이 우수하다. 반면에 마른간법에 비해 탈수 효과가 적고, 어체가 무르다.

(3) 개량법

마른간법과 물간법을 혼합한 염장법이다. 염장 용기 내에 마른간법으로 어체와 소금을 번갈아 가면서 넣어 채운다. 맨 위에 소금을 한층 두껍게 덮고, 그 위에 누름돌을 올려둔다. 시간이 지남에 따라 어체에서 나온 수분에 식염이 녹아 포화 식염수가 되어 물간법처럼 침지 상태가 된다. 개량법은 물간법에 비해 식염의 어체 침투가 빠르고, 마른간법에 비해 지방 산패가 억제되는 장점이 있다(**그림 6-10**).

3) 수산 염장품

(1) 염장 고등어

고등어를 배가르기 혹은 등가르기를 하여 내장과 아가미를 제거한 후 세척하고, 3～4% 염수에 물간하여 염을 어체에 골고루 침투시킨다. 물간한 고등어에 다시 소금을 뿌려 마른간을 한 후 저온에서 24시간 이상 숙성한 후 포장하여 출하한다. 대표적인 염장 고등어는 안동 간고등어로 잘 알려져 있다.

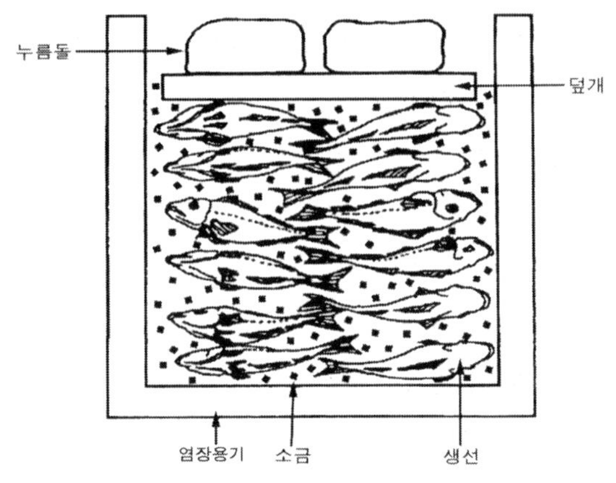

그림 6-10 개량법. (자료: 박희열 외, 2000)

(2) 굴비

① 물간법에 의한 굴비 제조

신선한 조기를 포화 식염수에 7～10일간 염지한 후 10마리씩 엮어 그늘에서 건조한다.

② 개량법에 의한 굴비 제조

용기 바닥에 소금을 뿌린 후 조기를 놓고 다시 소금을 뿌린다. 조기와 소금을 번갈아 쌓은 후, 맨 위에 소금을 한층 덮은 후 덮개에 누름돌을 놓고 7일간 염지한다. 10마리씩 엮은 후 그늘에서 3～5일간 건조한다.

3. 훈제품

훈제품은 수산물의 저장성을 높이기 위해 수산물을 염지한 후 훈연실 내에서 참나무 등의 활엽수를 불완전 연소시킬 때 생성되는 연기를 수산물에 장시간 쐬어 건조한 제품이다. 최근에는 저장성 보다 오히려 맛과 향을 향상시키기 위해 훈연하는데, 훈연 성분 중 400종 이상의 성분이 함유되어 있고, 이 중 페놀류 화합물, 락톤 등이 독특한 훈제품의 풍미에 영향을 미친다.

1) 훈제품의 저장 원리

(1) 건조

장시간 훈연 중에 건조가 발생하는데, 특히 냉훈법의 경우 건조가 저장성에 가장 큰 영향을 끼친다.

(2) 염지

훈제품 제조 시 어체를 염지한 후 훈연을 하는데, 염지 과정에 침투된 식염에 의해 저장성이 증가된다.

(3) 훈연 성분

훈연 성분에는 포름알데히드, 페놀류, 유기산류 등이 존재하는데, 이들 성분은 항균성이 있다. 또한, 훈연 성분 중 페놀류 화합물의 항산화작용에 의해 지질의 산패가 억제된다.

2) 훈제 방법

(1) 냉훈법

냉훈법은 저장성을 목적으로 어체를 염지한 후 저온(15～30℃)에서 장시간(1～3주간) 훈연하여 수분 함량이 40%정도까지 건조한 제품이다. 저장성은 온훈법에 비해 높으나, 기호성이 떨어진다.

(2) 온훈법

온훈법은 기호성 향상을 목적으로 한 훈연법이다. 일반적으로 고온(30～80℃)에서 단시간(2～12시간) 훈연한다. 냉훈법에 비해 수분이 높고, 염도가 낮아 곰팡이가 쉽게 발생하므로 솔빈산염 등의 항균제를 같이 사용한다.

(3) 액훈법

활엽수 등의 목재를 건류하여 제조한 목초액 또는 훈연액을 희석한 용액에 수산물을 10～20시간 침지한 후 건조한 제품이다. 훈연액을 첨가하기 위해 수산물에 분무하기도 한다.

3) 수산 훈제품

(1) 연어 훈제품

Round 또는 headless 연어를 냉훈법으로 주로 가공하였으나, 최근에는 저염으로 약하게 염지한 후 훈연 처리한 제품이 많이 생산된다. 즉, 전처리한 연어 필렛을 조미액에 침지한 후 20℃에서 4시간 정도 건조한 후, 20～30℃에서 4～10시간 훈연하여 수분이 약 60% 이하가 되도록 건조한 후 진공 포장하여 동결 유통한다.

(2) 오징어 조미 훈제품

탈피한 오징어 몸통을 80～90℃ 열탕에 2～3분간 데친 후 냉각하고, 조미액에 침지하여 조미한다. 60℃ 전후에서 수분 함량이 약 45% 정도가 되도록 훈연한다. 훈연된 오징어를 1～2mm로 찢은 후 2차 조미한 후 가열 건조하여 포장한다.

4. 발효 제품

수산 발효 식품은 어패류에 식염을 첨가하여 발효시킨 제품이다. 식염에 의해 부패균의 증식은 억제되나, 자가소화 효소 및 유산균, 효모 등의 발효 미생물의 작용에 의해 단백질 등의 고분자가 아미노산 등의 저분자로 분해되어 독특한 향미를 갖게 된다. 대표적인 수산 발효 식품에는 젓갈과 식해가 있다.

1) 가공 원리

어패류는 축육에 비해 부패가 잘 일어난다. 어패류의 부패 방지를 위해 널리 사용하는 방법은 식염을 첨가하여 부패 미생물의 증식을 억제하는 것이다. 대표적으로 염장품과 젓갈이 있다. 젓갈은 어패류의 근육이나 내장에 식염을 첨가하여 부패 미생물의 증식은 억제하면서 자가소화 효소 및 젖산균 등의 작용을 이용하여 발효한 제품이다. 숙성 중 단백질, 탄수화물, 지질 등의 고분자가 아미노산, 유기산, 저급 지방산 등의 저분자로 분해되어 정미 성분이 풍부하고, 감칠 맛이 있는 특유의 풍미를 가진다.

2) 발효 제품의 종류

(1) 젓갈

젓갈은 어패류에 식염을 약 20% 정도 첨가하여 원료의 형태가 거의 유지될 정도로 2～3개월 발효시킨 것으로써, 향신료로 조미하여 반찬으로 이용한다.

① 육을 원료로 한 제품 : 조기젓, 황석어젓, 오징어젓, 자리돔젓 등
② 내장을 원료로 한 제품 : 해삼 창자젓, 전어 밤젓, 갈치 속젓 등
③ 생식소를 원료로 한 제품 : 명란젓, 성게알젓, 숭어알젓 등

(2) 액젓

액젓은 어체 중량의 25% 전후의 식염을 처리한 후 육의 대부분이 분해되도록 1∼2년간 장기간 숙성시킨 후 여과한 것으로써, 주로 김치 부원료로 이용된다. 국내의 액젓은 멸치 액젓, 까나리 액젓이 대표적이다. 일본에는 숏쯔루(shottsuru), 태국의 남플라(nampla), 필리핀의 패티스(patis), 베트남의 노욕맘(nouc mam) 등이 있다.

(3) 식해

식해는 염지한 생선에 조, 밥 등 곡류를 첨가하여 발효함으로써 전분의 분해에 의해 유기산이 생성되고, 이로 인해 기호성과 저장성이 증가되나, 식염의 농도가 낮아 젓갈에 비해 저장성이 떨어진다. 동해안 지역에서 주로 생산되며 가자미 식해, 명태 식해 등이 있다.

3) 발효제품의 가공

(1) 새우젓

새우젓은 서해안에서 어획되는 젓새우를 사용한다. 새우는 껍질로 덮여 있어 육질 안으로 소금 침투 속도가 느리고, 내장에는 강력한 효소가 있어 쉽게 부패된다. 따라서 어획한 직후 선상에서 선별한 후 바로 가염처리를 하여야 하며, 소금양도 젓갈 중 가장 많은 약 35% 정도를 넣고, 12∼20℃의 숙성실에서 4∼5개월 숙성하여 제조한다. 제조 시기에 따라 다양한 제품이 있다(표 6-3).

새우젓은 젓을 담는 시기에 따라 이름이 각각 다르다. 1∼2월에 담는 동백하젓, 3∼4월에 담는 춘젓, 5월에 담는 오젓, 6월에 담는 육젓, 7∼8월에 담는 자젓, 9∼10월에 담는 추젓이 있다. 이 중 살이 가장 잘 오른 6월에 담는 육젓이 가장 고급품이다.

표 6-3 새우젓의 종류별 식염 첨가량

제조 시기(음력)	명칭	소금 첨가 비율		
		생새우(kg)	소금(kg)	계(kg)
1~2월	동백하젓	120~150	80~120	200~270
3~4월	춘젓	120	80~120	200~220
5~6월	오젓, 육젓	130~150	100~120	230~270
7~10월	자젓, 추젓	120	60~80	180~200

(자료: 박희열 외, 2000)

(2) 멸치 액젓

선도가 양호한 멸치를 3% 식염으로 수세한 후, 원료어 중량의 약 25%의 소금을 첨가하여 혼합한다. 숙성 용기에 소금과 혼합된 멸치를 채워 놓고, 맨 위에 소금을 한층 덮은 후 숙성 탱크에서 6개월 이상 숙성시킨다. 숙성을 통해 생성된 맑은 액젓을 1차 분리한다. 분리한 청징액은 조여과를 거친 후 정밀여과를 하고, 용기에 충전한다. 1차 분리하고 남은 잔사는 25% 내외의 식염수를 1～2배 첨가하여 3～6개월 2차 발효를 한 후, 1차 분리와 동일하게 처리한다. 제조 회사에 따라 가열 살균을 하기도 한다.

(3) 가자미 식해

주로 강원도에서 생산되는 가자미를 원료로 제조한다. 먼저 가자미를 머리, 아가미, 내장, 지느러미 등을 제거하고 필렛팅을 한다. 육편을 세척하여 일정한 크기로 절단한 후, 5～10%의 소금과 혼합하여 3～4일 저장한다. 염지된 육을 그늘에서 널어 수분을 제거한 후 조밥 10～20%, 고춧가루 5～10%, 마늘 2～3% 등을 넣어 혼합 후 2～3일 숙성한다. 1차 숙성한 상태에서 무 3～5%, 생강 등을 첨가하여 저온에서 13～15일간 숙성시킨 후, 포장하여 10℃ 이하의 저온에서 유통한다.

5. 연제품

어육에 함유되어 있는 수분은 단백질 등의 생체 성분과의 상호 작용하여 존재한다. 어육을 60℃ 이상으로 가열하면 단백질이 변성되고, 이에 따라 보수력이 상실되어 드립(drip)이 발생한다. 드립이 빠진 남은 단백질은 부서지기 쉬운 단순 육 덩어리로 변한다. 그러나 어육에 2～3%의 식염을 첨가한 후 고기갈이 한 다음 가열하면, 수분이 빠져나오지 않고 탄력이 있는 겔(gel) 상의 연제품이 얻어진다. 즉, 연제품은 어육에 식염을 첨가하고 갈아 얻은 점성이 강한 졸(sol) 상의 어육을 가열하여 탄력이 있는 겔 상의 식품으로 제조한 것이다.

1) 가공 원리

어육 단백질은 수용성의 근형질 단백질, 염 용액에 녹는 근원섬유 단백질, 그리고 불용성 근기질 단백질로 이루어져 있다. 이 중 염 용액에 녹는 근원섬유 단백질은 전체 육 단백질의 60~70%를 차지하며, 미오신과 액틴으로 이루어져 있다. 어육에 식염을 넣고 고기갈이를 하면 염용성 단백질인 미오신과 액틴이 용해·중합되어 액토미오신이 된다. 액토미오신은 거대한 섬유상 고분자인데, 이 들 섬유상 거대 분자가 서로 엉켜 점성이 높은 그물 형태의 구조(망상 구조)를 이루고 있다. 이 망상 구조의 졸 상은 가열하면 망상 구조가 그대로 고정화되어 수분이 그물 안에 갇히게 되며, 결국 탄력이 있는 겔 상의 제품이 된다.

2) 연제품의 종류

연제품의 종류는 매우 많고 여러 분류법이 있으나, 대표적으로는 성형 방법과 가열 방법에 따라 분류할 수 있다.

(1) 성형 방법에 의한 분류

① 판 어묵 : 작은 나무 판위에 고기풀을 성형한 후 쪄서 가열한 어묵
② 부들 어묵 : 쇠꼬챙이에 고기풀을 입혀 구워 가열한 어묵
③ 포장 어묵 : 플라스틱 필름으로 포장하여 가열한 어묵
④ 어단 : 고기풀은 둥근 공 형태로 성형하여 기름에 튀긴 어묵
⑤ 기타 : 틀이나 다시마 등을 이용하여 성형하여 가열한 어묵

(2) 가열 방법에 의한 분류

① 찐 어묵 : 수증기를 이용하여 가열한 제품
② 구운 어묵 : 가스 불이나 가열된 전기 히터로 구어 가열한 제품
③ 삶은 어묵 : 고기풀을 밀봉 포장한 후, 뜨거운 물에 담가 가열한 제품
④ 튀김 어묵 : 고기풀을 일정한 형태로 성형한 후, 식용유로 튀겨 가열한 제품

3) 수산 연제품의 가공

(1) 연육(surimi, 냉동 고기풀)

어육을 그대로 동결 저장하면, 단백질이 냉동 변성되어 연제품 원료로 사용할 수 없다. 연육은 1960년 일본 북해도 수산시험장의 Nishitani 등이 명태 어육에 솔비톨, 설탕 등의 당류를 첨가한 후 동결하면, 냉동 변성이 억제 된다는 사실을 발견한 후 개발되었다. 그 후, 전 세계적으로 북태평양 등의 원양에서 어획한 명태 등으로 제조한 동결 수리미를 원료로 연제품을 제조하고 있다. 연육은 장기간 냉동 저장할 수 있어 계획적으로 연제품을 생산할 수 있고, 동시에 어체 처리 시의 폐수 및 어취 발생 등의 환경 문제를 해결할 수 있는 장점이 있다. 연육 제조 공정은 그림 6-11과 같다. 어육 채취기로 채육한 어육을 수세한 후 여과기(refiner)로 잔뼈, 껍질 등의 협잡물을 제거한 후 탈수한다. 그리고, 단백질의 냉동 변성을 방지하기 위해 당류 및 축합인산염 등을 넣고 냉각하면서 세절기(silent cutter)로 혼합한 후 10㎏으로 포장하여 동결한다. 냉동 고기풀의 종류는 설탕 4%, 솔비톨 4% 및 축합인산염 0.2%을 첨가한 무염 동결 수리미와 축합인산염 대신에 2～2.5%의 식염을 첨가한 가염 동결 수리미가 있다. 또한, 생산 장소에 따라 가공 공모선, 즉 배위에서 바로 가공한 선상 수리미와 육지에서 가공한 육상 수리미로 구분한다.

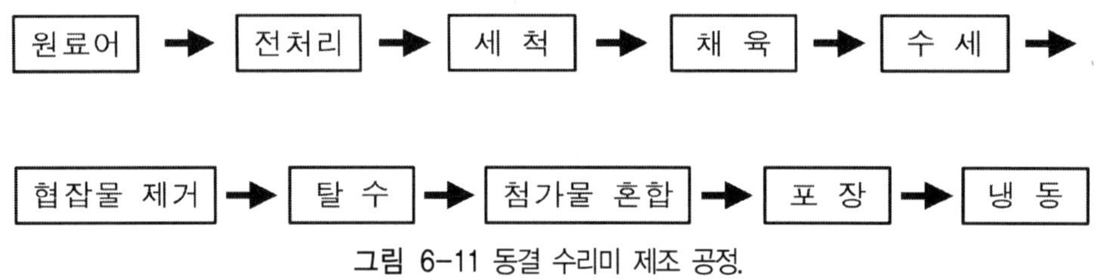

그림 6-11 동결 수리미 제조 공정.

(2) 어묵의 제조

어묵의 기본 제조 공정은 그림 6-12와 같다. 어묵의 원료는 원료어를 채육기로 채육한 후 수세, 협잡물 제거 후 사용하거나, 동결 수리미를 사용한다. 동결 수리미를 원료로 사용할 경우는 반 해동된 동결 수리미를 절단한 후, 세절기나 stone grinder에 넣어 고기갈이를 한다. 고기갈이는 일반적으로 세벌갈이를 한다. 초벌갈이는 동결 수리미만을 넣고 고르게 간다. 연이어 두벌갈이를 하는데, 초벌갈이한 어육에 식염 2.5%를 넣고 고기갈이를 한다. 식염을 첨가하여 고기갈이를 하면 어육에서 액토미오신이 용출되어 점성을 띄게 된다. 마지막으로 각종 부원료, 조미료 등을 넣고 세벌갈이를 한다. 고기갈이 중에 마찰열에 의한 단백질의 변성을 억제하기 위해 얼음이나 냉수를 넣어 연육의 온도가 7~8℃ 이하로 되게 한다. 고기갈이가 끝난 후 성형하여 가열한 후 냉각 포장한다. 어묵은 가열 공정에 따라 찐 어묵, 삶은 어묵, 구운 어묵, 튀김 어묵으로 구분한다.

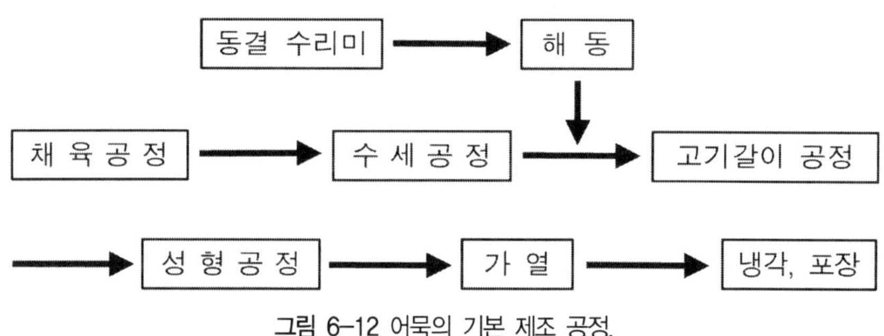

그림 6-12 어묵의 기본 제조 공정.

(3) 어육 소시지

어육 소시지의 기본 공정은 그림 6-13과 같다. 어육 소시지와 어묵의 가장 큰 차이점은 지방의 첨가 여부이다. 어육 소시지는 돼지기름 등의 지방을 10% 정도 첨가하여 고기갈이하여 제조한다.

냉동 고기풀을 해동한 후 적절한 크기로 절단한 후 세절기에 넣어 고기갈이한다. 충분히 고기갈이한 후 식염을 2.5% 첨가하여 재차 고기갈이 한다. 여기에 부원료(전분 3~8%, 설탕 2~3%, MSG(Monosodium L-glutamate) 0.2~0.5%, 향신료 0.4~0.8%, 중합인산염 0.1~0.3%, 지방 7~10%)를 첨가하여 고기갈이한 후 열수 가열시 수축능력이 우수한 폴리비닐리덴 클로라이드 필름(polyvinylidene chloride film)에 충진한다. 살균은 레토르트에서 120℃에서 10~35분간 가열하여 살균 후 즉시 냉수에 넣어 중심 온도가 10℃ 이하가 되도록 냉각한다. 냉각된 필름의 주름은 95℃의 열탕에 약 30초간 담가 편다.

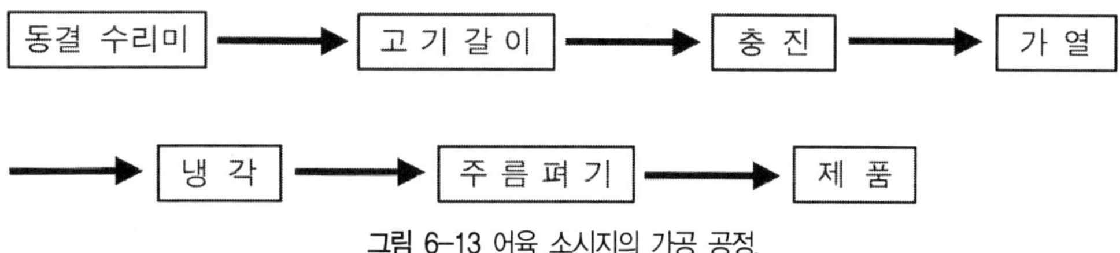

그림 6-13 어육 소시지의 가공 공정.

(4) 게맛살 어묵

게맛살은 동결 수리미를 원료로 게살의 맛, 조직감 및 향이 나도록 가공한 어묵의 일종이다. 제조 공정은 그림 6-14와 같다. 냉동 고기풀을 해동한 후 적당한 크기로 절단하여 고기갈이 한다. 고기갈이 공정은 어묵과 동일하나 첨가물의 비율이 다르다(**표 6-4**). 고기갈이한 배합육은 성형기로 두께 1.5mm, 폭 120mm의 엷은 sheet 형태로 성형한다. 성형한 배합육 sheet에 90℃의 증기로 자숙한 뒤, 가스(gas) 불꽃에 통과시켜 가열한다. 구운 후 냉풍으로 냉각한 후, 1～1.5mm 폭의 요철형의 세절 롤러(roller)로 완전히 절단되지 않을 정도로 누른다. 연속해서 세절 롤러를 통과한 부분 세절된 면대를 사각 막대 모양으로 감아 길이가 10～15mm로 결속한다. 색소와 어육을 혼합하여 만든 색소육을 도포한 속포장지에 결속된 어육을 감싼 후 일정한 크기로 절단하여 진공 포장한다. 포장된 채로 88～92℃의 열탕에서 40～50분간 가열한다. 가열 후 즉시 냉각하여 냉장 저장한다.

표 6-4 맛살류의 첨가물 비율

원·부재료	함량(%)
냉동고기풀	100.0
소 금	2.8
조미액	1.0
계란흰자	4.0
전 분	10.0
설 탕	0.2
솔비톨	0.8
탄산칼슘	0.2
글루타민산나트륨	0.4
카라기난	0.5
글리신	0.2
게 분말	0.2
게 추출물	0.5
게 향료	0.7
색 소	0.01

(자료: 박희열 외, 2000)

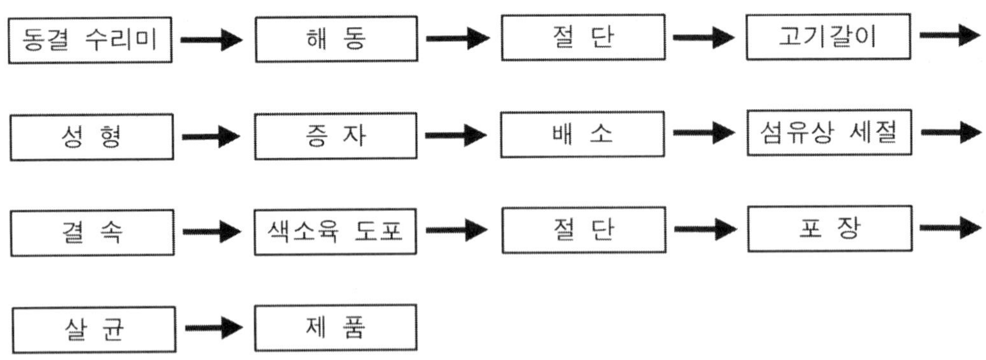

그림 6-14 게맛살의 제조 공정.

6. 통조림 식품

통조림 식품은 금속 용기에 내용물을 충진, 밀봉한 후 살균하여 내부 미생물을 제거하고, 또한 외부 미생물의 침입을 차단함으로써 상온에서 장기간 유통이 가능하도록 개발된 제품이다. 용기의 종류에 따라 금속관을 사용하는 통조림, 유리병을 사용하는 병조림, 레토르트 필름을 사용하는 레토르트 식품으로 나눈다. 수산물은 통조림 식품으로 많이 가공되고 있다.

1) 통조림 관

통조림 관은 재질에 따라 0.3mm 강철판의 양쪽 면에 주석을 도금한 주석 도금 강관, 강철판에 크롬이나 니켈을 도금한 무주석 도금 강관, 그리고 알루미늄 관으로 구분된다. 또한, 관의 제조 방법에 따라 몸통, 뚜껑, 밑바닥의 세부분으로 된 쓰리피스 관(three piece can), 몸통과 바닥이 하나로 성형된 용기에 뚜껑으로 구성된 투피스 관(two piece can)으로 구분한다.

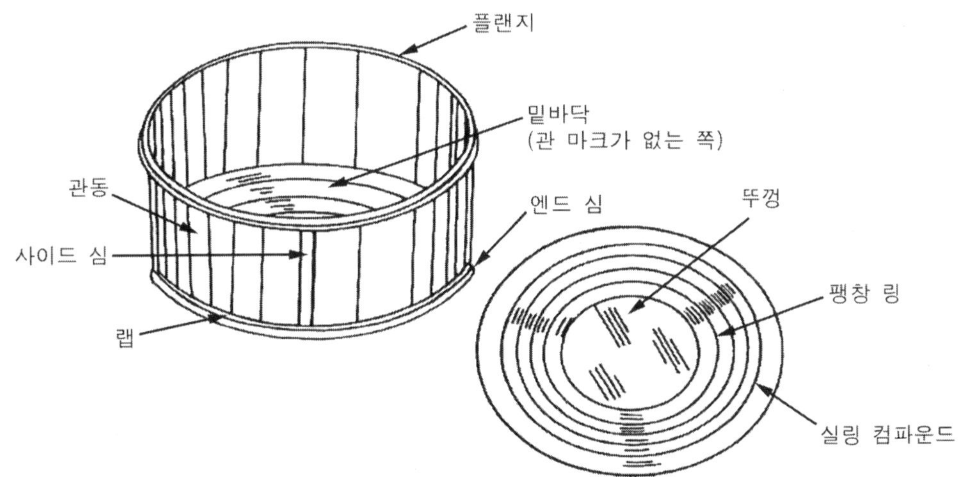

그림 6-15 투피스 캔의 구조. (자료: 박희열 외, 2000)

2) 주요 제조 공정

통조림의 주요 제조 공정은 탈기, 밀봉, 살균, 냉각이다.

(1) 탈기

탈기는 용기에 내용물을 넣은 후 용기 안의 공기를 제거하는 공정을 말한다. 탈기의 목적은 ① 호기성 세균 발육의 억제, ② 살균시 공기 팽창에 의한 용기 파손 방지, ③ 공기 산화에 의한 내용물의 영양성분 파괴 억제, ④ 공기 산화에 의한 내용물의 색 및 맛의 변질 억제, ⑤ 공기에 의한 금속관의 부식 방지, ⑥ 변패관(팽창관)의 검출 용이 등이다. 탈기 방법으로는 종전에는 대부분 탈기함(exhaust box)을 사용하여 탈기하였으나, 최근의 대규모 공장에서는 진공 밀봉기를 사용하여 탈기와 밀봉을 동시에 실시한다.

(2) 밀봉

밀봉의 목적은 용기 안의 내용물을 외부 미생물로부터 차단하는 것이다. 통조림의 밀봉기는 이중 밀봉기를 사용한다(**그림 6-16**).

이중 밀봉기는 척(chuck), 리프터(lifter) 및 제1 밀봉 롤(1st seaming roll), 제2 밀봉 롤(2nd seaming roll)로 구성되어 있다. 뚜껑의 커얼(curl, 뚜껑의 가장자리를 굽힌 부분)을 관동의 플랜지(flange, 관동 가장자리를 밖으로 굽힌 부분) 밑으로 말아 넣어 압착하여 접착시키고, 커얼 안쪽에 도포된 접착제(sealing compound)의 보조 작용에 의하여 이중으로 밀봉한다.

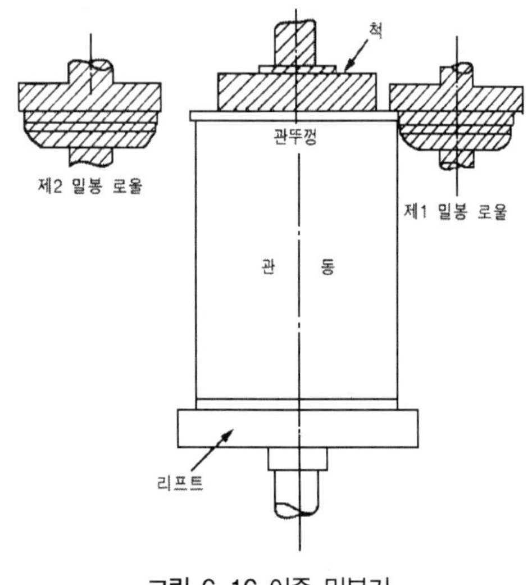

그림 6-16 이중 밀봉기.

(3) 살균

통조림의 살균 목적은 용기 내에 밀봉되어 있는 내용물의 유해 미생물을 살균하기 위해서이다. 살균을 위한 가열 온도의 기준은 내용물의 pH에 따라 달라진다. 내용물의 pH가 4.6 이하인 산성 식품과 pH 4.6을 초과하는 저산성 식품으로 구분한다. 이 구분은 유해한 미생물인 클로스트리듐 보툴리늄(Clostridium botulinum)과 관련이 있다. 클로스토리듐 보툴리눔균의 포자는 내열성이 매우 강하고, 독성이 매우 강한 독소를 생성하는 세균으로써 저산성 식품의 경우 이 포자를 살균하기 위해 레토르트에서 120℃로 4분(Fo=4) 이상 열처리하여야 한다. 반면에, 산성 식품은 100℃ 이하의 저온 살균을 한다.

(4) 냉각

고온 살균한 통조림은 빠른 시간내에 냉각하여야 한다. 냉각의 주요 목적은 ① 장시간 고온 방치에 의한 품질 저하 억제, ② 스트루바이트(struvite, 근육 중의 마그네슘, 인 화합물, 암모니아 등이 결합하여 생성된 유리 결정 모양의 화합물로 최대 생성온도는 30~50℃) 결정의 성장 억제, ③ 잔존하는 고온 세균의 성장 억제 등이다.

3) 통조림의 종류

(1) 보일드 통조림

원료인 수산물을 용기에 살쟁임을 하고 식염수로 간을 맞춰 통조림으로, 소비자가 기호에 맞게 조리하여 이용할 수 있는 중간 소재로 이용된다.

(2) 가미 통조림

원료인 수산물을 간장, 설탕 등으로 적절히 조미하여 만든 통조림으로 조미 소재에 따라 다양한 제품이 있다.

(3) 기름 담금 통조림

원료인 수산물을 용기에 살쟁임한 후 면실유등의 식물성 식용유를 주입하여 제조한 통조림이다.

4) 통조림의 가공

(1) 고등어 보일드 통조림

고등어 보일드 통조림의 제조 공정은 그림 6-17과 같다. 원료를 어체의 크기, 선도에 따라 선별한다. 선별한 고등어의 머리, 지느러미, 꼬리, 내장을 제거한 후 표면과 내장의 오물을 씻어낸다. 세척된 어체는 관의 크기에 맞게 절단한다. 절단된 육의 혈액을 제거하기 위해 3% 소금물에 20~30분간 담근다. 염지를 위해 10~15% 소금 용액에 30분간 염지한 후 물로 세척하고 물빼기를 한다. 탈수된 어육의 무게를 측정한 후 공관에 채워놓는다. 탈기는 배기함을 이용하여 실시하나 진공 밀봉기를 사용할 시는 생략한다. 3% 소금물을 70~80℃로 가열하여 주입한 후 밀봉기로 이중 밀봉한다. 레토르트에 넣어 살균, 냉각한 후 건조하여 저장한다.

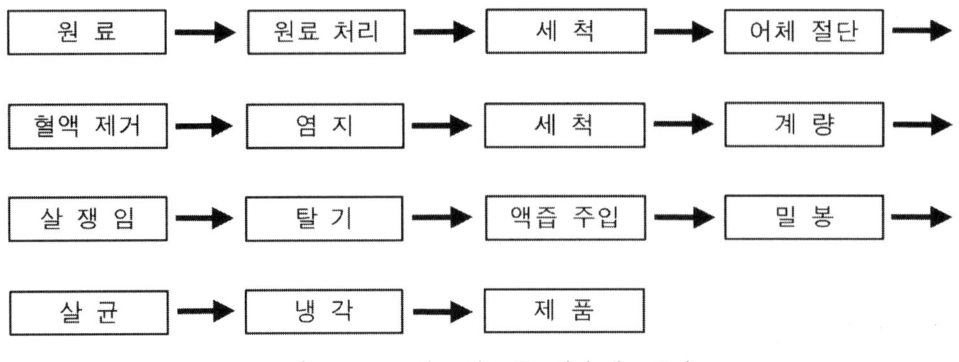

그림 6-17 고등어 보일드 통조림의 제조 공정.

(2) 다랑어 기름 담금 통조림

다랑어 기름 담금 통조림의 제조 공정은 그림 6-18과 같다. 냉동된 다랑어를 깨끗한 물에 담가 해동한 후 내장을 제거한다.

처리된 원료를 자숙기에 넣어 중심 온도가 65～70℃가 될 때까지 자숙한다. 냉각한 후 비늘과 껍질을 제거하고 등뼈를 제거한다. 다시 등육과 복부육으로 나눈 후 적색육을 제거한다. 관의 높이에 맞게 손질한 백색육을 절단하여 살쟁임한다. 면실유를 80℃ 정도 가열하여 주입한 후 밀봉, 살균, 냉각한 후 건조하여 저장한다.

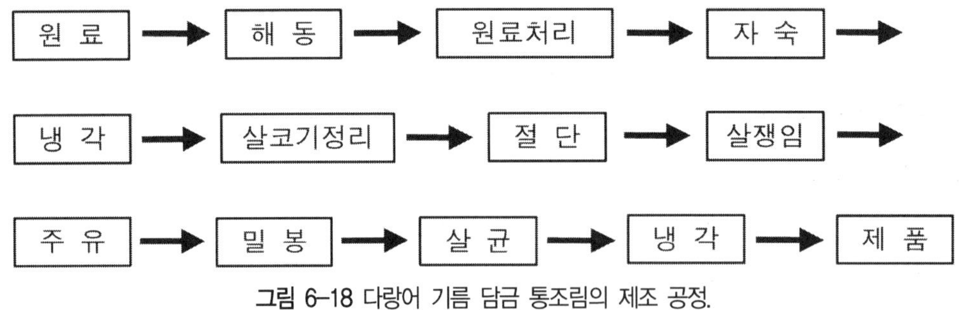

그림 6-18 다랑어 기름 담금 통조림의 제조 공정.

7. 냉동식품

온도가 저하하면 미생물의 증식 속도 및 화학반응 속도도 감소한다. 수산물을 저온에 보관하면 상온에 비하여 오랫동안 품질을 유지할 수 있다. 미생물은 일정한 온도 이상의 고온으로 가열하면 사멸된다. 그러나 저온의 경우는 액체 질소와 같은 극저온에서도 사멸되지 않고 동면상태를 유지하다가, 온도가 상승되면 다시 증식하는 경우가 많다. 따라서 동결된 식품이라도 상온에 장시간 방치하면 변질이 발생하므로 취급상 유의하여야 한다.

1) 냉각 저장

냉장은 식품 내부에 빙결정이 생성되지 않는 낮은 온도에 식품을 저장하는 방법으로 일반적으로 10℃ 이하에서 보관한다. 0℃～5℃를 유지하기 위해서는 주로 얼음을 이용하는 빙장법을 사용한다.

(1) 빙장

빙장은 어류를 단기간 저장하기 위해 가장 널리 사용하는 방법이다. 특히, 연근해에서 어획된 수산물의 선도 유지를 위해 선상에서 많이 이용한다. 빙장에 사용하는 얼음은 융해 시 식품으로부터 잠열을 빼앗아 식품을 냉각시키는데, 담수빙은 0℃, 해수빙은 −2℃에서 융해한다. 수산물의 빙장법에는 어류에 쇄빙을 직접 얹어서 얼음 자체의 냉각력을 이용하는 쇄빙법과 쇄빙을 가한 냉수 중에 어패류를 침지하는 수빙법이 있다.

(2) 냉장법

동결점 부근에 저장하는 방법으로 0℃에서 해당 식품의 빙결점까지의 온도대에 저장하는 빙온법(controlled freezing point method)과 식품 중의 수분 일부분만 동결되도록 3℃에서 저장하는 부분 동결법(partial freezing method)이 있으나 상업적으론 거의 사용은 되지 않고 대부분은 10℃이하로 조절된 냉장고를 이용하여 냉장 저장한다.

2) 동결 저장

동결법은 식품 내의 대부분 수분을 동결시켜 저장성을 증가시키는 방법으로 −18℃이하로 관리 보관한다. 식품에 함유되어 있는 대부분의 수분이 빙결정을 형성하게 되면 미생물 성장과 화학반응에 필요한 수분이 현저히 감소하고, 이에 따라 저장 중 품질 변화가 적다.

(1) 동결 속도

식품의 동결 온도는 식품에 함유되어 있는 성분에 따라 달라지나, 대체로 −1～−5℃에서 동결이 시작된다. 식품의 동결 중 식품 품온 변화를 나타낸 그림을 동결곡선이라고 한다(그림 6-19). 동결 중 식품의 품온 변화는 3단계로 진행된다. 1단계는 식품이 냉각되기 시작하여 식품 동결점까지 온도가 떨어지는 단계로 식품으로부터 현열(sensible heat)이 제거되는 단계이다. 2단계는 완만히 식품의 온도가 떨어지는 단계로서 식품 내에 함유된 수분의 약 80%가 빙결정으로 변하는 단계이며, 최대 빙결정 생성단계라고 한다. 이 때는 잠열(latent heat)이 제거된다. 3단계는 동결실의 온도까지 식품의 품온이 저하하는 단계로, 비교적 신속히 온도가 강하된다. 동결 식품의 품질은 최대 빙결정 생성대 통과시간과 매우 밀접한 관련이 있다. 최대 빙결정 생성대를 신속히 통과하는 급속 동결의 경우는 작은 빙결정이 다수 생성되는 반면에, 완만 동결은 빙결정이 성장하여 매우 커져 세포가 파괴되어 품질이 저하된다(표 6-5).

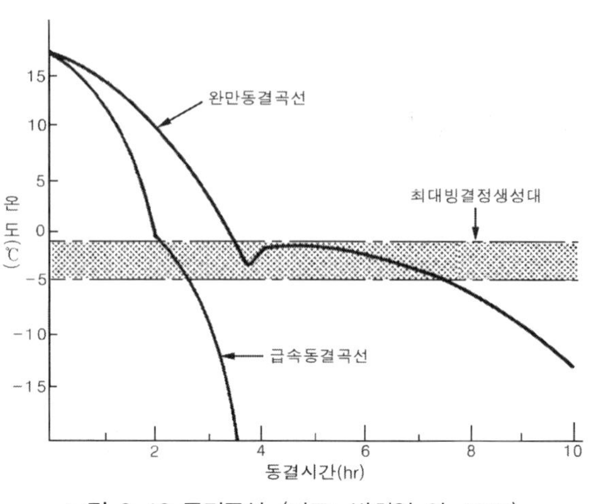

그림 6-19 동결곡선. (자료: 박희열 외, 2000)

표 6-5 동결 속도에 따른 어육 내의 빙결정 분포

동결 속도 (0~-5℃ 통과시간)	빙결정의 위치	형상	크기 (지름×길이)	세포 내에 있어서 속도 관계
근세포 수초	세포 내	바늘 모양	1~5μm× 5~10μm	동결 속도≫물의 이동도
1.5분	세포 내	막대 모양	5~20μm× 20~500μm	동결 속도>물의 이동도
40분	세포 내	기둥 모양	50~100μm× 1,000μm 이상	동결 속도<물의 이동도
90분	세포 외	기둥 모양	50~200μm× 2,000μm 이상	동결 속도≪물의 이동도

자료: 수산가공학(이응호, 1996)

(2) 동결 방법

① 공기 동결법(Sharp freezing)

정지된 냉각된 공기에 식품을 넣어 동결 시키는 방법이다. 장치가 간단하나 열전도가 낮은 공기를 통해 냉각되므로, 동결 속도가 늦어 동결 제품의 품질이 떨어진다.

② 강제 송풍 동결법(Air-blast freezing)

동결실 내에 설치된 송풍기를 이용하여 3～5m/sec로 냉풍을 불어 식품을 동결하는 방법이다. 동결실 상단에 설치된 냉각관 코일에 송풍기로 바람을 불어 냉각시킨 공기를 식품 쪽으로 순환시켜 냉각한다. 동결 속도가 빠르고, 동결 식품의 품질도 우수하여 수산물에 많이 이용된다(**그림 6-20**).

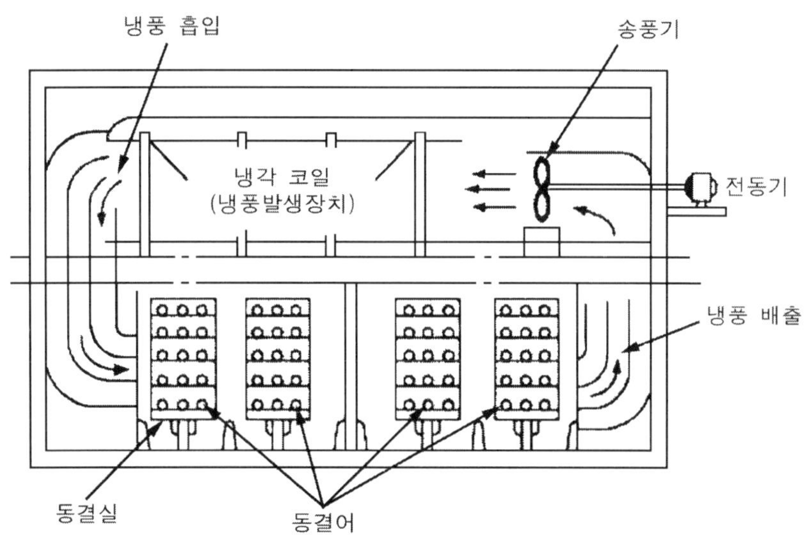

그림 6-20 강제 송풍 동결장치.

③ 접촉식 동결법(Contact freezing)

냉각된 냉매를 흘러 냉각시킨 금속판 사이에 수산물을 넣은 후 0.02～0.2kg/㎠의 압력을 가해 금속판과 식품을 밀착시켜 동결시키는 방법이다. 피 동결물이 냉각된 금속판에 직접 접촉하므로 동결 속도가 빠르고, 일정한 크기를 가진 수산물의 동결에 유용하다.

④ 침지식 동결법(Immersion freezing)

냉각된 2차 용매(염화칼슘 용액, 식염수 등)에 수산물을 침지하여 동결하는 방법이다.

염화칼슘은 -50℃, 식염수는 -20℃부근 정도로 냉각한다. 침지식 동결은 2차 냉매가 식품에 침투할 우려와 냉각된 식염수가 수산물로부터 유출된 혈액이나 점액으로 오염되는 단점이 있다. 그러나 이를 보완하기 위해 식품을 내한성 포장재로 포장 후 침지하는 경우도 있다.

⑤ 액화질소 동결법(Cryogenic freezing)

액체 질소나 액체 탄소로 식품을 동결하는 방법이다. 기존의 동결법에 비하여 동결 속도가 빨라 품질이 우수하다. 그러나, 가공 설비가 고가이고, 유지비가 높아 가공 단가가 높으므로 개별포장식품(IQF: individually quick frozen food)와 같은 고가의 제품의 동결에 사용한다.

3) 수산물의 동결처리 공정

수산물의 동결 제품은 일반적으로 원료 전처리 공정, 동결, 동결 후처리 공정의 3단계로 이루어진다.

(1) 원료 전처리 공정

원료 전처리 공정은 동결하기 전의 수산물 처리 공정을 말하다. 일반적으로 소형어는 원형 그대로 동결하나, 대형어는 전처리를 한 후 동결한다. 대형어의 처리방법과 명칭은 다음과 같다.

① Round : 아무런 처리를 하지 않은 원형 어체

② Semi-dressed : round에서 아가미와 내장만을 제거한 것

③ Dressed : semi-dressed 한 것에서 두부를 제거한 것

④ Pan-dressed : dressed 한 것에서 지느러미와 꼬리를 제거한 것

⑤ Fillet : round 또는 dressed 한 상태에서 어체의 등뼈를 따라 좌우로 2매의 육편을 편뜨기한 것. 좌우 각각 1편과 등뼈 1판이 생기므로 3편뜨기라고도 한다.

⑥ Chunk : dressed 또는 fillet를 일정한 치수로 짜른 것

⑦ Steak : dressed 또는 fillet 처리한 것을 2～3cm 두께로 자른 것

⑧ Slice : steak 보다 엷게 자른 것

⑨ Dice : 육편을 2～3cm 입방체로 자른 것

⑩ Chopped : chopper로 갈은 어육

⑪ Ground : grinder로 마쇄한 어육

2) 동결 공정

목적에 따라 공기 동결법, 강제 송풍 동결법, 접촉식 동결법, 침지식 동결법, 액화질소 동결법 등으로 동결한다.

3) 동결 후처리 공정

수산물을 동결 후 냉동고에 저장하더라도 저장 중 산화 및 건조가 발생하여 품질 저하가 일어난다. 이를 방지하기 위한 대표적인 후처리 방법으로 글레이징(glazing, 얼음막)이 있다. 동결 식품을 냉수에 수초 동안 담갔다가 건져 올리거나 표면에 냉수를 분무하면 수분이 곧 얼어붙어 표면 얇은 막을 형성하는데, 이것을 글레이즈라고 하며, 이 얼음막을 입히는 작업을 글레이징이라고 한다. 글레이징 함량은 원료 중량의 2～3%가 적당하다. 글레이징을 위해 0～4℃의 담수를 사용하는데, 냉동 저장 중 균열 발생이나 승화로 인한 손실을 방지하기 위해 용수 중에 카르복시메틸 셀룰로오스(carboxymethyl cellulose, CMC), 알긴산 등의 호료를 사용하기도 한다.

4) 피시 커틀릿의 제조

냉동 조리 식품은 해동하여 곧바로 혹은 간단히 조리하여 간편히 먹을 수 있도록 가공한 냉동 식품이다. 피시 커틀릿(fish cutlet)은 수산 냉동 조리 식품의 일종으로, 어육을 필렛팅하여 일정한 형태로 정형한 후 조미 및 빵가루를 입혀 동결한 편의 식품이다. 피시 커틀릿의 재료는 민태, 대구, 넙치, 가자미 등의 백색어가 주로 이용된다.

(1) 피시 커틀릿의 제조 공정

일반적인 피시 커틀릿의 제조 공정은 그림 6-25와 같다. 냉동 어육은 먼저 해동 탱크에 넣어 해동한다. 이 때 품온을 약 5℃ 이하로 유지한다. 해동한 어육은 즉시 필렛팅하여 일정한 형태로 정형한 후 타분 공정으로 이송한다. 어육에 수분이 많으면 배터링 공정이 어려우므로, 타분기로 어육에 밀가루를 묻힌다. 타분된 어육은 배터링기(**그림 6-21**)에서 배터 믹서로 배터링을 한다(**표 6-6**). 배터링을 한 어육에 빵가루를 입힌 후 −35℃ 이하의 급속 동결기를 통과시켜 동결한 후 품온을

표 6-6 배터 믹서의 배합 예

원료명	배합비(%)
밀가루(박력분)	40~50
옥수수 전분	40~50
정제염	2~3
달걀 흰자	2~3
설 탕	3~4
조미료	0.5~1
향신료	소량

(자료: 한국직업능력개발원, 1999)

−18℃ 이하로 저장, 유통한다.

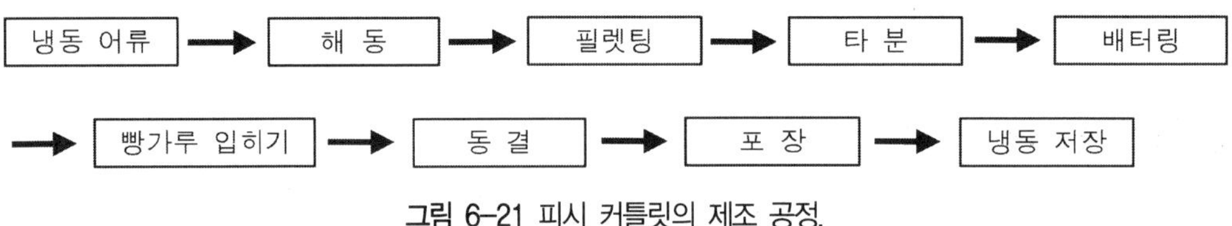

그림 6-21 피시 커틀릿의 제조 공정.

8. 해조 가공품

국내 연안에는 대량의 해조류가 서식 및 양식되고 있는데, 이들 대부분은 식품 및 식품 첨가물로 이용된다. 식품으로는 마른 김, 마른 미역, 마른 다시마, 마른 파래, 염장 미역, 자건 톳 등이 있고, 식품 첨가물로는 한천, 알긴산, 카라기난 등이 있다.

1) 마른 김

마른 김의 제조는 한 장씩 발장에 김을 떠 햇볕에 건조하는 소규모 수작업을 생산하였으나, 최근에는 대량으로 전처리하여 자동화된 열풍 건조기로 건조한다. 마른 김의 제조 공정은 그림 6-22와 같다.

마른 김 제조 공정은 김에 혼입되어 있는 뻘, 모래, 잡태 등의 불순물을 제거하기 위해 깨끗한 바닷물로 교반하여 씻는 세척 공정, 김 이외의 해조류 및 다른 이물질을 제거하는 이물 제거 공정, 김을 잘게 자르는 절단 공정, 염분을 제거하는 민물 세척 공정, 김을 발장에 고루 펴 붙이는 초제 공정, 그리고 열풍으로 건조하는 건조 공정 등으로 이루어져 있다.

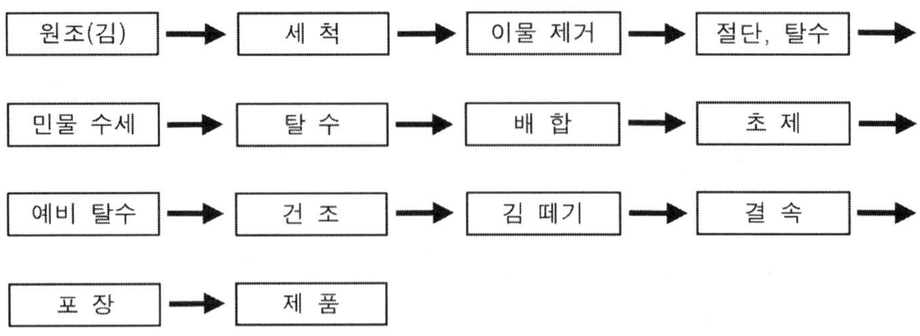

그림 6-22 마른 김 제조 공정.

2) 마른 미역

미역은 국내 연안에서 대량으로 양식되고 있는 해조인데, 대부분은 저장성이 우수한 염장 미역으로 먼저 가공한 후 이를 원료로 하여 실 미역 및 썰은 미역(커트 미역)으로 가공한다(**그림 6-23**).

염장 미역 제조는 바다에서 채취한 미역을 끓는 3～4% 식염수에 30～60초 정도 데친(blanching) 후 흐르는 물로 신속히 냉각한 후 탈수한다. 냉각 탈수된 미역에 30～40% 식염을 마른간법으로 뿌린 후, 염지 탱크에 옮겨 넣어 두면 수분이 배어 나와 물간 형태로 된다. 충분히 염장한 후 망에 넣어 탈수한다. 탈수 후 줄기, 변색된 잎, 파손된 잎 등을 선별, 제거한 후 다시 식염을 10～20% 혼합하여 염장 미역을 제조하여 저온에 보관한다. 마른 썰은 미역은 염장 미역을 원료로 하여 제조한다. 염장 미역을 수세하여 과잉의 소금을 제거하고, 압착기로 탈수 한다. 탈수된 미역은 선별 과정을 통해 불량품을 제거하고, 선별된 미역을 일정한 크기로 절단하여 열풍 건조기로 건조한다. 건조된 미역은 이물 제거기를 통해 모래, 먼지, 철분 등을 제거하고, 크기별로 나누어 포장한다.

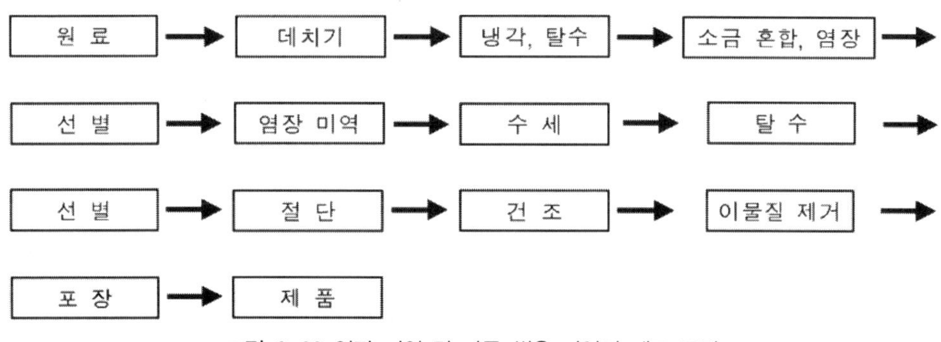

그림 6-23 염장 미역 및 마른 썰은 미역의 제조 공정.

3) 한천

한천은 우뭇가사리 등의 홍조류의 세포벽에 존재하는 다당류로서, 열수로 추출한 추출액을 냉각하면 겔이 형성된다. 한천 겔은 융점이 85℃ 전후, 응고점은 40℃ 전후로 매우 강한 겔화 능력을 가지고 있어 식품 첨가물, 미생물 배지 및 의약품 등 다양한 용도로 이용되고 있다.

한천은 아가로즈와 아가로펙틴 두 가지 획분으로 이루어져 있다. 아가로즈는 한천 겔화 특성을 나타내는 획분으로써, D-galactose와 3,6-anhydro-L-galactose가 β-1,4 결합되어 계속 반복되는 중성 다당 획분이다(**그림 6-24**).

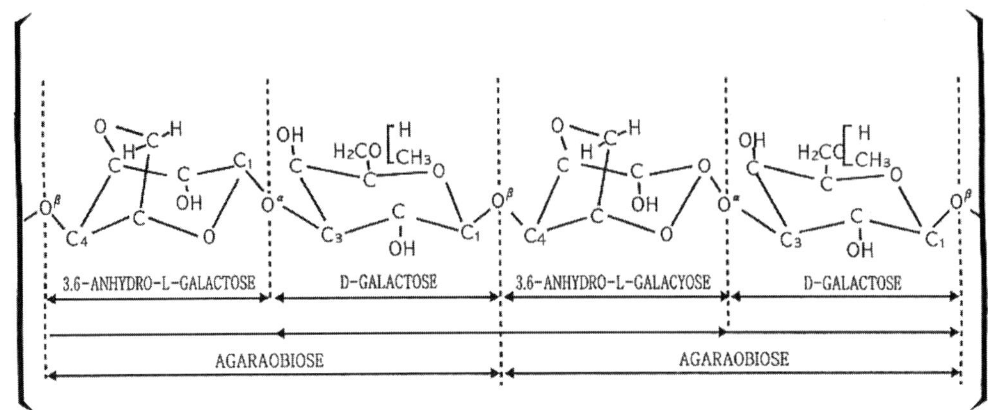

그림 6-24 아가로즈의 구조. (자료: 박희열 외, 2000)

(1) 자연 한천의 제조

한천의 제조 방법은 건조 방법에 따라 자연 한천 제조법과 공업 한천 제조법으로 나눈다. 자연 한천은 자연의 냉기를 이용하여 동결과 해동을 반복하여 건조하는 방법이므로, 건조장의 기후가 매우 중요하다. 야간 기온이 −5∼−10℃, 낮 기온이 5∼10℃인 곳이 적절하다. 우뭇가사리를 이용한 한천의 제조 공정은 그림 6-25와 같다. 추출은 특별한 전처리 없이 상압에서 끓는 물에 원조(原藻)를 넣어 장시간 자숙하여 추출한다. 자숙이 끝난 뒤에는 뜨거운 상태로 자숙액을 여과포로 옮겨 여과를 한다. 여과액은 응고상자에 옮겨 20∼22시간 방치하여 응고시킨다. 응고 후 각 한천은 길이 35cm, 두께와 폭 3.9∼4.2cm, 실 한천은 길이 35cm, 두께와 폭 6mm로 절단하여 건조대에 널어 주야의 온도차를 이용하여 동결과 해동을 7∼15일간 반복하여 건조한다. 제품의 수율은 원조의 품질에 따라 차이가 많으나, 대체로 24∼30%이다.

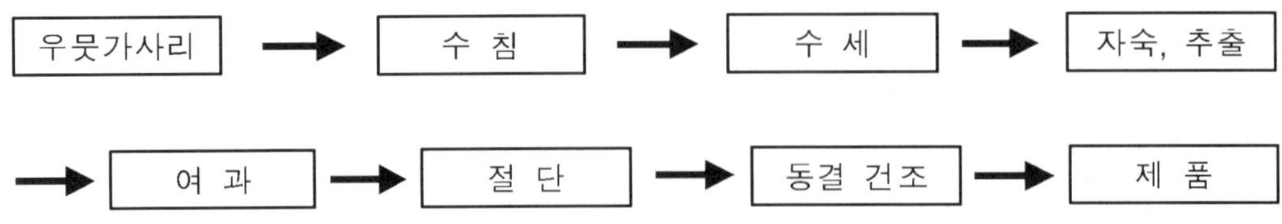

그림 6-25 우뭇가사리를 이용한 자연 한천의 제조 공정.

(2) 공업 한천의 제조

꼬시래기를 원료로 가압탈수법을 이용한 분말 한천 제조 공정은 그림 6-26과 같다. 자숙 탱크에 꼬시래기 400kg, 물 1,700L, 수산화나트륨 140kg을 넣은 후 탱크 내의 온도를 70～90℃로 조절하여 1.5～4.0시간 가열하여 알칼리 처리를 한다. 알칼리 처리 후 pH를 7.0 부근으로 조절한 후, 물 6,000L를 가하여 90℃ 부근에서 4시간 정도 자숙, 추출한다. 추출액은 금속 망으로 조여과하여 보온 탱크(80℃)에 저장한다. 조여과액 10,000L에 퍼라이트 등의 여과조제를 70～80kg 넣고 교반하여 혼합한 후 필터 프레스로 여과한다. 여과액을 냉각시켜 응고시킨 후 여과포에 넣어 압착기로 압착하여 탈수한다. 탈수된 한천은 40～50℃의 열풍 건조기에 넣어 건조한 후 분쇄하여 포장한다.

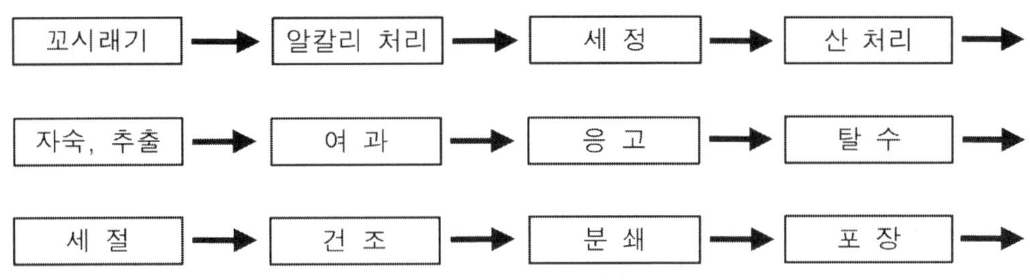

그림 6-26 가압탈수법에 의한 꼬시래기 분말 한천의 제조 공정.

4) 카라기난

카라기난(*carageenan*)은 홍조류의 돌가사리목에 속하는 해조로부터 추출한 다당이다. 카라기난 제조에 많이 이용되고 있는 원조는 유케마 코토니(*Eucheuma cottoni*)이다. 같은 홍조류에서 추출한 한천에 비하여 겔화 능력은 약하나 점성이 강하다. 카라기난은 3,6-anhydro galactose의 유무, 황산기의 함량, 황산기의 결합 위치에 따라 7종으로 분류되나, 상업적으로 생산되는 중요 카라기난은 카파(k) 카라기난이다(그림 6-27). 카라기난은 70℃ 이상의 물에서는 완전히 용해하고, 냉각되면 점성을 나타낸다. 중성 및 알칼리성에서는 안정하나, 산성에서는 약하여 점도 및 겔화 능력이 떨어진다. 카라기난의 가장 큰 특성은 단백질과의 반응성이다. 단백질과의 반응성을 이용하여 현재 카라기난은 유제품이나 어육 연제품 등의 액즙 분리 방지제 및 보수력 증강제로 사용하고 있다.

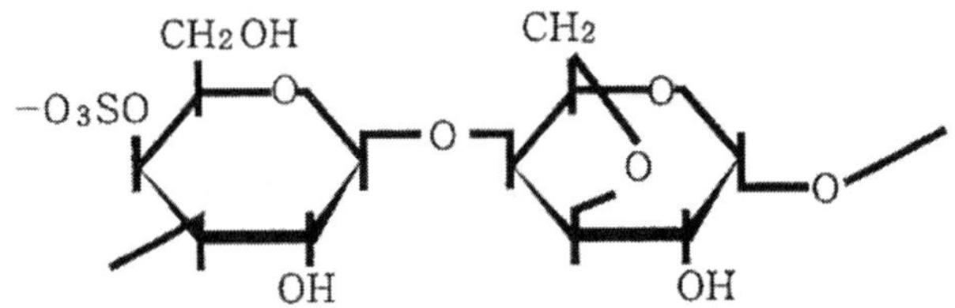

그림 6-27 카파(k) 카라기난의 구조.

(1) 카라기난의 제조 공정

유케마 코토니를 원료로 가압탈수법으로 제조한 제조 공정은 일반적으로 황산기 제거를 위해 알칼리 처리를 한 후 K^+ 이온을 첨가하여 응고시키고, 가압 탈수하여 제조한다.

탱크에 원조를 넣고 5.5～6.5%의 수산화나트륨 용액을 원조의 5배 첨가한 후, 75～80℃에서 2.5～3.0시간 가열하여 알칼리 처리를 한다. 알칼리 처리 후 과잉의 알칼리를 물로 여러 번 수세하여 제거한다. 수세한 원조에 산을 첨가하여 pH를 2.0으로 조절한 후 10℃ 부근에서 30분간 교반한다. 과잉의 산은 물로 수세하여 씻어낸 후 추출은 수산화나트륨으로 pH를 약 8.0으로 조절한 후 약 90℃로 4시간 정도 자숙, 추출한다. 추출이 끝나면 여과할 때까지 약 80℃로 보온한다. 자숙 추출액을 금속 망으로 조여과한 후 여과조제를 70～80kg을 넣고 필터 프레스로 여과한다. 카라기난의 응고를 위하여 여과액에 염화칼륨을 1.5%가 되게 첨가한 후 냉각하여 카라기난을 응고시킨다. 응고된 카라기난을 압착 프레스의 용량에 맞게 여과포에 나누어 넣고, 유압 또는 수압을 이용하여 처음에는 낮은 압력에서 서서히 압착하고, 마지막 단계에서는 100kg/cm^{2}의 압력으로 최종 압착하여 탈수한다. 압착 프레스로 탈수한 카라기난을 먼저 고루 펴서 풍건한다. 풍건된 카라기난은 다시 최종적으로 열풍 건조기에 넣어 100℃에서 3시간 건조한다. 건조된 카라기난은 분쇄기를 이용하여 분쇄한 후 포장한다.

5) 알긴산

알긴산염(alginate or algin)은 알긴산에 Na, Ca 등의 금속 이온이 결합된 염이다. 알긴산 염은 다시마, 미역 등의 모든 갈조류에 함유되어 있는 만누로닉산(β-D-mannuronic acid)과 굴로로닉산(α-L-guluronic acid)으로 이루어진 직쇄상의 다당이다(그림 6-28). 알긴산과 알긴산 칼슘염(calcium alginate)은 물에 녹지 않으나, 알긴산 나트륨염(sodium alginate)은 물에 녹아 부드러운 용액으로 된다.

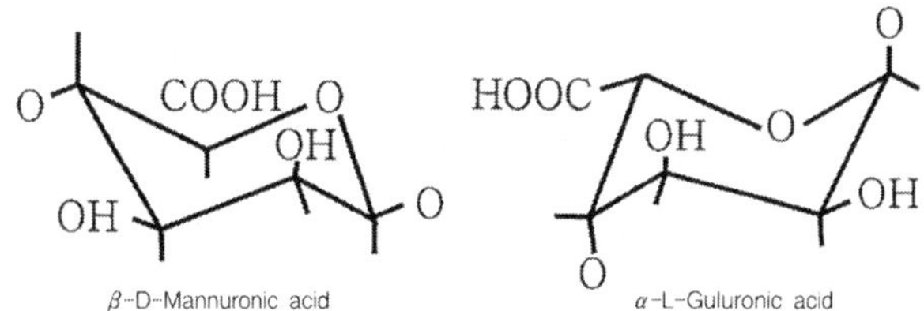

그림 6-28 만누로닉산과 굴루로닉산의 구조.

(1) 알긴산의 제조 공정

알긴산 또는 알긴산염의 추출, 정제를 위한 각 공정은 알긴산에 함유되어 있는 카복실기의 이온 교환 특성을 이용한 것이다. 알긴산 제조 공정은 칼슘 알긴산법과 알긴산법이 있다(**그림 6-29**).

① Ca-알긴산염 공정

건조된 갈조류를 수시간 물에 침지한 후 5～20mm 크기로 절단하여 사용한다. 알긴산을 추출하기 위해 먼저 묽은 산 처리를 하여 불용성의 알긴산 칼슘염을 알긴산으로 전환시킨 후 알칼리 추출한다. Ca-알긴산염을 알칼리 추출하는 것보다 알긴산으로 전환한 후 알칼리 추출하면 수율이 높다. 즉, 50℃ 이하에서 0.1M 황산 혹은 염산 용액으로 30분간 교반하여 산 처리한 후 여과하여 산을 제거한다. 그리고, 1.5%의 Na_2CO_3 용액에 해조를 넣고 50～90℃에서 1～2시간 가열 추출한다. 추출액은 공기 부유법(flotation)으로 미립 잔사를 부상시켜 제거한 후 펠라이트(perlite) 또는 규조토와 같은 여과조제를 사용하여 프레스 필터로 정밀 여과한다. 여과액에 용해되어 있는 Na-알긴산염을 불용성 Ca-알긴산염으로 전환하여 분리하기 위해, 10% 염화칼슘 용액에 여과액을 서서히 교반하면서 첨가하여 섬유상 침전물을 형성시킨 후 망으로 걸러 알긴산 칼슘염을 분리한다. 알긴산 칼슘염을 묽은 산에 넣어 이온교환반응($Ca^{++} \rightarrow H^{+}$)을 하여 분리 및 탈수가 비교적 쉬운 섬유상의 알긴산을 제조한다. 이 때 산의 pH는 2.0 이하이어야 한다. 섬유상의 알긴산을 압착기로 압착, 탈수하여 알긴산을 제조한다. 탈수된 알긴산에 다시 탄산나트륨을 첨가하여 고형상의 알긴산 나트륨을 제조한다.

② 알긴산 공정

앞의 Ca-알긴산염 공정과 동일하게 처리하여 Na-알긴산염을 제조한 후, 여과액에 묽은 산을 첨가하여 Na-알긴산염을 알긴산으로 전환한다. 여과액의 최종 pH가 1.5～2.0이 되도록 5% 황산 용액을 첨가한 후 1시간 정도 정치하여 부상하는 알긴산 겔을 분리한다. 알긴산 겔에는 고형분이 1～2% 밖에 함유되어 있지 않으므로 압착, 원심분리 등의 방법으로 탈수한다. 알긴산 겔을 메탄올 등의 용매에 현탁시킨 후 강 알칼리(40% NaOH)를 첨가하여 알긴산 나트륨으로 전환한다. 전환된 알긴산 나트륨은 압착기로 탈수하여 메탄올을 제거한 후 열풍 건조기로 건조한 후 분쇄한다.

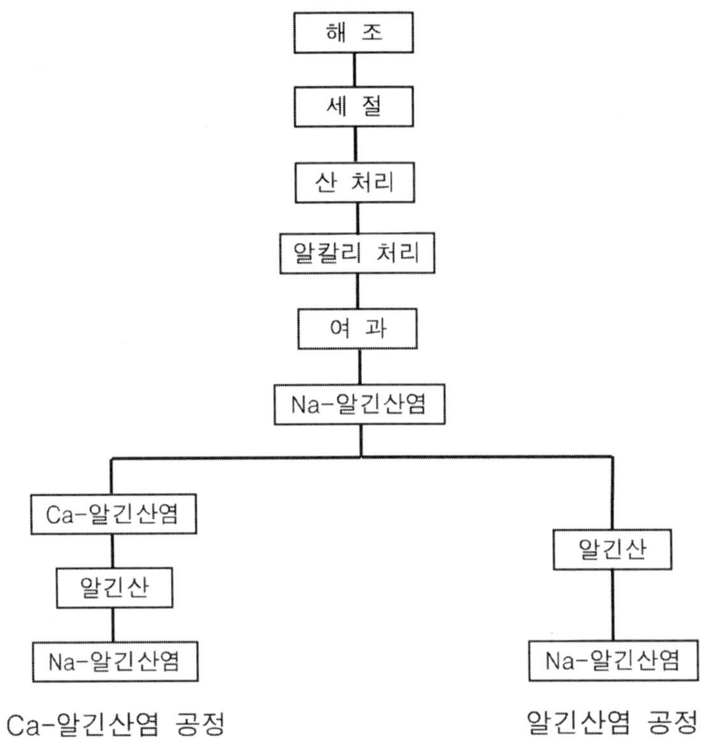

그림 6-29 알긴산염의 제조 공정.

제4절 수산 식품 위생

1. 식중독

1) 장염 비브리오균에 의한 식중독

어패류를 날 것으로 섭취할 때 많이 발병하는 식중독이다. 원인균인 비브리오 파라헤몰리티쿠스(*Vibrio parahaemolyticus*)는 호염성, 그람 음성 균으로 어패류의 피부, 아가미, 내장 등에 많이 오염되어 있다. 장염 비브리오균은 민물에서는 잘 자라지 못하고, 해수 수온이 15℃ 이상이면 증식을 시작하며, 20～37℃에서 급속히 증식한다. 따라서 식중독 발병은 해수 수온이 오르는 매년 7월에서 9월 사이의 여름에 많이 발생한다.

감염은 오염된 어패류를 날 것으로 먹거나 이를 조리한 칼, 도마 등의 조리 기구를 통한 2차 오염에 의해 일어난다. 장염 비브리오균은 저온에서 잘 증식하지 못하므로 어획 후 5℃ 이하로 냉장 또는 -18℃ 이하로 냉동 보관하여 균의 증식을 억제하거나, 85℃ 1분 이상 가열하여 섭취하여야 한다. 또한 날 것으로 어패류 섭취 시는 수돗물로 2～3회 정도 충분히 씻고, 칼·도마 등 조리 기구는 별도 사용하여 교차 오염을 막아야 한다.

2) 보툴리누스균에 의한 식중독

보툴리누스균에 의한 식중독은 매우 치사율이 높다. 식중독 원인균은 혐기성 균인 클로스트리듐 보툴리눔(*Clostridium botulinum*)균이다. 이 균이 생성하는 독소에 의한 식중독을 보툴리즘(botulism)이라고 한다. 이 균의 독소는 8종이 있는데, 그 중 A, B, E, F형이 인체에 식중독을 일으킨다. 발병 시기는 8～36시간이고, 주요 증세는 현기증, 두통, 신경 장애, 호흡 곤란이다.

원인 식품은 통조림, 병조림, 레토르트 식품, 육가공품 등이다. 또한, 이 균은 환경이 나쁠 땐 형성하는 내열성 포자는 120℃에서 4분 이상 가열하여야 사멸한다. 그러나 독소는 열에 약하여 80℃에서 20분, 100℃에서 1～2분 가열하면 파괴된다. 따라서 통조림 등의 식품은 가열 후 섭취하여야 한다.

3) 살모넬라균에 의한 식중독

살모넬라균은 균이 체내로 침입하면 장내에서 증식하여 독소를 생성한다. 감염원은 충분히 익히지 않은 계란, 메추리알, 닭고기, 유제품, 어패류 가공품 등이나 조리 시 교차 오염에 의해 특정 식품에 국한 되지 않고 다양하게 발생한다. 살모넬라균에 의한 식중독의 잠복기는 8～48시간이고, 주요 증세는 복통, 설사, 구토, 발열 등이다.

그람 음성 간균인 살모넬라균은 열에 비교적 약하여 65℃에서 20분 가열하면 사멸되므로 식중독 예방을 위해서는 가열 후 가능한 한 빠른 시간에 섭취하고, 칼·도마 등 2차 오염에 유의하여야 한다.

4) 황색 포도상 구균에 의한 식중독

포도상 구균 식중독의 원인 균은 황색 포도상 구균(*Staphylococcus aureus*)이며, 자연계에 널리 분포하고 있고 특히, 사람의 피부, 코, 인후 점막 등에 많이 분포한다. 포도상 구균에 의한 식중독은 이 균이 생성하는 균체외 독소(엔토로톡신) 때문이다. 독소는 내열성이 강해 100℃에서 60분(또는 121℃, 8～16분) 가열하여야 파괴되나, 균은 70℃에서 2분 정도 가열하면 사멸한다. 이 식중독의 잠복기는 통상 1～5시간이고, 증상으로는 구토, 설사, 복통 등이다.

주요 감염원은 우유 등의 유제품과 어패류와 그 가공품, 도시락 등이며, 이외에도 자연계에 이 균이 널리 분포하므로 식품에 오염이 잘 발생한다. 이 균이 생성하는 독소는 실온에서는 5시간 이내에 식중독을 일으킬 정도의 독소를 생성하므로, 식품을 10℃ 이하의 저온 관리뿐 아니라 청결, 소독 등 개인위생 관리를 철저히 하여야 한다.

5) 노로바이러스 식중독

노로바이러스 식중독은 연중 발생 가능하나 주로 겨울에 많이 발생하는 바이러스성 식중독이다. 전염성이 강해 집단 식중독 발병의 중요 원인이다. 노로바이러스는 -20℃ 이하의 낮은 온도에서도 생존이 오랫동안 가능하고, 비교적 열 저항성이 높아 60℃에서 30분간 가열해도 감염이 유지된다.

감염 경로는 오염된 해수, 지하수 등을 통해 오염된 패류, 채소, 과일류 등과 감염된 사람이 접촉하여 오염된 음식을 통해 감염되고, 또한 노로바이러스 감염자의 분비물(대변과 토사물) 속의 바이러스 접촉을 통해 전파될 수 있다. 잠복기는 12～48시간이며, 증상은 2～3일간 계속 복통, 설사, 탈수, 구토 등이 생긴다. 회복 후에도 3일에서 2주까지 전염성

이 유지된다,

식중독 예방을 위해서 굴 등은 중심 온도에서 85℃, 1분 이상 가열 후 섭취하고, 지하수는 반드시 끓여 먹어야 한다. 특히, 단체 급식소 종사자는 화장실 사용 후 비누를 사용하여 20초 이상 손을 깨끗이 씻어야 하고, 맨 손으로 음식을 만지지 않아야 한다. 구토, 설사 등의 증상이 있으면 즉시 조리를 중단하고, 회복된 후에도 최소 1주일 이상 음식 조리에 참여하지 말아야 한다.

6) 알레르기 식중독

선도가 저하된 다랑어, 고등어 등을 섭취하면 얼굴이 붉어지고, 두통, 발열 등이 발생하며 중증의 경우는 호흡 곤란이 발생하는데, 이 식중독의 원인 물질은 히스타민이다. 히스타민은 히스티딘이 효소(히스티딘 탈탄산효소)작용에 의해 생성된다. 일단 생성된 히스타민은 가열 조리 중에 파괴되지 않는다. 고등어, 가다랑어 등은 유리 히스티딘 함량이 높고, 선도 저하가 빨라 상온에 방치하면 히스타민이 쉽게 축척되어 식중독을 일으키므로 신속히 저온에 보관하여야 한다.

2. 어패류의 독

1) 복어 독

복어 독은 동물성 독 중 치사율이 매우 높은 독으로, 청산가리 보다 13배나 강하다. 복어 독의 원인 물질은 테트로도톡신(tetrodotoxin)이다. 이 물질은 물에는 녹지 않고 100℃에서 30분간 가열하여도 파괴되지 않으며, 건조 또는 산 처리를 하여도 독성이 약화되지 않는다. 복어 독의 잠복기간은 20분~3시간인데, 먼저 입술이나 혀가 마비되고, 구토가 발생하며, 비틀거리며 걷는다. 다음으로 팔다리가 마비되며, 호흡 곤란이 발생한다. 그리고, 근육 마비, 호흡 곤란이 심해지며, 마지막으로 의식을 잃고, 호흡 장애로 사망하게 된다.

이 독성 물질의 함량은 복어의 종류에 따라 차이가 나며, 부위별로는 난소, 간, 내장, 피부 등에 많이 함유되어 있다. 또한, 시기별로도 차이가 있어 산란시기에 독소의 함량이 높다. 우리나라에서 매년 복어 중독이 발생한다. 복어 중독의 대부분은 일반인이 복어 요리를 한 경우에 발생한다. 따라서 복어 요리는 복어 요리 자격증이 있는 전문 요리사가 조리하는 것이 가장 안전한 방법이다.

2) 마비성 패독

마비성 패독(PSP, paralytic shellfish poision)은 독화된 진주담치와 같은 패류를 섭취시 발병한다. 중독 증상은 복어 독과 유사하며, 독성도 강해 치사율이 높다. 현재 국내에서는 연안의 진주담치에 함유된 마비성 패독 함량을 모니터링하여 마비성 패독의 함량이 높은 시기에 일시적으로 패류 채취 금지시기를 발표한다.

패류의 마비성 패독은 진주담치 자체에서 생성된 것이 아니고, 먹이 사슬인 신경독을 생산하는 유독성 플랑크톤을 진주담치가 섭취하여 체내에 축적함에 따라 발생하는 것이다. PSP 원인 물질 중 최초로 삭시톡신이 밝혀졌으며, 그 후 수십 종의 마비성 패독 물질이 밝혀졌다. 이 물질은 약간의 수용성을 띄며, 내열성이 있어 일반적인 조리 과정 중에는 파괴되지 않는다. 따라서 패류 채취금지기에서 패류를 섭취를 하지 않는 것이 가장 안전한 방법이다.

3) 설사성 패독

설사성 패독(DSP, diarrhetic shellfish poison)은 이매패가 유독 플랑크톤인 디노피시스 파르티(Dinophysis farti)를 섭취하여 유독 성분을 중장선에 축적하여 독화된 이매패를 사람이 섭취할 때 발병한다. 주로 하절기에 발생하며, 급성 위장염을 일으키는데, 식후 4시간 이내의 단시간에 발병한다.

증세는 장염 비브리오와 유사한 설사, 구토, 복통 증세를 나타내며, 독소는 내열성이 있는데 디노피시스톡신(dinophysistoxin)이라고도 불린다.

3. HACCP

1) HACCP 개념

세계 각국은 식품 안전에 대한 소비자의 욕구를 충족하기 위해 다양한 위생 관리 방법을 개발하여 왔다. 종전에는 최종 제품 중 일정수의 시료를 표본 검사하여 위생 관리를 하여 왔다. 이러한 노력에도 불구하고 식중독 발생 건수가 오히려 증가하고, 대형화 되어 왔다. 이러한 문제점을 개선하기 위해 최근 선진국을 중심으로 식품 위해요소 중점 관리 기준(Hazard Analysis Critical Control Point: HACCP)을 채택하여 시행하고 있다.

HACCP은 우량제조기준(Good Manufacturing Practice: GMP) 및 위생기준운영절차(Sanitation Standard Operation Procedures: SSOP)를 기초한 미생물 등의 위생 관리방식이다. 즉, 원료에서부터 최종 제품 유통까지의 각 공정 단계별로 위생상 중요한 관리점을 설정하고, 이를 집중 감시, 관리하여 최종 제품의 안전성을 확보하려는 예방적인 식품 위생 관리방식이다(**표 6-8**). 수산 식품의 경우 미국과 EU는 HACCP을 적용하고 있고, 우리나라에서도 이들 나라에 수산 식품을 수출할 때는 HACCP의 적용을 받고 있다.

표 6-7 기존의 위생 관리방법과 HACCP 제도의 차이점 비교

기존 관리방법	HACCP 관리방법
•문제가 발생 후 조치를 취하는 방법	•문제 발생 전에 사전 조치하는 방법
•시험 분석에 상당한 전문적 숙련이 요구됨	•시간, 온도와 같이 단순한 방법으로 관리하므로, 전문적인 숙련이 불필요
•시험 분석에 장시간이 소요됨	•즉각적인 관리, 수정이 가능
•시험 분석에 많은 비용이 소요됨	•비교적 저렴한 비용으로 관리 가능
•품질관리실에서 전문가에 의해 관리됨	•공정에 참여하는 종사자에 의해 관리됨
•일부 제한된 시료를 분석함	•중요관리점만 집중하여 관리하므로 더 많은 시료의 관리가 가능함
•모든 위해 요소를 고려하지 않음	•가능한 모든 위해 요소를 고려함
•일부 직원만이 위생 안전에 관여함	•전 직원이 제품의 위생 안전에 관여함

(자료: 박희열 외, 2000)

2) HACCP의 주요 용어

(1) 위해(Hazard) : 관리하지 아니할 때 질병 또는 위해를 일으킬 수 있는 미생물 및 화학적 또는 물리적 요소

(2) 중요 관리점(Critical Control Point: CCP) : 식품 위해를 방지, 제거 또는 허용 수준까지 감소시킬 수 있는 관리 단계

(3) 시정 조치(Corrective Action) : CCP를 모니터링하여 관리 기준을 벗어났을 때 취하는 조치 사항

(4) 관리기준(Critical Limit) : 식품 위해를 방지, 제거 또는 허용 수준까지 감소시키기 위하여 관리하여야 할 미생물 및 화학적 또는 물리적인 요소의 최대 또는 최소값

(5) 위해요소 중점 관리기준(Hazard Analysis Critical Control Point: HACCP) : 식품 위해를 확인, 평가 및 관리하기 위한 제도

(6) HACCP 계획(HACCP Plan) : HACCP의 원칙에 기초하여 수행되는 절차를 기술한 서면으로 된 문서

(7) HACCP 팀(HACCP Team) : HACCP을 개발, 이행 및 유지하는 데 책임이 있는 사람들이 모인 팀

(8) 관리점(Control point) : 미생물, 물리적 또는 화학적 요소를 관리할 수 있는 단계
(9) 모니터링(Monitoring) : CCP가 적정하게 관리되고 있는지를 평가하기 위하여 행하는 계획된 일련의 관찰 또는 측정
(10) 운영기준(Operating Limits) : 관리기준의 이탈의 위험을 줄이기 위하여 Operator가 사용하는 Critical Limit보다 더 엄격한 기준
(11) 선행 프로그램(Prerequisite Programs) : GMP, SSOP를 포함하여 HACCP system의 기초가 되는 운영 조건을 나타내는 절차
(12) 검증(Verification) : HACCP 계획의 유효성 및 system이 계획에 따라 정상적으로 운영되지 확인하는 절차

3) HACCP 적용 단계 및 기본 원칙

HACCP는 선행 프로그램, 예비 단계 및 7가지 기본 원칙으로 이루어져 있다.

(1) 선행 프로그램(Prerequisite Programs)

- 우량제조기준(Good Manufacturing Practice: GMP)
- 위생기준운영절차(Sanitation Standard Operation Procedures: SSOP)

(2) HACCP 계획 개발을 위한 예비 단계(Preliminary Steps)

① HACCP 팀의 구성

HACCP 팀의 구성원은 공장장, 품질 관리자, 생산 관리자, 시설설비 관리자, 제품 개발자 및 위생 전문가를 포함해야 한다.

② 제품 및 유통방법 기술

각각의 식품에 대하여 제품명, 성분 배합비, 최종 제품의 규격, 보관 및 유통 시 주의사항, 유통기한 등을 기술해야 한다.

③ 용도 및 제품의 소비자 확인

최종 생산 제품의 소비 계층을 명확히 하고, 제품의 용도도 명확히 한다.

④ 제조 공정도(Flow Chart)의 작성

제조 공정도는 원재료에서 최종 제품까지 모든 단계를 명확하게 작성하되, 작업장의 평

면도, 공조시설, 용수 및 배수시설 도면도 포함되어야 한다.

⑤ Flow Chart의 검증

Flow Chart가 정확하고 완전한 것인지 현장에서 세심하게 검증되어야 하며, 검증 결과 표준 공정에서 벗어난 편차는 필요에 따라 수정하여야 한다.

(3) HACCP의 기본 7원칙

① 위해 분석(Hazard Analysis)(원칙 1)

위해 분석에는 원료, 부원료, 제조 공정, 유통, 판매 단계까지 각 단계의 위해를 평가하고, 동시에 위해를 제거 혹은 감소시킬 수 있는 조치 등을 포함한다.

② 중요 관리점(Critical Control Point: CCP) 결정(원칙2)

CCP는 관리가 제대로 되지 않으면 위생상 피해가 발생할 우려가 있는 장소나 공정 뿐 아니라 위해를 방지, 제거 또는 허용 수준까지 감소시킬 수 있는 방법을 포함한다. 예를 들면, 유해 미생물을 죽이기 위하여 시간과 온도가 설정된 가열 공정, 유해 미생물의 증식을 억제하기 위한 저온 저장 조건, 독소의 생성을 억제하기 위한 pH 조건 등이 CCP에 해당한다.

③ 각 CCP에 대한 관리 기준 설정(원칙3)

CCP의 관리 기준인 Operating Limits와 Critical Limits를 설정한다.

④ 모니터링(Monitoring) 시스템의 설정(원칙4)

CCP의 감시 및 관리 방식을 명확히 설정한다.

⑤ 시정 조치(Corrective Action)(원칙5)

CCP의 관리 기준을 벗어 날을 때 조치 계획을 명확히 설정한다.

⑥ 검증 절차(Verification Procedures)(원칙6)

검정에는 HACCP 계획의 유효성, 모니터링 기기의 보정, 샘플링 및 검사방법, 관리 기관 등을 명확히 설정한다.

⑦ 기록관리 절차(Record-Keeping Procedures)(원칙7)

HACCP 계획, CCP 모니터링, 시정 조치 및 검증 기록 등을 관리하는 방법을 명확히 설정한다.

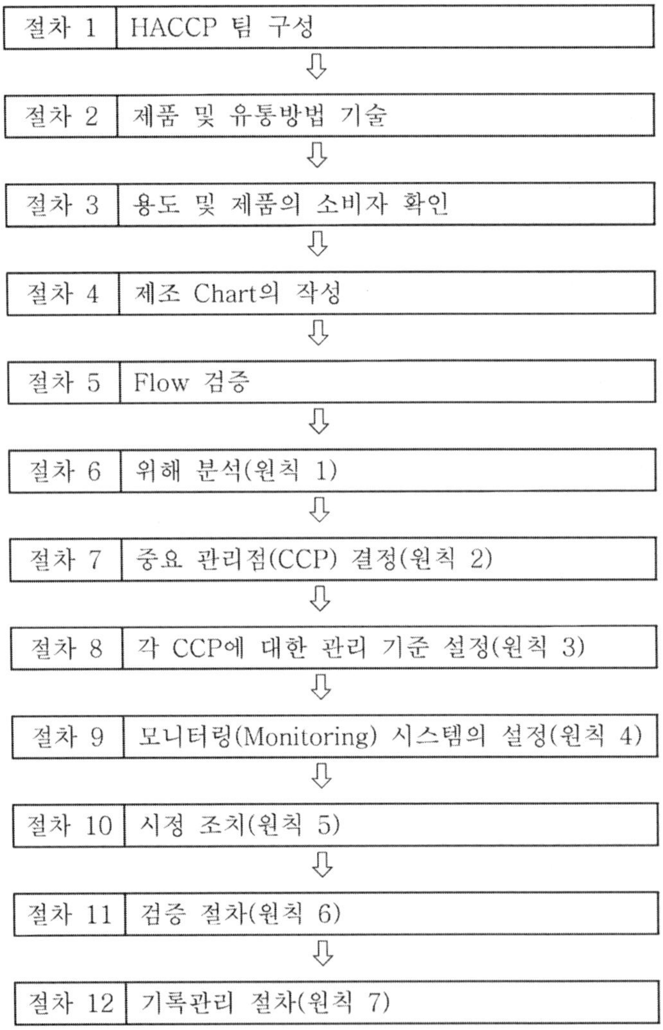

절차 1	HACCP 팀 구성

⇩

절차 2	제품 및 유통방법 기술

⇩

절차 3	용도 및 제품의 소비자 확인

⇩

절차 4	제조 Chart의 작성

⇩

절차 5	Flow 검증

⇩

절차 6	위해 분석(원칙 1)

⇩

절차 7	중요 관리점(CCP) 결정(원칙 2)

⇩

절차 8	각 CCP에 대한 관리 기준 설정(원칙 3)

⇩

절차 9	모니터링(Monitoring) 시스템의 설정(원칙 4)

⇩

절차 10	시정 조치(원칙 5)

⇩

절차 11	검증 절차(원칙 6)

⇩

절차 12	기록관리 절차(원칙 7)

그림 6-30 HACCP의 기본 7원칙.

4) HACCP 계획 작성

HACCP 계획의 작성 예는 표 6-8과 같다. 즉, 주요 CCP를 분석하고 관리기준, 모니터링 방법, 수정 조치, 기록방법, 입증방법을 구체적으로 기술하여야 한다.

표 6-8 맛살 제품의 HACCP 계획 예시

(1) CCP	(2) 중요위해	(3) 관리기준	모니터링 (4) 무엇을	(5) 어떻게	(6) 빈도	(7) 누가	(8) 수정조치	(9) 기록	(10) 입증
금속 검출 CCP1	금속 혼입	불검출	금속 조각	작동상태 육안확인	매 포장	작업 책임자	폐기 또는 재작업	금속검출 기록일지	매일 기록검토 금속검출기 보정
살균 CCP2	미생물 잔존	90℃에서 40분 이상 가열	살균수 온도	온도계 (온도기록 장치)	매 Lot	살균 책임자	재살균 가열장치 보정	살균작업 일지(온도 기록지)	매일 기록 검토, 온도계보정
			살균 시간	스톱 워치 (conveyer 속도)	매 Lot	살균 책임자	재살균 기계보정	살균작업 일지	매일 기록 검토 기계보정
냉각 CCP3	미생물 증식	20분 이 내에 10℃ 이하로 냉각	냉각 온도	온도계 (온도기록 장치)	매 Lot	냉각 책임자	재냉각 기계보정	냉각작업 일지(온도 기록지)	매일 기록 검토, 온도계 보정
			냉각 시간	스톱 워치 (conveyer 속도)	매 Lot	냉각 책임자	재냉각 기계보정	냉각작업 일지	매일 기록검토 기계보정

(자료: 해양수산부, 2003)

참고문헌

김진건 외(2002): 수산의 이해, 유일문화사.

냉동물 제조 수협(1994): 냉동 식품의 이론과 실제, 유림문화사.

박영호 외(1994): 수산가공이용학, 형설출판사.

박희열(1988) :수산가공학, 수학사.

박희열 외(2000): 응용수산가공학, 수협문화사.

식품의약품안전처(2017): https://www.mfds.go.kr/fm/content/view.do?contentKey=14&menuKey=125.

이응호(1996): 수산가공학, 선진문화사.

竹內昌昭 外(2000): 水產食品の事典, 朝倉書店.

한국수산과학원(1995): 한국수산물성분표.

한국직업능력개발원(1998): 수산식품 제조 응용, 교육인적자원부.

해양수산부(2003): 수산제품위생관리지침서.

Suzuki, Taneko(1981): Fish and Krill Technology, Applied Science Publishers LTD.

제7장 수산 경영

제1절 수산 경영의 개요

1. 수산 경영의 뜻

수산 경영은 수산업을 영위하는 목적을 효율적으로 달성하기 위한 활동을 의미한다. 즉, 수산업의 경영 목적을 달성하기 위해서 투입(비용, 자본, 인력, 시간 등) 요소를 적절히 배분하여 많은 산출 요소(생산량, 매출량, 가격, 이익 등)를 얻는 것을 말한다.

여기서, 수산업 경영의 목적을 달성하기 위해서는 과거처럼 수산자원이 풍부하고 경쟁이 없으며, 소비자의 욕구가 다양하지 않았던 과거와는 달리 현재에는 수산업을 둘러싼 환경이 크게 변화하고 있고, 경쟁의 범위가 국내는 물론 해외까지 넓어지고 있으며, 고객의 욕구가 다양해지고 있기 때문에 새로운 아이디어와 기술을 도입하지 않으면 안 되는 혁신적 경영이 필요하다. 즉, 현대의 수산 경영은 끊임없이 새로운 생산물, 새로운 생산 방식, 새로운 판매 형태 등이 요구되고 있다.

2. 수산 경영의 특성

수산 경영의 대상인 수산업은 어선어업(잡는 어업), 양식어업(기르는 어업), 수산물가공업으로 구분된다. 따라서 각 종류별 경영의 특성은 다음과 같다.

1) 어선어업 경영의 특성

(1) 환경의 위험성

① 자연적인 요인

해상에서 이루어지는 경영 활동은 태풍, 수온 등 자연적인 요인에 의해 크게 영향을 받는다.

② 인위적인 요인

종사자의 과실에 의해서 선박의 기관 고장, 좌초, 충돌 등이 빈번하게 나타나고 있다.

(2) 생산량의 불안정성

① 자연적인 요인

자연적인 영향을 크게 받는 잡는 어업은 어획량이 많은 경우도 있지만, 매우 적은 경우도 있어 생산량이 일정하지 못하다.

② 인위적인 요인

어업종사자, 특히 선장의 경험과 숙련도에 따라 생산량에 크게 차이가 있을 수 있다.

(3) 생산 활동의 중단성 및 이동성

① 어기외의 중단

대부분의 어업은 금어기가 설정되어 있다. 이 금어기에는 생산 활동이 중단될 수밖에 없다.

② 어기내의 중단

어기라 하더라도 태풍 등 기후 조건에 의해 생산 활동이 중단되는 경우가 많다

③ 작업의 이동

어획 활동은 일정한 곳에서만 이루어지는 것이 아니라 연안, 근해 각지에서 장소를 이동하면서 이루어진다.

(4) 노동의 불규칙성

① 계절적인 요인

어업은 그 대상물의 회유, 산란 등으로 어기가 형성되어 있고, 그 어기에 따라 노동이 이루어지므로 일정한 노동량이 투입되지 못한다.

② 어로행위에 의한 요인

어업의 생산 활동은 대상물의 탐색, 투망, 인망, 양망, 어획물의 운반 등으로 이루어지고 있고, 이 과정에서 양망시와 같이 가장 많이 투입되는 과정이 있는 반면에 인망처럼 거의 투입되지 않는 과정이 있다.

2) 양식어업의 특성

(1) 생산의 기술성

양식어업은 어선어업에 비해 기술력이 뛰어나다. 부화, 축양, 사육 과정에 인위적인 기술이 투입되지 않고서는 성립될 수 없다.

(2) 어획기간의 장기성

기르는 어업은 잡는 어업에 비해 어획기간이 매우 길다. 짧게는 1년 길게는 5년 이상이

되는 어종도 있다.

(3) 생산의 불안정성

잡는 어업도 그 어획 성과가 일정하지 않지만, 기르는 어업도 각종 바이러스, 수온의 급강하 등으로 일반 제품과 같이 일정한 생산 성과를 얻지 못하는 경우가 많다.

3) 수산물가공업 경영의 특성

(1) 생산의 종속성

수산물가공업은 잡는 어업 또는 기르는 어업의 생산물을 가공하기 때문에 잡는 어업과 기르는 어업에서 생산되는 어획물을 종속적으로 대상으로 하고 있다.

(2) 대상물의 부패성

수산물가공업은 일반 제조업과 같이 재료나 원료로 쓰이는 어획물이 강한 부패성을 갖고 있기 때문에, 이에 대한 철저한 대비책을 마련해야 한다.

제2절 수산 경영의 형태

1. 어가경영

1) 어가의 정의와 특성

어가란 경제의 전부 혹은 일부를 어업 수입으로 충당하고 있는 구성체이다. 이를 소득면에서 분류하면,

- F=F' : 전업 어가
- F=F'+E : 겸업 어가 F'>E : 제1종 겸업 어가
  F'<E : 제2종 겸업 어가
- F=E : 비어가(어업 상실)

여기서, F: 어업 소득, F': 어가 소득, E: 기타 소득이다.

우리나라는 전업 어가보다는 겸업 어가가 훨씬 많다. 그 이유는 수산업 경영은 앞에서 언급한 바와 같이 계절적으로 영위되는 경우가 많고, 수산업만을 영위하여 생계를 꾸려나가기에는 미흡하기 때문이다. 또한, 우리나라는 어촌에도 많은 토지가 있어 농업과 겸업을 할 수 있는 여건이 마련되어 있기 때문이다.

2) 어가의 경영관리

(1) 어가경영의 변화 요인

어가경영의 대상이 되는 연안어업은 그동안 전반적인 저생산성을 거듭해 오면서 근래에 들어서 다음과 같은 새로운 전기를 맞고 있다.

첫째, 취업 구조의 변화는 자본주의 발전과정에서 제1차 산업에서 제2차, 제3차 산업으로 취업자가 이동하는 현상으로 경제의 고도 성장에 따른 보편적인 것으로 받아들일 수 있다. 이러한 어업에서의 노동 인구의 일탈은 여성 종사자의 증대와 생력화, 기계화를 촉진하고 있다.

둘째, 근래에 들어서 기술의 혁신 및 보급은 연안어업의 어선어업과 양식어업에서 진행되어 왔다. 즉, 어선어업에서 무동력선이 동력선으로, 선체가 목선에서 철선 및 FRP로 대체되면서 기계화, 대형화해 가고 있으며, 시설 · 장비의 구비에 있어서도 무전기, 어군탐지

기, 양망기 등을 설치하면서 생력화, 동력화를 촉진하고 있다. 한편, 양식어업의 대표적인 김 양식업에 있어서도 전통적인 양식기술인 천연 채묘, 수작업에 의한 채초, 천일 건조라는 체계가 인공 채묘, 기계를 이용한 채초, 인공 건조 등으로 기계 체계화가 실현되고 있다. 어류 양식에 있어서도 양식 환경, 양어시설, 식료, 어병 대책, 종묘 생산 등 일련의 양어기술 체계가 개발되고 있다. 이러한 경영의 변화는 다원적인 생산 제요소를 갖는 근대적인 경영으로의 진화이며, 다양한 경영의 노하우(know-how)를 구사하는 경영관리가 요청된다고 말할 수 있다.

셋째, 생산기술의 혁신 및 고도의 투자를 가능케 한 것은 수산물 가격의 등귀를 들 수 있다. 어획 부진 등에 따른 수산물 공급의 부족은 수산물 가격을 높이고, 결국 생산설비의 증대를 촉진하기에 충분하였다. 이러한 새로운 기술 및 설비 투자를 위한 자금의 일부는 수산물의 가격 상승에서 충당되지만, 대부분은 제도 금융 및 계통 자금 등에서 조달되기 때문에 자금관리와 채산성을 중시할 필요가 생긴다.

넷째, 취업 구조의 변화, 기술 혁신에 따른 연안어업의 구조 변화는 연안어장 이용에 대해서 필연적으로 재편성 된다. 즉, 연안어장에 있어서 천연자원의 일방적 채포에 한계를 갖고 있는 어가는 양식업 규모의 확대를 초래하고, 양식기술의 진보에 따라 연안어장의 이용 가치는 급속하게 높아진다. 따라서 천연자원의 채포와 함께 자연의 생산력을 집약적으로 이용하는 양식분야가 개척되어 양자가 공존하는 어장이용 관계가 형성된다.

(2) 어가경영의 특징

어가경영의 다음과 같은 특성을 갖고 영위된다. 첫째, 어가는 경영상 입지의 결정은 선택적인 것이 아니고, 전통적인 가업으로써 이미 정해져 있다. 어가의 소속 지역이 정해짐에 따라 수역 고유의 어장 조건, 수산자원 등이 정해져 있으며, 제도상의 면허, 허가 등의 선택의 폭이 거의 없다. 이러한 어가경영의 목적은 단순히 생계를 유지하기 위함이다.

둘째, 어업 생산의 담당자가 이미 정해져 있다. 즉, 어업자가 직접 어로나 양식에 종사하는 것을 원칙으로 한다. 어가의 경영자가 생산력의 담당자이나 그의 연령, 경험, 기능도 이미 정해져 있으므로, 가족 노동력의 유무와 그 노동력의 연령, 경험 등이 동일하게 정해져 있다.

셋째, 일반적으로 경제 주체인 기업은 생산 주체, 가계는 소비 주체이다. 그러나, 어가는 가계이면서 소비와 생산을 동시에 담당하고 있다. 또한, 생산을 담당하는 기업은 소유와 경영이 분리되어 있는 것이 현대의 추세이다. 그러나, 어가경영은 소유와 경영이 분리되어 있지 않아, 소유자이면서 경영자로서의 역할을 수행하게 된다.

(3) 기본적인 경영관리

어가경영은 앞에 말한 특징을 갖고 있기 때문에 다음과 같이 기본적인 경영관리가 필요하다.

첫째, 기본적으로 투자를 억제하고 그것을 보충할 수 있는 고도 기능을 습득하려는 방향으로 전환한다. 투자 수준이 경제적 어획량의 수준으로 투자가 행하여지면, 그 이상으로 회수를 위한 어획 경쟁이 이루어지기 때문에 어가는 그 경쟁에서 탈락하기 쉬우며, 한편으로 필요 이상의 어획 압력을 증대시켜 자원의 저하를 가속시킨다.

둘째, 특정 자원에 대한 어획의 집중화를 피하고, 다양한 자원의 분산적 이용과 자원의 회복이 기대될 수 있는 자원 이용의 전환을 도모한다. 자원의 변동에 따라 다양한 어구·어법으로 다종의 자원을 분산적으로 이용하려는 생산이 이루어져야 한다.

셋째, 자원 이용과 생산물 가격과의 관계로서 어획물을 고가격으로 판매할 수 있는 품질. 유통관리를 개발하고, 어획 압력을 피함과 동시에 경영 안정을 도모한다. 지금까지의 어업경영은 어획의 증대에 따른 경영 수익의 향상을 도모해 왔으나, 그 결과 자원의 저하로 인하여 경영의 악화를 초래하였다. 매상고를 높이기 위해서는 어획의 증대 뿐 아니라 생산물의 판매 가치를 높이는 것이다.

넷째, 어가경영에서도 일반기업의 경영관리의 기본적 수법인 경영 제 지표(손익계산서, 대차대조표)에 기인한 경영 진단을 한다. 특히, 양식업에 있어서는 사육기간이 장기이기 때문에 그 기간의 필요 운전자금 등의 자금관리는 특히 중요하다. 이러한 점에서 경영 제 지표에 대한 충분한 검토를 하지 않으면 안될 것이다.

2. 개인경영

1) 사공(沙工)선주경영

선주가 직접 어로작업에 종사하나, 어가경영 형태를 조금 벗어난 형태로서 우리나라 연안에 널리 산재해 있다. 선주는 오랜 어부 생활에서 축적된 자기자본과 차입자본으로 어선, 어구 등의 생산수단을 소유하고, 자기의 노동력과 타인 노동력을 결합하여 어업을 영위한다. 어로작업은 타인 노동력에 의존하고 있으나, 어선의 조정과 어로 지휘 등 생산관리 기능은 선주 자신이 직접 수행한다. 선주가 직접 어로에 종사하는 이유는 ① 어업 수입의 증대, ② 생산 수단의 보존 관리의 철저, ③ 어획물 부정 매도의 방지, ④ 숙련된 기능의 활용 등이다.

따라서 이 형태는 어가경영 형태와 분리되어 있으나, 장부 정리 등이 불충분하기 때문에 회사형태와 같이 소유와 경영의 구분이 명확하지 못하다.

2) 선주경영

선주가 직접 어로작업에 종사하는 것이 아니라 어로활동은 선장을 고용하여 그에게 위임하고, 선주는 뭍에서의 업무만을 담당하는 형태이다. 선주는 경영에 필요한 자본 조달을 행하고, 또한 어선이 어로 항해에서 귀항하면 어획물의 판매와 출어에 필요한 모든 물품의 구입 조달을 행한다. 그러므로, 해상에 있어서의 생산 활동인 어장의 선택, 탐색, 어로작업의 지휘, 감독, 어부의 고용 및 임금의 배분 등은 전적으로 선장에 위임되고 있다.

따라서 이 형태의 특징은 가계와 경영의 분리가 사공선주경영에 비해 한층 더 명확하고, 자본주의적으로 발달된 것이다.

3) 상인선주경영

상업적 자본가가 선장을 고용하여 어업을 영위하고, 자기는 다른 사업을 하는 겸영 형태의 개인경영 형태이다. 상인선주는 원래 선어, 해조류, 건어물 등의 어업 생산물을 매매 취급하던 상인이나 어구, 선구 등의 물품 매매업을 본업으로 하던 상인으로써, 이러한 본래의 자기 사업의 안전 또는 확대를 위하여 부업 형태로 어업을 영위하는 것이다.

4) 개인경영의 장단점

개인경영의 장점으로는 개인이 의사 결정을 하기 때문에 어업경영의 개시와 폐쇄가 용이하고, 임기응변적인 조치를 바로 취할 수 있으며, 자기 자신을 위한 경영이기 때문에 경영 활동이 적극적이고, 어업경영상의 기밀을 보전하기가 쉽다는 점이다.

반면, 단점으로는 개인이기 때문에 능력과 자본의 한계가 있으며, 단독으로 무한책임을 지므로 위기가 오면 그에 대한 책임이 크다는 점이다.

3. 협업경영

1) 협업경영의 의미

두 사람 이상의 어업자가 서로 협동하여 어업을 영위하는 것을 협업경영 형태라고 한다. 협업경영은 개인경영에 비해 노력을 상호 보충할 수 있고, 자본이 커지며, 위험이 분산되는 장점을 갖고 있다.

2) 협업경영의 유형

(1) 합명회사

합명회사는 2인 이상의 사원이 공동으로 출자하여 각 사원이 회사의 채무에 대하여 연대 무한책임을 지는 회사이다. 개인경영 형태에서 규모가 커지는 경우, 2인이 경영에 참여한다는 점이 다르다. 대부분 친척, 친구 등 가까운 관계에 있는 사람들이 공동 출자하는 경우가 많다.

(2) 합자회사

합자회사는 1인 이상의 유한책임사원과 1인 이상의 무한책임사원으로 구성된다. 일반적으로 유한책임사원은 자본 출자만이 허용되나, 무한책임사원은 자본 출자, 노무 출자, 신용 출자가 모두 가능하다. 즉, 경영과 출자는 유한책임사원이 맡고, 자본(재무)적 출자만 무한책임사원이 하는 형태이다.

(3) 유한회사

유한회사는 출자액을 한도로 하여, 기업 채무에 대해서만 책임을 부담하는 유한책임사원만으로 구성된 회사이다. 합명회사와 합자회사의 장점을 감안하여 만들어진 기업 형태로서, 무한책임의 부담을 덜어주면서 회사의 경영에 직접적, 적극적으로 참여할 수 있는 형태이다. 지분의 양도 시 전사원의 동의가 필요하기 때문에 비교적 소수의 사원 또는 가족기업과 같은 중소기업의 경영에 적합하다. 유한회사는 기업 공개의 의무나 재무제표의 공시 의무가 없는 점이 주식회사와 다르다.

(4) 주식회사

주식회사는 자본의 증권화 제도를 통하여 대규모 자본을 조달할 수 있고, 투자한 지분에 대해서만 책임을 지는 유한책임제도, 그리고 소유자와 경영자가 분리될 수 있는 현대경영의 대표적 형태이다. 우리나라 대규모 수산회사가 대부분 이에 속하고 있다.

(5) 수산업협동조합

① 수협의 성격

수협은 어민과 수산물가공업자의 협동조합으로써 자본주의 하에서 경제적으로 열세에 있는 수산업자들이 스스로 조직한 인적 결합체이며, 이 조직을 통하여 수산업의 생산력의 증강과 그들의 권익 보호, 즉 경제 · 사회적 지위 향상을 도모함을 목적으로 하는 단체이다.

② 수협의 종류

㉠ 지구별 수협

일정한 지구 내에 거주하는 어민으로 조직되는 조합으로써, 그 산하에는 자연 부락을 단위로 하는 어촌계를 조직하여 협동운동의 효율화를 기하고 있다. 예를 들면, 군산수협, 김제수협, 부안수협 등 65개 지구별 수협이 있다.

㉡ 업종별 수협

특정한 종류의 어민으로써 도(道) 또는 전국을 업무구역으로 하여 조직되는 협동체이다. 특정한 종류의 어민이란 대체로 대규모 어업으로써 기업적(자본가적) 어업을 경영하는 자를 의미한다. 수협법이 특정 업종에 대해서 별도 조직을 규정하게 된 것은 ⓐ 영세한 지구별 어민과의 대립 관계를 방지하기 위해서, ⓑ 국민 경제적 관점에서 요구되는 필요한 어업의 개발 및 육성을 하기 위해서, ⓒ 시장기구내의 경쟁력을 강화하기 위해서이다. 여기에는 대형선망수협, 근해안강망수협, 굴수하식양식수협 등 15개 수협이 있다.

㉢ 수산물가공업 수협

수산동식물을 원료나 재료로 하는 가공업자들이 조직한 수협이다. 예를 들면, 통조림 제조 수협, 냉동물 제조 수협 등 2개 조합이 있다.

㉣ 수협중앙회

지구별 수협, 업종별 수협, 수산물가공업 수협을 회원으로 하여 구성되는 수협의 중앙기구 조직이며, 회원 상호간의 업무를 지도 · 감독하는 동시에 공동이익 증진과 발전을 도모하는 것을 목적으로 하여 구성된 중앙 조직체이다.

③ 수협의 기관

㉠ 총회

당해 수협 구성원의 총의로 법상 그 의결사항으로 정해진 수협의 기본적 중요사항에 관하여 수협의 의사를 결정하는 최고 의결기관이다(정관의 변경, 조합의 해산·합병·분할, 조합원의 제명, 임원의 선출 및 해임, 법적 적립금의 사용, 사업 계획 및 수지 예산의 책정과 변경, 경비의 부과와 징수방법, 차입금의 최고한도, 결산보고서).

조합원이 200인 이상 초과하는 조합은 정관이 정하는 바에 의하여 총회를 갈음할 수 있는 대의원(조합원에 의해 선출되며, 임기 2년)회를 설치할 수 있다.

㉡ 이사회

법령 및 정관이 정하는 권한 범위 안에서 업무 집행 상 중요사항에 관한 의사 결정을 하는 회의체 기관이다. 업무 집행권은 수협을 대표하는 조합장에게 일임하지 않고, 이사회로 하여금 일정 사항에 대하여 그 의결을 거치도록 한 것은 조합장의 독단을 방지하며, 토의를 통한 중지(衆智)를 모음으로써 업무 집행에 신중을 기하는 동시에 합리적 경영을 달성하고자 함이다(조합원의 자격 심사, 규약의 제정·변경·폐지, 업무 집행의 기본방침의 결정, 자금의 대출한도액 등).

㉢ 감사

수협의 재산 상황과 업무 집행 상황을 매 회계년도 1회 이상 검사하고, 그 결과를 총회에 보고하며, 재산 상황 또는 업무 집행에 관하여 부정이 있는 것을 발견한 때에는 총회와 중앙회 회장에게 보고해야 한다.

제3절 인사관리

1. 인사관리의 뜻

어업경영에 있어서는 종래 작업적 노동력의 제공자인 어부와 물적 수단의 소유자인 선주와의 관계가 동일시해야 한다는 환상을 갖고 있으나, 실제적으로는 주종적인 관계에서 벗어나지 않았고, 자본주의 경제가 발전함에 따라 경제적 열세는 인간적 구속까지 당하게 되었다. 그러나, 오늘날의 상황 하에서는 어업의 고용 형태가 달라지고, 종래와 같은 용이한 방법으로는 우수한 어부를 구한다는 것은 대단히 곤란하게 되었다. 업종에 따라서는 고급 종사자의 채용을 위해서 더 나은 고용 조건을 제시해야 하고, 필요에 따라서는 외국인을 고용해야 하며, 전도금의 형식으로 선불을 지불해야 하는 것이다. 또한, 앞으로 산업화가 진행되면 될수록 육상 노무의 증가에 따라 어업 노동력은 감소될 것이다. 이러한 문제는 오로지 합리적인 인사관리에 의해서만 극복될 수 있다. 따라서 어업 인사관리의 중요성은 새로이 인식되지 않으면 안 될 것이다.

일반적으로 인사관리의 궁극적인 목적은 첫째, 각자의 대립적 요소를 제거하고, 발전적 안정화에 대해 노사가 협력한다. 둘째, 유쾌한 작업 환경, 복리제도의 도입, 높은 임금 등을 통해 노동자의 사회·문화적 지위를 도모하는 데 있다.

2. 어업노동의 특수성

어업노동은 육지에 있는 제조업이나 농업노동과는 달리 자연적 조건에 크게 지배되고 있으므로, 육상의 산업노동과는 상이한 특질을 갖고 있다. 그 뿐 아니라 어업노동 자체에 있어서도 소규모 생산의 어업노동과 대규모 기업의 어업노동의 경우와의 사이에는 다소 차이가 있다. 최근 어업경영 규모의 확대, 기술의 진보, 생산 수단의 발달은 어업노동의 특수성을 더욱 일반화하는 경향이 있다. 대체로 일반화되고 있는 어업노동의 특수성은 다음과 같다. 첫째, 수상에서 이루어지는 노동으로써 생산의 위험, 작업의 곤란성, 공동 생활 및 가족과의 이중 생활을 할 수 밖에 없다. 둘째, 불규칙적으로 수행되며, 양망 등 순간적으로 강도 높은 노동이 필요하다. 셋째, 어획노동은 물론 어획준비노동 등 노동시간이 과중하다. 넷째, 대부분 수작업 노동체계를 갖고 있다.

3. 종사자의 확보(고용)

1) 고용 형태

일반적인 기업은 종사자를 고용할 경우에는 공개 채용이나 추천제를 이용하나, 어업경영에 있어서는 다음과 같은 형태로 종업원을 고용한다.

첫째, 규모가 작은 어가어업이나 사공선주경영 형태에서는 어업자가 필요한 노동량을 전원 직접 고용하는 경우가 대부분이다.

둘째, 근해어업 등 중규모의 어업에서는 어업자는 선장만을 고용하거나, 기관장, 통신사 등 고급 노무자만을 고용하고, 그 외의 어업노무의 고용은 선장에게 위임하는 경우이다.

일반 어부는 특수한 사정이 없는 한 선장과 진퇴를 같이 하기 때문에, 처음에는 혈연적 관계 혹은 같은 부락의 이웃 등 비교적 협소한 범위에서 조직되어 왔으나, 어업기술의 발달과 규모가 커지고, 어선의 조업 반경이 커지게 되면 어부의 단순 노동만으로는 어로조업이 불가능하게 된다. 여기에서 혈연적, 지연적 관계는 점차 해소되나, 어부 집단은 선장과 호흡이 일치되는 인적 관계로부터 추천에 의한 사람들로 구성되는 경향이 있다.

그러나, 현대 과학기술을 기반으로 하는 대규모화, 기계화된 어업경영에 있어서는 어업기술이 고도로 기능화, 기계화되고 있으며, 그에 대한 고도의 전문 지식을 가지는 고급 노무자를 다수 필요로 하고 있다. 따라서 노무의 적격자를 종래의 연고자 중에서 조달하는 것이 어려울 뿐만 아니라 단순히 선장에게 위임할 수 없는 문제로서 과학적인 기준에 의해서 경영자(선주)가 직접 고용하지 않으면 안되게 되었다.

따라서 종래 선장을 중심으로 하는 고용은 지양되고, 새로운 노무관리를 필요로 하고 있다. 곧 어업노무는 선장 및 어부 사이에 인간적 의사가 일치되는 데서 벗어나 어업경영의 목적 달성에 대해서 의사가 일치하는 조직으로 나아가고 있으므로, 어업노무의 고용은 다음과 같은 원칙에서 행해져야 할 것이다.

첫째, 어부 고용에 있어서 협소한 혈연적, 지역적 관계에서 벗어나 기능과 인격 본위로 고용되어야 한다.

둘째, 중·대규모 경영에 있어서는 인사관리의 합리적 수행을 위해서는 선장에게 일정한 권한을 위임하여 선원에 대한 선택권을 부여한다.

셋째, 선주가 특수 기능자를 고용하고, 선장이 어부의 고용을 위임받았다 할지라도 사전에 선주와 선장 간에 협의가 필요하다.

2) 고용(노동) 조건

우리나라의 「선원법」은 20톤 이상의 어선에 대해 다음과 같은 사항과 같은 취업규칙을 해운관청에 신고함으로써 피고용자에 대한 근무 조건을 공시하고 있다.

(1) 임금의 결정, 계산, 지급방법 및 지급시기와 승급에 관한 상항
(2) 근로시간, 휴일 및 선내 복무에 관한 사항
(3) 유급휴가 부여의 조건, 승하선 교대 및 여비에 관하 사항
(4) 선내 급식과 선원의 후생·안전·의료 및 보건에 관한 사항
(5) 퇴직에 관한 사항
(6) 실업수당, 퇴직금 및 재해보상에 관한 사항
(7) 인사관리, 상벌 및 징계에 관한 사항
(8) 교육훈련에 관한 사항
(9) 단체협약이 있는 경우 단체협약의 내용 중 선원의 근로 조건에 해당되는 사항
(10) 기타

3) 어업임금 형태

어업에 있어서 임금 형태를 크게 분류하면, 선주와 선원 사이에 일정한 분배 비율을 정하는 짓가림제, 어획 성과에 관계없이 고용기간 동안 일정한 임금을 지불하는 고정급제, 짓가림제와 고정급제의 혼합된 형태로 나눌 수 있다.

(1) 짓가림제 임금

분배를 먼저 서로 대립하고 있는 선주와 선원 사이에 양분하고, 그 다음 선원 상호간에 다시 분배하는 형태이다. 선주와 선원 간에 분배되는 짓수를 차수(差數)라 한다. 이 차수의 결정은 선주와 선장 사이에 협의에 의해 결정된다.

협정된 차수에 의해서 선주와 선원의 분배가 행하여지면, 그 다음에 선원측 몫을 가지고 다시 선원 사이에 분배가 행하여진다. 이때 적용되는 단위가 「짓」이다.

이 형태에 있어서 임금액을 결정하는 기본은 선주와 선원 사이에 있어 분배 척도가 되는 차수의 여하와 도중경비(공동부담의 경비)의 여하에 달려있다.

짓가림제에서 어업의 도중경비를 선주가 부담하고, 총 어획금액에서 곧바로 차수로 나누는 단순차인짓가림제가 있고, 총 어업금액에서 도중경비를 공제한 후 차수를 결정하는 도중차인짓가림제가 있다. 도중차인짓가림제는 오늘날 대부분의 근해어업에서 채택

되고 있다.

(2) 고정급제

고정급제는 어획 성과에 관계없이 일정한 급료를 지급받는다. 최근 연안어업의 경우, 선원의 구인난으로 선원 구하기가 어려워지자 일정한 고정급과 숙식을 제공하는 경우가 많고, 양식경영이나 수산물가공업 등은 고정급제가 일반적으로 채택되고 있다.

(3) 고정급과 짓가림제의 혼합 형태

선원의 직능적 계층에 따라 각기 일정액의 고정급료가 결정되어 있으며, 거기에 어획 능률에 의한 짓가림 금액이 가산되는 형태이다.

여기에는 짓가림에 기본을 두고, 고정급은 형식상 명목상 존재하는 '최저 보증부 짓가림제'가 있다. 여기서 말하는 최저 보증의 의미는 선원의 최저 생활을 확보해 주는 것이 목적이 아니고, 단순히 선원의 고용을 용이하게 하기 위한 일종의 유인 목적이 강하다. 즉, 불안정한 노동임금의 하락을 일정한 한도 내에서 저지하고 보증하며, 고정급의 수준을 높임으로써 근대화할 수 있는 장점을 갖고 있다.

또 다른 형태는 고정급에 기본을 두고 짓가림 임금은 어획 능률의 장려를 목적으로 하는 '고정 급료부 짓가림제'가 있다. 이는 '최저 보증부 짓가림' 보다는 고정급의 비율이 높으며, 일정한 어획 성과를 거두면 고정급 이외에 보너스가 주어지는 형태이다.

4. 노사관계

1) 노사관계의 특징

어업경영은 보통 선주라고 하는 어업자와 선원의 협력에 의해서 영위된다. 따라서 양자의 협력이 원활히 수행되지 못할 경우에는 어업의 생산성 향상은 기대할 수 없을 뿐 아니라 어업경영의 파멸을 가져오는 수도 있다. 즉, 어업경영은 아무리 자본이 튼튼하고, 우수한 관리조직을 확립하고, 과학적인 경영방법을 실시한다고 하더라도 양자의 협력관계가 확보되지 않으면 최대의 경영목적은 달성될 수 없는 것이다. 이러한 점에서 어업경영 뿐 아니라 현대기업에 있어서도 노사의 협력제도 확립은 대단히 중요성을 갖고 있다.

그러나, 어업경영의 노사관계를 살펴볼 때, 노동조건이 타 산업에 비해 열악하고, 노동조직력이 약하고, 노사관계에 대한 인식이 부족하다는 특징을 갖고 있다.

2) 노사 협조

노사관계는 사용자(어업자)와 노동자(선원)와의 관계이다. 이러한 양자 사이에는 종사(從事) 관계와 경제 관계의 2가지 면이 있다.

종사 관계란 어업경영에 있어서 어부가 어로에 종사하는 경우, 그것은 어업생산이라고 하는 통일된 경영 목적을 달성하기 위해서 어업자의 지시에 따라 주어진 직능을 담당하는 것이다. 이 때 어업자와 어부 사이는 지시와 통제라는 수단을 통해서 인적 관계를 가지며, 동일 목적을 달성하기 위한 직능적인 협동에 의해서 성립되는 것이다.

경제 관계란 종사 관계를 성립시키는 기본적 요소인 임금 관계를 의미한다. 임금은 양자의 입장에서 서로 이해(利害)를 달리하는 대립성을 나타내고 있다. 이것이 양자 사이에 많은 분쟁을 초래하는 것이다.

따라서 인사관리는 이러한 대립 요소를 해소하고, 동일 목적의 달성에 노력하는 것이다. 대립적 요소를 해소하는 방법으로써는 어부의 인간적 욕구를 충족하고, 이해 관계를 공통으로 하는 사항에 대해서는 서로의 이해(理解)를 높이며, 사회에서 요구하는 민주적 관리를 하는 것이다. 이러한 민주적 관리는 선원 집단과의 단체교섭, 노동협약 체결, 협약의 해석 적용에 대한 고정(苦情) 처리, 어부의 경영 참가, 노사협의회의 설치 등이 요구된다.

제4절 생산관리

1. 생산관리의 뜻

어업경영에 있어서 생산관리란 계획된 어종과 수량의 어・패류를 계획된 기일에 계획된 비용으로써 채포 또는 양식하기 위해서 생산을 계획・실행・통제하는 것이라 할 수 있다. 어업생산관리는 종래 일반경영학에서 취급하고 있는 공업 중심의 생산관리와는 그 내용을 달리하고 있으며, 그것은 어업생산 특유성의 파악에 있는 것이라 할 수 있다. 그 이유는 어업의 대상이 되는 수산동식물이 가지는 특성과 그에 따른 생산 방식을 전혀 달리하고 있기 때문이다. 즉, 일반제조업의 경우에는 조립 및 일괄 생산 방식이 일반적이나, 어업생산은 주로 채취와 어획의 생산 방식을 취하고 있다.

특히, 어업생산에 있어서는 그의 목적 대상물이 주로 이동성의 생물이며, 생산의 장소가 수계(水界)라고 하는 유동적 성질을 가지는 특수성으로 말미암아 정착성 목적물을 대상으로 하는 농업에 비해서도 더욱 뒤떨어지고 있다. 지금까지 어업생산은 경험적인 사실을 기반으로 하여 막연한 기대를 가지고, 그때그때의 사정에 적응하는 소극적인 생산관리가 대부분이었다. 그러나, 최근에 이르러 목적 대상물인 어군의 희박과 어업의 국제간의 경쟁과 협력이 심화되어 감에 따라, 어장 이용의 확대 등 어업생산의 합리화 내지는 근대화의 문제가 중요성을 갖게 되었다. 따라서 어업생산관리의 의의와 중요성이 점차 높아가고 있는 것이다.

2. 생산 계획

1) 생산 계획의 필요성

어업생산은 자연적 조건에 의한 지배력이 큰 점도 있으나, 종래 어업자는 관습・관념, 경험에 의존하여 왔다. 그러나 오늘날의 상황은 그러한 단순한 표류식(漂流式) 경영으로서는 수산 경영을 지탱할 수 없는 환경의 근본적인 변화를 맞고 있다. 따라서 수산업도 환경에 적응할 수 있는 생산 계획과 과학적인 근거에 기반을 두는 영어법(營漁法)의 도입이 필요하게 된다. 다음과 같은 배경은 생산 계획의 필요성을 더욱 강조하게 만들고 있다.

첫째, 최근에 들어서 우리나라는 물론 세계적으로 총 어획량은 감소 국면으로 접어 들고 있다. 또한, 경영 단위별(어선당) 생산량도 감소하고 있어 종래의 막연한 기대만으로 행하는 생산 방식으로서는 어업경영의 안전에 위협을 면치 못할 것이다.

둘째, 어업생산량의 감소와 함께 어장의 축소 문제이다. 국내 어장은 각종 오염과 간척·매립사업으로 어장이 축소되고 있으며, 국제적으로는 배타적 경제수역의 확대로 국제어장의 축소를 들 수 있다.

셋째, 일반사회에 있어서 산업화가 진전됨에 따라 새로운 산업과 직업이 생성되어 열악한 작업 조건을 가진 어업에의 종사자는 극히 감소할 수밖에 없다. 따라서 어업에 있어서 노동력의 문제는 매우 중요한 요소가 되어 있어 노동 생산성의 문제와 함께 경영의 방법이 근본적으로 재검토되어야 할 것이다.

2) 생산 계획의 내용

생산 계획이란 생산 개시에 앞서 생산되는 제품의 종류, 수량, 가격, 품질 및 생산방법, 장소, 기간에 관하여 가장 경제적·합리적으로 총합된 예정을 편성하는 것이다.

생산 계획을 수립하는 데 있어서는 그 계획과 실행의 사이에 차이가 나지 않도록 하던지, 나타난다 하더라도 그것을 최소로 억제하도록 해야 한다. 이와 같은 목적을 달성하기 위해서는 먼저 계획의 작성에 앞서 경영 진단을 행하고, 그 결과에 입각하여 개선의 여부를 파악하고, 개선의 목표와 방법을 검토한 다음 개선 목표를 향하여 생산을 수행해 가는 방법과 순서를 계획해야 한다.

여기에는 첫째, 어업생산의 결과를 검토하고, 생산에 개선의 필요가 있으면 개선방법을 명확히 한다. 둘째, 목표의 달성이 어떠한 조건으로 성립할 수 있는가를 설계한다. 셋째, 그 목표에 도달하기 위해서 개선되어야 할 기술과 시설의 순서, 대상물, 수량, 어장, 기간 등의 계획을 행한다. 또한, 생산 계획에는 자기 개인의 주관적인 생각이나 좁은 범위의 지식에서가 아니라 진보된 기술, 확실한 지식에 의해서 뒷받침되는 계획을 세워야 한다. 어업생산은 수산자원이라는 목적 대상물과 노동력 및 자본재가 여러 가지로 결합되어 복잡한 기술로서 영위되는 것이므로, 그의 생산 계획은 경영 전체와 관련에서 대상을 결정하고, 그에 적응되는 어선을 도입하고, 그 어선·어구를 조작할 수 있는 기술과의 조화가 되는 수준에서 작성되는 것이다.

3) 생산 계획의 작성

어업의 생산 계획은 그 내용에 따라 연간 생산 계획, 계절별 생산 계획, 항해별 작업 계획, 일정(日程) 계획으로 구분된다.

생산 계획을 경영 계층과의 관계에서 설명하면, 연간 계획과 계절 계획은 전반적 계획이므로, 대규모 경영일 경우에는 경영층에서 결정되며, 항해별 작업 계획 및 일정 계획은 실행 계획이므로, 선장 등 어업부에 속한다.

항해별 작업 계획에는 어업준비작업 계획과 어로작업 계획으로 구분되며, 작업의 내용과 작업 분량, 작업 인원, 작업 장소 및 작업 일정 등을 결정하는 동시에, 작업에 필요한 어구 및 기타 자재와 그의 소요량을 명백히 하는 것이다. 어업준비작업에는 어구의 정비작업, 선박의 수선정리작업, 식료, 연료, 어름 등에 관한 계획이 포함되며, 어로작업에는 투망, 양망의 회수 및 표준 어획량을 계획한다.

표 7-1 연간 생산 계획표(예)

구 분	제1차 항해	제2차 항해	제3차 항해	제4차 항해
출 항 지				
출항월일				
어장도착월일				
어장출발월일				
입항월일				
입 항 지				
기 간				
어 장				
조업일수				
1회당 예정어획량				
어 획 량				
비 고				

3) 생산 계획의 예비 지식

생산 계획이 결과와 최대한 동일하게 하기 위해서는 먼저 어장의 상황을 잘 인식하는 것이 중요하다. 즉, 수산자원의 분포, 어군의 농밀도, 기상 조건, 그간의 평균 어획량 등에 대한 사진 지식이 필요하다. 더 나아가 시장 및 항로 사정, 선원 고용의 사정, 동일 어업의 국내외 동향 등에 대한 지식은 계획을 달성하는 데 큰 도움이 된다.

3. 생산조직

1) 어업생산의 분화

생산은 생산 수단과 노동력의 결합에 의하여 가능하다. 생산의 규모가 커질수록 생산 수단과 노동력의 규모가 커져 각각의 기능이 생성된다.

어업에 있어서 가장 영세한 어가경영과 개인경영은 생산, 판매, 재무 등의 각종 업무를 어업자 한사람이 담당한다. 그러나, 경영 규모가 커지면 커질수록 생산조직상 계층적 분화가 일어나 생산 및 판매 분야에 전문화를 추진하게 된다.

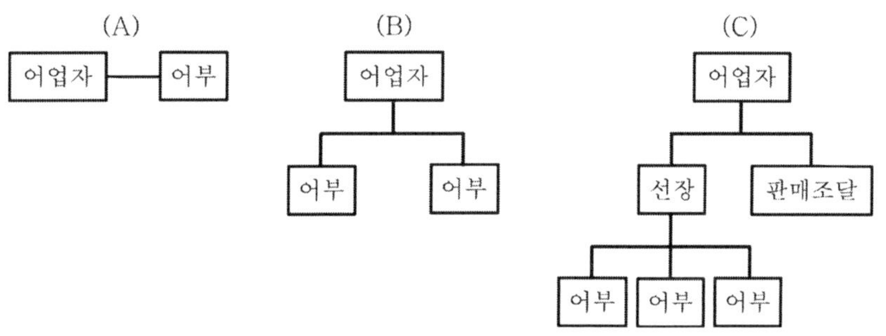

그림 7-1 어업생산의 분화.

2) 생산조직의 형태

(1) 단독조직

한척의 어선 또는 한통의 어구를 중심으로 경영되는 것이 원칙이나, 단일 기업 내에 둘 이상의 많은 수의 같은 종류의 어선 또는 어업 장치 등 경영 단위가 있을지라도 개개의 어선 또는 어업 장치로서 단독적으로 생산이 이루어지는 형태이다.

이 조직은 직선식 조직 형태로서 어업생산조직의 기본이다. 곧 한척의 어선 혹은 단일의 생산 단위를 가지고 있는 경영에서는 불가피한 형태이나, 같은 기업에서 많은 수의 동종 단위를 가지고 있는 경영에서도 널리 채용되고 있는 보편적 형태이다.

(2) 선대조직

어업의 경영체가 대규모화되면 같은 종류의 어선 또는 다른 종류의 어선으로 확대한다. 이 때 각 단독조직들은 유기적인 관계를 갖고, 경영의 효율화를 기하는 생산조직을 선대조직이라 한다.

① 직선식 선대조직

같은 종류의 어선을 단일 혹은 몇 개의 그룹을 만들어 총체적으로 동일 목적을 달성하고자 하는 방식이다. 이 방식의 목적은 어로 활동이 경영자의 눈에 보이지 않는 먼 바다 위에서 행해지기 때문에 각 어선으로 하여금 경쟁 의식을 자극시키고, 전체적으로 어로작업의 표준화를 자발적으로 형성하게 함으로써 노동 생산성을 향상시키는 것이다.

어선의 작업 활동을 고취시키기 위해서 각 어선별로 어획 수량, 선비 표, 어구비 표, 소모품비 표 등 모든 부문의 활동 및 비용 사항 등을 항해별 표로 작성하고, 각 어선에 배부하여 거기에 필요한 사항을 시킨다. 이러한 모든 결과를 기초로 하여 각 어선의 성적 순위를 결정하고, 그것을 어선에 통지한다.

② 집중식 선대조직

이 조직은 각 어선의 어로 활동을 경영자가 종합적으로 조정, 통제하는 방법이다. 곧 경영자는 육지에서 어업경영의 목적을 합리적으로 수행하기 위해서 어장에서 반독립적으로 활동을 취하고 있는 각 어선의 어로 활동을 지휘·조정하는 것이다. 즉, 어업자는 무선전신으로 어선 상호간에 어장에 대한 정보를 교환하게 하고, 각 어선에서는 어황, 조업일시, 어획량, 어획물 종류 등을 어업자에게 정기적으로 보고하게 한다. 어업자는 그러한 보고를 종합하여 생산 계획을 조정하고, 어시장으로부터 수집한 어가(魚價)를 고려하여 각 어선의 어획과 어장을 통제하는 것이다.

따라서 선장의 1인 독재적인 어업관리 기능은 자연히 약화되지 않을 수 없으며, 선장은 그 지시에 따라 어선 관리만 충실하면 된다.

③ 교체식 선대조직

이 조직은 두 척 이상의 동종 어선이 서로 교체하며 조업하는 방법이다. 즉, 한 어선이 만선될 무렵에 어장에 도착하도록 다른 1척이 출어한다. 만선한 어선은 귀항하고, 남은 어선과 새로 도착한 어선이 다시 한 조가 되어 조업한다. 이와 같은 교체를 반복하면 어획물이 바다 위에서 체재하는 시간이 단축되므로, 어획물을 유리하게 판매할 수 있다.

이 선대조직은 대기업의 어선이 좋은 어장을 발견했을 때, 같은 기업에 속하는 각 어선에 연락하여 그 어장에 집중시키기 위해서 어선을 교체하면서 같은 어군을 추구할 때 유리하다. 그러므로, 이 조직은 어획이 비교적 안정되어 있어 변동이 비교적 적고, 대체로 같은 규모의 어선으로써 같은 어장을 이용하는 어선 사이에 가능하다.

(2) 선단조직

어업경영에 있어서 어장과 항구와의 왕래에 소비되는 막대한 시간을 감소시키고, 실제의 작업시간을 증가시켜 어획고의 증대를 꾀함과 동시에 어획물의 선도 유지를 위해서 종래 어선이 단독적으로 수행하던 각종 기능을 분업화・전문화시켜 어로 활동을 협동적으로 수행하는 생산조직 형태를 선단조직이라 한다. 즉, 운반 기능, 집어 기능, 어군탐지 기능, 어획물의 현장 가공처리, 어획 기능 등의 과정을 기능별 조직에 의한 일관작업조직이라고 할 수 있다.

예를 들면, 남빙양 포경어업의 경우, 모선 1척, 조사선 5척, 어로선 20～30척, 유조선 1척, 운반선 5척, 냉동선 1척으로 구성되어 있다.

3) 협업조직

(1) 협업조직의 의의

협업조직이란 작업의 일부 또는 전부를 협업화하는 방법으로써, 어선·어구 및 그 외 각종의 시설을 공동으로 이용하든지 또는 공동작업을 하는 작업조직을 말한다. 다시 말하면, 경영의 단위를 개별적으로 유지하면서 생산 수단을 공동으로 이용하거나, 작업을 공동으로 하든가 또는 양식업 대상의 종류 품종 및 그의 관리기술을 통하여 시장 경제에 대응하기 위해 공동으로 생산하는 조직이다. 따라서 2인 이상이 공동으로 하나의 경영체에 참여하는 협업경영과는 본질을 달리하고 있다. 협업조직은 영세한 연안의 소생산적 어가어업의 효율적 경영으로 장려할 수 있는 수단이 될 수 있다.

협업조직이 이루어지면 다음과 같은 이점을 얻을 수 있다. 첫째, 생산이 증대한다. 둘째, 어획 능률이 증대한다. 셋째, 노동력을 합리적으로 이용할 수 있다. 넷째, 경비의 절감을 가져 온다. 다섯째, 원하는 가격으로 생산물을 판매할 수 있다. 여섯째, 어업기술의 개선이 용이하다. 일곱째, 어장의 합리화를 기할 수 있다. 여덟째, 어촌의 협력체제의 확립이 가능하다

그러나, 단점으로는 첫째, 적극성을 결하기 쉽다. 둘째, 작업 수행에 연락 및 지도가 원활하지 못하다. 셋째, 능력자의 불만이 일어나기 쉽다. 넷째, 해체되기 쉽다. 다섯째, 유능한 지도자를 얻기 어렵다. 여섯째, 온정적 조직이 되기 쉽다.

(2) 협업조직의 형태

협업조직의 형태에는 공동작업조직과 공동이용조직 등 두 가지 종류가 있다.

① 공동작업조직

개개의 경영체를 유지하고, 자기 소유의 어선·어구 및 그 외의 어업시설을 계속 자기 소유로 하며, 단순히 어로작업만을 공동으로 하는 이른바 집단조업을 하는 경우이다. 따라서 여기에는 공동 소유라는 것은 나타나지 않는다. 예를 들면, 외줄낚시의 윤번적 운반, 자망어업의 어장 탐색 등을 들 수 있다.

② 공동이용조직

개별 경영체를 유지하면서 작업상에 필요한 어업시설을 공동으로 소유하는 협업조직이며, 이는 특히 연안어업에 있어서 중요한 의의를 가진다.

공동이용의 시설에는 어선·어구, 어군탐지기 및 조사선, 운반선 등을 비롯하여 건망장, 선양장, 채묘장, 종묘장, 부화장 등과 같은 것도 생각할 수 있다.

이런 공동이용조직에는 개인 소유물을 임대하거나 조직적으로 사용하는 경우, 공동 소유물을 공동 이용하는 경우, 어촌계(수협) 소유물을 공동 이용하는 경우가 포함된다.

제5절 재무관리

1. 재무관리의 뜻

1) 재무관리의 의의

어업경영이 그 목적으로 하는 생산성 및 경제성의 달성을 위해서 소요되는 자본을 조달하고 운용하여 다시 자금화하는 업무 활동을 재무라고 한다.

재무관리는 일반적으로 두 가지 분야에서 활동한다. 하나는 외부에 대한 재무이며, 또 하나는 내부에 대한 재무이다.

외부에 대한 재무란 경영 외부와의 교섭에 의한 것을 의미한다. 어선・어구, 부속 기계류, 치어, 사료 등의 구입에 필요한 자금 또는 임금 지불을 위한 약간의 현금을 준비하기 위해서 자금을 필요로 하는 것과 같다. 즉, 투자가의 출자, 금융기관으로부터의 대부, 사채(私債) 등에서 어떤 방법으로 자금을 조달하는가에 관한 문제이다.

내부에 대한 재무란 외부 교섭에 의해서 얻은 자금으로서, 어선・어구, 치어, 사료 등을 구입하고, 그 재화의 사용과 소비에 대해서 계산하는 것과 임금을 지불하고, 준비한 현금 또는 은행 예금을 관리하는 것이다.

이상과 같이 경영재무의 활동에는 대외적 활동과 대내적 활동의 두 가지가 있으며, 이러한 재무 활동은 모든 경영 활동과 직・간접으로 긴밀한 관계를 갖고 있다.

재무 활동은 경영의 종류 및 규모에 따라 차이가 있으며, 특히 수산업 경영과 같이 영세업자인 경우에는 그의 자본조달력이 약한 것이 특색이다.

2) 재무관리의 목표

주식회사의 경우에 재무관리의 목표는 기업 가치의 최대화 혹은 주주 배당금의 최대화로 표현된다. 만일 어떤 회사가 좋은 투자 결정을 내리면, 투자에 필요한 자본 조달이 쉬울 뿐만 아니라 주식시장에서 주가가 상승하게 된다.

그러나, 수산업의 경우는 소유자 경영이 대부분이므로, 주식회사와 같이 가치 평가를 공정하게 할 수 있는 시장제도를 이용할 수는 없지만, 영위하는 기업의 가치와 소유자의 부를 최대화하는 것은 당연하다. 더 나아가, 재무관리의 장기적 목표를 달성하기 위해서는 수산업의 특성을 고려하여 어장 환경의 정화에 앞장서고, 수산물의 오염 정도를 낮춤으로서 장기적 관점에서 국민 건강을 고려해야 한다.

2. 재무관리의 기능

1) 투자 결정 기능

투자 결정 기능은 수산기업이 수산물 시장의 동향을 기초로 생산・가공 등 여러 부문을 가지고 있을 때, 어느 사업에 투자하는 것이 가장 수익성이 좋을 것인지를 결정하는 기능이다. 투자 결정에 의하여 투자 계획이 수립되고, 이것이 집행되면 투자사업의 내용에 따라 어선・어구, 생산시설 및 장비, 토지 등의 자산 구성과 규모가 결정된다. 투자 결정의 결과에 의하여 장기적으로 기업의 수익성이 결정될 뿐만 아니라 경영 위험도 결정된다. 따라서 투자 결정은 수산기업의 생존 및 성장 여부를 결정짓는 중요한 의사 결정의 하나이다.

(1) 투자의 유형

투자의 유형에는 대체 투자, 확장 투자, 제품 투자, 전략적 투자 등 네 가지 유형이 있다.

① 대체 투자

대체 투자는 기존의 선박이나 기계 및 설비를 새로운 것으로 바꾸기 위한 투자이다. 이러한 투자는 마멸되거나 효율이 낮은 어선・어구, 설비 등을 효율이 높은 것으로 대체함으로써 인건비 또는 연료비 등을 절감하고 생산성을 높일 수 있다.

② 확장 투자

확장 투자는 수산물에 대한 수요의 증가 또는 경영체의 시장점유율의 증가로 인해 기존의 어선・어구, 어업기기 등을 충당할 수 없을 때나 사업 규모의 확대에 따른 투자를 결정할 때 이루어진다.

③ 제품 투자

제품 투자는 양식업이나 수산물가공업에서 기존 제품의 품질 수준을 개량하거나 신제품을 추가 생산하기 위한 투자를 말한다. 신제품 투자의 경우에는 자기 기업에서 제조하지 않는 기존 제품을 생산하는 경우와 전혀 새로운 제품을 개발하여 제조하는 경우가 있다.

④ 전략적 투자

전략적 투자는 경영체가 변화하는 경영 환경에 잘 적응하여 경영체의 존속과 번영을 위하여 전략적으로 가치가 있는 새로운 산업에 진출하거나 사업의 확장을 위한 투자이다.

(2) 투자의 평가방법

수산기업의 경영자는 투자를 결정함에 있어 각 대안별로 투자를 했을 때, 어떠한 결과가 발생할 것인가에 대해서 먼저 초기 투자액과 그 이후에 발생하는 현금 흐름을 예측하여야 하며, 각 투자안의 경제성을 분석한 후 최종 투자안을 결정하는 것이다.

투자의 평가방법에는 회수기간법(payback method), 순현가법(net present value method), 내부 수익률법(internal rate of return method) 등이 있다. 이런 투자 평가방법의 적용은 일반적으로 전문적인 기관에 의뢰하는 경우가 많다.

2) 자금의 조달

수산업을 개시하고 영위하기 위해서는 일정한 자본이 필요하며, 이 자본을 조달하는 방법에는 내부 조달과 외부 조달로 나눌 수 있다.

(1) 자본의 내부 조달

어업자라고 하면 자가의 노동력과 어선·어구를 소유하고 있거나 기타 자본재를 가지고 있다. 자본재를 이용하여 생산력을 높이기 위해서는 경영 내부에서 조달하는 경우도 있다. 특히, 사회적 분업이 충분히 성립하지 못했던 시대에는 오히려 자본재를 얻는 유일한 방법이었으며, 금일에 있어서도 어가와 같은 영세경영에서는 자가에서 조성하는 경우가 적지 않다. 예를 들면, 양식업에 있어서 치자(패)를 외부로부터 구입하는 경우도 있으나 자가에서 발생·채묘하여 사용하는 경우이다. 또한 자가(自家) 조성이 아니더라도 외부에서 자재를 구입하고 자가 노동력을 사용하여 자본재를 만드는 것과 같은 경우가 일반적이다.

이러한 자본의 내부 조달은 어가경제의 잉여를 축적하여 조성한다. 어가경제는 어업 수입 이외에 가옥, 토지 등의 고정자산 수입과 예금, 적립금, 그 외 일시적 노동을 제공한 댓가 등에 의한 수입으로 구성된다. 그러나, 어가경제의 중추는 역시 어업 수입에 있으므로, 어가경제를 중심으로 생각하면 어업 수입에서 어업 경비 및 조세 공과금 등의 필요한 지출금을 공제한 잔액(가처분 소득)에서 다시 가계비를 차감한 잉여를 축적하여 자기 자금이 형성된다.

어가에서 잉여를 가져올 수 있도록 하는 것은 어업 수입에 대한 가계비와의 관계이다. 어업 수입과 가계비와의 관계에서 잉여를 가져오기 위해서는 다음과 같은 원칙을 지켜야 한다.

첫째, 일정한 자금으로서 어떠한 성격의 기술을 도입할 수 있는가의 명확한 목표를 설정한다. 둘째, 자금 조성을 위해서는 내핍 생활이 요구된다. 셋째, 장래를 위해서 적극적인 축적에 노력한다.

그리고, 경영 규모가 커지면 총 어획금액에서 어업비 및 영업비를 공제한 수익을 외부에 배당하고, 그 잔액을 적립금으로 한다. 곧 이익 적립금과 감가상각비를 가지고 자기 자금을 조성한다.

(2) 자본의 외부 조달

어업경영에서 자본의 외부 조달은 생산 이전에 생산물을 매도한다는 전제로 차입하는 매도금의 전수(전도금), 수협 및 은행 신용 등이 있으며, 해양수산부 등에서 지원하는 정책자금을 주로 사용한다. 차입금은 기간에 따라 단기 차입과 장기 차입으로 나뉘는데, 어선 건조, 활어조 건조 냉동·냉장시설 등 대규모 자금이 필요한 경우에는 장기 차입의 경우가 많다.

이런 자본의 외부 조달은 어가경영 또는 개인경영의 경우 소유와 경영이 분리되지 못해 차입금이 꼭 생산 활동에 사용된다는 보장이 없고, 생산의 불확실성 등으로 상환이 지체되는 경우가 많다.

따라서 자본을 외부에서 조달하는 경우에는 다음과 같은 원칙을 지켜야 한다. 첫째, 생산 목적에만 차입하며, 원리금 상환이 가능한 경우에 한해서 행한다. 둘째, 차입금의 상환은 그의 사용에 의해서 수입이 있을 때까지 상환을 유보하는 것이 유리하다. 셋째, 투자 효과가 좋지 못하다고 예상될 때는 신속히 상환을 마치고 차입을 정지해야 한다. 넷째, 원리의 연간 상환액 및 상환기간은 투입물의 사용에서 기대되는 연간 순수익액과 내용연수에 적응되도록 한다.

3) 자금의 운용

(1) 자금 운용전략

수산업은 다른 육상 산업에 비해서 위험성이 높고 주로 연안 어촌에 근거를 두고 있는 어가나 중소 영세어업자에 의해서 경영되고 있으므로, 자금 조달에 더욱 큰 제한을 받고 있다. 그러므로, 수산업은 그 한정된 사업자금을 가장 효율적으로 운용하기 위해서 자금 운용방법을 강구하지 않으면 안된다. 즉, 수산업에 있어서 자금 운용방법에 관한 전략적인 의사 결정은 자금 조달에 관한 전략적인 의사 결정과 마찬가지로 수산업의 존속과 발전을 위하여 극히 중요한 의사 결정이라고 할 수 있다.

일반적으로 자금 운용에 관한 전략적인 의사 결정을 할 때는 필요한 시기에 필요한 어선·어구, 양식장, 공장 등 생산설비나 사무실 등 영업시설을 조달하고, 필요한 현금이나 재고 재산을 유지하며, 생산 성과가 감소하였을 때는 과잉되는 고정비나 변동비를 삭감해야 한다.

수산업 경영에 있어 자금 운용의 비효율적인 면은 어선 등 자산에 과잉 투자로 인하여 경영의 압박을 초래하는 경우에서 흔히 볼 수 있다.

수산업 경영에 있어서 어선 및 가공설비 등의 고정 자산에 투자를 한다는 것은 유동적인 자금을 고정적인 생산설비와 영업시설에 대한 장기적인 투자이고, 감가상각비 등 고정비가 증대하기 때문에 하면 손익분기점상의 생산 실적을 올려야 한다는 부담이 있다. 또한, 거래처에 대한 지급 능력이 저하될 가능성이 생기므로, 과잉 투자는 사업의 흥망을 결정짓는 중요한 원인이 되기 때문에 적절히 조정되지 않으면 안 된다.

(2) 자금운용표의 활용

자금 조달 사항과 원인을 효과적으로 파악하는 데는 보통 자금운용표를 작성하여 활용하는 것이 좋은 방법이다.

자금운용표란 두 시점의 대차대조표를 근거로 하여 자금의 움직임을 분석하고, 그 동안의 자금 운용과 자금 조달을 명백히 나타낸 표이다. 즉, 당기와 전기를 비교하여 각 항목의 증감 상태를 제각기 산출하여 자산과 부채의 합계를 파악하는 것이다.

3) 어업의 경영 진단

(1) 자기 진단의 기초 자료

어업의 경영 진단을 위해서는 일정한 자료를 근거로 행해진다. 그러한 자료는 경영 진단 뿐 아니라 국가 기관의 통계나 수산업 연구의 기본적인 필수 자료가 되기도 한다. 그러나, 경영 자료는 규모가 큰 업체에서는 상세하게 기록되고 있으나, 소규모 어업에서는 기록조차 없이 사업을 영위하고 있는 경우가 대부분이다. 따라서 정확한 경영 진단을 위해서는 무엇보다도 먼저 정확한 경영 자료의 기록과 수집이 요구된다. 어업의 자기 진단을 위한 중소 어업자의 기록은 어업 노동과 수지에 관한 기록이다.

① 노동 일기장

노동 기록의 일기장에는 훗날의 조업에도 참고가 될 수 있도록 가급적 상세한 조업 상황에 대한 기록과 기상 조건, 사용 어구수, 조업횟수 등도 기록한다. 이러한 자료는 어업에 종시하는 사람들의 노동 생산성을 분석하는 자료가 된다. 그리고, 어업의 정확한 순이익을 알기 위해서 자가 임금을 계산해 내기 위해서 노동의 종류에 의한 종사자 수와 노동시간도 한사람에 대해서 별도로 기록하여 합계하도록 하는 것이 좋다.

② 수지기록표

위의 어업작업 일기장이나 어업수지 일기장을 기장하는 것은 자기 어업경영의 내용을 파악하고, 자기 어업 발전을 위한 도움이 될 수 있는 지침으로 사용된다는 인식이 필요하다. 경영에 대한 기록을 남겨놓지 않는다는 것은 곧 최소한의 과학적인 경영을 포기한 것과 다름이 없으며, 단지 주먹구구식으로 사업을 영위한다는 것은 자기 자신의 어업은 물론 전수 산업의 발전에 전혀 공헌하지 못하고 있다는 의식의 전환이 요구되고 있다.

따라서 어업의 과학적인 경영을 위한 필요한 경영 진단을 하는 데는 최소한 수지에 관한 기록은 필수적이라 할 수 있다.

이러한 일기장의 기록이 실행되면 월별 또는 연도별로 집계를 내고, 종류별로 분류한다. 여기에서 계절성이 강한 것은 가능한 월별 또는 어기별로 집계하는 것이 비교 진단을 위해 좋다.

③ 내부 비용의 계산

앞에서 설명한 일기장의 집계에 있어서 필요한 것은 내부 비용의 계산이다. 내부 비용의 계산에는 다음과 같은 내용이 포함된다.

㉠ 공통 경비에 대한 분담 금액의 결정

공통적인 비용의 예를 보면, 수도료의 경우 가정의 생활용수와 어선에서 사용하는 식수나 어획물처리에 사용한 수도물의 경우이다. 이런 경우에는 지불할 때마다 또는 월별로 어업이나 각 겸업 그리고 가계 등의 사용 실정에 따라 그 분담율을 결정한다. 그리고, 제세공과금과 같이 간접적인 비용에 대해서는 대체로 그 겸업 종류별 수익 금액에 따라 분담율을 결정하여 개개 어업의 부담 금액을 산출하는 방법을 사용한다.

이와 같은 분담 작업을 효과적으로 하기 위해서는 공통 경비의 분담표를 작성하여 활용하는 것이 도움이 된다.

㉡ 감가상각비

보통 어가업이나 중소 어업에서는 어선·어구 등 고정설비에 대한 감가상각의 인식이 매우 부족하다. 그러나, 어업경영 규모에 관계없이 사업이란 그에 투하된 자본 금액에 대한 가치 증식과 원금의 회수에 대한 명확한 인식을 가져야 한다. 이러한 어업용 설비에 대한 자본 평가를 하기 위해서는 감가상각을 명백히 할 필요가 있다.

어업시설에 대한 감가상각에는 보통 정액법과 정율법이 있으나, 정액법을 사용하는 편이 좋다. 왜냐하면 어선·어구 등 어업에 사용되는 고정자산은 마모율이 비교적 높기 때문이다. 이러한 고정자산의 감가상각을 포함하여 고정설비에 대한 평가를 고정자산 일람표를 작성하는 것이 좋다. 고정자산 일람표에는 평균 단가, 수량, 구입가격, 사용연수, 내용연수, 처분시 예상가격, 감가상각비, 평가액 등을 기재한다.

㉢ 자가노임의 결정

자가노임이란 어가의 가족 중에서 어업에 종사한 사람의 임금 계산을 말한다. 이러한 자가임금의 계산은 정확한 사업 성과를 알아내는 데 중요한 것임에도 불구하고, 흔히 계산에서 제외되는 경우가 허다하다.

자가노임은 가족 중에서 어업에 종사한 총시간수에 지역의 표준적인 시간당 임금을 곱하여 산정하는 것이 합리적이다. 지역의 표준적인 임금에는 일용노동자 등 미숙련 노동자의 임금 수준이 적당하며, 그러한 계산이 어려울 때는 행정기관에서 실시하는 취로사업 일당 임금액으로 계산한다.

㉣ 어업수지결산서

어가의 내부 비용이 계산되면 최종적인 결산으로서 수지결산서를 작성하여 어업의 순이익을 파악한다. 그리고 어업수입(소득)과 겸업수입을 합하여 총수입을 계산하고, 가계비를 공제하여 어가의 수지 상태를 파악한다.

어업의 수지결산서와 어가가계 수지계산서를 통하여 어가경영의 전체 상태를 종합적인 검토와 어가의 순이익의 확대를 위한 방안을 강구할 수 있고, 어가의 자기 진단과 어업순이익 및 어가의 순이익에 대한 재투자 계획을 내용으로 하는 어가경영의 장래 설계를 보다 합리적이고 과학적으로 할 수 있을 것이다.

(2) 어가의 자기 진단

어업경영자가 사업의 진단을 스스로 한다는 것은 그 사업의 결산서나 기타의 자료를 근거로 하여 경영의 성과를 판정하거나, 어업경영의 상태를 파악하기 위한 수단으로서 행하여진다. 보통 기본적인 경영 진단은 대차대조표와 손익계산서를 이용하여 수익성, 안정성, 성장성을 파악하는 것이다.

3. 수산 금융

1) 수산 금융의 종류

수산업을 영위하기 위해서 자금을 조달하는 것을 수산 금융이라고 한다. 이러한 수산 금융을 대상 업종에 의해 분류하면 어업 금융, 수산가공 금융, 수산물유통 금융 등으로 분류될 수 있고, 차입 대상으로 구분하면 수협 금융, 은행 금융, 개인 금융, 거래처 금융 등이 있으며, 발생 원인에 의한 구분으로서 정부의 정책 자금을 이용하는 계통 금융, 일반 금융기관을 이용하는 제도 금융으로 나눌 수 있다.

2) 수산 금융의 특성

수산 금융은 수산업의 특성을 갖기 때문에 일반 금융과는 달리 다음과 같은 특성을 갖고 있다.

첫째, 수산업이 어기에 따라 계절성을 갖고 영위되기 때문에 수산업 경영체 대부분이 계절적인 운영 자금을 필요로 한다. 둘째, 수산업을 영위하기 위해 생산 자금 또는 유통 자금을 조달했다 하더라도 소유와 경영이 분리되지 못해 일반 가계소비자금으로 쓰이는 경우가 많다. 셋째, 수산업자 일정한 자금을 조달하기 위해서는 담보를 요구받는 경우가 많으나, 어선 · 어구 등 수산시설은 담보력이 약해 제도 금융을 이용하기가 매우 어렵다. 따라서 필요한 시기에 조달하기 위해서는 이자율이 상대적으로 높은 일반 사채를 이용하는 정도가 높다. 넷째, 자금을 조달했다고 하더라도 수산업의 특성상 조업이 중단되거나,

어획 성과가 좋지 못할 경우 상환기간이 장기화할 가능성이 높다. 다섯째, 정부는 수산업의 발전을 위해 많은 종류의 정책 자금을 운용하고 있으므로, 정부에 의한 제도 금융이 비교적 많다.

이러한 특성을 갖고 있는 수산 금융이 수산업 경영자에게 실효성을 되기 위해서는 먼저 국가는 명확한 수산 정책에 입각하여 계획성과 지속성을 보장하여야 한다. 또한, 수산기업 금융과 어가 금융을 고려하여 각각의 특성을 살린 자금 조달이 이루어져야 할 것이다.

자금을 융통하는 어업자는 생산 및 경영 안정에 중점을 두고 사용해야 할 것이고, 생산자 단체인 협동조합 금융을 발전시켜 적기에 융자가 될 수 있도록 해야 한다.

제6절 판매관리

1. 판매관리의 뜻

1) 수산물 판매의 의의

수산물은 자가 소비만을 위해 생산되는 경우가 많은 농산물과는 달리 대규모 수산기업뿐만 아니라 영세한 어가어업에 있어서도 주로 판매 목적으로 생산된다. 그것은 수산물 자체가 인간 생활에 있어서 중요한 재화로서 교환을 필요로 하고 있고, 자가 소비만을 할 수 없기 때문이다.

생업의 관점에서 보더라도 수산물은 주로 부식의 대상이 되기 때문에 주식품을 구입하기 위해서라도 수산물을 판매하여 현금화를 필요로 하며, 잔여 현금은 재생산을 위해 사용된다. 또한, 수산기업은 그 목적이 어획물을 판매하여 이윤의 획득을 목적으로 하고 있다.

따라서 수산물은 생산자의 자가 소비에 충당되는 것이 아니라 상품으로써 매매되고, 그것은 교환 경제의 수단을 통하여 소비자에게 배급되는 경제적 가치의 생산을 위해서 어획되는 것이다.

2) 수산물의 유통

생산된 어획물은 상품으로써 시장에서 매매되고, 결국 소비자의 수중에 도달된다. 이를 수산물 유통이라고 한다. 수산물 유통이 이루어지는 수산시장은 생산의 불확실성, 어종 및 품종의 다양성, 어업생산의 계절성, 생산자의 영세성 및 어획물이 가지는 상품적 특성 때문에 생산과 소비의 조화가 곤란하고 많은 제약을 갖는다.

종래 수산업은 생산에만 전념함으로써 다획염가(多獲廉價)의 현상에서 벗어나지 못했지만 지금에 와서는 전반적으로 어획물 생산의 감소 현상, 소비의 고급화, 생활양식의 변화, 대형 소매점의 등장과 교통의 발달 등 수산물 시장의 환경이 변화됨에 따라 유통 과정에서 그의 부가가치를 제고하려는 움직임이 성숙되고 있다.

또한, 수산시장에서 생산자가 가격 결정에 참여하지 못하고 생산에만 전념하는 단계에서 벗어나 가격 결정에 참여하고, 생산과 판매 문제까지도 고려하는 토탈 마케팅(total marketing)의 인식이 필요하다.

수산물은 유통상 다음과 같은 특성을 갖고 있다. 첫째, 다른 상품에 비해 강한 부패성을 갖고 있다. 둘째, 어획의 정도에 따라 시간적, 수량적으로 제한을 받는다. 셋째, 어획물의 상태가 일정하지 않기 때문에 선물(先物) 거래가 곤란하다. 넷째, 유통상에서 가격이 일정하지 못하다. 다섯째, 소비 형태가 소량으로 빈번하게 구매된다.

이와 같은 수산물의 거래상의 특징은 대체적으로 수산 경영의 입장에서는 부정적으로 작용한다는 점을 알 수 있다. 따라서 수산업자는 수산물의 특질을 고려하고 냉장 보관설비의 확충, 저온 유통 시스템, 유통 단계의 축소 방안 등이 모색되어야 할 것이다.

2. 수산물 판매 경로

수산물이 생산자인 어업자로부터 소비자의 수중에 들어가는 경과 또는 경로를 수산물의 판매 경로라 한다. 수산물의 판매 경로는 생선(生鮮) 수산물과 가공 수산물에 따라 다르며, 일반 상품에 대해서 독특한 점을 갖고 있는 것은 생선 수산물이다.

수산물 판매 경로는 크게 두 가지 형태를 갖고 있다. 하나는 수협(또는 어촌계)을 통해서 판매하는 계통판매, 또 하나는 수협을 거치지 않고 상인이나 직접파는 비계통판매가 있다. 먼저, 비계통판매 경로를 살펴보면 다음과 같다.

첫째, 어업자 → 소비자의 판매 경로를 이용하는 어업자는 주로 생산량이 적고, 관광객 등 소비자가 있는 경우, 바로 판매하는 경우이다. 둘째, 어업자 → (수집상) → 소매상인 → 소비자의 판매 경로는 수산시장에서 소매상 또는 어획물을 수집하여 판매하는 수집상에게 판매하는 경우이다. 셋째, 어업자 → 도매상인 → 소매상인 → 소비자의 판매 경로는 비교적 대량으로 생산하는 경우, 많은 물량을 취급하는 도매상에게 판매하는 경우이다.

비계통판매 경로에는 객주를 통해서 판매하는 형태가 있다. 여기에서 객주란 어업자의 어획물을 구입한다는 전제하에 어업자의 생산 활동에 필요한 자금을 미리 빌려주고 어획물을 구입하는 전주(錢主) 역할을 하는 상인을 말한다. 이러한 형태의 판매 경로는 짧게는 어업자 → 객주 → 소비자 형태를 취하지만, 길게는 어업자 → 객주 → (수협) → (중매인) → (도매상인) → (소매상인) → 소비자를 거치기도 한다.

또한, 앞에서 말한 바와 같이 수협(또는 어촌계)을 통해 생산자 단체가 공동으로 판매하는 형태는 다음과 같다.

첫째, 어업자 → 어촌계 → 소비자의 판매 경로는 어업자들이 소속한 어촌계에 공동으로 출하하고, 어촌계에서 공동으로 판매하는 형태이다. 둘째, 어업자 → 수협 → 중매인 → 소비자의 판매 경로는 수협의 경매에 참가한 중매인이 수산물을 구입하여 자기의 이름으로 판매하는 경우이다. 셋째, 어업자 → 수협 → 중매인 → (도매상인) → 소매상인 → 소비자의 판매 경로는 수협의 중매인이 상인을 통해 수산물을 판매하는 경로이다. 넷째, 어업자→수협→중매인→내륙지 도매시장→중매인→(도매상인)→소매상인→소비자의 판매 경로는 생산지 시장에서의 수협과 내륙지 소비지 시장에서의 도매시장, 예를 들면 가락동 농수산물시장 등을 거쳐 두 번의 경매를 통해 판매되는 형태이다. 다섯째, 어업자→수협→수협직판장→소비자의 판매 경로는 수협이 직접 수산물을 판매하기 위해 직판장을 운영할 경우의 형태이다.

이와 같이 수산물의 판매 경로(유통)는 다양할 뿐만 아니라 거래가 다단계로 이루어져 있음을 알 수 있다. 이것이 곧 수산물 판매 경로의 특성이라고 할 수 있는데, 그러한 특성이 생기게 된 배경은 첫째, 생산자가 전국 연안에 산재되어 있어 상호 독립적으로 분산되어 있다. 둘째, 수산물의 특성상 강한 부패성을 갖고 있기 때문에 적절한 보관시설을 갖지 못한 경우에는 신속하게 판매해야 되기 때문에 많은 중간상인이 게재되어 있다. 셋째, 수산물은 생산되는 품종과 그 이용하는 방법이 다양하기 때문에 특성에 맞는 유통기관이 다양하게 존재하고 있기 때문이다.

3. 수산물의 물적 유통 시스템

1) 물적 유통의 의의

물적 유통은 수산물의 장소적, 시간적 괴리를 조정하기 위해 수행되는 유통 기능으로써 포장 ,수송, 보관 및 어획물의 처리를 효과적으로 수행하는 기능 등이 있다. 이러한 물적 유통 기능은 비단 수산물 유통 비용의 절감을 위해서 뿐만 아니라 이것이 수산물 수요를 촉진시키는 수단이 될 수 있기 때문에 중요하게 인식되고 있다.

먼저 포장과 규격을 알아보면, 수산물은 크기와 질이 다양하므로 일정한 단위로 포장하는 것이 취급하는 데 편리하고, 유통 중에 물량 손실, 손상을 막아 주며, 거래 단위로서 거래를 신속·공정하게 하는 등 그 효과가 크다.

정부에서는 1991년 수산청 고시로 수산물 거래단위 표준규격 품목 30개를 선정·지정하고, 미터법 위주의 중량단위 통일과 포장재의 통일을 기함으로써 표준 거래단위를 등급화, 포장 규격화에 목적을 두고 생단자 단체를 중심으로 보급·시행토록 하고 있다. 이와 병행하여 규정 거래단위와 실거래 단위가 통일적으로 시행되도록 홍보 활동을 강화하고, 포장을 다양화할 뿐만 아니라 부패·변질의 방지 및 비린내 방지용 포장 개발 등 포장기술 개발에 주력해야 할 것이다.

그리고, 물적 유통 기능에 있어서 수산물의 수송 기능과 그 효과를 살펴보면, 부패·변질성이 강한 수산물을 단시간 내에 수송하여 선도를 유지해 주며, 수송 수단의 대형화와 신속하고 정확한 운송을 가능하게 하며, 산지와 소비지를 직접 연결시켜 준다.

현재 수산물은 수송 단위당 내용물의 가격이 비교적 싸기 때문에 수송비의 비중이 높고, 특히 거의 포장 없이 수송되는 관계로 상하차비, 선별 포장비의 비중이 높게 나타나고 있다. 또한, 원거리 수송으로 선도 유지를 위한 수송의 신속성에 어려움이 있는 실정이다. 따라서 수산물 공급을 원활히 하기 위한 수송 시설의 확대, 수송 집결지의 설치(컨테이너화), 수송 정보체계의 개발 등이 필요한 것으로 보인다. 특히, 대량의 수산물을 신속히 수송하기 위해서는 선도 유지를 위한 저온 차량의 증차가 이루어져야 한다.

표 7–2 품목별 표준 거래단위

품 목	표준 거래단위	
	거래단위	거래단위량
마른 멸치	상자	1kg, 2kg, 3kg
복어	쾌	10마리
마른 오징어	축	20마리
굴비	두름	10마리
김	속	100장
〃	첩	10장
마른 미역	단	10장
쥐치포	봉지	봉지

수산물의 보관 기능을 보면, 운송 기능은 생산자와 소비자 간의 장소적 격차를 줄여주는 기능을 수행한다면, 보관 기능은 그 시간적 격차를 줄여주는 기능을 수행한다. 또한, 저장으로 인한 출하 시기의 조정으로 가격을 안정시켜 주며, 수산물 공급의 불안정성을 제거해 주는 수급 조절 기능도 함께 하고 있다. 그러나, 현재 수산물 유통의 보관 기능은 매우 부진하여 냉동 및 저온창고는 매우 부족한 실정이고, 창고의 영세성, 저장시설의 빈약, 장기 보관의 곤란과 민간 보관시설의 취약, 온도・습도의 조절 가능한 보관시설의 미비 등의 과제를 남기고 있다.

한편, 어항은 1차적으로 수산물의 어획 행위 중심지로서의 기능을 가지며, 2차적으로는 어획물의 처리를 효과적으로 수행하는 기능도 갖고 있다.

어항의 종류로는 이용 범위가 전국적인 어업의 근거지로서의 제1종 어항, 이용 범위가 지방인 제2종 어항, 어장의 개발과 어선의 대피에 필요한 낙도 및 벽지에 소재하는 어업의 근거지로서의 제3종 어항으로 구분된다.

이러한 어항은 과거에는 물리적인 기능에 비중을 두었으나, 현재는 생선 어획물의 도매시장, 선도 유지를 위한 냉동・냉장시설, 건조 염장 어류 등의 저장고, 위생적인 환경하에서 저차 가공할 수 있는 장소, 어상자 제조시설, 내륙지 시장에로의 수송 등의 유통적인 측면에서의 기능이 요구되고 있다.

2) 저온 유통 시스템

(1) 저온 유통의 의의

생선 식료품을 냉동・냉장 또는 저온의 상태에서 생산자로부터 소비자의 수중에 들어가도록 하는 판매 경로이다. 이 체계는 원래 수산물에 국한되는 것이 아니고, 야채, 과실, 수육 등의 저온 수송판매도 포함된다. 즉, 생선 식료품의 가공, 포장, 보존, 저장, 수송, 등급, 규격, 검사, 정보, 금융이라고 하는 판매 경로를 구성하는 주요 기능을 총체적으로 조화시켜 균형적 체계로 확립하고자 한 것이다. 수산물의 유통상의 약점인 부패성을 극복하기 위해서는 다음과 같은 작업이 필요하다.

첫째, 어장에서 채포된 어획물을 배안에서 동결・냉장(또는 빙장)하여 양육지의 냉장고까지 운반한다. 둘째, 양육지로 부터 소비지의 출하는 냉장 트럭 및 냉장 화차와 같은 냉장 수송수단에 의해서 행한다. 소비지에 수송된 수산물은 다시 냉장고에서 보관한다. 셋째, 소비지에서는 소형 냉장차 등으로 소매점에 배급한다. 소매점은 냉장고에 보관・판매한다. 넷째, 소비자의 각 가정은 냉동 수산물을 냉장고에 보관해 두고, 필요에 따라 소요수량을 소비한다.

우리나라는 특히 물적 유통시설이 부족하여 수산물이 신속, 원활한 유통이 이룩되지 못하고 있을 뿐 아니라 안정적인 가격 형성을 저해하는 요인이 되고 있다. 또한 수산물 가격의 격심한 변동이나 산지와 소비지간의 현저한 가격차가 나타나는 것도 주로 수송이나 보관 및 저장시설의 미비에 기인하고 있다.

(2) 저온 유통의 효과

저온 유통이 실현되면 수산물 유통에서 많은 효과를 거둘 수 있으며, 그 효과는 다음과 같다. 첫째, 부패성을 저하시키고, 보관 기능이 강화되어 수급 조절을 할 수 있기 때문에 가격의 안정을 꾀할 수 있다. 둘째, 수산물의 비식용 부분이 사전에 제거되어 있는 경우가 많이 있기 때문에 비식용 부분은 별도로 사료 등으로 이용할 수 있고, 판매시 비식용 부분의 제거 등으로 판매시간을 단축할 수 있다. 셋째, 저온 유통이 미흡할 경우에는 유통 과정에 부패성으로 허실이 많아지는 것을 방지할 수 있다. 넷째, 저온 유통은 먼 거리까지 판매가 가능하기 때문에 수산물 시장이 그만큼 넓어질 수 있다. 다섯째, 냉장・냉동고에 일정한 단위로 보관되어 있어 판매를 용이하게 할 수 있다.

이런 저온 유통의 효과를 거두기 위해서는 냉동어는 선도가 떨어지고, 맛이 없다는 등의 인식에서 벗어나야 한다. 둘째, 저온 유통을 하기 위한 보관 및 수송수단의 효율적 이용이 필요하고, 특히 소비자와 접촉하는 소매상의 시설 완비가 필요하다. 셋째, 가공시설의 정비, 등급 · 규격 · 검사제도를 확립하는 등의 조건을 구비해야 한다.

4. 어시장의 기구

1) 도매(법)인

도매인이란 생산자 또는 중개상으로부터 수산물을 위탁받거나 또는 구매하여 시장 안에서 판매하는 기구이다. 곧 생산지 어시장에 있어서는 수협의 위판장이며, 소비지 어시장에 있어서는 중앙 도매시장 및 수협의 직판장이 이에 해당된다.

생산지 어시장의 도매인인 수협의 공판장은 수산업협동조합법에 의해 설립되어 독자적인 공동판매사업을 할 수 있고, 소비지 어시장의 중앙 어시장은 중앙도매시장법에 의해서 지방의 공공단체만이 개설할 수 있으나, 실질적으로는 상인으로 조직된 법인체의 의해 대행되는 경우가 많다.

도매법인은 다종다량의 상품을 능률적으로 집하, 분산시키고, 생산자와 소비자 쌍방이 납득할 수 있는 가격을 형성하여 신속하고 확실한 대금 결재를 통해 도매시장 기능을 주도한다. 또한, 도매법인은 원칙적으로 출하자로부터 판매 위탁을 받아 도매시장 안에서 공정한 입장에서 도매 업무를 수행하는 운영 주체라고 할 수 있다. 도매법인이 도매시장에서 행하는 주요 역할은 시설물 관리업무와 시장 운영업무로 대별된다.

시설물 관리업무는 시장 내 시설 및 장비의 유지 관리, 시설물의 임대, 임차료 및 사용료 징수, 유통량 증가에 따른 시설의 확장 및 개선, 청소 경비 등의 각종 서비스 관리업무, 공동시설의 운영, 시장 이용자에 대한 편의 제공 등이다.

시장 운영업무는 중매인의 선정과 지도 감독, 위탁된 농수산물의 판매 및 시장의 운영, 판매 대금의 결제, 생산자 및 중매인에게 선대자금의 제공, 하주 구매자 및 중매인에 대한 각종 서비스, 시장 정보의 수집 및 전달 등이다.

도매법인은 출하자로부터 판매 위탁을 받아, 시장 안에서 경매나 입찰을 원칙으로 판매하도록 되어 있어 업태를 서비스업으로 하는 수수료 수취사업이라 할 수 있다. 도매법인은 도매시장 이외의 장소에서 농수산물의 도매업을 하지 못하며, 또한 농수산물의 도매업과 그 부대업무 이외의 사업을 겸영하지 못하게 하고 있다.

도매법인은 개설자에 의해 지정되며, 최종 임면권자는 해양수산부장관이 된다. 도매업무의 운영 담당자는 공공의 시설을 전속적으로 이용하여 운영 활동을 할 수 있는 반면, 개설자인 지방 공공단체에 의해 거래 일반에 관한 업무 수행에 있어서 엄격한 공적 감독을 받게 되어 있다.

이는 기본적으로 농수산물이 지니는 유통 상의 특성을 고려하여 취해진 것으로써 농수산물의 도매 거래에 있어서 상품 특성을 중심으로 전문적인 지식, 경험, 능력 등이 필요하고, 거래 과정에서 충분한 자금을 확보하여 안정적이고 계속적인 고객 관계를 유지하는 것이 필요하며, 수요에 부응하는 상품의 수집 능력과 효율적인 분배를 가능케 하는 경영합리화 체제를 갖추어야 하기 때문이다.

2) 유사 도매시장

도매시장의 개설 요건을 갖추지 않고 일정 구역 안에서 객주나 도·소매상이 모여 실질적으로 도매 활동을 하는 어시장이다. 예를 들면, 서울의 경우 고급어는 남대문시장, 건해산물은 중부시장, 그리고 청량리시장, 수유리 시장 등이 있다. 이들 유사 도매시장의 도매업자들은 산지의 중매인, 반출상과의 밀접한 인적·자금적 거래 관계에 기반을 두고 형성된 것이다. 또한, 이들은 대개 시내 요식업자, (지방)소매업자 등과 오랜 거래를 지속하고 있다.

이러한 유사 도매시장이 형성되는 요인은 여러 가지가 있으나, 가장 큰 요인은 오랜 전통으로 재래식 객주제도에 의한 유통 형태를 취해 왔기 때문이며, 때로는 선도 유지가 용이하고 유통 마진이 크기 때문이다.

3) 중도매인

중도매인이란 도매(법)인에 등록되어 있으면서 그로부터 수산물을 구매하는 자, 즉 도매(법)인의 매매에 참가하는 자이다. 이들의 기능은 양육된 어획물의 평가 기능과 소비자에게의 쾌속한 분배 기능을 담당하다.

중도매인은 산지와 소비지 시장 사이에 위치하여 양육량에 대해서 소비자를 대표하여 어획물의 품질 등을 평가를 한다. 따라서 중매인의 어획물 평가 기능은 전문적인 지식과 풍부한 경험이 요구된다.

또한, 출하 분배 기능도 필수적인 기능이다. 소비지에 출하 배급하기 위해서는 소비자 중심의 선별 기능과 물적 유통 기능도 갖추어야 한다.

중도매인이 수산물을 구매하는 것은 자기의 계산으로 구매하여 그것을 매도하는 것이다. 이 때 중매인의 수익은 매매에서 얻은 차액으로 하는 경우와 일정한 수수료로 하는 경우가 있으나, 우리나라에서는 후자의 경우가 대부분이다.

4) 반출상

산지의 중매인을 앞세워 매입하여 자기의 거래처인 도매상이나 소매상 또는 소비지 도매시장까지 수송을 담당하는 상인을 말한다. 이 반출상은 영세한 규모로 자기의 거래처인 도매상이나 소매상에게 소량의 수산물을 제공하기도 하지만, 규모가 큰 반출상은 때로는 냉장 보관료를 부담하면서도 출하를 유보하기도 하고, 자금 회수를 목적으로 투매하기도 하며, 소비지의 도매시장에 출하하기도 한다.

5) 도매상 및 소매상

도매상은 수산물을 구입하여 또 다른 상인에게 판매하는 유통 기구이다. 취급 물량이 많고, 많은 자금을 갖고 수산물 유통에 개입하고 있다. 소매상은 소비자를 대상으로 수산물을 판매하는 수산물 유통의 마지막 단계이다. 여기에는 행상, 좌판상, 식품점포, 근대적 대형점 등이 있다.

5. 수협의 공동판매제도

1) 공동판매제도의 의의

우리나라에서의 어업 생산자는 대부분 영세한 규모일 뿐만 아니라, 독립적으로 전국 연안에 분산되어 있으면서 강한 부패성을 갖는 식품을 취급하기 때문에, 사회경제적으로 또는 개인사업적 입장에서도 공동판매의 필요성이 대두된다.

어민에 의한 공동판매는 어민에 의해 이미 조직된 어촌계나 수협을 통해서 이루어지고 있으며, 수협의 공동판매는 조합원의 경제적 이익을 도모하는 데 있어서 가장 적절한 기초적 사업이 된다.

2) 공동판매제도의 기능

수협의 공동판매는 다음과 같은 수산물 시장에서 다음과 같은 기능을 수행한다. 첫째, 어업자간 경쟁을 피하고 공동으로 판매하기 때문에 생산자가 거래상의 입장에서 강한 힘을 가질 수 있다. 둘째, 어업자간 경쟁하지 않기 때문에 높은 가격을 받을 수 있다. 셋째, 수협에 판매하지 않을 경우, 어업자는 개인이 소비자를 찾아 판매할 수밖에 없으므로 판매에 소요되는 시간과 경비를 크게 줄일 수 있다. 넷째, 생산자가 공동으로 판매함으로써 중간 상인이 어업자 개인에게 침투하지 못한다. 다섯째, 공동으로 판매하는 경우, 어획물이

한 곳으로 이동하기 때문에 불법 어획물을 쉽게 가려낼 수 있다.

6. 수산물의 유통 전략

유통 전략을 구성하는 요소에는 제품의 결정, 경로의 결정, 가격의 결정, 판촉의 결정 등 다음과 같은 4가지의 요소(4P)가 있다.

1) 제품(Product)의 결정

어선어업의 경우 생산물(어종)의 결정은 영위되는 어구・어법에 따라 이루어질 수 있으나, 동일한 어구・어법이라 할지라도 어장 환경의 변화와 회유어종의 계절성으로 어업자가 의도하는 어종만을 어획하지 못하는 한계성을 띠고 있다. 그러나, 수산시장의 상황과 회유어종을 고려한 어업자의 어장 선택 또는 어획의 여부 결정, 그리고 어업기술 및 장비의 발달은 생산물의 결정에 따르는 한계성을 어느 정도 극복할 수 있을 것이다. 또한, 동일한 어종이라 할지라도 필요로 하는 장비의 개선으로 선어, 활어를 선택적으로 어획・판매할 수 있으며, 그것을 재료로 하는 가공품을 추가할 수도 있다.

한편, 양식업의 경우는 어업자의 의사 결정에 따라 생산물을 임의대로 결정할 수 있으므로, 가격 및 생산 동향, 자금 능력, 기술 수준 등을 고려하여 판매에 애로를 가져오지 않는 생산물을 결정함으로써 소기의 경영 성과를 달성할 수 있다.

2) 판매 경로(Place)의 결정

수산물이 생산자로부터 소비자의 수중에 들어가는 과정을 총칭하여 수산물의 마케팅 경로라 한다. 수산물의 마케팅 경로를 크게 나누어 보면, 생산자가 수협에 위탁 판매하는 계통출하 형태와 수협 이외의 기구에 판매하는 비계통출하 형태가 있다. 따라서 어업자는 생산물의 종류, 시장 환경, 자금 능력, 유통시설, 지리적 여건 등을 고려하여 계통판매와 비계통판매 중에서 유리한 형태를 선택해야 할 것이다.

3) 가격(Price)의 결정

어업자가 수협에 위탁 판매할 경우에는 자기의 생산물에 대한 가격을 결정할 필요가 없으나, 그 외의 경우에는 어업자 스스로 판매 가격을 결정해야 한다.

판매 가격을 결정함에 있어 고려해야 할 사항은 품질 수준과 시장 상황이다. 품질 수준이란 곧 수산물의 선도를 의미하며, 그 선도에 따라 가격의 차이가 현저하기 때문에 어업자는 높은 가격을 받기 위해서 수산물의 선도 유지를 위한 여러 수단과 방법을 강구해야 한다.

또한, 시장 상황은 수산물의 공급과 수요 측면을 살펴보아야 한다. 일반적으로 모든 재화는 수요와 공급에 의해 가격이 결정되기 때문이다. 즉, 수요가 크면 클수록 가격은 높아지며, 공급이 많으면 많을수록 가격은 낮아진다. 먼저 수요에 영향을 끼치는 주요 요인들로서는 첫째, 소득 수준이다. 오늘날 우리나라는 지속적인 경제 성장과 함께 국민 소득이 크게 향상되고 있으므로. 이는 수산물 수요량을 증대시키고 있다. 둘째, 인구의 크기이다. 일반적으로 인구가 늘면 거의 모든 재화의 수요는 늘어나며, 특히 우리나라 국민들은 수산물을 좋아하는 식성을 갖고 있기 때문에 인구의 증가는 곧 수산물 수요의 증대를 의미한다. 셋째, 소비자들의 기호이다. 최근 우리나라 국민의 수산물에 대한 인식이 단순히 쌀의 부식(副食)에서 건강 식품, 기호 식품으로의 구매력이 증가하고 있다. 이러한 요인들은 수산물 수요를 크게 증가시킬 수 있어 수산물의 가격이 높게 형성될 수 있는 여건으로 작용하고 있다.

한편, 공급에 영향을 끼치는 주요 요인으로서는 첫째, 수산자원의 풍도(豊度)이다. 특히, 어업에 있어서의 공급은 절대적으로 어장에 회유 · 서식하고 있는 수산자원의 풍도에 의해 결정된다. 최근 어장에 있어서 자연적 환경의 악화, 어장의 축소 등으로 수산자원의 고갈 현상이 나타나고 있으며, 이는 수산물의 공급을 감소시키는 요인으로 작용하고 있다. 둘째, 생산의 계절성에 오는 양륙량의 변화이다. 수산업에 있어서의 생산물은 일정한 계절에 생산되기 때문에 그에 따라 양륙량의 변화가 현저하게 나타난다. 셋째, 수산기술 수준이다. 수산업에 있어서의 최신 장비를 설비하고 그에 따른 생산기술의 발달은 공급량을 증대시킨다. 넷째, 수입량의 정도이다. 최근 수산물의 자유무역 시대를 맞아 우리나라에 많은 외국의 수산물이 수입되고 있어 국외로부터의 공급량이 증가하고 있다.

따라서 어업자는 수산시장의 수요와 공급에 따르는 수산물 가격의 변동 현상을 조사 · 분석하여 수산물의 가격을 결정해야 할 것이다.

4) 촉진 수단(Promotion)의 결정

촉진이란 "소비자들이 제품을 쉽게 받아들일 수 있도록 판매자가 행하는 정보의 전달과 설득에 대한 모든 노력"이라고 할 수 있다. 그의 수단에는 광고, 홍보, 인적 판매, 전시, 실연(實演) 등이 있다.

종래에는 어업자들에 의한 수산물에 대한 촉진은 일반 제품에 비해 거의 이루어지지 않았다. 이는 판매에 대한 위험성이 적은 수협에 위탁 판매하는 경우가 많고, 한편으로는 오랜 거래 관계를 유지해 왔던 전통적인 경로를 통하여 매매가 관습적으로 이루어져 왔기 때문이다. 그러나, 최근에는 자신의 생산물을 임의대로 판매하는 어업자와 그 단체가 증가하고 있고, 한편으로는 국외산 수산물이 국내 시장에 들어옴에 따라 판매에 대한 경쟁이 나타날 수밖에 없다. 따라서 어업자와 그 단체는 생산물에 대한 정보를 알리고 수산물이 소비자로 하여금 쉽게 받아들일 수 있도록 설득하기 위해 생산물의 영양과 건강상의 유리점, 요리방법 등을 일반 소비자에게 전달하는 수단을 선택해야 할 것이다.

대개 촉진을 수행하기 위해서는 대규모 자금과 노력이 필요하므로, 어업자 개인으로서는 매우 어려움이 있기 때문에, 수협 등 어업자 단체를 통하여 이루어지는 경우가 유리하다.

참고문헌

교육인적자원부(2006): 고등학교 수산경영일반, 한국직업능력개발원.

김우수(1998): 수산경영학, 도서출판 구덕.

박광순(1998): 바다와 어촌의 사회경제론, 전남대출판부.

박구병 · 정준수(1975): 어업경영지침, 태화출판사.

여동운(2000): 현대수산경제론, 태화출판사.

장수호(1970): 수산경영학, 친학사.

한규설(1993): 공동어장과 어촌, 참한.

해양수산부(2001): 수산업경영의 길잡이, 크리홍보.

찾아보기

국문색인

영문색인